"十二五"国家重点出版规划项目

国家出版基金项目
NATIONAL PUBLICATION FOUNDATION

/现代激光技术及应用丛书/

激光束二元光学变换及其应用

谭峭峰　虞　钢　李少霞　著

国防工业出版社

·北京·

内 容 简 介

本书以作者科研团队的最新研究成果为基础,结合国内外研究进展编写而成。本书共分为六章。第1章为绪论,介绍激光束的传输和变换,以及二元光学在激光束变换领域的优势。第2章介绍二元光学相关理论及其优化设计方法。第3章介绍包括等强度和非等强度分布的点阵、条形及圆环光栅及应用。第4章介绍大尺寸非等强度光斑的实现及其应用。第5章介绍双光子加工、超分辨元件的设计方法、超分辨实验等内容。第6章介绍柱矢量光束的生成方法、聚焦特性及应用。

本书可供从事二元光学的科研人员和工程技术人员参考,也可以作为光学类、光学工程类、物理类等相关学科的研究生和高年级本科生的参考书。

图书在版编目(CIP)数据

激光束二元光学变换及其应用/谭峭峰,虞钢,李少霞著. —北京:国防工业出版社,2016.11
(现代激光技术及应用)
ISBN 978 - 7 - 118 - 11145 - 3

Ⅰ.①激…　Ⅱ.①谭…　②虞…　③李…　Ⅲ.①激光应用　Ⅳ.①TN249

中国版本图书馆 CIP 数据核字(2016)第 298913 号

※

国防工业出版社出版发行

(北京市海淀区紫竹院南路 23 号　邮政编码 100048)
北京嘉恒彩色印刷有限责任公司印刷
新华书店经售
*
开本 710×1000　1/16　印张 17¼　字数 323 千字
2016 年 11 月第 1 版第 1 次印刷　印数 1—2500 册　定价 78.00 元

(本书如有印装错误,我社负责调换)

国防书店:(010)88540777　　　发行邮购:(010)88540776
发行传真:(010)88540755　　　发行业务:(010)88540717

世界上第一台激光器于 1960 年诞生在美国,紧接着我国也于 1961 年研制出第一台国产激光器。激光的重要特性(亮度高、方向性强、单色性好、相干性好)决定了它五十多年来在技术与应用方面迅猛发展,并与多个学科相结合形成多个应用技术领域,比如光电技术、激光医疗与光子生物学、激光制造技术、激光检测与计量技术、激光全息技术、激光光谱分析技术、非线性光学、超快激光学、激光化学、量子光学、激光雷达、激光制导、激光同位素分离、激光可控核聚变、激光武器等。这些交叉技术与新的学科的出现,大大推动了传统产业和新兴产业的发展。可以说,激光技术是 20 世纪最具革命性的科技成果之一。我国也非常重视激光技术的发展,在《国家中长期科学与技术发展规划纲要(2006—2020 年)》中,激光技术被列为八大前沿技术之一。

近些年来,我国在激光技术理论创新和学科发展方面取得了很多进展,在激光技术相关前沿领域取得了丰硕的科研成果,在激光技术应用方面取得了长足的进步。为了更好地推动激光技术的进一步发展,促进激光技术的应用,国防工业出版社策划并组织编写了这套丛书。策划伊始,定位即非常明确,要"凝聚原创成果,体现国家水平"。为此,专门组织成立了丛书的编辑委员会。为确保丛书的学术质量,又成立了丛书的学术委员会。这两个委员会的成员有所交叉,一部分人是几十年在激光技术领域从事研究与教学的老专家,一部分人是长期在一线从事激光技术与应用研究的中年专家。编辑委员会成员以丛书各分册的第一作者为主。周寿桓院士为编辑委员会主任,我们两位被聘为学术委员会主任。为达到丛书的出版目的,2012 年 2 月 23 日两个委员会一起在成都召开了工作会议,绝大部分委员都参加了会议。会上大家进行了充分讨论,确定丛书书目、丛书特色、丛书架构、内容选取、作者选定、写作与出版计划等等,丛书的编写工作从那时就正式地开展起来了。

历时四年至今日,丛书已大部分编写完成。其间两个委员会做了大量的工作,又召开了多次会议,对部分书目及作者进行了调整,组织两个委员会的委员对编写大纲和书稿进行了多次审查,聘请专家对每一本书稿进行了审稿。

总体来说,丛书达到了预期的目的。丛书先后被评为"十二五"国家重点出版规划项目和国家出版基金项目。丛书本身具有鲜明特色：①丛书在内容上分三个部分，激光器、激光传输与控制、激光技术的应用，整体内容的选取侧重高功率高能激光技术及其应用；②丛书的写法注重了系统性，为方便读者阅读，采用了理论—技术—应用的编写体系；③丛书的成书基础好，是相关专家研究成果的总结和提炼，包括国家的各类基金项目，如973项目、863项目、国家自然科学基金项目、国防重点工程和预研项目等，书中介绍的很多理论成果、仪器设备、技术应用获得了国家发明奖和国家科技进步奖等众多奖项；④丛书作者均来自国内具有代表性的从事激光技术研究的科研院所和高等院校，包括国家、中科院、教育部的重点实验室以及创新团队等，这些单位承担了我国激光技术研究领域的绝大部分重大的科研项目，取得了丰硕的成果，有的成果创造了多项国际纪录，有的属国际首创，发表了大量高水平的具有国际影响力的学术论文，代表了国内激光技术研究的最高水平，特别是这些作者本身大都从事研究工作几十年，积累了丰富的研究经验，丛书中不仅有科研成果的凝练升华，还有着大量作者科研工作的方法、思路和心得体会。

综上所述，相信丛书的出版会对今后激光技术的研究和应用产生积极的重要作用。

感谢丛书两个委员会的各位委员、各位作者对丛书出版所做的奉献，同时也感谢多位院士在丛书策划、立项、审稿过程中给予的支持和帮助！

丛书起点高、内容新、覆盖面广、写作要求严，编写及组织工作难度大，作为丛书的学术委员会主任，很高兴看到丛书的出版，欣然写下这段文字，是为序，亦为总的前言。

2015 年 3 月

　　激光的产生、传输变换和控制,以及激光和物质的相互作用构成了激光技术领域的主要研究内容。激光束的变换及其应用是当今世界激光领域研究前沿之一,二元光学是实现激光束变换的重要手段,激光束的二元光学变换及其应用是激光技术领域的一个重要分支学科。

　　二元光学是指基于光波的衍射理论,利用计算机辅助设计,并用超大规模集成(VLSI)电路制作工艺,在基片(或传统光学元件表面)上刻蚀产生两个或多个台阶深度浮雕结构,形成纯相位、同轴再现、具有极高衍射效率的一类衍射光学元件。二元光学是光学与微电子技术相互渗透、交叉而成的前沿学科,与传统光学元件相比在实现高功率激光束变换方面具有高效率、任意波面变换、易于复制和集成等特点。随着激光技术应用范围的扩大以及对激光束传输和控制要求的提高,二元光学技术在激光束变换领域的优势愈加突出。激光束的变换方式和目标与应用需求密切相关,本书采用二元光学变换手段实现均匀和非均匀二值相位元件、多台阶元件、衍射超分辨元件以及柱矢量光束产生元件,并介绍了各类元件在激光表面处理、激光热负荷、双光子加工、激光冲击成形等领域的应用。

　　近十年来,二元光学在激光束变换及其应用领域取得了一些研究成果,介绍近年来该领域最新理论和应用成果的专著的出版具有必要性和重要意义。"现代激光技术及应用丛书"围绕高功率和高亮度激光器、激光束的传输与控制以及在国防中的应用三个大领域介绍我国现代激光技术的发展与应用,着重对近年来所取得的创新性研究成果和进展进行阐述。本书是丛书的一个分册,属于激光束的传输与控制范畴,作者们是多年从事激光束二元光学变换研究的科研人员。基于作者和他们的研究团队的研究成果和应用实践,综合国内外学术新观点及研究进展,力求较全面地阐述激光束二元光学变换的基础理论、设计方法、制作方法以及主要应用等方面的最新进展。希望能为从事激光束二元光学变换的研究人员提供比较系统、全面的参考。

本书的编写得到了清华大学精密仪器系和中国科学院力学研究所激光先进制造实验室研究团队的大力支持。周哲海博士、刘海涛博士、魏鹏博士、韦晓全硕士、程侃硕士、曲卫东博士、聂树真博士、王恒海博士、孙培培博士、葛志福博士、刘潞钊硕士,以及朱天辉、王高飞、陈茹等为本书的撰写、定稿等工作提供了多方面的帮助。在此表示由衷的感谢。

金国藩院士、周寿桓院士对二元光学研究及本书的出版给予了极大的关怀,谨致以最深切的谢意。国防工业出版社责任编辑为本书的出版付出了辛勤劳动,在此致谢。

限于作者的学识水平,必然会存在不妥之处,恳请读者不吝指正。

作 者

2016 年 6 月

目录

第3章 二值相位光栅及其应用

第4章 多阶二元光学元件与激光束整形

第1章

绪论

1.1 激光束的传输

1.1.1 激光束的传输特性

1960年,美国休斯公司的梅曼发明了世界上第一台红宝石激光器。自此以后,激光器发展非常迅速,固体、气体、半导体、光纤、染料和准分子等多种激光器相继问世。激光器输出功率的不断提高和逐步实现商品化的进程,使激光器走出实验室,成为工业制造行业的设备基础[1-3]。

激光的应用与激光的传输特性密切相关。激光发明以后,其光束传输特性得到广泛研究,以高斯光束为主,后续扩展到包括超高斯光束、像散高斯光束、部分相干光、有振幅调制和相位畸变的光束、空间-时间域中有耦合的光束和贝塞尔光束等,出现许多新奇的传输特性和聚焦特性。激光的传输特性一定程度上决定着其应用领域,同时也限制着其应用。以下简单讨论激光的基本传输特性。

1.1.1.1 激光束的聚焦特性

激光束的可聚焦性与横电磁模式(通常指TEM,或简称模式)密切相关。模式描述了在激光束中功率分布的基本方式。高斯基模(TEM_{00})的功率分布是最能被聚焦的模式,能被聚焦到理论最小值。基模提供了最集中的功率密度,然而,由于功率密度的集中,必须尽可能保证内部(谐振腔)和外部(光束传输)的光学元件的热稳定性。从光学元件设计的角度考虑,包括要选择合适的光学材料(反射率或透射率)、光学元件的质量(热稳定性)、光学元件的有效冷却(一般功率在1500W以上要水冷)。从维护的角度考虑,还包括保证光学元件高度的清洁和更严格的检验。

高阶模或多模光束具有光束能量从中央向四周扩展的趋势,焦斑相对于基模光束较大,降低功率密度或集中性。此外,高阶模在两个轴向通常有不同的功率分布(非对称),这是因为在两个轴向上具有不同的模式。在给定功率下,聚焦点的大小决定了工件上的功率密度,因此研究影响聚焦点大小的因素有实用意义。

在激光加工的实际应用中,通常需要使用光学系统使光束聚焦,利用焦点附近的极高的能量密度进行切割、打孔、焊接等加工,因此聚焦光斑尺寸可以较直观地粗略评价光束质量。焦斑大小除了与激光束特性相关外,还与所用的聚焦光学系统有关,在理想情况下,焦斑尺寸为

$$D \approx \frac{\lambda f}{2a} \tag{1-1}$$

式中:f 为聚焦系统的等效焦距;$2a$ 为衍射孔径;λ 为所用激光的波长。从式(1-1)中可以看出焦斑大小与焦距和波长成正比,在相同的衍射孔径条件下,选用短焦距聚焦系统和短的激光波长可以获得更小的焦斑,但同样的激光束,焦斑尺寸越小,光束发散角就越大,同时也受到有效加工距离的限制,不可能采用非常短的聚焦系统进行激光加工。从激光加工的角度考虑,只用焦斑尺寸一个参数评价光束质量是不够的。

1.1.1.2　远场发散角

激光束远场发散角的大小决定了激光束在特定距离内的发散程度,或者说在不明显发散的条件下所能传输的距离。发散角也是激光应用中需要考虑的重要问题,发散角小有利于提高加工深度和减少对加工距离的严格要求。远场发散角的大小可以通过扩束准直来改变,但随着发散角的改变,特定距离上的光斑直径也会改变,所以当用远场发散角评价光束质量时,必须确定一个固定的激光光斑尺寸才能进行比较,单独讨论发散角或者光斑直径来评价光束质量或者光束的传输特性都是片面的。

1.1.1.3　M^2 因子

M^2 因子作为评价光束质量的参数,可以全面地描述激光光束传输特性,虽然通过聚焦或准直的办法可以缩小光斑直径或压缩远场发散角,但对于确定的高斯光束,当通过理想的无像差光学系统变换时,其 M^2 因子是一个常数,这就比仅用聚焦光斑尺寸或远场发散角描述光束质量更加完善。M^2 因子的定义为

$$M^2 = \frac{实际光束的腰斑半径 \times 远场发散角}{理想光束的腰斑半径 \times 远场发散角} \tag{1-2}$$

在 M^2 因子的定义中,理想光束是指基模高斯光束,即基模高斯光束的 $M^2 = 1$,具有最好的光束质量。M^2 因子越大,光束质量越差。M^2 因子作为评价光束质量的统一标准,从 1995 年开始逐步形成,并得到国际标准化组织(ISO)的支持。对于多模激光束的传播,M^2 因子的引入具有重要的意义,在整个传输过程中,所有的轴向位置上的光束横向扩展,都比对应的基模高斯光束大一个常数倍因子 M,即

$$W(z) = Mw(z) \tag{1-3}$$

式中：$W(z)$ 为多模光束的光束半径；$w(z)$ 为基模高斯光束的光束半径；z 为轴向位置。

下面是多模光束的光束半径和波前曲率半径表达式：

$$W(z) = W_0 \sqrt{1 + \left(\frac{M^2 \lambda z}{\pi W_0^2} \right)^2} \qquad (1-4)$$

$$R(z) = z \left[1 + \left(\frac{\pi W_0^2}{M^2 \lambda z} \right)^2 \right] \qquad (1-5)$$

式中：W_0 为焦斑半径。

通过这两个方程，就可以用数学方法来处理多模激光束的传播。激光束的传输特性决定了其空间强度分布特性、偏振特性以及衍射特性。随着激光的应用范围越来越广泛，工业激光器直接输出的激光束特性难以满足应用需求。

1.1.2 激光束的应用需求

一般工业激光器直接输出的激光束，在任意横截面上，通常呈高斯或超高斯强度分布。激光束经过光学系统可聚焦为直径很小的光斑，激光束的这种高能量密度特性可以满足一般的激光制造过程。但随着激光技术的发展和更苛刻的应用需求，需要将工业激光器直接输出的激光束变换为具有特定空间强度分布或者偏振特性的激光束。比如大深径比聚焦光束、环状光束、平面或径向细环聚焦光束、点阵分布光束等[4,5]。目前在激光惯性约束聚变（ICF）、X 射线激光实验及激光加工制造方面，已涉及需要将强激光器的原始光束变换为具有特定光强分布的点、线、圆锥聚焦光束等。

1.1.2.1 激光表面处理对激光束空间分布的要求

激光表面处理是激光加工中的一种。激光表面处理是新兴的激光技术和历史悠久的金属表面处理技术相结合的产物，也是能长时间稳定工作的大功率激光器发展的必然结果之一。这项技术已经在生产中得到广泛的应用。其原理是在材料表面施加极高的能量密度，发生物理、化学变化，以达到强化目的。

激光表面强化技术，已成为高能束表面处理技术的一种重要手段[6]，作为激光制造技术的一个重要分支，主要应用于汽车、模具加工以及一些轻工业部门。随着工业生产中对材料表面性能、加工效率的进一步提高，对激光束特性及其有效控制提出了新的要求。激光表面强化技术包括激光淬火（相变硬化）、激光合金化、激光涂覆、激光非晶化、激光冲击硬化等多种工艺。此时的冲击硬化需要特别指出，它的硬化可以形象地称为"冷硬化"，这是因为其相互作用时间非常短，功率密度非常高，硬化机理不是通过加热后急冷的相变，而是由于冲击的反作用使表面产生压应力，引起很大的位错密度，使表面变硬[7-9]。

根据激光束作用方式的不同，激光表面硬化技术分为连续式激光表面硬化技术和脉冲式激光表面硬化技术，随着智能化程度和脉冲激光器的发展以及对材料表面硬化性能要求的提高，脉冲式激光硬化开始得到应用[1,6,10]。通常高功率激光束经聚焦后形成直径很小的光斑，可以采取离焦方式增大光斑面积，但处理大、中型金属表面的加工效率仍有待进一步提高；而且由于光斑为圆形，光斑强度呈高斯或者超高斯分布，光斑的重叠不易控制，搭接率高，容易引起硬化层不均匀、搭接软化等问题，影响处理效果，难以满足应用需求。

激光强度空间分布包含两层含义：一是指光斑几何形状一定时，激光强度的空间分布形式；二是指强度空间分布形式一定时，光斑的几何形状。不同型号的激光设备输出光束的光斑形状和功率密度分布差别很大。光斑形状和光斑内部强度分布是影响表面处理的重要因素，因此通过外部光学系统的光学处理改变激光束空间强度分布，是获得良好激光表面处理效果的重要方法。因此，为满足特定的加工需求以及提高加工质量和效率，对于激光表面硬化过程中光束变换的研究主要有以下两类。其一，将激光束变换为平顶光束，包括对高斯光源进行叠加，给出了强度均布的矩形光源解[11]，对衍射元件的设计和制作进行了研究，将高斯光束变换为矩形平顶光束[12-15]。但根据激光与材料相互作用原理，均匀分布的激光束光场不能产生均匀的温度场，更不能产生均匀的组织结构和硬化层。文献[16]提出了一种曲边矩形光斑，在激光功率密度保持均匀的前提下，越靠近边缘，光斑的长度越长，激光硬化时边缘处与工件表面的作用时间也越长，因而注入的能量越多，以此达到改善硬化层分布均匀性的目的，如图 1-1 所示。其二，考虑光束内部强度分布对激光表面硬化效果的影响，采用一种光强分布呈马鞍形的光斑，可以提高强化层均匀性，如图 1-2 所示[17]。理论研究和实验分析表明，光束内部的非均匀强度（比如点阵分布），会造成材料表面层组织的周期性分布，而这种分布能有效提高材料的耐磨性。

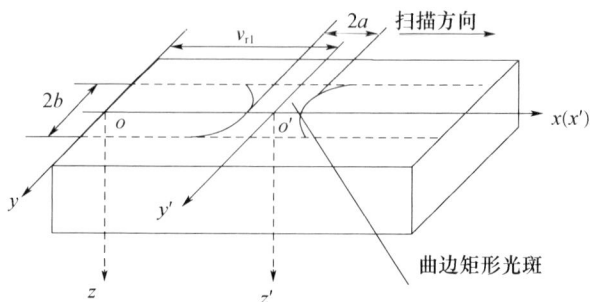

图 1-1　曲边矩形光斑扫描及坐标系建立[16]

一般来说,利用直接来自激光器的或者通过简单聚焦系统的光束,对材料进行激光表面热处理后相变硬化层的形貌为中央较深的月牙形,与通常情况下希望经过热处理后获得一个均匀硬化层的愿望有较大的距离。从准确控制激光作用区域的观点而言,具有整齐边界的光束无疑是一种较好的光束,但是很容易证实,即便是一个简单的平面边界工件,如果期望获得一个均匀的硬化层,则需要的是在作用光斑边沿有能量突起的光束,如图 1-3 所示。

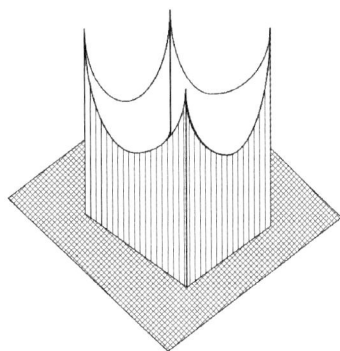

图 1-2　马鞍形功率密度分布[17]

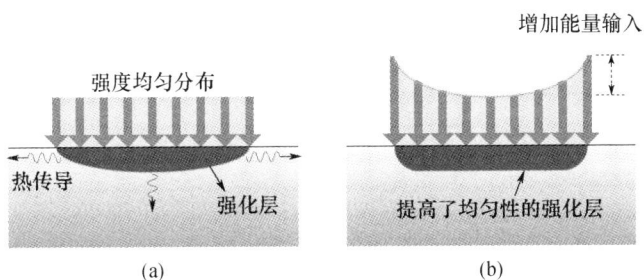

图 1-3　光斑边缘能量突起提高强化层均匀性

如果考虑到被处理工件的特殊形状,理想的矩形均匀光斑事实上可能导致很不理想的热作用结果。材料的相变与材料所经历的热循环相关,工件边界对热传导的影响必然对激光淬火的结果发生影响。因此,即使是同种材料制造的工件,要获得同样的相变硬化层,对作用光束的功率密度分布在不同的部位将有不同的要求,甚至要求光束的功率及功率密度的空间分布能在表面硬化过程中实时变化。同时,特定结构件的激光熔覆、激光修复、激光热疲劳性能测试等应用都对激光束空间强度分布提出了新要求。

1.1.2.2　工业应用对长焦深激光束的需求[18-20]

除激光束截面光强分布对激光应用有很重要的影响外,激光束传输方向上的光强分布同样在很大程度上决定着其应用效果和领域。长焦深激光束是指焦深或瑞利长度远远大于其焦斑直径的光束,这类光束在很多领域有重要应用需求。例如在激光加工和激光医疗领域,切割厚的工件,作为治疗用的激光手术刀等都需要激光束具有长焦深和小焦斑,这样可以保证切口的均匀性,提高精度。在激光驱动的惯性约束聚变中,通常采用汤姆逊散射法来精确地测量激光等离子体的电子温度,实现这一测量的关键是激光束聚焦的焦斑尺寸要小而焦深要长。此外,三维扫描成像和测量,物质的细微结构的探测,微型孔和细小管道的缺陷检测等也都需要长焦深的聚焦光束。

1.1.2.3 工业应用对径向偏振光的需求[21,22]

径向偏振光具有偏振态关于光轴呈对称分布以及始终存在的轴上光强为零等特点,在经过聚焦系统汇聚后,其焦点具有特殊性质。径向光场分量在焦平面上是圆环形光斑,圆环光斑中心是一个光强极小值,焦点区域存在径向和传播方向上的光场分量,不存在方位角方向的分量,而传播方向上光场分量强等。这些特点使其在很多应用领域有重要作用,比如显微镜、平板印刷、电子加速、光学捕捉与控制、材料加工以及高分辨测量等。

1.2 激光束的变换

光束变换技术一直伴随着光学技术的发展而不断进步。对光束变换的研究是为了更好地利用有限的能量,从技术光学角度上提高设备的工作效率。光束变换可以从光束的时间特性和空间特性两个方面加以考虑。时间特性包括脉冲激光的频率、脉宽等;空间特性包括模式分布、光斑形状等。本书只关注空间特性的变换。对于空间特性,可以利用各种光学元件或系统调制输出的截面光强分布,实现特殊的空间功率密度分布要求。

到目前为止,已发展了数十种光束变换元件。从光学原理的角度来区分,光束变换元件可以分为折射型和衍射型:折射型主要包括非球面透镜系统、微透镜阵列系统和双折射透镜系统等;衍射型主要包括随机相位片、相息图相位片、二元光学元件和空间光调制器等。从有否电驱动(即有源或无源)的角度来区分,光束变换元件又可以分为动态调制型和静态调制型,前者主要指空间光调制器,而其余的无源光束变换元件都是静态调制型。

1.2.1 基于折射原理的激光束变换

最常用的光束变换技术是激光束匀滑技术,即将激光束的强度整形为均匀分布。下面列出几种常用的激光束整形技术。

1.2.1.1 非球面透镜组系统

Frieden 提出了最早的无能量损失的光束整形系统[23],将高斯光束整形为均匀光束。系统由平凹非球面镜 L_1 和平凸非球面镜 L_2 组成,如图 1-4 所示。入射光束经过 L_1 的调制后在 P_2 面得到强度均匀分布的光束。L_2 的作用是保证均匀光束平行出射。非球面 S_1 和 S_2 的设计原理为:首先根据能量守恒原理,建

立入射光线与 S_1、S_2 交点 A、B 之间的映射关系,从而确定折射光线的方向余弦。依据面 S_1 相位函数的导数等于相应光线的方向余弦,建立微分方程,求解即可得到相位函数。由于 L_1 的调制使得各折射光线传播方向不再平行,为使最终出射光束仍为平行光,利用透镜 L_2 重新调整相位分布。直接利用 P_1、P_2 面间各光线光程相等的条件可求得 S_2 面的相位函数。

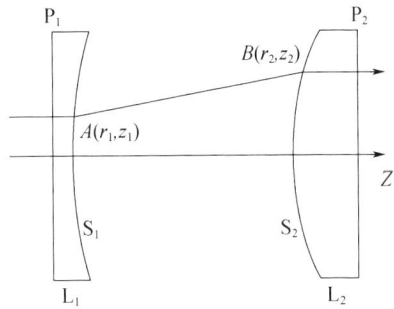

图 1 - 4　非球面透镜组整形系统结构[23]

　　双分离透镜系统具有能量转换率高,可实现任意波前变换及同轴等优点,但当时的技术条件难以实现复杂的非球面形加工。随后研究人员做了大量工作并提出了多种改进方法。此种非球面透镜组整形系统对单模激光光束的整形效果较好,但较多情况下,工业用激光器发出的是复杂的多模激光束,该整形技术应用越来越少。

1.2.1.2　微透镜阵列系统

　　Dickey 等提出的微透镜阵列光学聚焦系统很好地解决了多模激光束的整形问题[24]。系统由两部分组成,如图 1 - 5 所示。其中 L_1 是由许多个焦距和尺寸相同的小透镜组成的微透镜阵列,L_2 是球面聚焦透镜。阵列器件将入射激光束分割成若干子束,球面聚焦透镜使这些子束

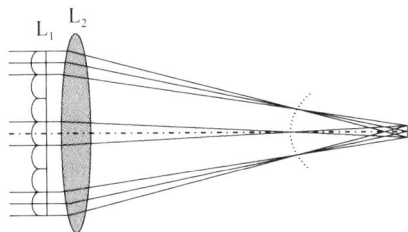

图 1 - 5　微透镜阵列整形系统结构

在靶面上重叠起来。光束的分割和子束的叠加消除了入射激光光强分布无规则的影响,实现对靶面的均匀照明。

　　人们现已习惯把由微小透镜组成的阵列系统称为蝇眼透镜[25],后来人们又提出了光楔聚焦阵列[26]等其他类型的微透镜阵列系统。然而无论是哪种类型的阵列系统,它的整形器件都是由多个微小单元组成,多个单元排成阵列无论怎么紧密,总会有空隙,除了这些空隙造成能量损失外,微小单元的边缘要发生衍射,也使能量有所损失。此外,由于通过子波的叠加产生均匀照明,因此不可避免地在靶面产生干涉斑纹,影响整形效果。

　　由于微透镜阵列是通过光束的分割和子束的叠加实现整形的,它对入射光束强度分布不敏感,因此该方法特别适合光场强度分布不规则、相干性差的激光束的整形[27],如准分子激光器。研究人员也提出了一些其他适用于此类激光束

整形的方法[28,29]：四面棱镜法利用四面棱镜将入射光束分成四束光束,四束光束在靶面叠加来改善均匀性,但该方法获得均匀光束截面的位置极严格地对应于光楔的角度;反射镜折叠光束法利用入射光束经不同平面镜的多次反射使能量分布均匀,由于对反射角度有一定限制,因此该方法的装配和调试较为困难;万花筒法利用光波导管,入射光束在波导管内多次反射后输出光能重新分布,该方法制作、装调简易,价格低廉,但光能损失较大。

1.2.1.3　双折射透镜组系统

上述方法都是针对特定的光束参数而设计的,造好的器件不能随光束灵活地调节其透过率函数,劳伦兹·利弗莫尔国家实验室提出的双折射透镜组系统[30]解决了这个问题,并巧妙而方便地实现了激光束的空间整形。

该系统由两对双折射晶体透镜 L_1、L_2、L_3、L_4 和一个检偏器 P 组成,如图 1-6 所示。晶体的主轴方向垂直于光轴方向。L_1 和 L_4 是两个完全相同的平凸透镜,对于偏振光透镜中心相当于 $\lambda/2$ 波片,有效通光孔径边缘相当于 $\lambda/4$ 波片,两镜对称排列;L_2 和 L_3 是两个完全相同的平凹透镜,中心相当于 $\lambda/4$ 波片,有效通光口径边缘相当于 $\lambda/2$ 波片,两镜对称放置;让透镜 L_1、L_4 的主轴

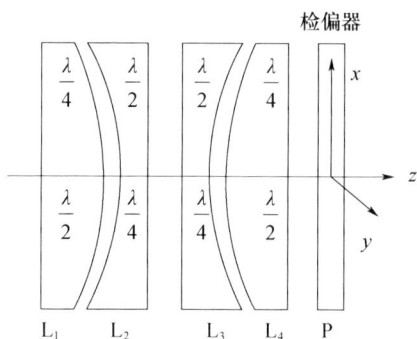

图 1-6　双折射透镜组整形系统结构[30]

平行并保持不动,透镜 L_2 和 L_3 的主轴平行并作为一个整体可以绕系统的光轴旋转至任意角度。激光器输出的线偏振光束通过该系统时,调节透镜组 L_2 和 L_3 的主轴与透镜组 L_1 和 L_4 的主轴夹角,使入射到检偏器上的光束在不同的位置有不同偏振态,经检偏后的出射光则被整形为均匀的线偏振光。

使用双折射元件组进行光束整形的方法灵活方便,易于改变其透过率函数,尤其适用于线偏振的高斯光束的整形[31]。对于非偏振光,在 L_1 前置一个起偏器即可。该系统设计方便,结构紧凑且费用低廉,在工程上有较高的实用价值,已经试用于"神光"Ⅱ九路系统[32],在近场静态(放大器未工作)情况下,可将光束填充因子从原来的66%提高到80%。

1.2.1.4　长焦深整形元件

实现长焦深的方法有多种,传统的方法是通过减小数值孔径来扩展焦深,但这种做法以牺牲分辨率为代价。1987 年提出无衍射光束[33]的概念后,人们开始利用无衍射光束来实现长焦深,并提出了一些设计方法,例如圆锥镜法、无限

窄圆环法等。圆锥镜具有结构简单且能量利用率高的显著优点,是实现长焦深的最有效方法之一,如图1-7所示[34]。圆锥镜与其他光学元件结合还可以产生多种有意义的光束,例如将圆锥镜与聚焦透镜组合生成空心瓶状光束[35],这类光束可用于光镊或原子俘获等,对微观领域的研究意义重大。

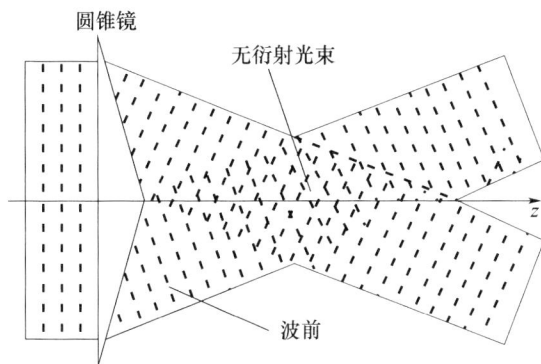

图1-7 圆锥镜光束变换器

目前已经发展了多种类型的圆锥镜,线性圆锥镜是其中结构最简单的一种,它所产生的横向光斑均匀,轴上光强呈线性变化。还有一些其他类型的圆锥镜,如反射型圆锥镜等。然而无论哪种类型的圆锥镜,目前的制作都较为困难,成本也较高,尤其是大口径圆锥镜。

1998年,提出了一种模拟圆锥镜光学特性的透镜圆锥镜系统[36],其原理为通过控制透镜球差大小,使入射到透镜各环带的光线相交于光轴上的不同位置,在像面上形成线像,近似生成无衍射光束。该系统由标准的球面透镜组成,具有结构简单、加工容易、成本低的优点,但系统输出光束质量需进一步提高。

1.2.2 基于衍射原理的激光束变换

1.2.2.1 随机相位片

随机相位片(Random Phase Plate,RPP)最早于1982年提出[37,38],用于形成均匀聚焦光斑,如图1-8所示。在主聚焦透镜前放置一个图1-8(a)所示的玻璃或石英基底的光学器件,其表面直接刻蚀或镀膜形成浮雕结构。各单元可以是正方形、正六边形、正三边形等,相位是0或π,随机确定,但最后要保证相位为0和π的单元数相同以避免在焦面光轴上出现光强的锐脉冲。入射激光束被阵列相位单元分割为许多大小相同,相位随机为0或π的子光束,经聚焦透镜汇聚在输出面上,输出面上的光强分布由各子光束的衍射图样随机叠加确定,从而达到匀化聚焦光斑的目的。

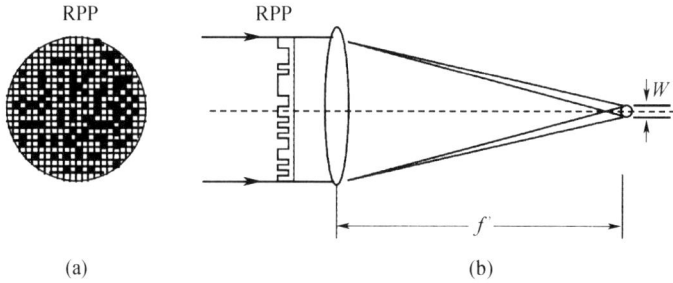

图 1-8 随机相位片结构及整形原理图

(a) RPP；(b) 整形系统。

1.2.2.2 相息图相位片

相息图相位片(Kinoform Phase Plate，KPP)[39]和随机相位片类似，只是其相位分布不再是 0 和 π 这种突变相位的随机分布，而是连续变化的相位分布。它克服了随机相位片相位突变造成的衍射效率偏低的缺点，衍射效率较高。但由于是连续相位分布，元件难以加工。

1.2.2.3 二元光学元件

二元光学元件(Binary Optical Element，BOE)是以玻璃等材料为基底的两个或多个台阶深度的浮雕结构[40]，是纯相位衍射元件，可同轴再现。随机相位片、相息图相位片可以说是二元光学元件的两种极端情况，只不过随机相位片是二阶相位元件，而相息图相位片是连续相位元件。

1.2.2.4 空间光调制器

空间光调制器(Spatial Light Modulator，SLM)通过电驱动来实现对光束的动态调制，可动态改变光的振幅、相位分布，是一种动态调制型二元光学元件[41,42]。到目前为止，国际上已研制成功了 40 余种空间光调制器，主要有三种分类方法。从工作原理来区分，有声光效应、电光效应、磁光效应、光折变效应等类型。从寻址方式来区分，可分为光寻址型和电寻址型。从读出光的读出方式来区分，可分为透射型和反射型。

1.3　二元光学及其优势

20 世纪 80 年代中期，美国麻省理工学院(Massachusetts Institute of Technology，MIT)林肯实验室的 Veldkamp 等率先提出了"二元光学"的概念[43]，他们当时描述道:"现在光学有一个分支,它几乎完全不同于传统的制作方式,这就是衍射光学,其光学元件表面带有浮雕结构;由于使用了制作集成电路的生产方法,所用的掩模是二元的,且掩模用二元编码形式进行分层,故引出了二元光学的概念。"二元光学的提出是衍射光学发展进程中具有里程碑意义的事件。随即在美国国防部领先科研项目处资助下,林肯实验室开展了二元光学方面的研究工作,其目标是推动二元光学技术在工业界的广泛应用。此后,国内外诸多高校、科研院所、企业开展了二元光学方面的研究,在二元光学的理论、优化设计、制作工艺及应用等方面取得了重要成果。

二元光学元件源于计算机制全息图和相息图,可以看成不需复制进其他信息,具有很高衍射效率的计算机制全息图,也可看成有着量化相位值的相息图。一般的全息图是利用光的干涉原理,将物光波(或它的空间频谱)的复振幅记录下来(即光学编码法)。而计算全息图不是直接运用光学编码法,而是用计算机人工编码制作出来的,它可以实现一些复杂以致普通光学方法不能实现的变换,但其效率低,且离轴再现。相息图是由计算机制作的另一类波前再现元件,它与一般计算全息图的不同之处在于相息图仅仅记录了相位信息,以浮雕形式出现在记录介质上。相息图虽同轴再现,但加工工艺复杂,实用受限。二元光学元件以多阶相位结构近似相息图的连续浮雕结构,既解决了计算全息图效率低,又解决了相息图加工困难的问题[40]。图1-9显示了一个折射透镜演变成2π模的连续浮雕(相息图)及多阶浮雕结构二元光学元件的过程。

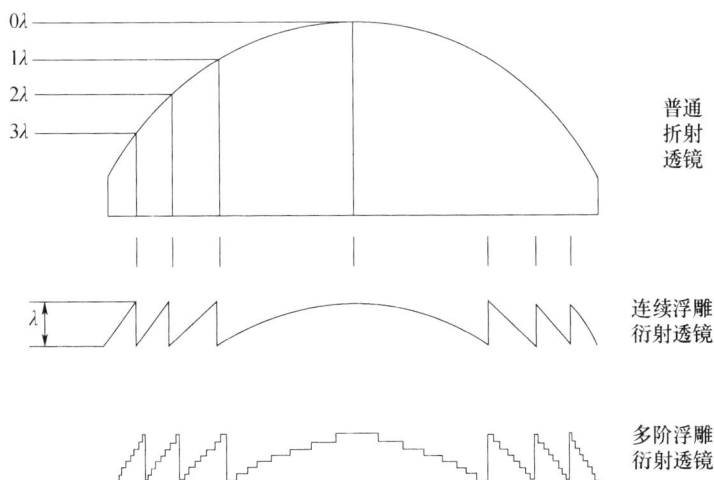

图1-9 折射透镜到二元光学元件的演变[40]

二元光学元件主要有以下几大特点[40]:

(1)高衍射效率。二元光学元件能灵活控制波前,且多次套刻后,衍射效率

很高;其衍射效率与台阶数 2^N 的关系为

$$\eta = \frac{\sin(\pi/2^N)}{\pi/2^N} \qquad (1-6)$$

如:相位 4 阶量化(套刻一次)时理论上衍射效率可达到 81%,相位 8 阶量化(套刻二次)时理论上衍射效率可达到 95%,相位 16 阶量化(套刻三次)后理论上衍射效率高达 98.7%,如图 1-10 所示。

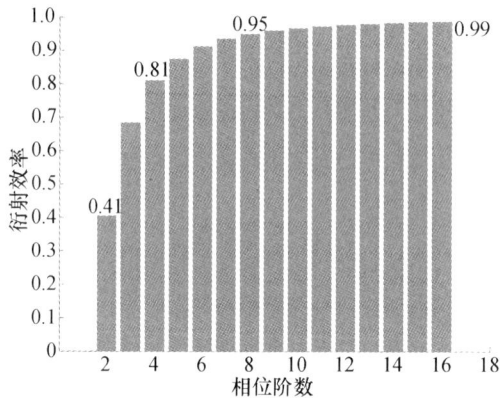

图 1-10 衍射效率与相位阶数的关系

(2)更多的自由度。二元光学元件可通过调整最小特征宽度、刻蚀宽度、刻蚀深度及台阶结构实现波面的变换,增加了设计变量,可以实现传统光学所不能实现的全新功能光学元件。

(3)小型化、阵列化和集成化。二元光学元件的结构一般在波长量级,利用这种微结构实现复杂的波面变换,由于制作工艺,使其具有微型化、轻型化、阵列化和集成化特点。

(4)特殊的光学功能。二元光学元件可实现复杂光学波面,如非球面、环状面、锥面、非对称波面等,并可集成得到多功能元件;利用亚波长结构可得到宽带、大视场、消反射和偏振等特性。

正是基于上述这些以往光学元件无法比拟的优越性,二元光学元件在许多领域受到青睐,其中包括激光光束整形、衍射超分辨、柱矢量光束生成、激光相干合成和光学成像等领域;对二元光学的研究已成为光学的前沿研究领域之一。

二元光学元件加工工艺主要有三大类:减法工艺(如掩模套刻法、灰度掩模法、电子束直写法、激光束直写法等)、加法工艺(如薄膜淀积法等)和压印工艺(如干型光聚合物紫外成形压模技术、纳米压印等)。掩模套刻法需要先制作多个二元掩模,然后进行图形转印、套刻,最终形成台阶式浮雕表面。这种方法的缺点是加工环节多,周期长,因多次图形转印而造成对准误差。灰度掩模法则可以利用一张含不同灰度等级的掩模版来产生浮雕结构,没有套刻对中误差问题,但加工精度可进一步提高。激光束直写法不需要掩模版,通过控制电子束的曝光量或激光束光强,一次写出多台阶或连续变化的浮雕结构,但制作成本高。加法工艺和压印工艺通过沉积薄膜或者机械压力形成浮雕结构,变形误差较大。

　　本书从激光束的传输特性出发,基于二元光学的发展和应用需求,介绍二元光学激光束的变换进展及其应用。重点介绍在有限距离内实现大尺寸非等强度光斑或阵列光斑,衍射超分辨光斑的二元光学变换,柱矢量光束的二元光学变换等方面的进展及其应用。

参考文献

[1] 虞钢,虞和济. 集成化激光智能加工工程[M]. 北京:冶金工业出版社,2002.

[2] 左铁钏. 21 世纪的先进制造——激光技术与工程[M]. 北京:科学出版社,2007.

[3] 李力钧. 现代激光加工及其装备[M]. 北京:北京理工大学出版社,1993.

[4] 蔡邦维,吕百达. 激光光束传输变换整形研究的新进展[J]. 激光与光电子学进展,1996,7:194 – 196.

[5] 谷雨,郑彩云,虞钢. 对达曼光栅进行二维扩展的矩形孔径光栅设计[J]. 激光杂志,2005,26(3):23 – 24.

[6] Ion J C. Laser transformation hardening[J]. Surf. Eng. ,2002,18:14 – 31.

[7] Pelletier J M,Vannes A B,Pilloz M,et al. Laser surface treatments and mechanical properties[J]. Laser in Eng. ,1993:251 – 270.

[8] 柯瓦林科 B C,等. 零件的激光强化[M].郭东仁,胡隆庆,译. 北京:国防工业出版社,1985.

[9] 李志忠. 激光表面强化[M]. 北京:机械工业出版社,1992.

[10] Woodard P R,Dryden J. Thermal analysis of a laser pulse for discrete spot surface transformation hardening[J]. J. Appl. Phys. ,1999,85:2488 – 2496.

[11] Shercliff H R,Ashby M F. The prediction of case depth in laser transformation hardening[J]. Metall. Trans. A,1991,22:2459 – 2466.

[12] Ido G,David M. Diffraction limited domain flat – top generator[J]. Opt. Commun. ,1998,145:237 – 248.

[13] Taghizadeh M R,Blair P,Balluk K D,et al. Design and fabrication of diffractive elements for laser material processing applications[J]. Optics and Lasers in Engineering,2000,34:289 – 307.

[14] Yajun L. New expressions for flat – topped light beams[J]. Opt. Commun. ,2002,206:225 – 234.

[15] Hariharan P,Andal N. Modified pinhole spatial filter producing a clean flat – topped beam[J]. Optics & Laser Technology,2004,36:151 – 153.

[16] 何芳,吴钢,宋光明. 曲边矩形光斑激光淬火的理论研究[J]. 天津工业大学学报,2003,22(5):17 – 20.

[17] 李俊昌. 激光热处理优化控制研究[M]. 北京:冶金工业出版社,1995.

[18] 姚欣,温圣林,粟敬钦,等. 应用于 ICF 等离子体诊断系统的长焦深光学元件设计[J]. 强激光与粒子束,2006,18(8):1292 – 1295.

[19] Durnin J,Miceli J J,Eberly J H. Diffraction – free beams[J]. Phy. Rev. Lett. ,1987,58(15):

1499 – 1501.

[20] Gao F,Liu J L,Luo B L,et al. Long focal depth zone plate for optical coherence tomog raphy[J]. Proc. SPIE,2005,5636:812 – 819.

[21] 王振华,李劲松. 径向偏振光的产生及在现代光学中的应用[J]. 激光杂志,2009,30(1):8 – 10.

[22] Meier M,Romano V,Feurer T. Material processing with pulsed radially and azimuthally polarized laser radi-ation[J]. Appl. Phys. A,2007,86:329 – 334.

[23] Frieden B R. Lossless conversion of a plane laser wave to a plane wave of uniform irradiance[J]. Appl. Opt.,1965,4(11):1400 – 1403.

[24] Dickey F M,Holswade S C. Laser Beam Shaping:Theory and Techniques[M]. New York:Marcel Dekker,2000.

[25] Kamon K. Fly – eye lens device and lighting system including same:US Patent,5251067[P]. 1993.

[26] 郑建洲,蔡邦维,吕百达,等. 二维正交光楔列阵大焦斑均匀照明光学系统的实验研究[J]. 中国激光,1997,11:1008 – 1012.

[27] 郭商勇,陈涛,刘世炳,等. 利用光波导进行准分子激光打孔的加工系统研究[J]. 激光杂志,2006,27(3):69 – 70.

[28] 李呈德,陈涛,左铁钏. 两级复眼式准分子激光微加工均束器的设计[J]. 中国激光,1999,13(6):81 – 85.

[29] Rhodes P W,Shealy D L. Refractive optcial systems for irradiance redistribution for collimated radiation – their design and analysis[J]. Appl. Opt.,1980,19(20):3545 – 3553.

[30] M V W B,T S J,W W R. Beamlet pulse – generation and wavefront control system[R]. LLNL ICF Quar-terly Report,1994.

[31] 叶一东,吕百达,蔡邦维,等. 强激光的时间整形和空间整形——利用双折射透镜组实现激光束的空间整形[J]. 激光技术,1996,20(5):276 – 280.

[32] 杨向通,范薇. 利用双折射透镜组实现激光束空间整形[J]. 光学学报,2006,26(11):1698 – 1704.

[33] Durnin J. Exact – solutions for nondiffractive beams I. The scalar theory[J]. J. Opt. Soc. Am. A,1987,4(4):651 – 654.

[34] Mclcod J H. The axicons:a new type of optical element[J]. J. Opt. Soc. Am.,1954,44(8):592 – 597.

[35] Wei M D,Shiao W L,Lin Y T. Adjustable generat on of bottle and hollow beams using an axicon[J]. Opt. Commun.,2005,248(1 – 3):7 – 14.

[36] Jaroszewicz Z,Morales J. Lens axicons:systems composed of a diverging aberrated lens and a perfect conver-ging lens[J]. J. Opt. Soc. Am. A,1998,15(9):2383 – 2390.

[37] Kato Y,Mima K. Random phase shifting of laser beam for absorption profile smoothing and instability sup-pression in laser produced plasmas[J]. Appl. Phys. B,1982,29(3):186 – 187.

[38] Kato Y,Mima K,et al. Random phasing of high – power lasers for uniform target acceleration and plasma – instability suppression[J]. Phys. Rev. Lett.,1984,53(11):1057 – 1060.

[39] Dixit S N,Lawson J K. Manes K R,et al. Kinoform phase plates for focal plane irradiance profile control [J]. Opt. Lett.,1994,19(6):417 – 419.

[40] 金国藩,严瑛白,邬敏贤,等. 二元光学[M]. 北京:国防工业出版社,1998.

[41] 刘伯晗,张健,吴丽莹. 液晶空间光调制器的纯相位调制特性研究[J]. 光学精密工程,2006,14(2):213 – 217.

[42] 陈怀新,隋展,陈祯培,等. 采用液晶空间光调制器进行激光光束的空间整形[J]. 光学学报,2001,21(9):1107 – 1111.

[43] Veldkamp W B,Mchugh T J. Binary optics[J]. Sci. Am.,1992,266(5):92 – 97.

第2章
二元光学基础理论及优化算法

2.1 二元光学基础理论

二元光学是基于光波衍射理论,利用计算机辅助设计,并用超大规模集成(Very Large Scale Integration,VLSI)电路制作工艺,在基片或传统光学元件表面上刻蚀产生两个或多个台阶深度的浮雕结构,形成纯相位、同轴再现、具有极高衍射效率的一类衍射光学元件[1]。

考虑到二元光学元件(Binary Optical Element,BOE)特征尺寸与入射波长的关系,对 BOE 将采用不同的理论模型进行性能分析。理论模型共分为以下三种。

(1)矢量模型:当 BOE 特征尺寸小于入射波长或与入射波长相当时,及浮雕深度达到几个波长量级时,需要采用矢量模型。该模型基于矢量衍射理论,通过求解受边界条件约束的麦克斯韦方程组得到光场经过 BOE 后的反射场、透射场和衍射场。该模型最严格,但通常无法解析求解,需要进行复杂的数值计算。常用的数值计算方法可以分为积分法和微分法两大类。积分法包括有限元法(Finite Element Method,FEM)、边界元法(Boundary Element Method,BEM)等;微分法包括模态法(Modal Method)、傅里叶模态法(Fourier Modal Method,FMM)、时域有限差分法(Finite - Difference Time - Domain Method,FDTD)等。但总的来说,这些数值方法模拟 BOE 性能时都要进行复杂且费时的计算机运算,通常只能利用穷举法或凭借经验进行优化设计,有待发展实用而有效的设计理论和设计方法。

(2)标量模型:当 BOE 特征尺寸远大于入射波长时,可采用标量模型,具有较高的精度。该模型基于标量衍射理论,认为 BOE 是一无限薄的曲面,曲面前的光场分布乘以 BOE 的复振幅透过率就可得到曲面后的光场分布,再由标量衍射公式即可求出 BOE 后任一点的光场。该模型能够较容易地分析任意 BOE 后的光场分布,且能根据所需分布有效地进行 BOE 相位优化设计。已发展了 GS(Gerchberg - Saxton)算法及其改进算法、杨顾(YG)算法及其改进算法、直接搜索法、模拟退火法、遗传算法等优化算法以及各种混合优化算法用于设计标量BOE。该模型适用于波面校正、波面变换、特殊光场产生等非点响应系统,不适合用于成像系统的BOE的分析和设计。

（3）光线模型:该模型以光线描述光的传播,每次只考虑单一衍射级次,分析BOE对光线的偏折作用。因为与传统光学的分析方法类似,很适合用于折衍混合成像系统的模拟和设计。光线模型包括全息模型和无穷大折射率模型;前者将BOE的相位调制函数看作物光波与参考光波的相位差,沿用全息图的分析方法,进行成像光线的光线追迹。无穷大折射率模型将二元光学元件看作折射率无穷大的没有厚度的传统元件,沿袭传统光学元件初级像差分析得到二元光学元件的三级像差特性,用于像差计算和结构设计。

本书所涉及的BOE均采用标量模型,下面简要介绍标量衍射理论[2]。

2.1.1 亥姆霍兹－基尔霍夫积分定理

对于非磁性、电中性、均匀各向同性介质中的光场,当只考虑电场或磁场的一个横向分量的标量振幅,并假定任何其他分量可以用同样的方式独立处理时,由麦克斯韦方程可推导得到不含时间的标量形式的波动方程:

$$(\nabla^2 + k^2)E = 0 \qquad (2-1)$$

式中:电场分量 E 为空间位置的复值函数;$k = 2\pi/\lambda$ 为波数,λ 为介质中的波长。式（2-1）即为亥姆霍兹方程。

在场论中,格林定理指出,如果两个空间位置函数 U 与 G 的1阶、2阶偏导数在一个封闭面 S 内部与 S 上各点都是单值、连续的,则有

$$\int_V (G\nabla^2 U - U\nabla^2 G)\mathrm{d}V = \int_S \left(G\frac{\partial U}{\partial n} - U\frac{\partial G}{\partial n}\right)\mathrm{d}S \qquad (2-2)$$

式中:$\frac{\partial}{\partial n}$ 表示在 S 面上各点沿向外法线的方向导数。

利用格林函数和亥姆霍兹方程可以求解空间任何一点 P 上的光场 E。设光场分布 E 为格林定理（2-2）中的函数 U,选取 G 为以 P 点为球心的发散的单位振幅的球面波（满足式（2-1）的亥姆霍兹方程）,因此在空间任意一点 P_0 上的 G 值为

$$G(P_0) = \frac{\mathrm{e}^{ikr}}{r} \qquad (2-3)$$

式中:r 表示 P_0 到 P 的长度。

作一包围 P 的封闭曲面 S,如图2-1所示。函数 G 以及它的1阶和2阶导数在被包围的体积 V 内必须是连续的,否则不能运用格林定理。因此,为了排除在 P 点的不连续性,把半径为 ε 的小球面 S_ε 环绕在 P 点的周围。应用格林定理时,积分的体积 V' 为介于 S 和 S_ε 之间的体积,而积分曲面是复合曲面 $S' = S +$

S_ε。对于复合曲面 S',在 S 上的外法线方向指向外侧,而在 S_ε 上的外法线方向指向内侧(即指向 P)。

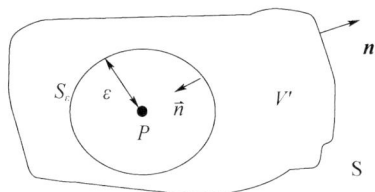

图 2-1 求解 P 点光场所作的封闭面

在体积 V' 内,光场 E 和 G 满足式(2-1)的亥姆霍兹方程。由格林定理并代入式(2-3),令 ε 趋于 0,可得

$$E(P) = \frac{1}{4\pi}\iint_S \left[\frac{\partial E}{\partial n}\left(\frac{\mathrm{e}^{ikr}}{r}\right) - E\frac{\partial}{\partial n}\left(\frac{\mathrm{e}^{ikr}}{r}\right) \right]\mathrm{d}S \tag{2-4}$$

该结果称为亥姆霍兹 – 基尔霍夫积分定理,它表明 P 上的光场 E 可由包围它的封闭曲面 S 上的 E 和 $\dfrac{\partial E}{\partial n}$ 决定。

2.1.2 索末菲辐射条件

衍射屏假定是无限大的不透明屏上开出一个孔径,如图 2-2 所示。假定光场从左侧投射到衍射屏上,孔径用 Σ 表示,P 为孔径后的一点。包围点 P 的曲面由三部分组成,即:孔径部分 Σ;正好位于屏后的不透明平面 S_1;一个半径为 R、中心在观察点 P 的部分球面 S_2 连接起来构成的封闭面。由亥姆霍兹 – 基尔霍夫积分定理(2-4)可知

$$E(P) = \frac{1}{4\pi}\iint_{S_1} \left[\frac{\partial E}{\partial n}\left(\frac{\mathrm{e}^{ikr}}{r}\right) - E\frac{\partial}{\partial n}\left(\frac{\mathrm{e}^{ikr}}{r}\right) \right]\mathrm{d}S$$

$$+ \frac{1}{4\pi}\iint_{S_2} \left[\frac{\partial E}{\partial n}\left(\frac{\mathrm{e}^{ikr}}{r}\right) - E\frac{\partial}{\partial n}\left(\frac{\mathrm{e}^{ikr}}{r}\right) \right]\mathrm{d}S$$

$$+ \frac{1}{4\pi}\iint_{\Sigma} \left[\frac{\partial E}{\partial n}\left(\frac{\mathrm{e}^{ikr}}{r}\right) - E\frac{\partial}{\partial n}\left(\frac{\mathrm{e}^{ikr}}{r}\right) \right]\mathrm{d}S \tag{2-5}$$

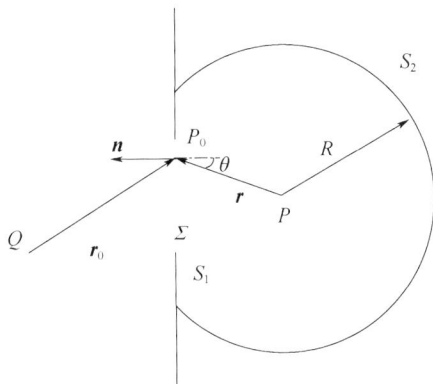

图 2-2 不透明屏幕孔径的衍射及封闭面的选择

可以证明当满足索末菲辐射条件

$$\lim_{R \to \infty} R\left(\frac{\partial E}{\partial n} - \mathrm{i}kE\right) = 0 \tag{2-6}$$

时,式(2-5)右边第二项积分随着 R 趋于无穷而趋于0。此时式(2-5)可改写为

$$E(P) = \frac{1}{4\pi}\iint_{S_1}\left[\frac{\partial E}{\partial n}\left(\frac{\mathrm{e}^{\mathrm{i}kr}}{r}\right) - E\frac{\partial}{\partial n}\left(\frac{\mathrm{e}^{\mathrm{i}kr}}{r}\right)\right]\mathrm{d}S$$

$$+ \frac{1}{4\pi}\iint_{\Sigma}\left[\frac{\partial E}{\partial n}\left(\frac{\mathrm{e}^{\mathrm{i}kr}}{r}\right) - E\frac{\partial}{\partial n}\left(\frac{\mathrm{e}^{\mathrm{i}kr}}{r}\right)\right]\mathrm{d}S \tag{2-7}$$

2.1.3 基尔霍夫边界条件

式(2-7)中包括衍射屏上的孔径部分 Σ 和不透明部分 S_1 上的积分。为进一步简化,基尔霍夫做了两点假设,也即基尔霍夫边界条件:

(1)在 Σ 上各点,光场 E 的分布及其导数 $\frac{\partial E}{\partial n}$ 和衍射屏不存在时相同,也即由入射光场决定。

(2)在衍射屏的不透明部分 S_1 上的各点,光场 E 及其导数 $\frac{\partial E}{\partial n}$ 均为0。

此时式(2-7)简化为

$$E(P) = \frac{1}{4\pi}\iint_{\Sigma}\left[\frac{\partial E}{\partial n}\left(\frac{\mathrm{e}^{\mathrm{i}kr}}{r}\right) - E\frac{\partial}{\partial n}\left(\frac{\mathrm{e}^{\mathrm{i}kr}}{r}\right)\right]\mathrm{d}S \tag{2-8}$$

假设衍射屏由点光源 Q 发出的球面波 $\frac{A\mathrm{e}^{\mathrm{i}kr_0}}{r_0}$ 照射,Q 到孔径上各点的距离为 r_0,则推导可得基尔霍夫衍射公式

$$E(P) = \frac{A}{\mathrm{i}\lambda}\iint_{\Sigma}\frac{\mathrm{e}^{\mathrm{i}kr_0}}{r_0}\frac{\mathrm{e}^{\mathrm{i}kr}}{r}\left(\frac{\cos(\boldsymbol{n},\boldsymbol{r}) - \cos(\boldsymbol{n},\boldsymbol{r}_0)}{2}\right)\mathrm{d}S \tag{2-9}$$

式中:$(\boldsymbol{n},\boldsymbol{r})$ 和 $(\boldsymbol{n},\boldsymbol{r}_0)$ 分别代表 $\boldsymbol{n}$ 与 $\boldsymbol{r}$ 和 $\boldsymbol{r}_0$ 的夹角。

考虑到惠更斯-菲涅尔原理,假设衍射屏孔径 Σ 上的光场分布为 $E(P_0)$,则 P 点的光场为

$$E(P) = \frac{1}{\mathrm{i}\lambda}\iint_{\Sigma}E(P_0)K(\theta)\frac{\mathrm{e}^{\mathrm{i}kr}}{r}\mathrm{d}S \tag{2-10}$$

式中:$K(\theta)$ 为倾斜因子。通常情况下,$\boldsymbol{n}$ 与 $\boldsymbol{r}$ 和 $\boldsymbol{r}_0$ 的夹角都比较小,$K(\theta)=1$。

2.1.4 菲涅尔衍射

随着 P 点位置逐渐远离孔径,式(2-10)可进一步近似为菲涅尔衍射与夫琅和费衍射。

如图 2-3 所示,假设输入面(平面屏)上的光场分布为 $E_1(x_1, y_1)$,输出面(观察平面)上的光场分布为 $E_2(x_2, y_2)$。输出面上点 $P_2(x_2, y_2)$ 到输入面上任意一点 $P_1(x_1, y_1)$ 的距离为

$$r = \sqrt{(x_2 - x_1)^2 + (y_2 - y_1)^2 + z^2}$$

$$= z\left\{ 1 + \frac{1}{2}\left[\left(\frac{x_2 - x_1}{z}\right)^2 + \left(\frac{y_2 - y_1}{z}\right)^2 \right] - \frac{1}{8}\left[\left(\frac{x_2 - x_1}{z}\right)^2 + \left(\frac{y_2 - y_1}{z}\right)^2 \right]^2 + \cdots \right\}$$

$$(2-11)$$

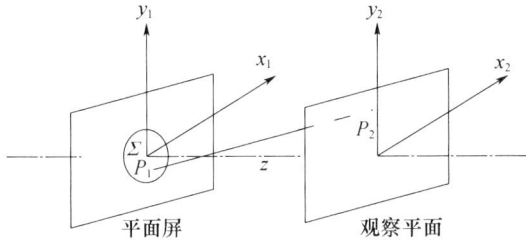

图 2-3　菲涅尔衍射

通常假设输入面和输出面之间的距离 z 远大于孔径部分 Σ 部分以及输出面区域的尺寸,也即满足傍轴近似,此时 $\dfrac{e^{ikr}}{r}$ 分母中的 $r \approx z$。

当 z 大到使得式(2-11)泰勒级数展开第三项及后续各项对相位 kr 的作用远小于 π 时,可取泰勒级数展开前两项来表示 r,则式(2-11)可写为

$$E_2(x_2, y_2) = \frac{e^{ikz}}{i\lambda z} \iint_{\Sigma} E_1(x_1, y_1) e^{i\frac{k}{2z}((x_2-x_1)^2 + (y_2-y_1)^2)} \, dx_1 dy_1$$

$$= \frac{e^{ikz} e^{i\frac{k(x_2^2+y_2^2)}{2z}}}{i\lambda z} F\left(E_1(x_1, y_1) e^{i\frac{k(x_1^2+y_1^2)}{2z}} \right) \Bigg|_{f_x = \frac{x_2}{\lambda z}, f_y = \frac{y_2}{\lambda z}} \qquad (2-12)$$

式中:$F(\cdot)$ 代表傅里叶变换。若此条件成立,则距离 z 应当满足

$$z^3 \gg \max\left(\frac{\pi}{4\lambda} ((x_2 - x_1)^2 + (y_2 - y_1)^2)^2 \right) \qquad (2-13)$$

式中:$\max(\cdot)$ 表示取集合中的最大值。此时输出面所在的区域称为菲涅尔衍射区。

2.1.5　夫琅和费衍射

当输出面离开输入面的距离 z 进一步增大时,满足

$$\frac{\max(k(x_1^2 + y_1^2))}{2z} \approx 0 \qquad (2-14)$$

即

$$z \gg \frac{\max(x_1^2 + y_1^2)}{\lambda} \qquad (2-15)$$

式(2-12)进一步简化为

$$E_2(x_2,y_2) = \frac{e^{ikz}}{i\lambda z} e^{i\frac{k(x_2^2+y_2^2)}{2z}} F(E_1(x_1,y_1)) \Big|_{f_x = \frac{x_2}{\lambda z}, f_y = \frac{y_2}{\lambda z}} \qquad (2-16)$$

此时输出面所在的区域为夫琅和费衍射区。

从式(2-12)、式(2-16)可知,标量衍射与傅里叶变换紧密相关。扣除相位因素,输入面的光场分布直接与其夫琅和费衍射场分布互为傅里叶变换。但严格来讲,只有在极限情形下,即输出面在无穷远时,才能实现夫琅和费衍射。透镜是在较近距离内观察输入光场的夫琅和费衍射的必要光学元件,即透镜可用来实现输入光场的傅里叶变换。

焦距为 f 的透镜的复振幅透过率函数可以表示为

$$t(x_1,y_1) = e^{\frac{ik}{2f}(x_1^2+y_1^2)} \qquad (2-17)$$

若透镜前表面的光场分布为 $E_1(x_1,y_1)$,则在透镜后焦面上的光场分布为

$$E_2(x_2,y_2) = \frac{e^{ikf}}{i\lambda f} e^{i\frac{k(x_2^2+y_2^2)}{2f}} F(E_1(x_1,y_1)) \Big|_{f_x = \frac{x_2}{\lambda f}, f_y = \frac{y_2}{\lambda f}} \qquad (2-18)$$

式(2-18)表明,不考虑二次相位因子,透镜后焦面上的光场分布正比于入射光场的傅里叶变换。

2.2 二元光学元件优化设计

BOE 的标量模型假定 BOE 是一无限薄的曲面,是一种纯相位元件,其透过率函数为 $t(x_1,y_1) = e^{i\phi_1(x_1,y_1)}$,其中 $\phi_1(x_1,y_1)$ 是 BOE 的相位分布函数。如图 2-4 所示,设入射到 BOE 的光场复振幅分布为 $A(x_1,y_1)$,则从 BOE 出射的光场复振幅分布为 $E_1(x_1,y_1) = A(x_1,y_1) \cdot t(x_1,y_1)$,根据标量衍射公式即可求出 BOE 后任一点的光场分布。

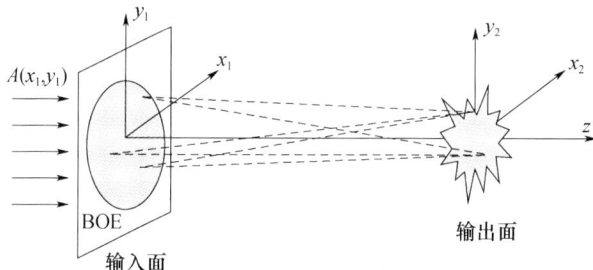

图 2-4 二元光学元件设计光学系统示意图

BOE 的设计可概述为已知光学系统输入面光场分布,如何计算 BOE 的相位分布以正确调制入射光场,高精度地给出预期输出面光场分布,实现所需功能。实际应用中,一般仅考虑输出面的光强分布,故设计问题归结为利用具有相位分布函数 $\phi_1(x_1, y_1)$ 的 BOE 调制输入面复振幅分布 $A(x_1, y_1)$,使其经菲涅尔衍射或夫琅和费衍射后得到所需的输出面振幅分布 $|E_2(x_2, y_2)|$。

有些情况可以对 BOE 解析求解,例如,无穷远轴上物点成像的菲涅尔波带片。根据要求的焦距 f,最大外径 $2R$(或相对孔径 $2R/f$,或数值孔径 NA)及衍射效率 η,可计算相应的结构参数,包括波带片周期数 N、环带半径 r_m、相位台阶数 L、环带数 M 及最小线宽 v 等,如表 2 – 1 所示。

表 2 – 1　相位型菲涅尔波带片设计公式组

- 焦距 $f = R^2/(2N\lambda)$
- 环带半径 $r_m = \sqrt{2m\lambda f/L}$
- 环带数 $M = R^2 L/(2f\lambda)$
- 最小线宽 $v = \sqrt{2Mf\lambda/L} - \sqrt{2(M-1)f\lambda/L} = R/(2M)$
- 数值孔径 NA $= 2R/f$
- 衍射效率 $\eta = \mathrm{sinc}^2(1/L) = \left[\dfrac{\sin(\pi/L)}{\pi/L}\right]^2$

2.2.1　几何变换法

将圆对称的高斯光束变换为圆对称的平顶、陡边的均匀光斑时,可以利用几何变换法设计圆对称的二元光学元件。如图 2 – 5 所示,二元光学元件放置在输入面 P_1 处,在透镜的后焦面(也即输出面)P_2 处实现光束变换,获得矩形光斑,其半径为 R_0,根据能量守恒定律可以知道输出面 P_2 的输出光场振幅 σ。

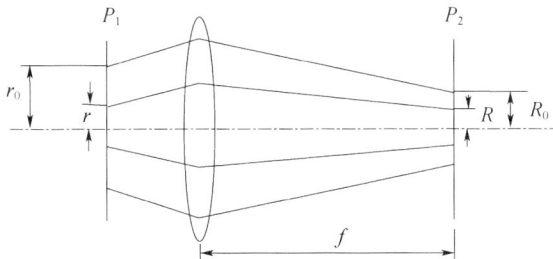

图 2 – 5　几何变换法设计二元光学元件

考虑到系统的圆对称性,设输入面 P_1 上的入射高斯光束实振幅分布为

$$E_1(r) = e^{-\frac{2r^2}{r_0^2}} \tag{2-19}$$

式中:r、r_0 分别为入射光束在输入面 P_1 的径向坐标和高斯光束束腰半径。二元

光学元件置在高斯光束束腰处，其半径为 r_0，相位分布为 $\phi_1(r)$。

输入面 P_1 半径 r 内的能量需要不损耗地传播至输出面 P_2 半径 R 内，由能量守恒定律及 P_1、P_2 面的光场分布，可得出 r 与 R 间的关系

$$R(r) = \sqrt{\frac{r_0^2}{2\sigma}\left(1 - e^{\frac{2r^2}{r_0^2}}\right)} \qquad (2-20)$$

需要设计二元光学元件的相位分布 $\phi_1(r)$ 使得输入面 P_1 半径 r 处的光线传播至输出面 P_2 半径 R 处。由几何光学可知

$$\frac{\mathrm{d}\phi_1(r)}{\mathrm{d}r} = \frac{2\pi}{\lambda f}R(r) \qquad (2-21)$$

将式（2-20）代入到式（2-21），就可以数值求解出二元光学元件的相位分布。例如入射波长 $\lambda = 0.6328\,\mu m$、BOE 半径（也即高斯光束束腰半径）$r_0 = 25\,mm$、透镜焦距 $f = 800\,mm$、输出均匀光斑半径 $R_0 = 200\,\mu m$，求得的 BOE 相位分布如图 2-6(a) 所示。

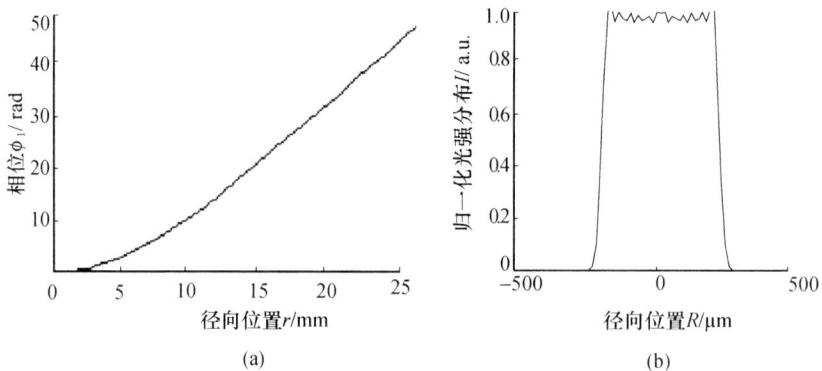

图 2-6 几何变换法设计二元光学元件
(a) 相位分布；(b) 输出面光强分布。

输出面光强分布如图 2-6(b) 所示，获得了平顶、陡边的均匀光斑。几何变换法忽略了光的衍射作用而造成顶部出现了强度起伏。入射的高斯光束振幅由外而里缓慢增加，因而硬边衍射的作用尚不明显。但对于理想平面波入射，输出面光斑质量将由于受硬边衍射的影响变得很差，几何变换法不适合理想平面波入射，但求得的相位分布可以作为后续优化算法的初始值。

2.2.2 优化算法

2.2.2.1 数学模型

如果光束变换的系统不具有圆对称性或入射光束不是振幅缓变分布，几何

变换法不能用来设计二元光学元件。大多数情形下,无法解析求出 BOE 的相位分布,需将其转化为数值优化问题,利用优化算法寻求在某种条件下的最优解。下面主要围绕实现光束变换的二元光学元件,介绍常用的优化算法并比较其优缺点。为简单起见,以一维夫琅和费衍射系统为例,输入是振幅为 1 的理想平面波。如图 2-7 所示已知系统参数:二元光学元件口径 D、傅里叶变换透镜焦距 f、入射波长 λ、输出面(透镜后焦面)上所需的均匀光斑大小 d。

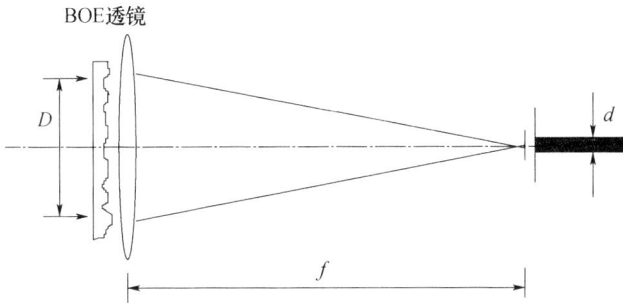

图 2-7　二元光学元件实现光束变换的系统示意图

BOE 的相位优化设计与加工中,通常需离散化为多台阶结构。将 BOE 等分为尺寸相等的 N 个相位单元,此时 BOE 特征尺寸为 D/N,N 不应太大,否则特征尺寸过小,将对加工提出不必要的过高精度要求。假设二元光学元件的中心位于光轴上,则其透过率函数为

$$t(x_1) = \sum_{j=1}^{N} e^{i\phi_{1j}} \text{rect}\left(\frac{x_1 - (j - N/2 - 1/2)D/N}{D/N}\right) \qquad (2-22)$$

式中:ϕ_{1j} 为元件第 j 个单元的相位值,且

$$\text{rect}(x) = \begin{cases} 1, & |x| \leqslant \dfrac{1}{2} \\ 0, & \text{其他} \end{cases} \qquad (2-23)$$

输入是振幅为 1 的理想平面波,忽略常数项,则输出面(透镜后焦面)上的光强分布为

$$I(x_2) = \left| \sum_{j=1}^{N} e^{i\phi_{1j}} \text{sinc}\left(\frac{x_2 D}{\lambda f N}\right) e^{-i2\pi\frac{jx_2 D}{\lambda f N}} \right|^2 \qquad (2-24)$$

式中

$$\text{sinc}(x) = \begin{cases} 1, & x = 0 \\ \sin(\pi x)/(\pi x), & \text{其他} \end{cases} \qquad (2-25)$$

在数值计算中,通常只能考虑输出面上某些离散点的光强值与理想值间的距离,以此作为算法评价函数。一般选取输出面上的采样间隔为 $\Delta x_2 = \lambda f/D$,即输出面采样点为 $x_2 = m\lambda f/D$($m = \cdots, -1, 0, 1, \cdots$),则采样点上的光强分

布为

$$I(m) = \left(\operatorname{sinc}\left(\frac{m}{N} \right) \right)^2 \mid \sum_{j=1}^{N} e^{i\phi_{1j}} e^{-i2\pi\frac{mj}{N}} \mid^2 \qquad (2-26)$$

可以选择合适的 N 使得均匀光斑内 $\operatorname{sinc}(m/N) \approx 1$。若仅考虑输出面上的一个周期,即 $m = -N/2, \cdots, -1, 0, 1, \cdots, N/2 - 1$,则式(2-26)可转化成

$$I(m) = \mid \sum_{j=1}^{N} e^{i\phi_{1j}} e^{-i2\pi\frac{mj}{N}} \mid^2 = \mid \mathrm{DFT}_m(e^{i\phi_{1j}}) \mid^2 \qquad (2-27)$$

式中:DFT(·)代表离散傅里叶变换。式(2-27)可以利用快速傅里叶变换(FFT)来计算。

为定量描述二元光学元件光束变换的设计性能,定义如下两个参数:

光能利用率

$$\eta = \sum_{m=-M/2}^{M/2-1} I(m) \Big/ \sum_{\forall m} I(m) \qquad (2-28)$$

顶部不均匀性

$$\mathrm{rms} = \frac{1}{M-1} \sqrt{\sum_{m=-M/2}^{M/2-1} \left[\frac{I(m) - \bar{I}}{\bar{I}} \right]^2} \qquad (2-29)$$

式中:$\bar{I} = \frac{1}{M} \sum_{m=-M/2}^{M/2-1} I(m) (m = -M/2, \cdots, -1, 0, 1, \cdots, M/2 - 1)$ 为均匀光斑区域内的采样点。

2.2.2.2　GS 算法及其改进算法[5-9]

R. W. Gerchberg 和 W. O. Saxton 首先提出了一种有实际意义的振幅相位恢复算法,即 GS 算法,利用输入面、输出面间的傅里叶变换、逆傅里叶变换关系以及输入面、输出面上的光场限制条件,反复迭代直至满足设计要求,如下述迭代流程,其中输入面的振幅分布为 $f(x_1)$,焦平面上的理想振幅分布为 $g(x_2)$,$F(\cdot)$、$F^{-1}(\cdot)$ 分别为傅里叶变换与逆傅里叶变换。

(1)给二元光学元件赋初始相位 $\phi_{1,0}(x_1)$。

(2)对于第 k 次迭代,输入面光场分布为

$$E_{1,k}(x_1) = f(x_1) e^{i\phi_{1,k}(x_1)} \qquad (2-30)$$

(3)对输入面光场分布进行傅里叶变换,得到输出面上光场分布为

$$E_{2,k}(x_2) = F(E_{1,k}(x_1)) = \mid E_{2,k}(x_2) \mid e^{i\phi_{2,k}(x_2)} \qquad (2-31)$$

(4)判断输出面的振幅分布 $\mid E_{2,k}(x_2) \mid$ 是否满足设计要求:若满足,则优化结束,二元光学元件相位分布为 $\phi_{1,k}(x_1)$;若不满足,利用输出面的限制条件,即保持相位不变,将理想振幅分布 $g(x_2)$ 替代计算得到的振幅分布 $\mid E_{2,k}(x_2) \mid$,得到新的输出面光场分布为

$$E_{2,k+1}(x_2) = g(x_2)\mathrm{e}^{\mathrm{i}\phi_{2,k}(x_2)} \qquad (2-32)$$

（5）对输出面光场分布进行逆傅里叶变换，得到输入面光场分布为

$$E_{1,k+1}(x_1) = F^{-1}(E_{2,k+1}(x_2)) = |E_{1,k+1}(x_1)|\mathrm{e}^{\mathrm{i}\phi_{1,k+1}(x_1)} \qquad (2-33)$$

（6）利用输入面的限制条件，即保持相位不变，将输入面振幅分布 $f(x_1)$ 替代计算得到的振幅分布 $|E_{1,k+1}(x_1)|$，得到新的输入面光场分布，返回到第（3）步。

设计参数如下：$\lambda = 1.053\mu\mathrm{m}$、$f = 600\mathrm{mm}$、$D = 100\mathrm{mm}$、均匀光斑大小 $d = 100\mu\mathrm{m}$，以随机相位分布作为初始迭代相位 $\phi_{1,0}$，利用 GS 算法优化得到的设计结果如图 2 – 8 所示，其光能利用率 η 与顶部不均匀性 rms 分别为 98.3%、14.5%。

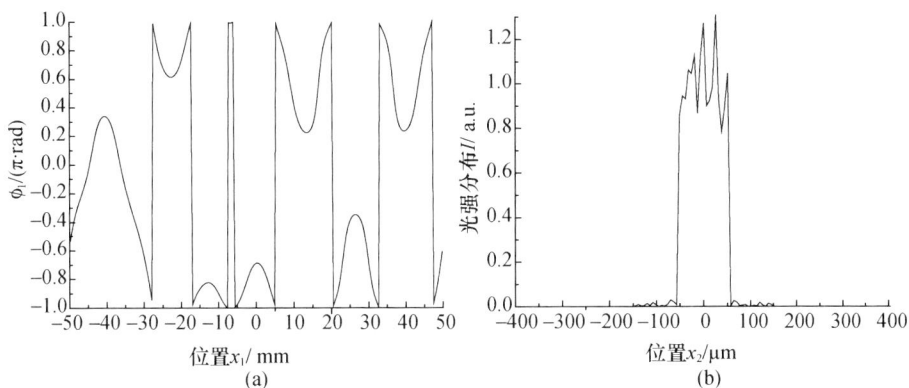

图 2 – 8　GS 算法设计结果
（a）相位分布；（b）输出面光强分布。

从图 2 – 8 可知，GS 算法优化得到的相位分布不够连续，包含许多相位突变点，在某些应用场合，为提高二元光学元件的抗激光损伤阈值，需要优化得到尽可能连续的相位分布；GS 算法是一种局部优化算法，对初始值敏感，易陷入局部极值点，且优化得到的输出面上的光强分布顶部不均匀性不够理想；等等。

为了获得更理想的设计性能，对 GS 算法中每次迭代的输出面理想振幅分布进行如下调整：

$$\overline{P}(x_2) = \frac{g(x_2)}{\sum g(x_2)}, \quad \overline{P}_k(x_2) = \frac{|E_{2,k}(x_2)|}{\sum |E_{2,k}(x_2)|}, \quad g_{k+1}(x_2) = |E_{2,k}(x_2)|\left(\frac{\overline{P}}{\overline{P}_k}\right)^{\gamma}$$
$$(2-34)$$

$$E_{2,k+1}(x_2) = g_{k+1}(x_2)\mathrm{e}^{\mathrm{i}\phi_{2,k}(x_2)} \qquad (2-35)$$

式中：γ 用来控制收敛速度和设计性能。

对 GS 算法进行如上改进，可提高收敛速度，并可基本克服 GS 算法易陷于

局部极值点这一缺陷,获得更理想的顶部均匀性。设计参数同前,设计结果如图 2-9 所示,其光能利用率 η 与顶部不均匀性 rms 分别为 93.9%、1.1%。

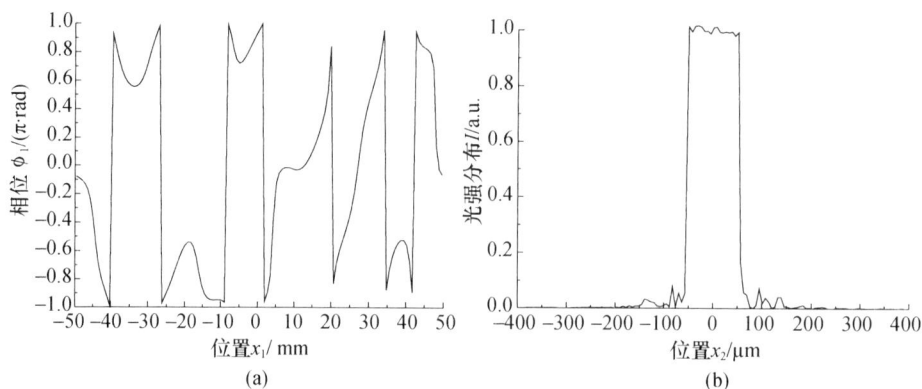

图 2-9　GS 算法改进算法设计结果
(a) 相位分布;(b) 输出面光强分布。

有多种改进算法可以减少相位突变点获得连续的相位分布,例如相位混合算法(Phase Mixture Algorithm,PMA)利用每次迭代的相位与上一次相位的加权和作为下次迭代的相位值,即

$$\phi_{1,k}(x_1) = a\phi_{1,k-1}(x_1) + b\arg(F^{-1}(g(x_2)e^{\mathrm{i}\phi_{2,k}(x_2)})) \qquad (2-36)$$

式中:a、b 为非负的常数因子,且 $a + b = 1$;$\arg(\,\cdot\,)$ 代表取幅角。

对于二维情形,为获得连续相位分布,可采取绝热迭代算法。通过选取随机连续相位分布作为初始相位,并选取连续远场替代函数缓慢逼近理想的输出面分布或引入局部替代函数,保证过程的绝热性,可大大减小相位突变点乃至获得连续的相位分布。绝热迭代中每次输出面的振幅分布由下式确定:

$$|E_{2,k+1}(x_2,y_2)| = |E_{2,k}(x_2,y_2)| + \kappa(g(x_2,y_2) - |E_{2,k}(x_2,y_2)|)$$

$$(2-37)$$

式中:$g(x_2,y_2)$ 为输出面理想振幅分布;k 为迭代系数,$\kappa \ll 1$ 以保证迭代的绝热性,这也导致算法优化效率要远远低于 GS 算法。

GS 算法的改进算法还有许多,例如输入 - 输出算法等,均是调整输入面的限制条件和/或输出面的限制条件,来改善相位分布和/或改善设计性能,在此不一一叙述。

2.2.2.3　杨顾(Yang - Gu,YG)算法及其改进算法[10-12]

中国科学院物理研究所杨国桢和顾本源等应用光学一般变换理论,提出幺正变换系统中振幅相位恢复问题的一般描述方法,在严格数学推导的基础上,建立一组确定振幅相位分布的联立方程组,即杨顾(YG)算法,并将其推广到非幺

正变换系中。YG 算法原则上可解决任意线性变换系统中的振幅相位恢复问题。

同样以一维为例,若输入面、输出面上的光场分布 $E_1(x_1)$ 与 $E_2(x_2)$ 满足变换关系 G,即

$$E_2(x_2) = G(E_1(x_1)) = \int_{-\infty}^{+\infty} E_1(x_1) G(x_1, x_2) \, dx_1 \qquad (2-38)$$

对式(2-38)离散化,输入面、输出面的采样点数分别为 N_1、N_2,则 $G(x_1, x_2)$ 对应于 $N_2 \times N_1$ 的矩阵:

$$\begin{cases} E_{1l} = \rho_{1l} e^{i\phi_{1l}}, \quad l = 1,2,3,\cdots,N_1 \\ E_{2m} = \rho_{2m} e^{i\phi_{2m}}, \quad m = 1,2,3,\cdots,N_2 \\ E_{2m} = \sum_{l=1}^{N_1} G_{ml} E_{1l} \end{cases} \qquad (2-39)$$

相位设计的目标是寻求 ϕ_{1l},使得 E_{2m} 充分逼近理想输出 g_{2m}。以范数 D 来定量描述两者的逼近程度:

$$D = \sum_{m=1}^{N_2} \left| \sum_{l=1}^{N_1} G_{ml} E_{1l} - g_{2m} \right|^2 \qquad (2-40)$$

按照变分法原理,使 D 最小,相位迭代求解公式为

$$\phi_{2k} = \arg\left[\sum_j G_{kj} \rho_{1j} e^{i\phi_{1j}} \right] \qquad (2-41\text{a})$$

$$\phi_{1k} = \arg\left[\sum_j G_{jk}^* \rho_{2j} e^{i\phi_{2j}} - \sum_{j \neq k} A_{kj} \rho_{1j} e^{i\phi_{1j}} \right] \qquad (2-41\text{b})$$

式中:$A = G^+G$,其中"+"表示取厄密共轭运算;"*"表示复数共轭。

同样地,给二元光学元件赋初始相位 $\phi_{1,0}(x_1)$,按照式(2-41a)、式(2-41b)分别计算出输出面、输入面相位分布,利用输入面、输出面的约束条件,反复迭代,直到满足设计要求为止。当 G 为傅里叶变换时,YG 算法就退化为 GS 算法,YG 算法更具有普遍性。

在透镜后焦面上实现光束变换,此时 YG 算法与 GS 算法等价。与 GS 算法一样,YG 算法也是一种局部优化算法,设计的相位不够连续,包含许多相位突变点;对初始值敏感,易陷入局部极值点,设计性能不够理想;等等。针对 YG 算法也提出了多种改进,例如式(2-35)的改进。$\lambda = 1.053\,\mu m$,$f = 600\,mm$,$D = 100\,mm$,均匀光斑大小 $d = 100\,\mu m$,采用 YG 算法的改进算法,设计结果如图 2-10 所示,其光能利用率 η 与顶部不均匀性 rms 分别为 93.6%、0.2%。

YG 算法原则上可解决任意线性变换系统中的振幅相位恢复问题,利用 YG 算法设计 BOE,可实现产生多焦环、长焦深和特定三维分布等各种光束变换功能。

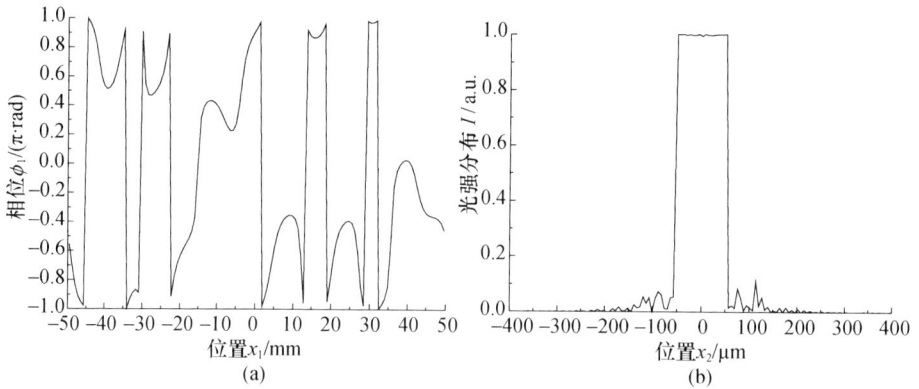

图 2 - 10   YG 算法改进算法设计结果

(a) 相位分布;(b) 输出面光强分布。

2.2.2.4   模拟退火(Simulated Annealing,SA)算法[13]

GS 算法、YG 算法都是一种局部优化算法,而 SA 算法借鉴不可逆动力学的思想,是一种启发式随机优化方法。其基本思想是:将优化变量的可能取值 $\phi_1(x_1)$ 看成某一物质体系的微观状态,而将评价函数 $D(\phi_1)$ 看成该物质体系在对应状态下的内能,并用控制参数 T 类比温度。在某一温度下,不断降温,在全局解空间中随机搜索最优解,同时具有概率突跳特点,即在局部极小以一定概率跳出并最终趋于全局最优。模拟退火算法应满足下列条件:

(1) 可达性。无论初始点如何选择,任何一个状态均可以达到。这样才有得到最优解的可能。

(2) 渐近不依赖初始点。由于初始点的选取具有非常大的随机性,要达到全局最优,应渐近地不依赖初始点。

(3) 分布稳定性。当温度不变时,描述模拟退火过程的马尔可夫链的极限分布应存在;当温度渐近为零时,其马尔可夫链也存在极限分布。

(4) 收敛到最优解。当温度渐近零时,最优状态的极限分布和为 1。

分析可知,按理论要求达到平稳分布来应用模拟退火算法是不可能的,因为需要在每个温度搜索无穷次以达到平稳分布。从应用的角度来看,在可接受的时间里得到满足要求的解就可以,因此无法保证模拟退火算法能得到全局最优解,但它是一种能跳出局部最优点的算法。

2.2.2.5   遗传算法(Genetic Algorithm,GA)[14]

GA 算法借鉴生物进化论的思想,模拟生物在自然环境中的遗传和进化过程而形成的一种自适应全局优化概率搜索算法。它的突出特点在于包含了与生

物遗传及进化很相似的步骤,如交叉、变异、选择进化等。与传统的优化算法相比,GA 具有以下特点:

(1) 利用目标函数本身的信息建立寻优方向,而不是利用其导数信息建立寻优方向,因此对优化设计问题的限制较少,仅要求问题是可计算的。

(2) 利用概率转移规则,可以在一个具有不确定性的空间上寻优。与一般的随机型优化方法相比,遗传算法在整个解空间同时寻优搜索,可以有效地避免陷入局部极小点,具备全局最优搜索性。

(3) 群体中每个个体的搜索是独立进行的,因此具有内在的并行计算特性。

2.2.2.6   蚁群算法(Ant Colony Optimization,ACO)[15]

ACO 模拟蚂蚁的觅食习性。蚂蚁总能找到巢穴与食物源之间的最短路径。经研究发现,蚂蚁的这种群体协作功能是通过一种遗留在其来往路径上的叫做信息素(Pheromone)的挥发性化学物质来进行通信和协调的,形成正反馈,从而使多个路径上的蚂蚁都逐渐聚集到最短的路径上。蚁群算法是一种基于种群寻优的启发式搜索算法,充分利用了生物蚁群能通过个体间简单的信息传递,通过正反馈、分布式协作来寻找最优路径。ACO 具有以下特点:

(1) 自组织的算法。当算法开始的初期,单个人工蚂蚁无序地寻找解,算法经过一段时间的演化后,人工蚂蚁间通过信息激素的作用,自发地越来越趋向于寻找到接近最优解的一些解,这是一个无序到有序的过程。

(2) 本质上并行的算法。每只蚂蚁搜索的过程彼此独立,仅通过信息激素进行通信,可在解空间的多点同时开始进行独立的解搜索,不仅增加了算法的可靠性,也使得算法具有较强的全局搜索能力。

(3) 正反馈的算法。初始时刻在环境中存在完全相同的信息激素,给予系统一个微小扰动,使得各个边上的轨迹浓度不相同,蚂蚁构造的解就存在了优劣,算法采用的反馈方式是在较优的解经过的路径留下更多的信息激素,而更多的信息激素又吸引了更多的蚂蚁,这个正反馈的过程使得初始的不同得到不断的扩大,同时又引导整个系统向最优解的方向进化。

(4) 具有较强的鲁棒性。对初始路线要求不高,即蚁群算法的求解结果不依赖于初始路线的选择,而且在搜索过程中不需要进行人工的调整。其次,蚁群算法的参数数目少,设置简单,易于蚁群算法应用到其他组合优化问题的求解。

2.2.2.7   粒子群算法(Particle Swarm Optimization,PSO)[16]

PSO 起源于对简单社会模型的仿真,它和鸟类或鱼类的群集现象有十分明显的联系。和遗传算法相似,它也是从随机解出发寻找最优解,通过适应值来评价解的品质,但它比遗传算法规则更为简单,没有遗传算法的"交叉"和"变异"算子。每个优化问题的潜在解都是搜索空间中的"粒子",所有的"粒子"都有一个由被优化的函数决定的适应值,每个"粒子"还有一个速度决定飞翔的方向和位移。PSO 算法需要初始化一群随机"粒子"(随机解),通过追随当前搜索到的最优值来寻找全局最优。粒子群算法也具有并行计算特性。

2.2.2.8 混合优化算法

最速下降法、共轭梯度法、爬山法等也可用于 BOE 的设计。局部优化算法(GS 算法、YG 算法、最速下降法、共轭梯度法、爬山法等)在优化过程中,只接受目标函数下降的自变量取值,易于陷入局部极值点,寻优可靠性不高,但优化效率较高且局部寻优精度高。全局优化算法(SA、GA 等)具有跳出局部极值点的能力,可在整个解空间搜索;但是新旧状态间大都没有有机的联系,只是在解空间内随机性地试探搜索,优化效率不高。因此,将全局优化算法与局部优化算法有机地结合起来,使其既有一定的全局搜索能力,能跳出局部极值点,又有较高的优化效率,是 BOE 设计时较多使用的算法。

一种混合优化算法:爬山 - 模拟退火混合优化算法[17]的优化过程主要分为如下四个阶段:

(1)参量初始化。

(2)给定随机扰动作为搜索方向,按爬山法进行一维局部搜索。

(3)以模拟退火法的思想来判断爬山法搜索得到的解是否接收,以一定概率跳出局部极值点。

(4)降温,重复上述两步,直至评价函数达到目标值。

为保证相位分布的连续性,设计中,BOE 的相位分布为

$$\phi_1(x_1) = \sum_{j=1}^{N} A_j \sin(\omega_j x_1 + \phi_{1j}) \qquad (2-42)$$

式中:A_j、ω_j 与 ϕ_{1j} 分别为第 j 个正弦函数的振幅、频率与初始相位,随机给出。混合优化算法中第 j 次爬山法搜索的方向由 ω_j 与 ϕ_{1j} 确定,局部搜索并经模拟退火算法确定 A_j。

利用爬山 - 模拟退火混合优化算法,可获得变化平缓、性能良好的 BOE。设计参数同前,$\lambda = 1.053\mu m$,$f = 600mm$,$D = 100mm$,均匀光斑大小 $d = 100\mu m$,爬山 - 模拟退火混合优化算法的设计结果如图 2 - 11 所示,其光能利用率 η 与顶部不均匀性 rms 分别为 96.1%、3.3%。

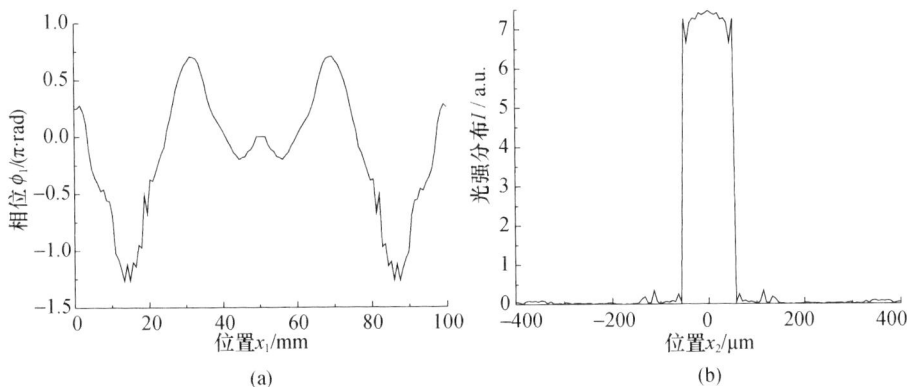

图 2-11　爬山-模拟退火混合优化算法设计结果

（a）相位分布；（b）输出面光强分布。

2.2.3　精细化设计

在数值计算中,只能考虑输出面上某些离散采样点的光强值与理想值间的距离,传统上通常 $\Delta x_2 = \lambda f/D$,即 $x_2 = m\lambda f/D, m = \cdots, -3, -2, -1, 0, 1, 2, 3, \cdots$。优化后,这些离散采样点上能获得良好的光束变换性能,但进一步计算结果表明,若在输出面上换另一组离散采样点,也即选取在优化算法中未直接控制的输出面上的非设计采样点,计算其光强分布,光束变换形性能急剧下降。对图 2-11 设计得到的相位分布,保持采样间隔 $\Delta x_2 = \lambda f/D$ 不变,但在输出面上有不同的平移量 Δ,顶部不均匀性 rms 与平移量 Δ 的关系如图 2-12 所示,在 $\Delta = \Delta x_2/2$ 时顶部均匀性最差。

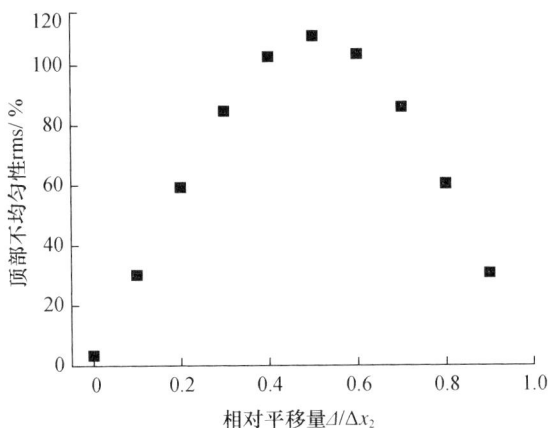

图 2-12　顶部不均匀性与输出面采样点平移量的关系

定性分析图 2-12 可知,如果设计中,在控制传统采样方式选取的设计采样点 $x_2 = m\lambda f/D$ 上的光强分布外,还控制具有传统采样间隔 $\Delta x_2 = \lambda f/D$,输出面采

样点平移量 $\Delta = \Delta x_2/2$ 的那组采样点上的光强分布,使其也满足光束变换要求,则其他组的光强分布将被限制同样满足光束变换要求,即输出面采样间隔选取为 $\Delta x_2/2$。将在输出面上选取采样间隔为传统采样间隔的一半,即 $\Delta x_2/2$ 时的设计称之为精细化设计。选取相同的设计参数,$\lambda = 1.053\,\mu m$,$f = 600\,mm$,$D = 100\,mm$,均匀光斑大小 $d = 100\,\mu m$,利用爬山 – 模拟退火混合优化算法进行设计,相位分布与输出面光强分布如图 2 – 13 所示,顶部不均匀性 rms 与光能利用率 η 分别为 8.9%、95.0%。

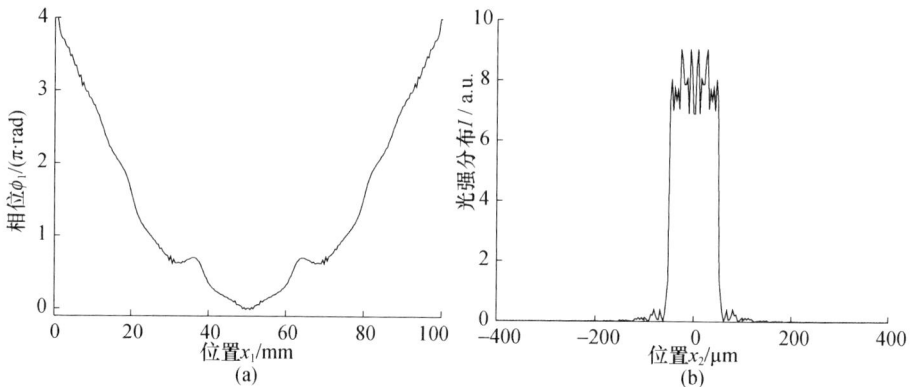

图 2 – 13　爬山 – 模拟退火混合优化算法精细化设计结果
（a）相位分布；（b）输出面光强分布。

对图 2 – 13 设计得到的相位分布,保持采样间隔 $\Delta x_2 = \lambda f/D$ 不变,同样在输出面上选取具有不同平移量 Δ 的不同组采样点,计算得到的顶部不均匀性 rms 与平移量 Δ 的关系如图 2 – 14 所示,均控制在 13% 以下。

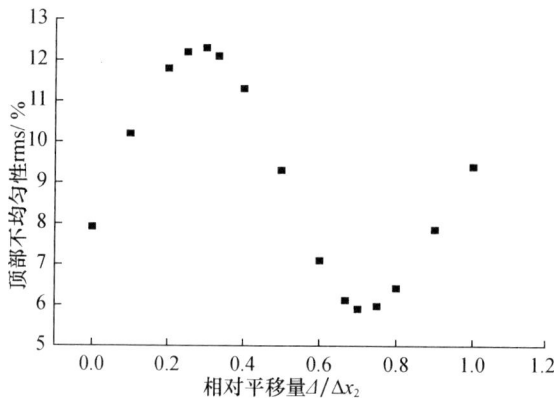

图 2 – 14　顶部不均匀性与输出面采样点平移量的关系

选取不同的输出面采样间隔进行计算,例如 $3\,\mu m$ 与 $1\,\mu m$ 对应的输出面上的光强分布如图 2 – 15(a)、(b) 所示,顶部不均匀性 rms 分别为 9.4%、11.8%。

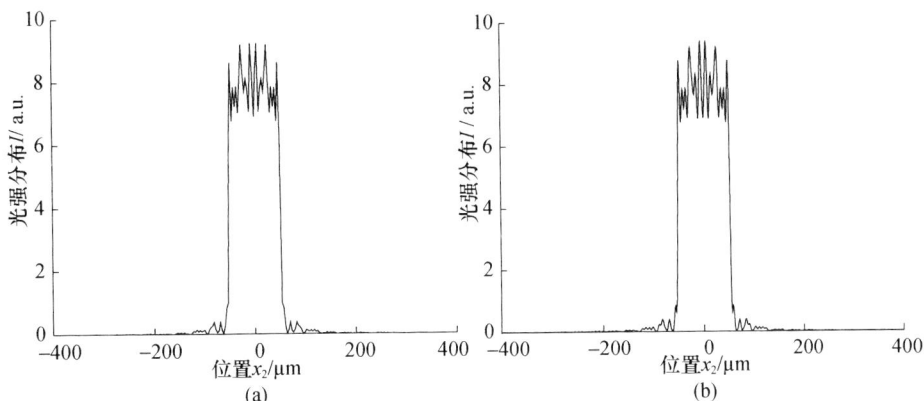

图 2-15   精细化设计时不同采样间隔计算得到的输出面光强分布

(a) 3μm;(b) 1μm。

从图 2-14、图 2-15 可知,选取输出面上采样间隔为 $(\lambda f/D)/2$ 时,设计得到的二元光学元件不仅在设计采样点上获得良好的波面变换性能,其他非设计采样点上的性能也基本保持不变,表明获得了真实的光束变换性能。

精细化设计对于工作在分数傅里叶变换、菲涅耳变换、汉克尔变换等的二元光学光束变换元件的设计均适用。工作在分数傅里叶变换和菲涅耳变换的二元光学光束变换元件的设计在 2.2.6 节会给出实例,在此仅给出汉克尔变换下的精细化设计实例[19]。这些设计实例采用的是爬山-模拟退火混合优化算法,该算法优化速度慢,难以实现二维精细化设计。基于改进 GS 算法的二维精细化设计将在 4.3 节中详细介绍。

极坐标下二元光学元件的透过率函数设为 $t(\rho)$,当平面波入射时,根据基尔霍夫衍射理论,忽略常数因子,其焦面光强分布为

$$I_f(r) = \left| \int_0^R t(\rho) J_0\left(\frac{2\pi r\rho}{\lambda f}\right) \rho d\rho \right|^2 \qquad (2-43)$$

式中:J_0 为零阶贝塞尔函数;ρ 为元件坐标;r 为焦面坐标;λ 为入射激光波长;f 为透镜焦距;$R=D/2,D$ 为元件口径。

同样地元件离散化为多台阶位相结构。设相位等分为 N 单元,则其透过率函数可写为

$$t(\rho) = \sum_{j=1}^N e^{i\varphi_j} \mathrm{rect}\left(\frac{\rho - (2j-1)a/2}{a}\right) \qquad (2-44)$$

式中:φ_j 为元件第 j 个单元的位相值;$a=R/N$。

将式(2-44)代入式(2-43),利用贝塞尔函数性质,焦面光强分布为

$$I_f(r) = \begin{cases} \left| \sum_{j=1}^{N} e^{i\varphi_j} \dfrac{\lambda f a}{2\pi r} \Big[j J_1\Big(j\dfrac{2\pi ar}{\lambda f}\Big) - (j-1) J_1\Big((j-1)\dfrac{2\pi ar}{\lambda f}\Big) \Big] \right|^2, & r \neq 0 \\[4mm] \left| \sum_{j=1}^{N} e^{i\varphi_j} 2\pi(2j-1) \right|^2, & r = 0 \end{cases}$$

$$(2-45)$$

式中:J_1 为一阶贝塞尔函数。

类比于一维情形,圆对称情形下,采样间隔也应选取为 $\Delta \leqslant (\lambda f/D)/2$,才能在焦面获得真实的光束匀滑分布。光学系统参数 λ、f、D 分别为 $1.053\mu m$、$800mm$ 与 $100mm$,均匀焦斑大小 d 为 $250\mu m$。采样间隔为 $(\lambda f/D)/2 = 4.212\mu m$,进行圆对称二元光学光束变换元件的精细化设计,设计结果如图 2-16 所示,其光能利用率 η 与顶部不均匀性 rms 分别为 90.8%、17.9%。

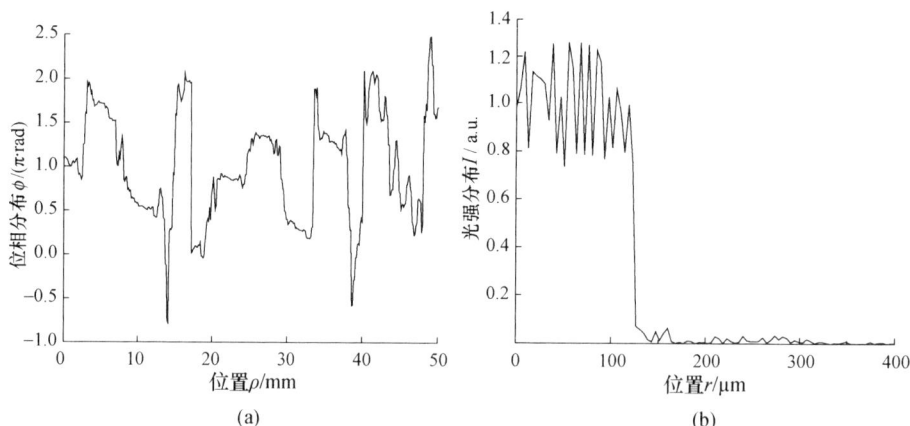

(a)   (b)

图 2-16　圆对称衍射光学光束变换元件的精细化设计结果

(a)位相分布;(b)输出面光强分布。

保持位相分布不变,当采样间隔选为 $2.5\mu m$,其光强分布如图 2-17 所示,不仅光强轮廓与光能利用率(90.6%)基本保持不变,顶部不均匀性 rms 也基本保持不变(17.8%);进一步选取不同的 Δ 进行光强分布计算,其 rms 与 Δ 的关系如图 2-18 所示,均保持小于 19%,这说明在焦面上获得了真实的光束变换性能。

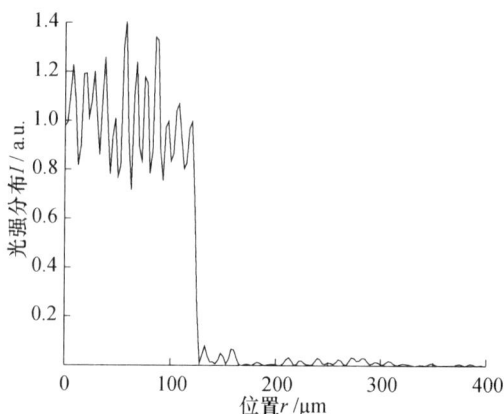

图 2-17　采样 $2.5\mu m$ 时的焦面光强分布

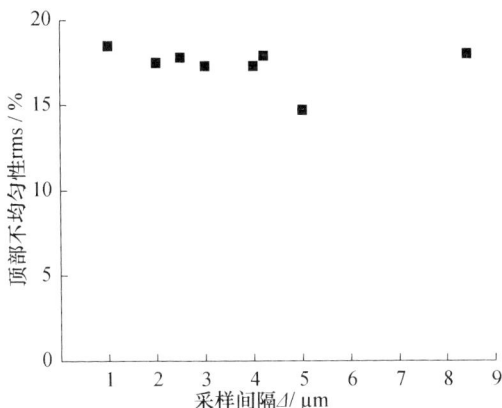

图 2 – 18 顶部不均匀性与焦面采样间隔的关系

2.2.4 衍射超分辨元件的全局优化

在高功率激光束应用中,有时需要得到尽可能小的聚焦光斑。为了减小聚焦光斑尺寸,途径之一是采用短波长激光器与大数值孔径透镜,但聚焦光斑的极限就是艾里斑的主瓣。采用二元光学元件可以进一步减小聚焦光斑的主瓣尺寸使其小于艾里斑的主瓣,实现衍射超分辨。

二元光学光束变换元件的设计,大多数无法从理论上给出其全局最优解的定量或定性的指导,只能根据实际需求,不断改进优化算法以获得更好的设计性能。但对于衍射超分辨,在控制主瓣尺寸的限制约束下,为获得最大的主瓣中心点光强,可以从理论上证明全局最优解的存在,给其优化设计提供指导。

2.2.4.1 优化设计模型

理想光学系统中,由衍射现象产生的点扩散函数(Point Spread Function, PSF)在透镜后焦面上及沿光轴的主瓣尺寸分别决定系统的横向与轴向分辨率,称为"衍射受限"分辨率。但进一步研究表明,利用放置在出瞳的光学元件将出瞳光场调制为某种特殊的分布,则系统的 PSF 可以在透镜后焦面上预先指定的位置产生零强度点,第一个零强度点可使得主瓣的尺寸低于衍射极限,获取衍射超分辨性能。

衍射超分辨系统如图 2 – 19(a)所示,透镜后焦面上的超分辨光强分布如图 2 – 19(b)所描述。通常采用三个指标定量描述横向超分辨的性能。

(1)归一化主瓣尺寸:$G = r_S/r_L$,其中 r_S 为超分辨的 PSF 在透镜后焦面上的主瓣零点半径,r_L 为衍射极限相应的半径。$G < 1$ 表明获得衍射超分辨性能。

(2)斯特列尔(Strehl)比:$S = I_S/I_L$,其中 I_S 为超分辨 PSF 的中心强度,I_L 为

衍射极限 PSF 的中心强度。

（3）最高旁瓣强度：$M = I_M/I_S$，其中 I_M 为超分辨 PSF 在透镜后焦面上的最高旁瓣强度。

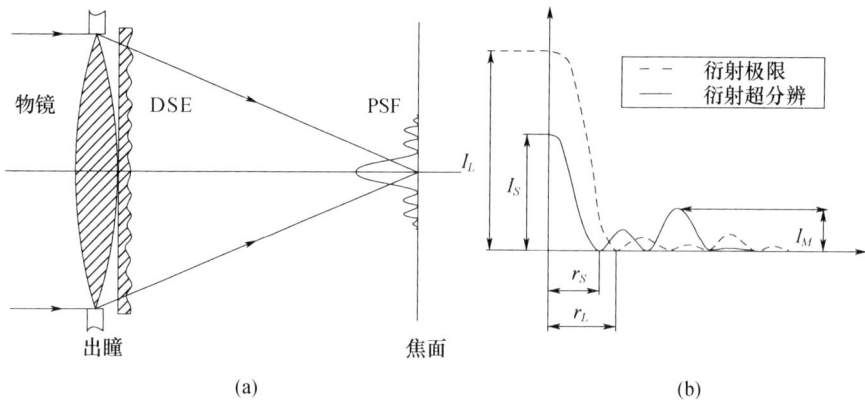

图 2 - 19　衍射超分辨系统及衍射超分辨性能参数

（a）衍射超分辨系统示意图；（b）横向超分辨 PSF 参数。

G 越小则分辨率越高，S 越大则主瓣能量利用率越高，M 越小则旁瓣噪声越低。如何设计衍射超分辨元件（Diffractive Superresolution Element，DSE）以最大限度地缩小 G、提高 S 并且降低 M，是衍射超分辨研究的核心问题。

圆对称情形，理想平面波入射，受 DSE 调制的 PSF 在焦面上的强度分布为

$$I(r_2) = \left(\frac{2\pi}{\lambda f}\right)^2 \left| \int_0^R t(r_1) J_0\left(\frac{2\pi r_1 r_2}{\lambda f}\right) r_1 \mathrm{d}r_1 \right|^2 \qquad (2-46)$$

式中：r_1、r_2 依次为出瞳径向坐标与透镜后焦面径向坐标；$t(r_1)$ 为 DSE 的复振幅透过率；λ 为照明波长；f 为透镜焦距；R 为出瞳半径；J_0 为零阶贝塞尔函数。设出瞳归一化径向坐标为 $\rho = r_1/R$，透镜后焦面归一化径向坐标为 $\eta = r_2/(0.61\lambda/NA)$，$NA = R/f$ 为数值孔径。式（2-46）两端被艾里斑中心强度归一化后成为

$$I(\eta) = 4 \left| \int_0^1 T(\rho) J_0(x_J \eta \rho) \rho \mathrm{d}\rho \right|^2 \qquad (2-47)$$

式中：$T(\rho)$ 为归一化的 DSE 复振幅透过率；$x_J = 3.8317$ 为一阶贝塞尔函数的第一个零点。

因此，横向超分辨性能指标可表达为：斯特列尔比 $S = I(0)$，主瓣尺寸 G 满足 $I(G) = 0$，最高旁瓣强度 $M = \max(I(\eta)/I(0) \mid \eta > G)$，"$\max(A)$" 表示"集合 A 中最大的元素"。

在焦面上设置 PSF 的零点约束，第一个零点确定 G，其余零点控制 M，优化 S 达到最大，衍射超分辨元件的设计转化为如下优化问题：

$$\max_{T(\rho)} S \tag{2-48a}$$

满足约束

$$I(\eta_i) = 0, i = 1, 2, \cdots, N, 0 < \eta_i < \eta_{i+1} \tag{2-48b}$$

$$|T(\rho)| \leqslant 1 \tag{2-48c}$$

代入式(2-47),优化问题(2-48)成为

$$\max_{|A(\rho), B(\rho)|} \left\{ \left[\int_0^1 A(\rho)\rho d\rho \right]^2 + \left[\int_0^1 B(\rho)\rho d\rho \right]^2 \right\} \tag{2-49a}$$

满足约束

$$\int_0^1 A(\rho) J_0(x_J \eta_i \rho) \rho d\rho = 0 \tag{2-49b}$$

$$\int_0^1 B(\rho) J_0(x_J \eta_i \rho) \rho d\rho = 0 \tag{2-49c}$$

$$A(\rho)^2 + B(\rho)^2 \leqslant 1 \tag{2-49d}$$

式中:$A(\rho) = \mathrm{Re}[T(\rho)]$,即 $T(\rho)$ 的实部;$B(\rho) = \mathrm{Im}[T(\rho)]$,即 $T(\rho)$ 的虚部。目标函数(2-49a)及约束条件(2-49d)与优化函数 $A(\rho)$、$B(\rho)$ 的依赖关系是非线性的,直接求解则难以保证获得全局最优解。

2.2.4.2　全局最优算法

通过以下两个步骤可以将优化问题(2-49)转化为一个线性规划问题,以获得全局最优解。

1. 将优化问题(2-49)线性化

设优化问题(2-49)的一个全局最优解为 $A(\rho) = A_0(\rho)$,$B(\rho) = B_0(\rho)$,易知优化问题(2-49)存在如下全局最优解:

$$A(\rho) + iB(\rho) = [A_0(\rho) + iB_0(\rho)]e^{i\phi_0} \tag{2-50}$$

式中:ϕ_0 为任意实数。

当

$$\phi_0 = n\pi + \arctan\left\{ \frac{\int_0^1 [A_0(\rho) - B_0(\rho)]\rho d\rho}{\int_0^1 [A_0(\rho) + B_0(\rho)]\rho d\rho} \right\} \tag{2-51}$$

式中:n 为任意整数,此时

$$\int_0^1 A(\rho)\rho d\rho = \int_0^1 B(\rho)\rho d\rho \tag{2-52}$$

可见,优化问题(2-49)存在全局最优解满足式(2-52),于是优化问题(2-48)等价于

$$\min_{|A(\rho), B(\rho), l|} (-1)^l \int_0^1 A(\rho)\rho d\rho \tag{2-53a}$$

满足约束

$$\int_0^1 A(\rho)\rho \mathrm{d}\rho = \int_0^1 B(\rho)\rho \mathrm{d}\rho \qquad (2-53\mathrm{b})$$

$$\int_0^1 A(\rho)\mathrm{J}_0(x_J\eta_i\rho)\rho \mathrm{d}\rho = 0 \qquad (2-53\mathrm{c})$$

$$\int_0^1 B(\rho)\mathrm{J}_0(x_J\eta_i\rho)\rho \mathrm{d}\rho = 0 \qquad (2-53\mathrm{d})$$

$$A(\rho)^2 + B(\rho)^2 \leqslant 1 \qquad (2-53\mathrm{e})$$

式中:$l=0$ 或者 1,两者等价。对于 $l=0$ 优化得到的 $A(\rho)$、$B(\rho)$,如果替换为 $-A(\rho)$、$-B(\rho)$,则是 $l=1$ 优化问题的解,下面仅考虑 $l=0$ 的情况。

优化问题(2-53)中,除约束(2-53e)外,目标函数和其他约束均进行了线性化。

2. 证明存在全局最优解满足 $A(\rho)=B(\rho)$

设一个全局最优解为 $A(\rho)=A_0(\rho)$,$B(\rho)=B_0(\rho)$,设全局最优的目标函数值为

$$T_{\min} = \int_0^1 A_0(\rho)\rho \mathrm{d}\rho \qquad (2-54\mathrm{a})$$

且约束满足

$$\int_0^1 A_0(\rho)\rho \mathrm{d}\rho = \int_0^1 B_0(\rho)\rho \mathrm{d}\rho \qquad (2-54\mathrm{b})$$

$$\int_0^1 A_0(\rho)\mathrm{J}_0(x_J\eta_i\rho)\rho \mathrm{d}\rho = 0 \qquad (2-54\mathrm{c})$$

$$\int_0^1 B_0(\rho)\mathrm{J}_0(x_J\eta_i\rho)\rho \mathrm{d}\rho = 0 \qquad (2-54\mathrm{d})$$

$$A_0(\rho)^2 + B_0(\rho)^2 \leqslant 1 \qquad (2-54\mathrm{e})$$

可以证明

$$A(\rho) = B(\rho) = [A_0(\rho) + B_0(\rho)]/2 \qquad (2-55)$$

亦为全局最优解,过程如下:式(2-55)对应的目标函数值为

$$\int_0^1 \frac{A_0(\rho)+B_0(\rho)}{2}\rho \mathrm{d}\rho = T_{\min} \qquad (2-56\mathrm{a})$$

其中用到了式(2-54a)、式(2-54b)。由式(2-54c)、式(2-54d)可知式(2-55)满足约束式(2-53c)、式(2-53d)。式(2-55)同样满足约束(2-53e),证明如下:

$$\left[\frac{A_0(\rho)+B_0(\rho)}{2}\right]^2 + \left[\frac{A_0(\rho)+B_0(\rho)}{2}\right]^2 = [1\times A_0(\rho)+1\times B_0(\rho)]^2/2$$

$$\leqslant (1^2+1^2)[A_0(\rho)^2+B_0(\rho)^2]/2 \leqslant 1 \qquad (2-56\mathrm{b})$$

式中:第一个"$\leqslant$"用到了柯西-施瓦兹(Cauchy-Schwarz)不等式,第二个"$\leqslant$"

即不等式(2-54e)。

综上所述,式(2-55)对应优化问题全局最优的目标函数值,且满足所有的约束条件,因此是全局最优解。于是必存在全局最优解满足 $A(\rho)=B(\rho)$,则优化问题(2-53)可以等价为

$$\min_{\{A(\rho),B(\rho)\}} \int_0^1 A(\rho)\rho d\rho \qquad (2-57a)$$

满足约束

$$\int_0^1 A(\rho)\mathrm{J}_0(x_J\eta_i\rho)\rho d\rho = 0 \qquad (2-57b)$$

$$-1/\sqrt{2} \leqslant A(\rho) \leqslant 1/\sqrt{2} \qquad (2-57c)$$

$$B(\rho) = A(\rho) \qquad (2-57d)$$

根据式(2-57d),$T(\rho)$ 的相位为 $\pi/4$ 或 $5\pi/4$,令式(2-50)中的 $\phi_0 = -\pi/4$,则 $T(\rho)$ 的相位非 0 即 π。优化问题(2-57)中,目标函数和约束均进行了线性化处理。

下面证明优化问题(2-57)的全局最优解必为纯相位元件。约束(2-57c)等价于

$$A(\rho) = \frac{1}{\sqrt{2}}\cos\theta(\rho) \qquad (2-58)$$

式中:$\theta(\rho)$ 为 $[0,1]$ 上的分段连续函数,原因在于 $A(\rho)$ 为 $[0,1]$ 上的分段连续函数,则优化问题(2-57)等价于

$$\min_{\theta(\rho)} \int_0^1 \cos\theta(\rho)\rho d\rho \qquad (2-59a)$$

满足约束

$$\int_0^1 \mathrm{J}_0(x_J\eta_i\rho)\cos\theta(\rho)\rho d\rho = 0 \qquad (2-59b)$$

根据泛函变分理论,构造如下增广泛函:

$$F[\theta(\rho),\lambda_i] = \int_0^1 \cos\theta(\rho)\rho d\rho + \sum_{i=1}^N \lambda_i \int_0^1 \mathrm{J}_0(x_J\eta_i\rho)\cos\theta(\rho)\rho d\rho$$

$$= \int_0^1 [\sum_{i=0}^N \lambda_i \mathrm{J}_0(x_J\eta_i\rho)]\cos\theta(\rho)\rho d\rho \qquad (2-60)$$

式中:$\lambda_0=1,\eta_0=0,\lambda_i(i=1,2,\cdots,N)$ 为拉格朗日(Lagrange)乘子。优化问题(2-59)的全局最优解满足

$$\delta\theta(\rho)F[\theta(\rho),\lambda_i] = \int_0^1 [\sum_{i=0}^N \lambda_i \mathrm{J}_0(x_J\eta_i\rho)](-1)\sin\theta(\rho)\rho\delta\theta(\rho)d\rho = 0$$

$$(2-61)$$

式中:$\delta\theta(\rho)$ 为 $[0,1]$ 上的任意连续函数,满足 $\delta\theta(0)=\delta\theta(1)=0$。可以证明

$$\sin\theta(\rho) = 0, \forall \rho \in [0,1] \qquad (2-62)$$

则 $A(\rho) \in \{1/\sqrt{2}, -1/\sqrt{2}\}$,令式(2-50)中的 $\phi_0 = -\pi/4$,可知优化问题(2-53)的全局最优解必为非 0 即 π 的纯相位元件,即二台阶的二元光学元件。

优化问题(2-57)可离散化为

$$\min_{\{A_k,B_k\}} \sum_{k=1}^{K} A_k(\rho_k^2 - \rho_{k-1}^2) \qquad (2-63\mathrm{a})$$

满足约束

$$\sum_{k=1}^{K} A_k [\mathrm{J}_1(x_J \eta_i \rho_k)\rho_k - \mathrm{J}_1(x_J \eta_i \rho_{k-1})\rho_{k-1}] = 0 \qquad (2-63\mathrm{b})$$

$$-1/\sqrt{2} \leqslant A_k \leqslant 1/\sqrt{2}, k = 1, 2, \cdots, K \qquad (2-63\mathrm{c})$$

$$B_k = A_k, k = 1, 2, \cdots, K \qquad (2-63\mathrm{d})$$

上述优化问题就是一种线性规划问题,求解线性规划问题的全局最优解常用的算法是单纯形算法,已有成熟的科学计算软件。

2.2.4.3 设计实例

通过设定多种透镜后焦面上的零点位置,设计的 DSE 如表 2-2 所示,其中 $\rho_j^b(j=1,2,\cdots,N_b)$ 为所设计的 DSE 发生 π 相位突变位置的归一化径向坐标。

表 2-2 DSE 设计结果

参数	设计实例				
	1	2	3	4	5
η_1	0.50000	0.50000	0.83333	0.72918	0.72918
η_2	0.91547	1.07002	1.44844	1.28504	1.39625
η_3	1.32754	1.53979	2.19746	1.70337	2.11394
η_4	1.73861	—	2.89770	—	—
η_5	2.14926	—	—	—	—
G	0.5	0.5	0.833	0.73	0.73
ρ_1^b	0.23	0.32	0.25	0.30	0.25
ρ_2^b	0.45	0.63	0.41	0.61	0.56
ρ_3^b	0.66	0.88	0.66	0.85	0.79
ρ_4^b	0.83	—	0.83	—	—
ρ_5^b	0.95	—	—	—	—
S	1.98549×10^{-7}	6.62295×10^{-4}	7.33787×10^{-2}	1.28813×10^{-2}	6.48272×10^{-2}

同样可以证明控制最高旁瓣强度 M 的 DSE 均为 0、π 相移的纯相位元件,设计结果如表 2-3 和图 2-20 所示。

表 2－3　M 得到有效控制的 DSE 设计结果

设计实例	参数				
	η_i	G	S	M	ρ^{ib}
6	0.7,1.7	0.7	0.27993	0.21657	0.25,0.54
7	0.65,1.5,2.5,3.5	0.65	0.10265	0.21687	0.19,0.33,0.49,0.71

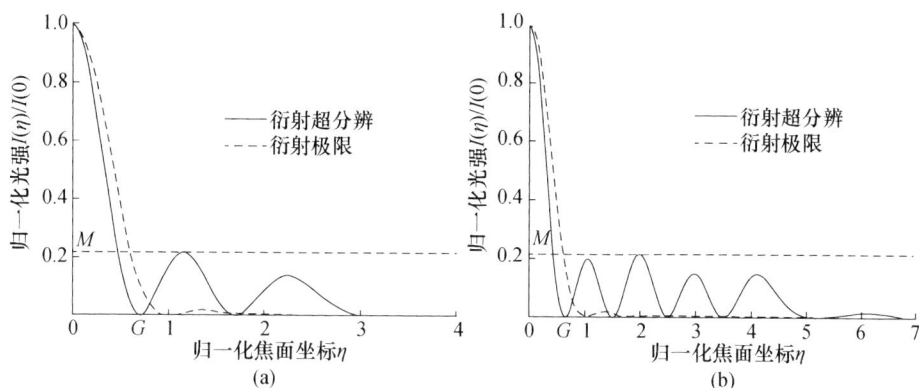

图 2－20　M 得到有效控制的 DSE 设计结果

(a) 表 2－3 设计实例 6;(b) 表 2－3 设计实例 7。

2.2.4.4　衍射超分辨的基本限制

由于 DSE 设计时可以获得全局最优解,因此能够给出 PSF 设置一个或多个零点约束时 S 的精确上限 $S^{eu}(G)$。若横向超分辨 DSE 只设定一个零点(给定 G),则根据线性规划优化得到的 DSE 计算出的 $S^{eu}(G)$ 如图 2－21 所示,其中 $S^{u}(G)$ 是采用其他方法估计得到的 S 的上限。

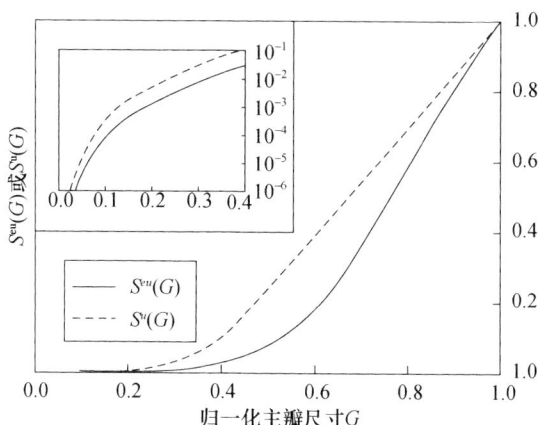

图 2－21　一个零点约束,G 一定时 S 的一个上限 $S^{u}(G)$ 及精确上限 $S^{eu}(G)$

数值结果表明,$S^{eu}(G)$ 对应的 DSE 为二环带 0、π 相移纯相位元件,设相位突变位置的归一化半径为 ρ^b,则 $S^{eu}(G)$ 对应的 PSF 强度分布为

$$I(\eta) = 4\left[2J_1(x_J\rho^b\eta)\rho^b - J_1(x_J\eta)\right]^2/(x_J\eta)^2 \qquad (2-64)$$

式中:J_1 为一阶贝塞尔函数。

由 $I(G) = 0$ 可得

$$2J_1(x_J\rho^bG)\rho^b - J_1(x_JG) = 0 \qquad (2-65)$$

数值结果表明,$G \in [0,1]$ 时 $x_J\rho^bG \in [0,1.2356]$,根据一阶贝塞尔函数的近似表达式,有

$$J_1(x_J\rho^bG) \approx x_J\rho^bG/2 - (x_J\rho^bG)^3/16 \qquad (2-66)$$

将其代入式(2-65),可解得

$$\rho^b \approx \left[1 - \sqrt{1 - 0.5x_JGJ_1(x_JG)}\right]1/2/(0.5x_JG) \qquad (2-67)$$

方程(2-67)左端取 $\eta = 0$ 即为 $S^{eu}(G)$,于是

$$S^{eu}(G) = \left[1 - 2(\rho^b)^2\right]^2 \qquad (2-68)$$

将式(2-67)代入式(2-68)即可得到一个零点约束时的 $S^{eu}(G)$,与图 2-21 中的实线吻合。

以上设计实例以及衍射超分辨的基本限制仅涉及横向超分辨,对于轴向超分辨及三维超分辨 DSE 的设计,可以采用类似的处理方法,得到全局最优解,并给出相应的超分辨的基本限制。本书第 5 章将利用衍射超分辨二元光学元件来实现双光子加工的更细线宽。

2.2.5　非夫琅和费衍射系统的二元光学元件优化

通常情况下,光束变换在夫琅和费衍射区实现,即光学系统实现傅里叶变换,这也是上述优化算法均以夫琅和费衍射系统为例的缘由。光束变换也可在非夫琅和费衍射区实现,例如菲涅尔衍射区、分数傅里叶变换域等,其光学系统实现更为灵活,对于研制功能更强、适用面更广、更易于加工的二元光学光束变换元件有着重要的实际意义,近年来引起广泛关注。

对于非夫琅和费衍射系统,上述优化算法、精细化设计大都可以沿用。例如,已对 GS 算法进行改进,使其适用于菲涅尔衍射区与分数傅里叶变换域[21];利用 YG 算法也可进行菲涅尔衍射区与分数傅里叶变换域二元光学光束变换元件的设计[22];针对分数傅里叶变换域光束变换元件,已从理论上证明了对于高斯光束入射,不能在输出面上获得理想的均匀光束,只能寻求最佳逼近解[23];还分析了分数傅里叶变换不同分数阶对设计性能的影响,以及如何选取分数阶以获得更好的设计性能[22]等。

对于菲涅尔衍射区、分数傅里叶变换域二元光学光束变换元件的设计,同样要对输入面与输出面进行离散采样、优化设计。与傅里叶变换域相同,为在输出

面获得真实的光束变换性能,应采用精细化采样方式。而对于输入面,由于球面波因子的离散化将引入计算误差,通常情况下,该误差不可忽略。本节将针对该计算误差进行分析,并采取方法来减小或消除该误差。

2.2.5.1 分数傅里叶变换简介[24,25]

分数傅里叶变换(Fractional Fourier Transform,FrFT)是传统傅里叶变换在分数级次上的推广,1980年,V. J. Namias完整地给出了分数傅里叶变换的概念,提出了分数傅里叶变换的数学定义、性质,讨论了变换的本征函数,并用于处理谐振子的薛定谔方程、格林函数问题、在均匀磁场中的自由电子的能级、在含时间变量的均匀磁场中自由电子薛定谔方程的求解等[26]。1987年,A. C. McBride和F. H. Kerr进一步研究了分数傅里叶变换,把变换看作充分光滑的函数构成的向量空间(Frechet空间)中的算子,在此框架内建立了分数傅里叶变换更为严谨、完整的理论系统[27]。

20世纪90年代,光学界的工程师开始关注分数傅里叶变换和光学的关系,从而它作为数学与光学的一个交叉领域,引起了普遍关注。1993年,D. Mendlovic和H. M. Ozaktas首次将分数傅里叶变换引入光学信息处理领域,提出了基于渐变折射率介质的光学分数傅里叶变换定义和光学系统实现结构[28,29]。A. W. Lohmann利用Wigner分布函数的相空间变换,给出了积分形式的等价定义[30];而P. Pellat-Finet则把光学分数傅里叶变换与菲涅尔衍射联系起来,给出另一种等价定义[31]。这两种等价定义使得透镜组合结构实现分数傅里叶变换成为可能,为其在光学领域的应用奠定了基础。

分数傅里叶变换因其特有的变换性质及其能衍生出新变换,如分数相关[32,33]、分数子波变换[34]、分数盖伯变换[35]等,在光学信息处理系统中得到充分应用[36-39]。针对特定的噪声,构造分数滤波器可更好地实现信号分离与噪声去除;将分数相关与谐函数展开的方法相结合,实现信号畸变不变而空间平移变的相关,用于局部目标识别;提高子波变换的重构能力,有效地进行图像压缩且重构误差较小;利用其双参数变换特性开发出多色光处理系统,如多色分数相关器与滤波器;等等。

分数傅里叶变换的灵活性及其加法对易性,也使其成为模拟光束传输、分析波前特性及波前校正的有力工具[40-45]。可研究失配光学系统与非对称光学系统的光束传输、波前特性,是对光束传播ABCD方法的有利补充;可研究光场的传播与相干性、自成像效应等问题。

简单起见,在此只涉及一维情形。函数$g(x_1)$的分数傅里叶变换定义为

$$G(x_2) = F_\alpha(g(x_1)) = \left\{\frac{e^{-i(\pi/2-\alpha)}}{2\pi\sin\alpha}\right\}^{1/2}\int_{-\infty}^{+\infty}g(x_1)e^{i\left(\frac{x_1^2+x_2^2}{2\tan\alpha}-\frac{x_1x_2}{\sin\alpha}\right)}dx_1 \quad (2-69)$$

分数傅里叶变换的分数阶定义为

$$p = \alpha / (\pi/2) \tag{2-70}$$

其反变换就是以 $-\alpha$ 代替 α,即

$$g(x_1) = F_{-\alpha}(G(x_2)) = \left\{ \frac{\mathrm{e}^{\mathrm{i}(\pi/2-\alpha)}}{2\pi\sin\alpha} \right\}^{1/2} \int_{-\infty}^{+\infty} G(x_2) \mathrm{e}^{\left[-\mathrm{i}\left(\frac{x_1^2+x_2^2}{2\tan\alpha} - \frac{x_1 x_2}{\sin\alpha} \right) \right]} \mathrm{d}x_2$$

$$\tag{2-71}$$

当 $\alpha = \pi/2$ 或 $\alpha = -\pi/2$ 时,即为傅里叶变换与逆傅里叶变换。

从定义中可以推出分数傅里叶变换的许多性质,例如

(1) 可加性与交换性:$F_{\alpha_1}(F_{\alpha_2}(g)) = F_{\alpha_2}(F_{\alpha_1}(g)) = F_{\alpha_1+\alpha_2}(g)$;

(2) 可逆性:$F_{-\alpha}(F_{\alpha}(g)) = g$;

(3) 线性:$F_{\alpha}(af + bg) = aF_{\alpha}(f) + bF_{\alpha}(g)$,$a$、$b$ 为复数;

(4) 平移性质:$F_{\alpha}(f(x_1 + a)) = \mathrm{e}^{\mathrm{i}a\sin\alpha(x_2+a\cos\alpha/2)} F_{\alpha}(f(x_1))|_{x_2+a\cos\alpha}$,因此不具有平移不变性;

(5) 缩放性质:$F_{\alpha}(f(ax_1)) = \sqrt{\dfrac{1 - \mathrm{i}\cot\alpha}{a^2 - \mathrm{i}\cot\alpha}} \mathrm{e}^{\mathrm{i}\frac{x_2^2}{2}\cot\alpha\left(1 - \frac{\cos^2\beta}{\cos^2\alpha}\right)} F_{\beta}(f(x_1))|_{x_2\frac{\sin\beta}{a\sin\alpha}}$,

$\beta = \arctan(\tan\alpha/a^2)$ 与 α 在同一象限,因此不具有相似性;

(6) 周期性:$F_{\alpha} = F_{\alpha+2\pi}$,即 $F_p = F_{p+4}$;

(7) 能量守恒:$\int |f(x_1)|^2 \mathrm{d}x_1 = \int |F_{\alpha}(f(x_1))|^2 \mathrm{d}x_2$。

A. W. Lohmann 提出了两种基本光学系统实现分数傅里叶变换,包括单透镜结构与双透镜结构。单透镜结构如图 2-22 所示,当输入面到透镜的距离 d_1 及输出面到透镜的距离 d_2 满足

$$f = F\sin\alpha, d = F(1 - \cos\alpha) \tag{2-72}$$

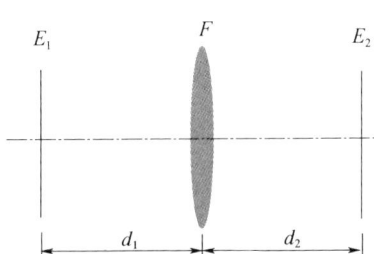

图 2-22　单透镜实现分数傅里叶变换

一维情形下,输入光场与输出光场间是分数傅里叶变换对,即

$$E_2(x_2) = F_{\alpha}(E_1(x_1)) = A \int_{-\infty}^{+\infty} E_1(x_1) \mathrm{e}^{\mathrm{i}\left(\frac{\pi(x_1^2+x_2^2)}{\lambda f\tan\alpha} - \frac{2\pi x_1 x_2}{\lambda f\sin\alpha} \right)} \mathrm{d}x_1 \tag{2-73}$$

式中:F 为单透镜焦距;E_1 为输入面上的光场分布;E_2 为输出面上的光场分布;λ 为工作波长;$\alpha = p \times \pi/2$,p 为分数傅里叶变换的阶数;A 为与 α 有关的常数;x_1、x_2 分别为输入面、输出面坐标。

双透镜结构如图 2-23 所示,各参数间关系如下:

$$f = F\frac{1-\cos\alpha}{\sin\alpha}, d = F(1-\cos\alpha) \qquad (2-74)$$

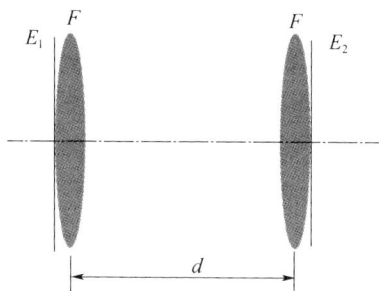

图 2 – 23　双透镜实现分数傅里叶变换

利用负透镜也能实现分数傅里叶变换,在此不一一列出。

2.2.5.2　分数傅里叶变换二元光学光束变换元件设计

分数傅里叶变换的数值计算是其应用的重要保证。分数傅里叶变换的计算精度与分数阶有关。Z. Zalevsky 等人采用 GS 算法,利用分数傅里叶变换与逆变换不断地正反迭代,在某个分数阶时获得最好的设计结果[21]。Zhang Yan 等分析得出此分数阶的变换矩阵接近于幺正矩阵,因此采用 GS 算法能获得好的设计结果;并采用 YG 算法进行了多种分数阶的设计,由于 YG 算法适用于幺正变换与非幺正变换,获得了好的光束变换性能[22]。

利用 GS、YG 等算法进行分数傅里叶变换光束变换元件设计时,如何处理球面波因子,直接影响输出面光场分布的计算精度。通常情况下是利用采样间隔内某离散点的值代替整个区间的值,但这将引入较大的计算误差,是不能忽略的,但这一点却常常被忽略。鉴于 YG 算法适用于幺正变换与非幺正变换,本节以 YG 算法为例,分析离散化误差,并讨论如何避免该误差,在输出面获得真实的光场分布,并进一步获得真实的光束变换性能。

设口径为 D 的二元光学元件放置在输入面,并等分为 N 单元多台阶相位结构,设第 j 个单元的相位值为 ϕ_{1j},在理想平面波入射时,不考虑相位因子与常数项,输出面光场分布为

$$E_2(x_2) = \sum_{j=1}^{N} e^{i\phi_{1j}} \int_{x_{1,j}}^{x_{1,j+1}} e^{i\pi\frac{x_1^2}{\lambda f \tan\alpha} - i2\pi\frac{x_1 x_2}{\lambda f \sin\alpha}} dx_1$$

$$= \sum_{j=1}^{N} e^{i\phi_{1j}} G(x_2, x_1) \qquad (2-75)$$

式中:$x_{1,j} = (j-N/2-1)D/N$;$x_{1,j+1} = (j-N/2)D/N$,且

$$G(x_2, x_1) = \int_{x_{1,j}}^{x_{1,j+1}} e^{i\pi\frac{x_1^2}{\lambda f \tan\alpha} - i2\pi\frac{x_1 x_2}{\lambda f \sin\alpha}} dx_1 \qquad (2-76)$$

通常情况下，$G(x_2, x_1)$ 按照离散的采样点上的值进行计算，即

$$G(x_2, x_{1,j}) = \int_{x_{1,j}}^{x_{1,j+1}} e^{i\pi\frac{x_{1,j}^2}{\lambda f\tan\alpha} - i2\pi\frac{x_{1,j}x_2}{\lambda f\sin\alpha}} dx_1$$

$$= e^{i\pi\frac{x_{1,j}^2}{\lambda f\tan\alpha} - i2\pi\frac{x_{1,j}x_2}{\lambda f\sin\alpha}} D/N \qquad (2-77)$$

因此，输出面光场分布的离散化误差为

$$\Delta E_2(x_2) = \sum_j e^{i\phi_{1j}} \cdot \int_{x_{1,j}}^{x_{1,j+1}} \left[e^{i\pi\frac{x_1^2 + x_2^2}{\lambda f\tan\alpha} - i2\pi\frac{x_1 x_2}{\lambda f\sin\alpha}} \right.$$

$$\left. - e^{i\pi\frac{x_{1,j}^2 + x_2^2}{\lambda f\tan\alpha} - i2\pi\frac{x_{1,j}x_2}{\lambda f\sin\alpha}} \right] dx_1 \qquad (2-78)$$

不失一般性，在此仅考虑 $p \in [0, 1]$。定性分析可知，p 越大（$\tan\alpha$ 越大），入射口径 D 越小，工作波长 λ 越大 f 越大，引入的离散化误差越小；反之，离散化误差越大。后续的计算结果表明，通常情况下该误差是不能忽略的。

为得到真实的输出面光场分布，变换核函数应按式（2-76）进行计算，进一步推导可得

$$G(x_2, x_1) = \int_{x_{1,j}}^{x_{1,j+1}} e^{i\pi\frac{x_1^2}{\lambda f\tan\alpha} - i2\pi\frac{x_1 x_2}{\lambda f\sin\alpha}} dx_1$$

$$= e^{-i\frac{\pi x_2^2}{\lambda f\tan\alpha}} \int_{x_{1,j}}^{x_{1,j+1}} e^{i\frac{\pi}{\lambda f\tan\alpha}\left(x_1 - \frac{x_2}{\cos\alpha}\right)^2} dx_1$$

$$= B e^{-i\frac{\pi x_2^2}{\lambda f\tan\alpha}} \left[C(x'_{j+1}) - C(x'_j) + i(S(x'_{j+1}) - S(x'_j)) \right] \quad (2-79)$$

式中

$$x'_j = \left(x_{1,j} - \frac{x_2}{\cos\alpha} \right)\sqrt{\frac{2}{\lambda f\tan\alpha}}, x'_{j+1} = \left(x_{1,j+1} - \frac{x_2}{\cos\alpha} \right)\sqrt{\frac{2}{\lambda f\tan\alpha}}, B = \sqrt{\frac{\lambda f\tan\alpha}{2}}$$

且 $C(x) = \int_0^x \cos\frac{\pi z^2}{2} dz, S(x) = \int_0^x \sin\frac{\pi z^2}{2} dz$ 为菲涅尔积分。

菲涅尔积分可以通过其渐近表达式进行精确求值，为提高级数求和收敛速度，采用两种渐近形式[46]

x 较小时，有

$$S(x) = \sum_{k=0}^{\infty} \frac{(-1)^k}{(2k+1)!} \left(\frac{\pi}{2}\right)^{2k+1} \frac{x^{4k+3}}{4k+3} \qquad (2-80a)$$

$$C(x) = \sum_{k=0}^{\infty} \frac{(-1)^k}{(2k)!} \left(\frac{\pi}{2}\right)^{2k} \frac{x^{4k+1}}{4k+1} \qquad (2-80b)$$

x 较大时，有

$$S(x) = \frac{1}{2} - \frac{1}{\pi x}\left[A(x)\cos\frac{\pi x^2}{2} + B(x)\sin\frac{\pi x^2}{2} \right] \qquad (2-81a)$$

$$C(x) = \frac{1}{2} - \frac{1}{\pi x}\left[B(x)\cos\frac{\pi x^2}{2} - A(x)\sin\frac{\pi x^2}{2}\right] \qquad (2-81\text{b})$$

式中：
$$A(x) = \sum_{k=0}^{n}\frac{(-1)^k(4k-1)!!}{(\pi x^2)^{2k}} + O(x^{-4n-4})$$

$$B(x) = \sum_{k=0}^{n}\frac{(-1)^k(4k+1)!!}{(\pi x^2)^{2k+1}} + O(x^{-4n-6})$$

按照传统采样定理，输出面上的采样间隔一般选取为

$$\Delta x_2 = \sin\alpha\frac{\lambda f}{D} \qquad (2-82)$$

以此采样间隔，利用 YG 算法的改进算法（利用式(2-35)）进行设计。为比较而言，以不同分数阶 p 进行分数傅里叶变换二元光学光束变换元件的设计。光学系统参数 λ、f、D、N 分别选为 1.053 μm、600mm、10mm、256，分数阶 p 分别为 0.1、0.9，所需均匀光斑大小分别为 70μm、1.5mm。

变换核函数由式(2-77)给出，此时，无论分数阶如何选取，变换核函数均为兊正的，采用 YG 算法的改进算法能获得优良的设计性能。

当分数阶为 0.1 时，设计如图 2-24(a)、(b)所示，光能利用率与顶部不均匀性分别为 96.1%、0.9%。保持相位分布不变，变换核函数选为式(2-76)，计算出的输出面光强分布如图 2-24(c)所示，光能利用率与顶部不均匀性分别为 83.2%、73.4%。

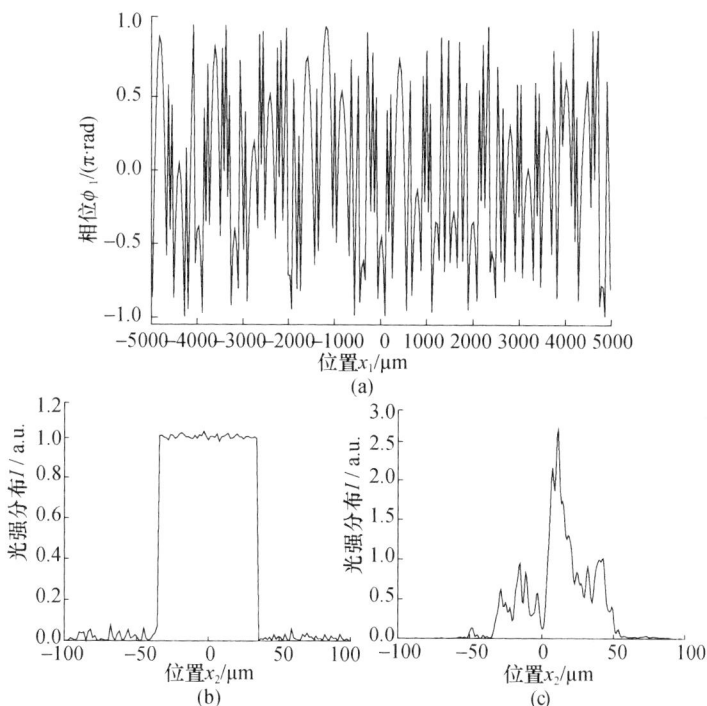

图 2-24　YG 算法的改进算法设计结果（$p = 0.1$）

(a)相位分布；(b) 式(2-77)计算的光强分布；(c) 式(2-76)计算的光强分布。

当分数阶为 0.9 时,设计如图 2-25(a)、(b)所示,光能利用率与顶部不均匀性分别为 95.9%、0.5%。同样保持相位分布不变,变换核函数选为式(2-76),计算出的输出面光强分布如图 2-25(c)所示,其光能利用率与顶部不均匀性为 95.5%、5.5%。

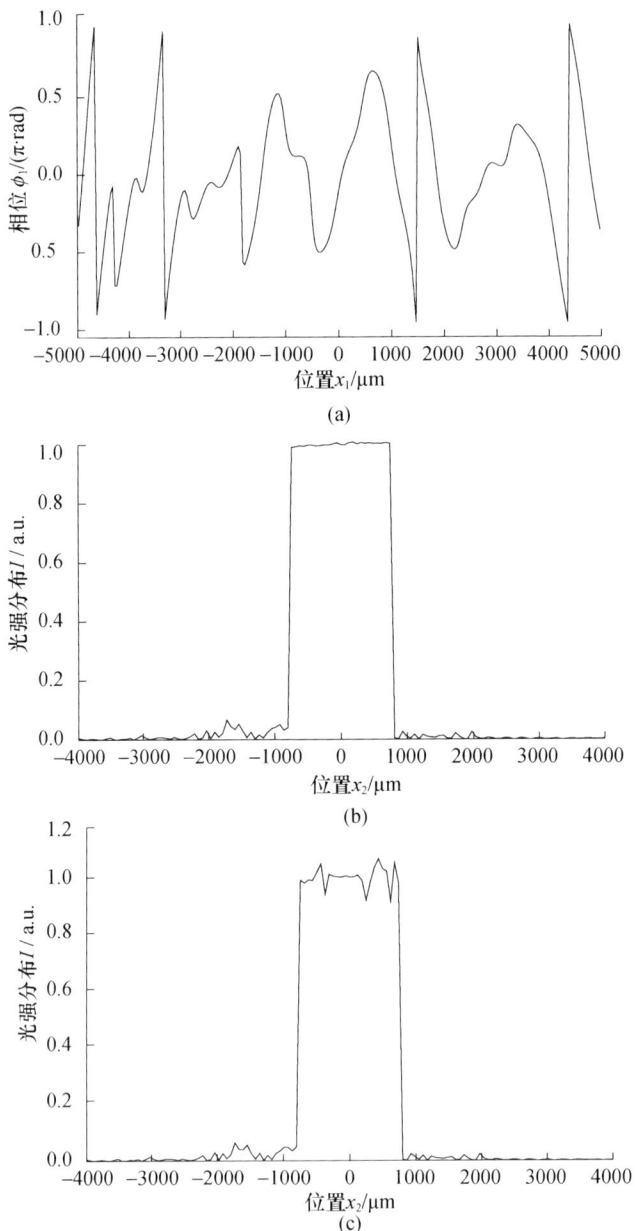

(a)

(b)

(c)

图 2-25 YG 算法的改进算法设计结果 ($p = 0.9$)

(a) 相位分布;(b) 式(2-77)计算的光强分布;(c) 式(2-76)计算的光强分布。

从图 2-24、图 2-25 可知,随着分数阶的增大,离散化误差逐渐减小,但即使在分数阶为 0.9 时,离散化误差依然不能忽略。因此为获得真实的输出面光强分布,在设计中应采用式(2-76)而非式(2-77)来进行输出光场计算。

此外,正如 2.2.3 节所分析的,对于分数傅里叶变换,精细化设计需要采样间隔最小选取为

$$\Delta x_2 = \sin\alpha \frac{\lambda f}{2D} \qquad (2-83)$$

此时利用 YG 算法及其改进算法难以获得优良的设计性能。利用爬山-模拟退火混合优化算法来进行设计。以分数阶 0.9 为例,精细化设计结果如图 2-26 所示,其光能利用率 η 与顶部不均匀性 rms 分别为 94.4%、5.8%[47]。

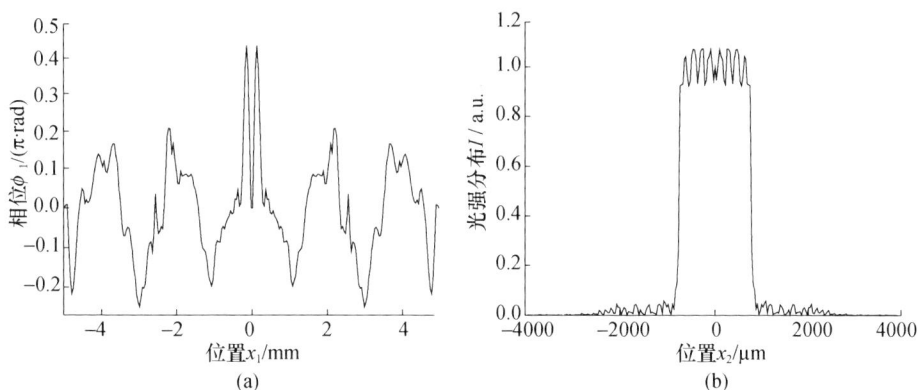

图 2-26　爬山-模拟退火算法设计结果($p = 0.9$)

(a) 相位分布;(b) 式(2-76)计算的光强分布。

为比较不同的分数阶数对光束变换性能的影响,在 $p = 0.9$ 附近选了几种情形,按照相同的优化策略,在相近的优化时间内,优化结果如表 2-4 所示。选取不同的 p,优化得到的光束变换性能是不一样的;兼顾 η 与 rms,在 $p = 0.9$ 或 0.88,在输入面上不放置二元光学元件时,输出面上的光束变换性能已比较好,进一步优化,能获得相对更好的性能。

表 2-4　分数阶数对光束变换性能的影响

分数阶数 p		0.85	0.88	0.90	0.92	0.95
放置二元光学元件	η	90.8%	92.7%	94.4%	90.5%	88.8%
	rms	11.6%	7.2%	5.8%	9.3%	8.0%
不放置二元光学元件	η	66.6%	88.8%	95.5%	98.5%	99.2%
	rms	13.4%	17.2%	26.3%	51.2%	94.9%

从图 2-26 还可以知道,所优化得到的相位分布最大最小值的差值,也即相位深度(图 2-26 中小于 0.7π)远小于在傅里叶变换区域优化得到的相位深度

(图 2 - 13,约 4π)。这是因为在不放置二元光学元件时,已经有较好的光束变换性能,二元光学元件无需引入很大的相位调制,就能获得好的光束变换性能。相位深度的减小将有利于降低二元光学元件的加工难度。

2.2.5.3 离焦面二元光学光束变换元件设计[48]

分数傅里叶变换二元光学光束变换元件具有分数阶选取灵活、性能优良、相位深度较小等优点,但在实际应用中,采用图 2 - 22 或图 2 - 23 所示系统实现光束变换,可能不太适用,因为此时需要口径更大的透镜,否则将导致空间频谱高频分量无法通过系统,降低光束变换的性能。

在此考虑离焦面实现光束变换,如图 2 - 27 所示。同样设多台阶相位二元光学元件口径为 D,等分为 N 单元,第 j 个单元的相位为 ϕ_{1j},在理想平面波入射时,不考虑相位因子与常数项,离焦面 z 处的光场分布为

$$E_z(x_2) = \sum_{j=1}^{N} e^{i\phi_{1j}} \int_{(j-N/2-1)a}^{(j-N/2)a} e^{i((\frac{\pi}{\lambda z}-\frac{\pi}{\lambda f})x_1^2 - \frac{2\pi}{\lambda z}x_1 x_2)} dx_1$$

$$= \frac{1}{\sqrt{|A|}} \sum_{j=1}^{N} e^{i\phi_{1j}} [C(x_{j2}) - C(x_{j1}) + i(S(x_{j2}) - S(x_{j1}))] \quad (2-84)$$

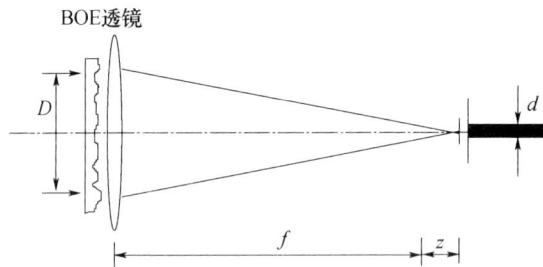

图 2 - 27 离焦面波面变换

式中:

$$A = \frac{2}{\lambda z} - \frac{2}{\lambda f}, x_{j1} = ((j-N/2-1)a - \frac{2}{\lambda z A}x_2)\sqrt{|A|}$$

$$x_{j2} = ((j-N/2)a - \frac{2}{\lambda z A}x_2)\sqrt{|A|}$$

$C(x)$、$S(x)$ 为菲涅尔积分。

设计参数如下:$D = 180\text{mm}$、$f = 600\text{mm}$、$\lambda = 1.053\mu m$、均匀焦斑大小 d 约为 $250\mu m$。理想平面波输入时,不放置二元光学元件,在不同的 $z = f + \Delta f$ 处的光强分布如图 2 - 28 所示,随着离焦量 Δf 的不断变大,光强分布越来越平缓,趋近于所需要的光束变换要求。计算不同 z 处的光强分布在 $250\mu m$ 区域内的光束控制性能,当 Δf 为 $150\mu m$、$200\mu m$ 与 $250\mu m$ 时,按照精细化采样方式选取的离散

点计算出的光能利用率 η 与顶部不均匀性 rms 分别为 97.7% 、64.1% 、95.1% 、34.9% 与 86.9% 、18.1% 。兼顾 η 与 rms,选取 $\Delta f = 200\mu m$ 处,进行二元光学光束变换元件的精细化设计。利用爬山 – 模拟退火混合算法优化的结果如图 2 – 29 所示,其相位深度小于 π,η 与 rms 分别为 89.2% 、9.0% 。

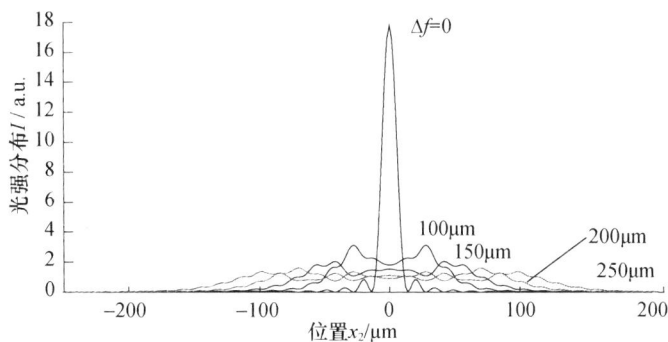

图 2 – 28 不同 z 处的光强分布

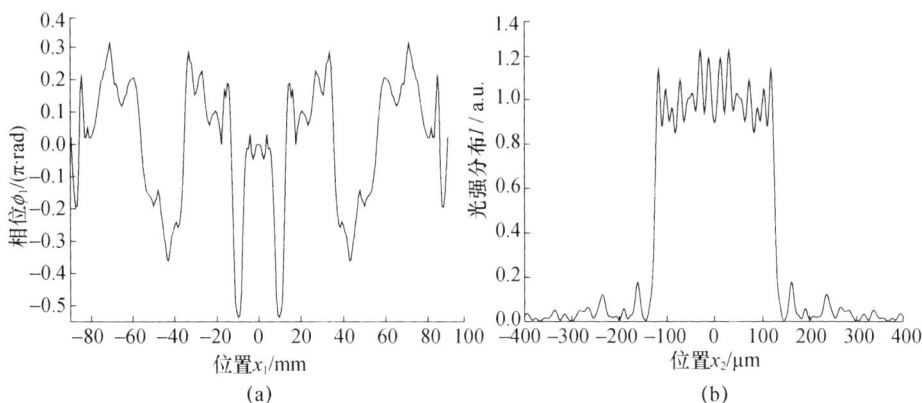

(a)

(b)

图 2 – 29 离焦面设计结果

(a)相位分布;(b)光强分布。

由于元件工作在菲涅尔衍射区,不再具有平移不变性。若元件的中心不在光轴上,设偏差为 δ,则在输出面上的光强分布的对称中心偏离光轴的大小为

$$\Delta = -\delta\Delta f/f \qquad\qquad (2-85)$$

在图 2 – 29 所选设计参数下,$\Delta = -3.3 \times 10^{-4}\delta$,可以忽略输出面上的光强分布的对称中心对光轴的偏差。但元件中心的偏差还将影响输出面上的光强分布,在 $\delta = 3mm$ 时,光强分布如图 2 – 30 所示,η 与 rms 分别为 88.7% 、10.6% ,与图 2 – 29(b)性能相比较,元件中心偏差对输出面光强分布的影响小,也可忽略。

如果输出面不在 z 处,而是沿光轴方向有个偏离 δz,则同样地,输出面上的光强分布也将改变,当 $\delta z = 10\mu m$ 时,光强分布如图 2-31 所示,其 rms 为 24.1%。改变 δz,计算光强分布,rms 与 δz 的关系如图 2-32 中曲线(a)所示,为与在聚焦透镜焦面实现光束变换的二元光学元件(图 2-13)相比较,计算其顶部不均匀性与 δz 的关系,如图 2-32 中曲线(b)所示。

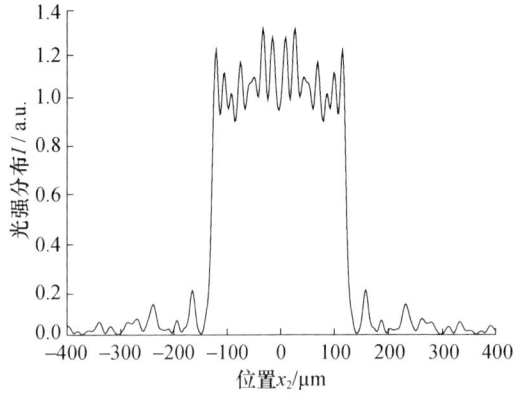

图 2-30 元件中心偏离 3mm 时的光强分布

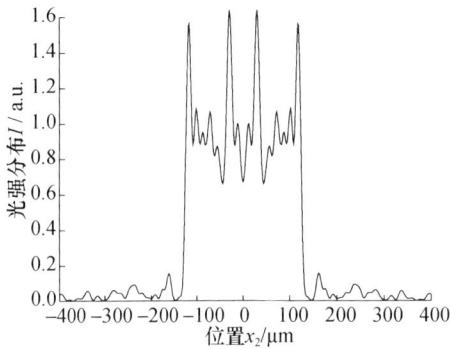

图 2-31 输出面沿光轴方向偏离 10μm 时的光强分布

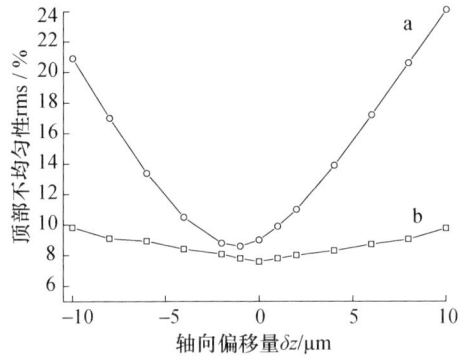

图 2-32 rms 与轴向偏离量的关系

从图中可知,相较于工作在焦面的光束变换元件,工作在菲涅尔衍射区的元件具有较短的工作区域(rms 小于某个特定值,例如 10%)。这是因为当光束变换元件工作在菲涅尔衍射区时,Δf 的存在使得 δz 引入的相位改变量远大于工作在焦面时相同的 δz 引入的相位改变量,因此其顶部均匀性随着 δz 的增大而变坏的趋势更为明显,其工作区域更短。

与传统的工作在焦面的光束变换元件相比较,工作在菲涅尔区的光束变换元件虽然不具有严格意义上的平移不变性,但在 Δf 远小于 f 且 δ 不是很大时,元件中心偏离光轴对光束变换性能的影响很小,可以近似地认为保持了平移不变性;但其工作区域变小,输出面的定位精度要求更高。若在实际应用中,如果光束变换是得到均匀的圆形光斑或方形光斑,选取工作在菲涅尔衍射区,除了输出面定位精度要求更高以外,不引入其他的过高要求,而加工难度将降低,这将有利于二元光学光束变换元件的实际实用。

2.3　光束变换性能的空间频谱分析

为描述二元光学光束变换元件的性能,根据输出面上计算的离散点光强值,可采用式(2-28)、式(2-29)来定量描述光能利用率和顶部不均匀性,但其测度为零,并不能准确真实地描述二元光学元件的实际性能。

对于传统设计,若改变采样点分布,计算出的性能参数急剧变化,难以保持。采用精细化设计,虽然计算得到的性能参数与所选采样点基本无关,但从根本上讲仍是零测度性能,同样难以真实准确地描述二元光学光束变换元件的实际性能。为此,推导得出二元光学元件的输出面上光强分布的空间频谱,并进一步根据空间频谱重新定义了光能利用率及顶部不均匀性两个性能参数。

2.3.1　空间频谱

简单起见,考虑一维情形,忽略式(2-24)中的 sinc 函数调制,输出面光强分布为

$$I(x_2) = \left| \sum_{j=1}^{N} e^{i\phi_{1j}} e^{-i 2\pi \frac{x_2 D}{\lambda/N}} \right|^2 \tag{2-86}$$

进一步展开为

$$I(y) = \sum_{j=1}^{N} \sum_{k=1}^{N} \cos[\phi_{1j} - \phi_{1k} + (j-k)y]$$

$$= N + 2\left[\sum_{k=2}^{N} \cos(\phi_{1k} - \phi_{1,k-1} + y) + \sum_{k=3}^{N} \cos(\phi_{1k} - \phi_{1,k-2} + 2y) + \cdots \right.$$

$$\left. + \sum_{k=N-1}^{N} \cos(\phi_{1k} - \phi_{1,k-N+2} + (N-2)y) + \cos(\phi_{1N} - \phi_{11} + (N-1)y) \right]$$

$$= N + 2 \sum_{m=1}^{N-1} A_m \cos(my + B_m) \tag{2-87}$$

式中:

$$y = -2\pi x_2 D / (N\lambda f)$$

$$A_m = \sqrt{\left[\sum_{k=m+1}^{N} \cos(\phi_{1k} - \phi_{1,k-m}) \right]^2 + \left[\sum_{k=m+1}^{N} \sin(\phi_{1k} - \phi_{1,k-m}) \right]^2}$$

$$B_m = \arctan\left[\sum_{k=m+1}^{N} \sin(\phi_{1k} - \phi_{1,k-m}) / \sum_{k=m+1}^{N} \cos(\phi_{1k} - \phi_{1,k-m}) \right]$$

从式(2-87)可以看出,理想平面波经二元光学元件后,在透镜后焦面的光强分布可转化为一系列不同谐波频率、振幅、初始相位的余弦函数的叠加,其基频为 $D/(N\lambda f)$,最高空间频率为 $(N-1)D/(N\lambda f)$,被光学系统参数与相位采样点数所限定。

为比较而言,计算传统设计与精细化设计后,输出面光强分布的空间频谱分布,其中传统设计结果如图 2 – 11 所示,精细化设计结果如图 2 – 13 所示,由于 BOE 相位均为对称分布,则 B_m 非 0 即 π,为更清晰地表现传统设计与精细化设计得到的输出面光强分布的空间频谱与理想值的差距,其复振幅 $A_m \cos B_m$ 分布如图 2 – 33 所示,可见精细化设计得到的输出面光强分布的空间频谱与理想分布(矩形分布的空间频谱,即 sinc 函数)非常接近,这也表明精细化设计可获得真实的光束变换功能。

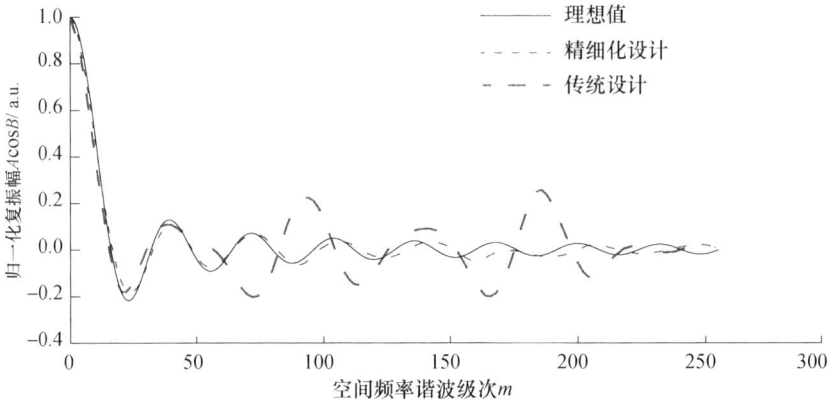

图 2 – 33 传统设计与精细化设计的空间频谱复振幅比较

2.3.2 性能参数定义

根据式(2 – 87),在输出面均匀光斑区域 $d_1 < x_2 < d_2$ 内的总光强为

$$I = \int_{y_1}^{y_2} I(y)\,\mathrm{d}y = \int_{y_1}^{y_2} \left(N + 2\sum_{m=1}^{N-1} A_m \cos(my + B_m) \right) \mathrm{d}y$$

$$= N(y_2 - y_1) + 2\sum_{m=1}^{N-1} A_m/m \left[\sin(my_2 + B_m) - \sin(my_1 + B_m) \right] \quad (2 – 88)$$

式中:$y_j = -2\pi d_j D/(N\lambda f)$,$j = 1,2$。

顶部不均匀性定义为二阶矩,即

$$\mathrm{rms} = \sqrt{\frac{\int_{y_1}^{y_2} (I(y) - \bar{I})^2 \mathrm{d}y}{(y_2 - y_1)\,\bar{I}^2}} \quad (2 – 89)$$

式中:$\bar{I} = I/(y_2 - y_1)$ 为均匀光斑区域内的平均光强。

根据式(2 – 88)可计算焦面总光强,此时 $y_1 = -\pi$、$y_2 = \pi$,则总光强为 $2\pi N$,因此光能利用率为

$$\eta = I/(2\pi N) \quad (2 – 90)$$

式(2 – 89)、式(2 – 90)所定义的顶部不均匀性与光能利用率不再是零测度

定义,而是基于物理本质的、可溯源的、能真正描述光束变换性能的两个参数,可以作为二元光学元件设计性能的评价标准。利用式(2-89)、式(2-90)来计算传统设计与精细化设计的二元光学元件的顶部不均匀性与光能利用率。当$d_1 = -48.0\mu m$、$d_2 = 48.0\mu m$ 时,对于传统设计,rms 和 η 分别为 67.3%、82.4%;而对于精细化设计,分别为 7.5%、92.7%,其零测度性能非常接近真值。这充分表明精细化设计计算出的性能参数是可信的,精细化设计能获得真实的光束变换性能。

2.3.3　滤波性能

在激光热处理等实际应用中,热传导等物理过程能够"抹平"光强分布中的高频分量,对其有一定的匀滑作用,改善顶部均匀性。这个"抹平"效果相当于空域低通滤波,式(2-87)已给出了二元光学光束变换元件输出面光强分布的振幅谱与初始相位谱,只需对其进行低通滤波处理,就可模拟热传导等物理过程的"抹平"效果。

例如激光热处理需控制的是光强分布中空间周期 $> 10\mu m$,也即空间频率 $< (10\mu m)^{-1}$ 的低频调制的顶部不均匀性,对于设计所用参数,$\lambda = 1.053\mu m$,$f = 600mm$,$D = 100mm$,$10\mu m$ 对应的谐波级次为

$$\frac{m}{N}\frac{D}{\lambda f} = \frac{1}{10} \tag{2-91}$$

计算可知 $m \approx 162$。假设"抹平"效果相当于一个振幅高斯型低通滤波,即其频谱响应为

$$LP(m) = e^{-(m/162)^{2n}} \tag{2-92}$$

低通滤波后,输出面上的光强分布的振幅谱为

$$A_{LP}(m) = A_m LP(m) \tag{2-93}$$

针对图 2-13 设计结果,当 $n=1$ 时,滤波前后,归一化复振幅分布如图 2-34 所示。按式(2-89)、式(2-90)计算的 rms 与 η 分别为 5.30%、91.8%,其中 rms 改善了近 30%,可见低通滤波的效果是很明显的。

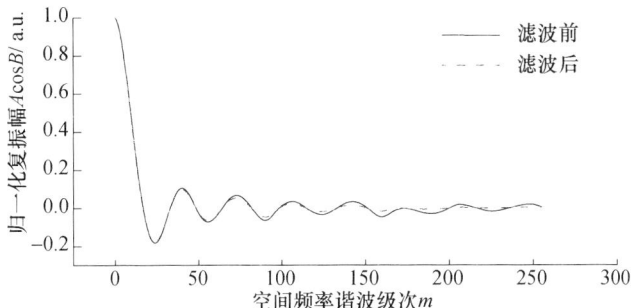

图 2-34　滤波前后的归一化复振幅分布

考虑高阶形式的高斯低通滤波,rms、η 与 n 的关系如表 2 - 5 所示。可见,rms 并不是随着 n 的增大而改善,在 $n=2$ 时最佳,但相差不大。

表 2 - 5　rms、η 与 n 的关系

n	0	1	2	3	4	5	6	7	8
$\eta/\%$	92.7	91.8	92.3	92.4	92.4	92.4	92.4	92.4	92.4
rms/%	7.50	5.30	5.26	5.47	5.58	5.65	5.69	5.71	5.73

二元光学元件在实际应用中,入射波前不可能是理想平面波,含有波前畸变;在其加工过程中,存在着种种误差,如刻蚀深度误差、对中误差等。波前畸变与加工误差等主要影响顶部不均匀性,实际物理过程的"抹平"效应能降低波前畸变与加工误差的影响,提高二元光学元件的抗加工误差、抗波前畸变等的能力,能降低对设计性能过高的要求,是其实用化进程中重要的一个环节。

例如考虑波前畸变、加工误差等因素,假设高频相位畸变描述为

$$\Delta\phi_1 = N[0, a \cdot 2\pi] \tag{2-94}$$

式中:$N[0, a \cdot 2\pi]$ 代表均值为零、方差为 $a \cdot 2\pi$ 的高斯分布,a 反映畸变大小。

对每个 a,随机选取 20 个样本,在考虑高斯型低通滤波($n=1$)前后,按照式(2 - 89)计算出 rms 的均值与 a 的关系如图 2 - 35 所示。以顶部不均匀性 <10% 为界,在滤波前,对波前畸变的宽容度约为 5% 倍波长,而滤波后,宽容度约为 9% 倍波长,提高了近一倍。

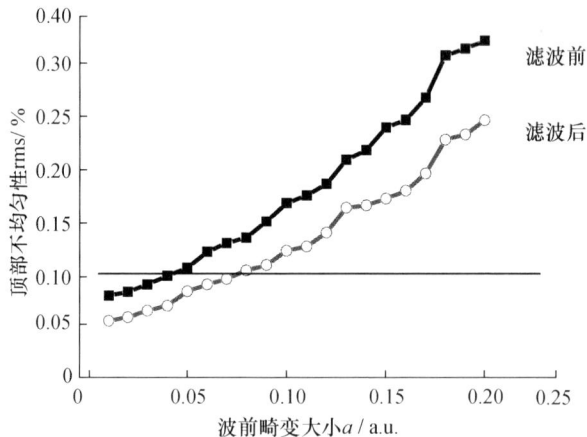

图 2 - 35　相位畸变对顶部不均匀性的影响

为更细致地分析二元光学元件的光束变换性能,还可以根据需求定义高阶矩来描述,在此不一一赘述。

参考文献

[1] 金国藩,严瑛白,邬敏贤,等. 二元光学[M]. 北京:国防工业出版社,1998.

[2] 严瑛白. 应用物理光学[M]. 北京:机械工业出版社,1990.

[3] Bryngdahl O. Geometrical transformations in optics[J]. J. Opt. Soc. Am,1974,64(8):1092 – 1099.

[4] Bryngdahl O. Optical map transformations[J]. Opt. Comm. ,1974,10(2):164 – 168.

[5] Gerchberg R W,Saxton W O. Practical algorithm for the determination of phase from image and diffraction plane pictures[J]. Optik,1972,35(2):237 – 250.

[6] Tao S,Liao J,Lu Z,et al. A new Fourier iterative algorithm for the design of phase – only diffractive optical element used in laser beam shaping[J]. Chinese Journal of Laser,1996,B5(5):451 – 460.

[7] Deng X,Li Y,Qui Y,et al. Phase mixture algorithm applied to design of pure phase elements[J]. Chinese Journal of Laser,1995,B4(5):447 – 454.

[8] Dixit S N,Feit M D,Perry M D,et al. Designing fully continuous phase screens for tailoring focal – plane irradiance profiles[J]. Opt. Lett. ,1996,21(21):1715 – 1717.

[9] 陈波,王菌子,韦辉,等. 用于惯性约束聚变束匀滑的完全连续位相板设计方法[J]. 光学学报,2001,21(4):480 – 484.

[10] 霍裕平,杨国桢,顾本源. 用光学方法实现幺正变换及一般线性变换(Ⅱ用迭代法求解)[J]. 物理学报,1976,25(1):31 – 46.

[11] 杨国桢,顾本源. 光学系统中振幅和相位的恢复问题[J]. 物理学报,1981,30(3):410 – 413.

[12] 田克汉,严瑛白,谭峭峰. YG算法设计衍射光学光束整形元件的两种改进[J]. 中国激光,2002,A29(4):307 – 312.

[13] KirkpatrickS,Galatt C D,Vecchi M P. Optimization by simulated annealing[J]. Science,1983,220(4598):671 –680.

[14] 羊国光. 用于衍射光学元件优化设计的遗传算法及其与模拟退火算法的比较[J]. 光学学报,1993,13(7):577.

[15] 段海滨. 蚁群算法原理及其应用[M]. 北京:科学出版社,2005.

[16] 钱锋. 粒子群算法及其工业应用[M]. 北京:科学出版社,2013.

[17] 谭峭峰,严瑛白,金国藩,等. 产生均匀焦斑的组合式衍射光学阵列元件[J]. 中国激光,1999,A26(9):803 – 807.

[18] 谭峭峰,严瑛白,金国藩,等. 衍射光学束匀滑元件的精细化设计[J]. 中国激光,2002,A29(1):29 – 32.

[19] 王金玉,谭峭峰,严瑛白,等. 圆对称衍射光学束匀滑器件的精细化设计[J]. 中国激光,2003,A30(3):206 – 210.

[20] Liu H,Yan Yi,Tan Q,et al. Theories for the design of diffractive superresolution elements and limits of optical superresolution[J]. J. Opt. Soc. Am. A,2002,19(11):2185 – 2193.

[21] Zalevsky Z,Mendlovic D,Dorsch R G. Gerchberg – Saxton algorithm applied in the fractional Fourier or the Fresnel domain[J]. Opt. Lett. ,1996,21(12):842 – 844.

[22] Zhang Y,Dong B Z,Gu B Y,et al. Beam shaping in the fractional Fourier transform domain[J]. J. Opt. Soc. Am. A,1998,15(5):1114 – 1120.

［23］ Cong W X,Chen N X,Gu B Y. Beam shaping and its solution with the use of an optimization method［J］. Appl. Opt. ,1998,37(20):4500 – 4503.

［24］ 宋菲君,Jutanmulia S. 近代光学信息处理［M］.北京:北京大学出版社,1998.

［25］ 张岩,顾本源,杨国桢. 光学分数傅里叶变换及其应用［J］. 物理,1998,28(8):484 – 490.

［26］ NamiasV J. The fractional order Fourier transform and its application to quantum mechanics［J］. J. Inst. Maths. Applics,1980,25:241 – 265.

［27］ McBride A C,Kerr F H. On Namias fractional Fourier transform［J］. IMA J. Appl. Maths,1987,39:159 – 175.

［28］ Ozaktas H M,Mendlovic D. Fourier transforms of fractional order and their optical interpretation［J］. Opt. Commun. ,1993,101:163 – 169.

［29］ Mendlovic D,Ozaktas H M. Fractional Fourier transforms and their optical implementation［J］. J. Opt. Soc. Am. ,1993,A10:1875 – 1881.

［30］ Lohmann A W. Image rotation,Wigner rotation,and fractional Fourier transform［J］. J. Opt. Soc. Am. ,1993,A10:2181 – 2186.

［31］ Pellat F P. Fresnel diffraction and the fractional – order Fourier transform［J］. Opt. Lett. ,1994,19:1388 – 1390.

［32］ Mendlovic D, Ozaktas H M, Lohmann A W. Fractional correlation［J］. Appl. Opt. , 1995, 34 (2): 303 – 309.

［33］ Bitran Y,Zalevsky Z,Mendlovic D,et al. Fractional correlation operation:performance analysis［J］. Appl. Opt. ,1996,35(2):297 – 303.

［34］ LohmannA W, Mendlovic D, Zalevsky Z. Fractional Hilbert transform［J］. Opt. Lett. , 1996, 21: 281 – 283.

［35］ Zhang Y,Bu B Y,Dong B Z,et al. Fractional Gabor transform［J］. Opt. Lett. ,1997,22:1583 – 1585.

［36］ Ozaktas H M,Bazshan B. Convolution,filtering,and multiplexing in fractional Fourier domains and their relation to chirp and wavelet transforms［J］. J. Opt. Soc. Am. ,1994,A11(2):547 – 559.

［37］ Ozaktas H M,Arikan O. Space – bandwidth – efficient realization of linear systems［J］. Opt. Lett. ,1998,23(14):1069 – 1071.

［38］ Ozaktas H M,Mendlovic D. Every Fourier optical system is equivalent to consecutive fractional – Fourier – domain filtering［J］. Appl. Opt. ,1996,35(17):3167 – 3170.

［39］ Kutay M A,Ozaktas H M. Optimal filtering in fractional Fourier domains. IEEE Trans. Sign. Proces,1997,45(5):1129 – 1143.

［40］ 华建文,刘立人. 分数傅里叶变换产生分数泰伯效应［J］. 中国激光,1997,A24(2):163 – 168.

［41］ Zhao D M. Collins formula in frequency domain described by fractional Fourier transform or franctional Hankel transform［J］. Optik,2000,111(1):9 – 12.

［42］ Zhao D M,Wang S. Collins formula in spatial domain written in terms of fractional Fourier transform or franctional Hankel transform［J］. Optik,2000,111(8):371 – 374.

［43］ Zhao D M,Zhang W C,Ge F,et al. Fractional Fourier transform and the diffraction of any misaligned optical system in spatial – frequency domain［J］. Optics and Laser Technology,2001,(33):443 – 447.

［44］ 葛凡,赵道木. 分数傅里叶变换和失调光学系统的衍射积分公式［J］. 光子学报,2001,30(2):205 – 208.

[45] 葛凡,赵道木. 失调光学系统衍射的分数傅里叶变换表述[J]. 光子学报, 2002,31(1):83 - 87.

[46] 《数学手册》编写组. 数学手册[M]. 北京:高等教育出版社,1979.

[47] 谭峭峰,严瑛白,金国藩,等. 分数傅里叶变换衍射光学束匀滑元件的精细化设计[J]. 中国激光,2003,A30(7):609 - 613.

[48] 谭峭峰,严瑛白,金国藩,等. 菲涅尔区衍射光学束匀滑元件的设计[J]. 强激光与粒子束,2003,15(2):125 - 128.

[49] 谭峭峰,严瑛白,金国藩,等. 衍射光学束匀滑元件性能之空间频谱分析[J]. 中国激光,2002,A29(8):699 - 702.

第3章

二值相位光栅及其应用

二值相位光栅,即相位为二台阶的二元光学元件,具有结构简单、易于加工的特点,在激光束变换中起到重要作用。2.2.4 节中详细介绍了衍射超分辨元件的全局优化,全局优化结果是相位为 0 或 π 的二台阶二元光学元件。第 5 章还将详细介绍衍射超分辨率元件的设计,本章主要关注以达曼(Dammann)光栅为代表的二值相位光栅及其应用。达曼光栅是一种具有特殊孔径函数的典型的二元光学元件,可以实现光学分束、多重成像、多通道读写、任意光互联及三维物体的阵列采样等功能,在光纤通信、光盘存储、光电技术、光计算、激光加工、精密测量等领域中有广泛应用。

3.1 达曼光栅设计原理

为了在光刻时能同时获得一个物体的多重成像以提高生产效率,1971 年达曼[1]提出并设计了一种具有两个台阶的相位光栅,即达曼光栅,该光栅是二元光学分束器的典型代表。达曼光栅是一种具有特殊孔径函数的二值相位光栅,其对入射光波产生的夫琅和费衍射图样(傅里叶谱)是一定点阵数目的等光强光斑。随着对分束比、衍射效率及光斑光强均匀性等要求的不断提高以及制作工艺水平的改善,相继提出了各种变异型二值相位光栅[2-5]。其设计方法是:相位取二值,但周期内空间坐标(刻槽数目及槽宽)被任意调制或仅相位调制,或空间坐标与相位同时被调制。这类二值相位光栅具有以下主要特性:相位型光栅,可以得到较高的衍射效率;其相位为二值,便于利用常规的大规模集成电路技术进行加工;属于傅里叶变换型分束器件,其光束分布的均匀性不受入射光强分布的影响。因此,此类光栅是人们极感兴趣的一种二元光学元件,已成为目前常用的分束器或阵列发生器。下面介绍达曼光栅及其变异型光栅的设计理论和方法。

3.1.1 一维达曼光栅设计原理

如图 3-1 所示,将达曼光栅置于傅里叶变换透镜前,经理想平面波照射,将在透镜的后焦面(即频谱面)上得到间距相等的光斑点阵分布。设光栅的相位是二值的,一般取为 0 或 π,为了得到等光强阵列,光栅的每一个周期将进行空间坐标(包括刻槽数目及槽宽)的调制,经过优化设计使输出面上所要求的衍射级次的光强均等。为了简化设计过程,往往先设计一维结构,然后在正交方向展开,得到二维达曼光栅。

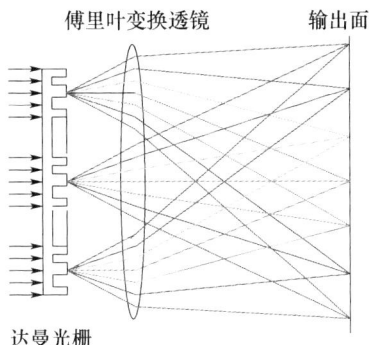

傅里叶变换透镜　　　　　　输出面

达曼光栅

图 3 - 1　达曼光栅分束原理

首先考虑达曼光栅的一个周期内的结构,如图 3 - 2 所示,设光栅结构中相位突变点对周期进行归一化后的坐标为 $\{a_l, b_l\}$,$l = 1, \cdots, L$,显然光栅的一个周期内的透过率函数可以看成是由 L 个高度相等而宽度不等的矩形函数叠加而成,其中当孔径函数为 0 时,光栅对入射光的相位延迟为 ϕ_1,但振幅保持不变;当孔径函数为 1 时,光栅对入射光的相位延迟为 ϕ_2,同样振幅保持不变。

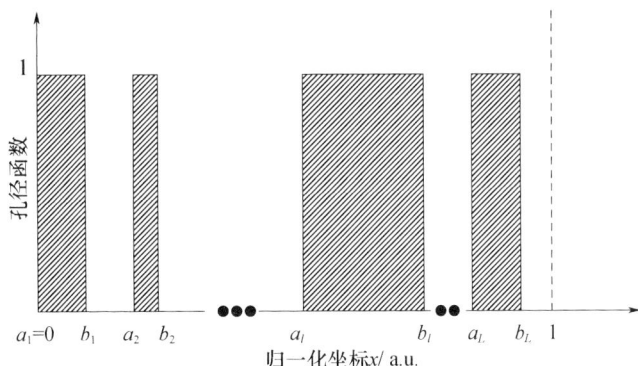

归一化坐标x/ a.u.

图 3 - 2　二值相位光栅的一个周期结构

因此,达曼光栅一个周期内的透过率函数 $t_0(x)$ 可表示为

$$t_0(x) = \left[e^{i\phi_2} - e^{i\phi_1} \right] \sum_{l=1}^{L} \mathrm{rect}\left[\frac{x - (a_l + b_l)/2}{b_l - a_l} \right] + e^{i\phi_1} \qquad (3 - 1)$$

则其频谱为

$$T_0(f) = F(t_0(x))$$

$$= \left[e^{i\phi_2} - e^{i\phi_1} \right] \sum_{l=1}^{L} F\left(\mathrm{rect}\left[\frac{x - (a_l + b_l)/2}{b_l - a_l} \right] \right) + e^{i\phi_1} \delta\{f\} \qquad (3 - 2)$$

其中 $F(\cdot)$ 代表傅里叶变换,$\delta(\cdot)$ 表示脉冲函数,且 $\mathrm{rect}(x) = \begin{cases} 1, & |x| \leqslant \dfrac{1}{2} \\ 0, & \text{其他} \end{cases}$,其

傅里叶变换为

$$F(\text{rect}(x)) = \int_{-1/2}^{1/2} e^{-i2\pi f x} dx = \frac{\sin \pi f}{\pi f} = \text{sinc}(f) \tag{3-3}$$

由傅里叶变换的线性定理、位移定理和式(3-3),可得

$$F\left(\sum_{l=1}^{L} \text{rect}\left[\frac{x - (a_l + b_l)/2}{b_l - a_l}\right]\right) = \sum_{l=1}^{L} (b_l - a_l) e^{-i\pi f(a_l + b_l)} \text{sinc}[(b_l - a_l)f]$$

$$\tag{3-4}$$

将式(3-4)代入式(3-2)中可得

$$T_0(f) = [e^{i\phi_2} - e^{i\phi_1}] \sum_{l=1}^{L} (b_l - a_l) e^{-i\pi f(a_l + b_l)} \text{sinc}[(b_l - a_l)f]$$

$$+ e^{i\phi_1} \delta(f) \tag{3-5}$$

设光栅周期为 d,总宽度为 D,可用矩形孔径函数表示其对透过率函数的限制,其透过率函数 $t(x)$ 可表示为

$$t(x) = \left[t_0(x) * \frac{1}{d} \sum_{n=-\infty}^{\infty} \delta(x - nd)\right] \cdot \text{rect}\left(\frac{x}{D}\right)$$

$$= \left[t_0(x) * \frac{1}{d} \text{comb}\left(\frac{x}{d}\right)\right] \cdot \text{rect}\left(\frac{x}{D}\right) \tag{3-6}$$

式中:$\text{comb}\left(\dfrac{x}{d}\right)$ 为间距为 d 的梳状函数,即

$$\text{comb}\left(\frac{x}{d}\right) = \sum_{m=-\infty}^{\infty} \delta(x - md), m = 0, \pm 1, \cdots, \pm \infty$$

则由傅里叶变换的性质可得光栅的频谱为

$$T(f) = [T_0(f) \text{comb}(df)] * D\text{sinc}(Df) \tag{3-7}$$

式中:* 表示卷积。

由于光栅总宽度 D 一般都远远大于光栅周期 d,因此可将光栅总宽度看成无穷大,即光栅的周期数目为无穷大,此时可忽略卷积因子 $D\text{sinc}(Df)$,则式(3-7)可简化为

$$T(f) = T_0(f)\text{comb}(df) \tag{3-8}$$

考虑式(3-8),由梳状函数的性质可知,当且仅当

$$f_m = \frac{m}{d}, m = 0, \pm 1, \cdots, \pm \infty \tag{3-9}$$

$\text{comb}(dx) \neq 0$,所以 $T(f)$ 也仅在 $f_m = \dfrac{m}{d}, m = 0, \pm 1, \cdots, \pm \infty$ 处有意义,且等于 $T_0(f)$。由 $f = \dfrac{x}{\lambda z}$ 可得频域分布仅在 $\dfrac{x_m}{\lambda z} = \dfrac{m}{d}, m = 0, \pm 1, \cdots, \pm \infty$,亦即

$$x_m = m\frac{\lambda z}{d}, m = 0, \pm 1, \cdots, \pm \infty \tag{3-10}$$

处不为零。

将式(3-9)代入式(3-5)中,并由 sinc 函数为偶函数的性质,得其频谱值为

$$T_{-m} = T\left(-\frac{m}{d}\right) = \left[e^{i\phi_2} - e^{i\phi_1}\right] sinc\left[(b_l - a_l)\frac{m}{d}\right]$$

$$\times \left\{\sum_{l=1}^{L}(b_l - a_l)e^{+i\pi(a_l+b_l)\frac{m}{d}}\right\}$$

$$\cdots$$

$$T_0 = \left[e^{i\phi_2} - e^{i\phi_1}\right]\left[\sum_{l=1}^{L}(b_l - a_l)\right] + e^{i\phi_1}$$

$$\cdots$$

$$T_{+m} = T\left(+\frac{m}{d}\right) = \left[e^{i\phi_2} - e^{i\phi_1}\right] sinc\left[(b_l - a_l)\frac{m}{d}\right]$$

$$\times \left\{\sum_{l=1}^{L}(b_l - a_l)e^{-i\pi(a_l+b_l)\frac{m}{d}}\right\} \qquad (3-11)$$

则达曼光栅的强度分布为

$$I_0 = \left(\frac{A}{\lambda z}\right)^2 \left|\left\{\left[e^{i\phi_2} - e^{i\phi_1}\right]\sum_{l=1}^{L}(b_l - a_l)\right\} + e^{i\phi_1}\right|^2$$

$$\cdots$$

$$I_{-m} = I_{+m} = \left(\frac{A}{\lambda z}\right)^2 |e^{i\phi_2} - e^{i\phi_1}|^2 sinc^2\left[(b_l - a_l)\frac{m}{d}\right]$$

$$\times \left|\sum_{l=1}^{L}(b_l - a_l)e^{-i\pi(a_l+b_l)\frac{m}{d}}\right|^2 \qquad (3-12)$$

由式(3-12)可以看出达曼光栅的光强是关于 x 轴对称分布的偶函数,这种对称性是由傅里叶变换的性质决定,因此衍射图样必然是关于 x 轴对称的图形,在实际计算中,只需算出 $x \geqslant 0$ 时的光强分布即可。

3.1.2 达曼光栅二维优化编码原理

二维达曼光栅的设计通常先进行一维光栅设计,相位取 0 或 π,然后作二维扩展,扩展后的相位仍为 0 或 π,设计较为方便,但这不利于衍射效率的提高,更无法实现任意二维衍射图样的设计。为此,Vasara[6] 等提出了对二值相位光栅直接进行二维优化设计的各种方法,有效地提高了衍射效率,并能设计出更多样化的二维衍射图样。如图 3-3 所示,其中图 3-3(a)为任意孔径编码方式,即在一个周期内分成若干个互不重叠的小孔径 $A_l(x, y)$,$l = 1, \cdots, L$,每个孔径均为任意形状。任意孔径形状的光栅将会得到最佳的衍射效率,但也给设计计算带来很大困难。可用一组平行于 x 轴且是等间距的平行线分割孔径的 y 轴,每个子孔径将形成只有两边平行的不规则四边形,如图 3-3(b)所示,这种形状在一定程度上降低了设计计算的难度,但其设计计算仍然相当复杂。因此,可以继

续简化,采取矩形孔径编码方式,如图3-3(d)所示,另外两边均平行于 y 轴,使采样孔径呈矩形状,而每个矩形尺寸是根据优化设计而定,这样就大大简化了设计。还有一类是设计时简化为一维,然后再将设计结果扩展到二维的情况,如图3-3(c)所示。

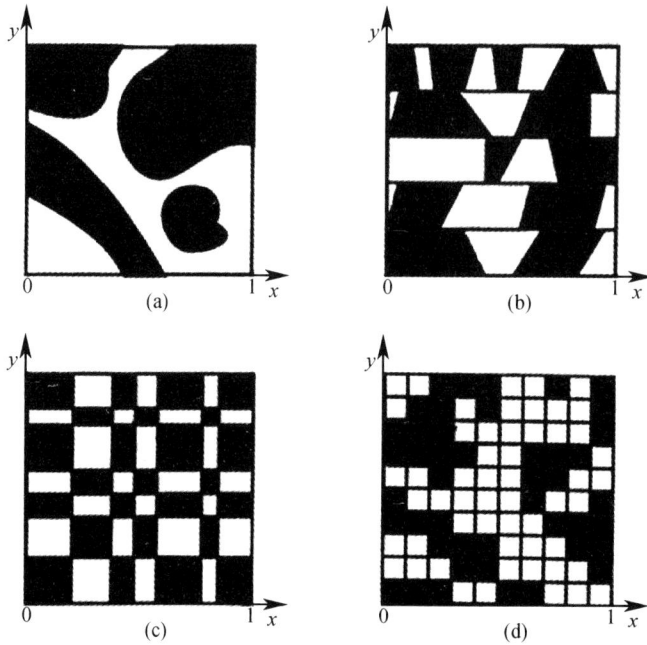

图3-3　二值相位光栅的几种编码原理

(a)任意形状;(b)限制在分割条中形成不规则多边形;(c)扩展二维型;(d)矩形孔径型。

为了简化设计,通常在 x 和 y 方向上均匀采样,在一个周期内形成网格型孔径,则此周期的相位分布由每个网格的相位分布决定。在设计中,将每个网格单元的孔径函数取为1或者0,以此来代表其相位取二值的情况。

首先考虑图3-3(c)中的扩展二维型达曼光栅的均匀采样,仍然考虑图3-2所示的一维相位分布情况,设一个周期宽度为 K,在二元计算中为便于计算机的数据处理,一般取 $K=2^N(N=1,\cdots,\infty)$,则一个周期内的突变点坐标 a_l 和 b_l 均为在 $[0,K]$ 内取值的正整数,已知相位取值为 ϕ_2 的孔径宽度 (b_l-a_l) 也必为在 $[0,K]$ 内变化的正整数,若将一个周期内第 l 个相位取值为 ϕ_2 的孔径看成由 (b_l-a_l) 个宽度为1的单位孔径叠加而成,那么光栅的一个周期内共有 $R=\sum_{l=1}^{L}(b_l-a_l)$ 个相位取值为 (b_l-a_l) 单位孔径,设第 r 个相位取值为 (b_l-a_l) 的单位孔径的突变点坐标为 (a_r,a_r+1),此时透过率函数 $t_0(x)$ 可表示为

$$t_0(x) = \left[\mathrm{e}^{\mathrm{i}\phi_2} - \mathrm{e}^{\mathrm{i}\phi_1}\right] \sum_{r=1}^{R} \mathrm{rect}\left[x - \left(a_r + \frac{1}{2}\right)\right] + \mathrm{e}^{\mathrm{i}\phi_1} \qquad (3-13)$$

可将式(3-12)中的 a_l、b_l 和 d 分别用 a_r、$a_r + 1$ 和 K 代替,则式(3-12)可简化为

$$I_0 = \left(\frac{A}{\lambda z}\right)^2 \left|\{[\mathrm{e}^{\mathrm{i}\phi_2} - \mathrm{e}^{\mathrm{i}\phi_1}]R\} + \mathrm{e}^{\mathrm{i}\phi_1}\right|^2$$

$$\cdots$$

$$I_{-m} = I_{+m} = \left(\frac{A}{\lambda z}\right)^2 |\mathrm{e}^{\mathrm{i}\phi_2} - \mathrm{e}^{\mathrm{i}\phi_1}|^2 \mathrm{sinc}^2\left(\frac{m}{K}\right)$$

$$\times \left| \sum_{r=1}^{R} \mathrm{e}^{-\mathrm{i}2\pi\left(a_r + \frac{1}{2}\right)\frac{m}{K}} \right|^2 \qquad (3-14)$$

此即均匀采样的扩展二维型达曼光栅的光强分布。

再来考虑图3-3(d)中的二维相位分布情况,同图3-3(c)类似,在 x 方向和 y 方向上的周期宽度均设为 K,每个单位孔径的边长均为1,白色代表孔径函数取0,即此单位孔径相位值取 ϕ_1,黑色代表孔径函数取1,即此单位孔径的相位值取 ϕ_2,共有 R 个黑色单元,即共有 R 个相位值取 ϕ_2 的单元。假设第 r 个黑色单元靠圆点最近的顶点的坐标为 (p_r, q_r),那么此单元其余三个顶点的坐标分别为 $(p_r + 1, q_r)$、$(p_r, q_r + 1)$ 和 $(p_r + 1, q_r + 1)$,一个周期的透过率函数 $t_0(x, y)$ 可表示为

$$t_0(x,y) = \left[\mathrm{e}^{\mathrm{i}\phi_2} - \mathrm{e}^{\mathrm{i}\phi_1}\right] \sum_{r=1}^{R} \mathrm{rect}\left(x - \left(p_r + \frac{1}{2}\right), y - \left(q_r + \frac{1}{2}\right)\right) + \mathrm{e}^{\mathrm{i}\phi_1}$$

$$(3-15)$$

则一个周期的频谱可表示为

$$T_0(f_x, f_y) = F(t_0(x,y)) = \left[\mathrm{e}^{\mathrm{i}\phi_2} - \mathrm{e}^{\mathrm{i}\phi_1}\right]$$

$$\times \sum_{r=1}^{R} F\left(\mathrm{rect}\left(x - \left(p_r + \frac{1}{2}\right), y - \left(q_r + \frac{1}{2}\right)\right)\right) + \mathrm{e}^{\mathrm{i}\phi_1}\delta(f_x, f_y) \quad (3-16)$$

由傅里叶变换性质,式(3-16)可化为

$$T_0(f_x, f_y) = \left[\mathrm{e}^{\mathrm{i}\phi_2} - \mathrm{e}^{\mathrm{i}\phi_1}\right]\mathrm{sinc}(f_x)\mathrm{sinc}(f_y)$$

$$\times \sum_{r=1}^{R} \mathrm{e}^{-\mathrm{i}2\pi\left[f_x\left(p_r + \frac{1}{2}\right) + f_y\left(q_r + \frac{1}{2}\right)\right]} + \mathrm{e}^{\mathrm{i}\phi_1}\delta(f_x, f_y) \qquad (3-17)$$

因此,边长近似为无穷大的光栅透过率函数为

$$t(x,y) = t_0(x,y) * \frac{1}{K}\mathrm{comb}\left(\frac{x}{K}\right) * \frac{1}{K}\mathrm{comb}\left(\frac{y}{K}\right) \qquad (3-18)$$

则其频谱为

$$T(f_x, f_y) = F(t(x_0, y_0)) = T_0(f_x, f_y)\mathrm{comb}(Kf_x)\mathrm{comb}(Kf_y) \qquad (3-19)$$

要使式(3-19)不为零,必须满足

$$f_m = \frac{x}{\lambda z} = \frac{m}{K}, f_n = \frac{y}{\lambda z} = \frac{n}{K}, m, n = 0, \pm 1, \cdots, \pm \infty$$

亦即

$$x_m = m\frac{\lambda z}{K}, y_n = n\frac{\lambda z}{K}, m, n = 0, \pm 1, \cdots, \pm \infty \qquad (3-20)$$

此时频谱函数 $T(f_x, f_y)$ 可简化为

$$T(f_x, f_y) = T_0(f_x, f_y) = \left[e^{i\phi_2} - e^{i\phi_1} \right] \mathrm{sinc}(f_x) \mathrm{sinc}(f_y)$$

$$\times \sum_{r=1}^{R} e^{-i2\pi\left[f_x\left(p_r + \frac{1}{2} \right) + f_y\left(q_r + \frac{1}{2} \right) \right]} + e^{i\phi_1}\delta(f_x, f_y) \qquad (3-21)$$

将式(3-20)代入式(3-21)中得

$$T_{-m, \pm n} = T\left(-\frac{m}{K}, \pm\frac{n}{K} \right) = \left[e^{i\phi_2} - e^{i\phi_1} \right] \mathrm{sinc}\left[\frac{m}{K} \right] \mathrm{sinc}\left[\frac{n}{K} \right]$$

$$\times \sum_{r=1}^{R} e^{-i2\pi\left[-\frac{m}{K}\left(p_r + \frac{1}{2} \right) \pm \frac{n}{K}\left(q_r + \frac{1}{2} \right) \right]}$$

$$\cdots$$

$$T_{0,0} = T(0,0)\left[e^{i\phi_2} - e^{i\phi_1} \right]R + e^{i\phi_1} \qquad (3-22)$$

$$\cdots$$

$$T_{+m, \pm n} = T\left(+\frac{m}{K}, \pm\frac{n}{K} \right) = \left[e^{i\phi_2} - e^{i\phi_1} \right] \mathrm{sinc}\left[\frac{m}{K} \right] \mathrm{sinc}\left[\frac{n}{K} \right]$$

$$\times \sum_{r=1}^{R} e^{-i2\pi\left[\frac{m}{K}\left(p_r + \frac{1}{2} \right) \pm \frac{n}{K}\left(q_r + \frac{1}{2} \right) \right]}$$

则得到均匀采样型矩形孔径的光栅强度分布为对角对称,即

$$I_{0,0} = \left(\frac{A}{\lambda z} \right)^2 \left| \left[e^{i\phi_2} - e^{i\phi_1} \right]R + e^{i\phi_1} \right|^2$$

$$\cdots$$

$$I_{+m, +n} = I_{-m, -n} = \left(\frac{A}{\lambda z} \right)^2 \left[e^{i\phi_2} - e^{i\phi_1} \right]^2 \mathrm{sinc}^2\left[\frac{m}{K} \right] \mathrm{sinc}^2\left[\frac{n}{K} \right]$$

$$\times \left| \sum_{r=1}^{R} e^{-i2\pi\left[\frac{m}{K}\left(p_r + \frac{1}{2} \right) + \frac{n}{K}\left(q_r + \frac{1}{2} \right) \right]} \right|^2$$

$$I_{+m, -n} = I_{-m, +n} = \left(\frac{A}{\lambda z} \right)^2 \left[e^{i\phi_2} - e^{i\phi_1} \right]^2 \mathrm{sinc}^2\left[\frac{m}{K} \right] \mathrm{sinc}^2\left[\frac{n}{K} \right]$$

$$\times \left| \sum_{r=1}^{R} e^{-i2\pi\left[\frac{m}{K}\left(p_r + \frac{1}{2} \right) - \frac{n}{K}\left(q_r + \frac{1}{2} \right) \right]} \right|^2 \qquad (3-23)$$

3.2 点阵型准达曼光栅(Quasi - Dammann Grating)

传统的达曼光栅可以实现等均匀强度分布的点阵,点阵型准达曼光栅

（Quasi – Dammann Grating, QDG）是在达曼光栅的基础上，设计的一种可以实现非等强度分布光束的二值相位光栅。在激光与材料相互作用中，尤其是高功率激光表面改性等与激光束空间强度分布有密切联系的激光加工过程中，往往需要将激光束空间强度分布整形为具有非等强度分布的点阵。准达曼光栅（QDG）就是在这个应用背景下，为了提高激光表面硬化效果提出的一种可以实现高功率激光束非均匀强度分布的光栅。QDG 可以实现衍射级间成比例强度分布，具有两个相位台阶，制作简单，成本低，同时有高衍射效率和高均匀度，在激光制造过程中有重要应用价值。

3.2.1 QDG 的编码方式

传统的达曼光栅是纯相位衍射光栅，通过调制相位分布边界以产生等强度分布的点阵。理论上，传统达曼光栅的编码方式仍然适用于具有比例强度分布的准达曼光栅。在比例强度准达曼光栅的设计过程中，为了简单起见，采用了两维均匀采样编码方式。以高功率固体激光为例，光束一般为超高斯分布，其强度包络可近似是平顶分布，这时输入激光被表述为平顶激光束。两维均匀采样编码方式（图 3 – 4）得到的输出面上的光强分布为

$$I_{0,0} = I(0,0) = \left(\frac{A}{\lambda f}\right)^2 \left| [e^{i\phi_2} - e^{i\phi_1}]L + e^{i\phi_1} \right|^2$$

$$
\begin{aligned}
I_{+m,+n} &= I_{-m,-n} \\
&= \left(\frac{A}{\lambda f}\right)^2 \left| e^{i\phi_2} - e^{i\phi_1} \right|^2 \operatorname{sinc}^2\left(\frac{m}{d}\right) \operatorname{sinc}^2\left(\frac{n}{d}\right) \left| \sum_{l=1}^{L} e^{-i2\pi\left[\frac{m}{d}\left(x_l+\frac{1}{2}\right)+\frac{n}{d}\left(y_l+\frac{1}{2}\right)\right]} \right|^2
\end{aligned}
$$

$$
\begin{aligned}
I_{-m,+n} &= I_{+m,-n} \\
&= \left(\frac{A}{\lambda f}\right)^2 \left| e^{i\phi_2} - e^{i\phi_1} \right|^2 \operatorname{sinc}^2\left(\frac{m}{d}\right) \operatorname{sinc}^2\left(\frac{n}{d}\right) \left| \sum_{l=1}^{L} e^{-i2\pi\left[\frac{m}{d}\left(x_l+\frac{1}{2}\right)-\frac{n}{d}\left(y_l+\frac{1}{2}\right)\right]} \right|^2
\end{aligned}
$$

$$(3 - 24)$$

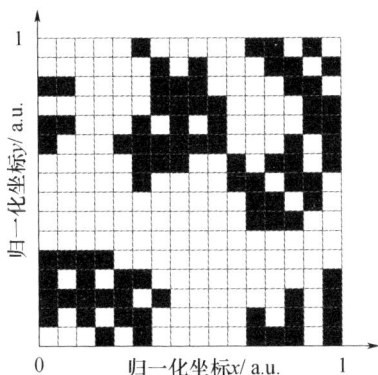

图 3 – 4 准达曼光栅单个周期相位分布示意图
（白色单元表示相位延迟为 ϕ_1，黑色单元表示相位延迟为 ϕ_2）

式中:λ 为光波波长;f 为透镜焦距。每个周期的相位分布是由多个孔径单元组成,相位延迟分别是 ϕ_1(白色单元)和 ϕ_2(黑色单元),L 是单元的个数,第 l 个单元离原点最近的顶点的坐标是 (x_l, y_l)。

3.2.2 QDG 的描述参数

为了更加清楚地描述点阵型准达曼光栅的性能,定义下述三个准达曼光栅的描述参数。

(1) 准达曼光栅的衍射级(M):当 $m = 0, n = 0$ 时,通过透镜聚焦的点被定义为原点;具有 $|m| = 1$ 且 $|n| \leqslant 1$,或者 $|n| = 1$ 且 $|m| \leqslant 1$ 的所有点被定义为第一衍射级,也就是第一衍射级包括了所有 $|m| = 1$ 且 $|n| \leqslant 1$,或者 $|n| = 1$ 且 $|m| \leqslant 1$ 的点。同样地,第 M 衍射级包括所有 $|m| = M$ 且 $|n| \leqslant M$,或者 $|n| = M$ 且 $|m| \leqslant M$ 的点。根据此定义,一个三衍射级的准达曼光栅可以被表示为图 3 - 5 所示。

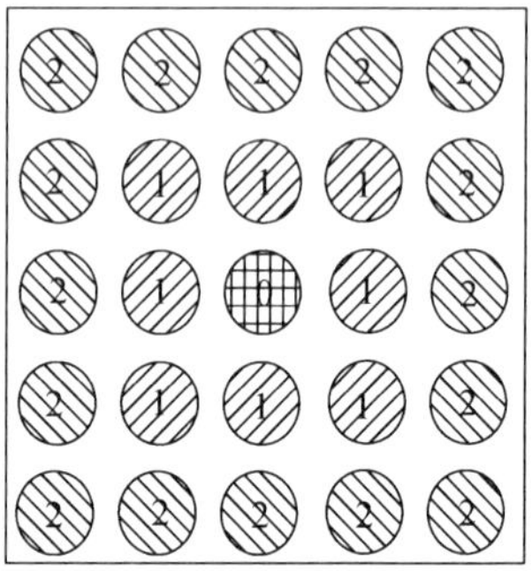

图 3 - 5　准达曼光栅衍射级示意图
(具有相同线型的点属于同一衍射级)

(2) 准达曼光栅的均匀度,包括衍射级内的均匀度和衍射级间成比例均匀度:前者被定义为 $U_{o,M} = \sum (I_{mn} - \bar{I})/I_s$ 以评价单个衍射级的均匀度,这里 I_{mn} 为第 M 衍射级中各点的强度,$\bar{I}$ 是这些点的平均强度,I_s 是这些点的总强度之和;后者被定义为 $U_p = \dfrac{\bar{I}_0}{I_0} : \dfrac{\bar{I}_1}{I_1} : \cdots : \dfrac{\bar{I}_M}{I_M}$,用来评价设计和理论强度比例的偏差,这里 $\bar{I}_0, \bar{I}_1, \cdots, \bar{I}_M$ 和 $I_0, I_1, \cdots, I_M$ 分别是第 $0, 1, \cdots, M$ 衍射级的设计值和理想值的平均强度。

(3) 衍射效率的定义与传统达曼光栅一致,为衍射级各点强度之和与入射强度的比值。

3.2.3 QDG 目标函数定义

对于一维达曼光栅来说,设计中需要对光栅的单个周期进行调制。为寻找光栅最佳结构,通常选择非对称的任意结构来进行设计。光栅结构的优化设计实质上是要寻找一组相位突变点坐标集 $\{a_l, b_l\}, l = 1, \cdots, L$,使其满足衍射谱 m 在 $-M$ 到 M 级次内,即 $2M + 1$ 个光束的光强均匀分布,且衍射效率 I_Σ 足够高,即要求

$$I_\Sigma = \sum_{m=-M}^{M} I_m = I_0 + 2\sum_{m=1}^{M} I_m \qquad (3-25)$$

尽可能大,且

$$I_0 = I_{\pm 1} = \cdots = I_{\pm M} \tag{3-26}$$

为评价优化效果,特定义目标函数(或称误差函数)

$$\text{Error} = \alpha \left[2 \sum_{m=0}^{M} (I_m - I_{\sum} \hat{I}_m)^2 - (I_0 - I_{\sum} \hat{I}_0)^2 \right] + (1-\alpha)(1 - I_{\sum})^2 \tag{3-27}$$

式中:$\hat{I}_m$ 为各级强度分布的理论目标值;α 为在优化过程中所取的补偿系数,在 $[0,1]$ 范围内变化。目标函数的第一项是衡量设计值 $\{I_m\}$ 与目标值的差异,第二项则是衡量衍射效率。设计时根据光束均匀性及衍射效率的要求选取合适的 α。

扩展到二维情况,则有

$$I_{\sum} = \sum_{m=-M}^{M} \sum_{n=-N}^{N} I_{m,n} = 2 \sum_{m=0}^{M} \sum_{n=0}^{N} I_{m,n} - I_{0,0} \tag{3-28}$$

二维方向上的目标函数同一维情况类似,即

$$\text{Error} = \alpha \left[2 \sum_{m=0}^{M} \sum_{n=0}^{N} (I_{m,n} - I_{\sum} \hat{I}_{m,n})^2 - (I_{0,0} - I_{\sum} \hat{I}_{0,0})^2 \right] + (1-\alpha)(1 - I_{\sum})^2 \tag{3-29}$$

以上是等强度达曼光栅的一般设计方法和其目标函数,对于比例强度分布的准达曼光栅来说,这个目标函数已经不再适用。比例强度分布准达曼光栅需要实现各衍射级之间成比例强度的输出,权重系数应该根据各衍射级的比例来确定,以评价其均度。在此 QDG 的目标函数被定义为

$$\text{Error} = \alpha \left\{ [\beta_1(I_{(0)} - \eta_E \hat{I}_{(0)})]^2 + [\beta_2(I_{(1)} - \eta_E \hat{I}_{(1)})]^2 + \cdots + [\beta_M(I_{(M)} - \eta_E \hat{I}_{(M)})]^2 \right\}$$
$$+ (1-\alpha)(1 - \eta_E)^2 \tag{3-30}$$

式中:$\beta_1, \beta_2, \cdots, \beta_M$ 为各衍射级的权重系数;$I_{(0)}, I_{(1)}, \cdots, I_{(M-1)}$ 为 $0, 1, \cdots, M$ 等各衍射级的强度。为了得到强度成比例分布的衍射级,每个衍射级的偏差也应具有特定的比例,这就意味着权重系数应该有特定的比例。另外由于 QDG 具有对称性,零级衍射的权重系数应该是双倍的。如果设计目标为一个三级的 QDG,其强度比例为 $I_{(0)} : I_{(1)} : I_{(2)} = k_1 : k_2 : k_3$,则权重系数应为 $\beta_1 : \beta_2 : \beta_3 = \dfrac{1}{k_1} : \dfrac{1}{2k_2} : \dfrac{1}{2k_3}$。

以输出强度自零级到第二衍射级比例为 $1:2:3$,即 $I_{(0)} : I_{(1)} : I_{(2)} = 1:2:3$ 为例,按照传统达曼光栅的目标函数,$\beta_1 : \beta_2 : \beta_3 = 1:1:1$,$\alpha$ 取 0.98,发现所计算得到的设计结果不能符合设计目标;而按照新定义的目标函数,$\beta_1 : \beta_2 : \beta_3 = \dfrac{1}{1} : \dfrac{1}{4} : \dfrac{1}{6}$,$\alpha$ 同样取 0.98,计算所得到的结果已很接近目标值,如图 $3-6$ 所示。

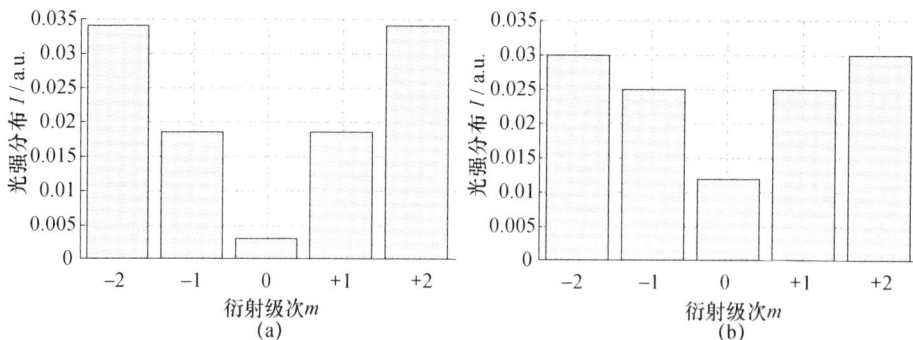

图 3 - 6　目标函数修改前后的输出强度对比

（a）原目标函数时的输出强度；（b）目标函数修改后的输出强度。

3.2.4　QDG 优化设计

在此采用模拟退火法进行 QDG 的优化设计。优化有三个基本要素：变量、约束和目标函数。在求解过程中选定的基本参数为变量，对变量取值的限制调节为约束，表示求解方案衡量标准的函数称为目标函数。下面是采用模拟退火算法优化设计 QDG 相位分布，将给出详细的算法描述，并具体说明设计过程。

在设计中，为优化出能按需要变换入射光束的 QDG 的周期相位分布矩阵 $[d_{ij}]$（其中 d_{ij} 代表一个周期内第 i 行第 j 列单元的相位）。一般要考虑四个方面的问题[9-12]。

（1）解空间：所有可能的相位分布，一般来说每个单元的相位取值是量化的，根据二阶、四阶等台阶数而取分立值。

（2）目标函数：根据实际的输出分布要求来确定，但往往要求衍射效率尽量高，同时输出各衍射级的设计光强与理想光强之间的差值应小到一定的程度。

（3）新解的产生：可以是随机改变一个单元的相位值，然后计算在新的分布下产生的目标函数值。

（4）接受准则：每次迭代后计算出目标函数的差值，通常按照一定的概率准则来确定是否接受迭代结果。

模拟退火法的具体实现过程首先是初始化，包括随机给定相位矩阵，相位值则是按照台阶数量化为 $\dfrac{\pi}{2^{k-1}}$，$k = 1, 2, 3, \cdots, k$ 是量化阶数，也就是掩模版的数目；然后分别计算出输出面上各衍射级的初始光强分布；目标函数为 Error，给定温度 T，并改变单元取值，然后计算系统新的目标函数 Error′，如果 Error′ < Error，则接受单元值的改变；反之，则以一定的概率接受单元值的改变。

相位优化后的结果要进行量化，将相位分层，合并相邻单元，形成掩模版数据。量化阶数越多,衍射效率就越高,但是也增加了器件制作的复杂和难度,因此在满足应用需要的前提下,应尽量选用小的量化阶数,对于 QDG,选取为 0 或 π 的二阶相位。

在设计中,希望输出面的不同衍射级光强能够形成预定的分布。从流程图 3-7 中可以看出,设计过程分为主要三个部分:初始化,相位优化和数据结果处理。初始化过程包括形成目标光强分布、初始化结构参数、相位初始化和计算目标函数初值。

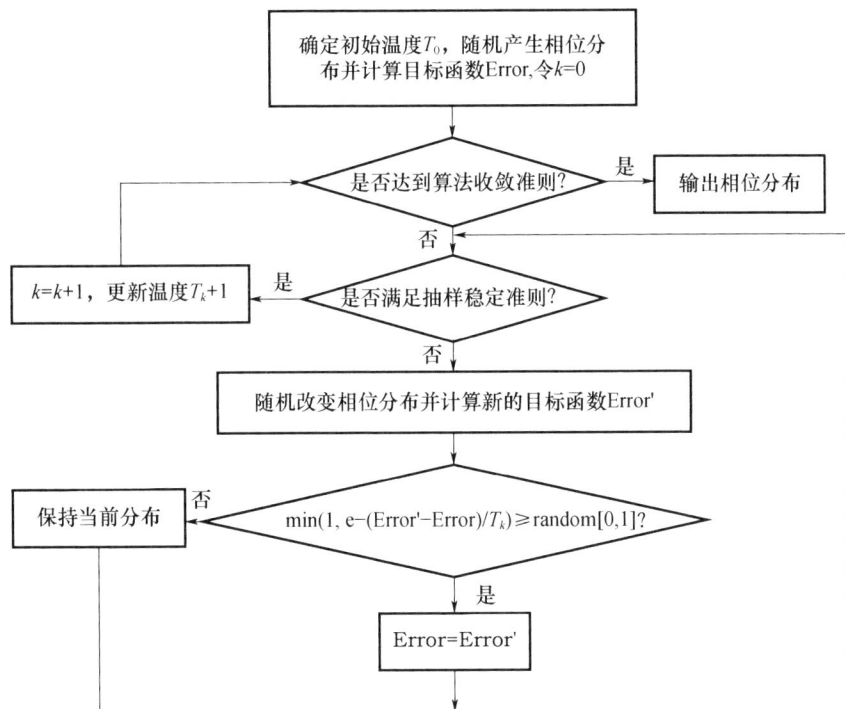

图 3-7　模拟退火算法的优化过程

相位优化过程就是模拟退火算法的迭代降温过程。随机改变相位分布,计算新目标函数值,根据 Metropolis 接受准则决定相位改变是否有效,若接受改变,则判断是否达到热平衡,如果是,则降温后继续进行迭代,直到满足终止条件,结束迭代优化过程。

以强度比例为 $I_{(0)}:I_{(1)}:I_{(2)}=3:2:1$ 的三级 QDG 为例说明其设计方法和结果。当强度比为 $I_{(0)}:I_{(1)}:I_{(2)}=3:2:1$ 时,目标函数中 $\beta_1:\beta_2:\beta_3=\dfrac{1}{3}:\dfrac{1}{4}:\dfrac{1}{2}$。

图 3-8 给出了三衍射级 QDG 的设计结果。如图 3-8 所示,周期内的单元个数为 16×16,第一和第二衍射级内均匀度分别为 $U_{o,1}=0.2\%$、$U_{o,2}=2.5\%$,对于零级衍

射,此均匀度没有意义。比例均匀度为 $U_p = 1.1 : 1.0 : 0.9$,衍射效率为 75.4%。

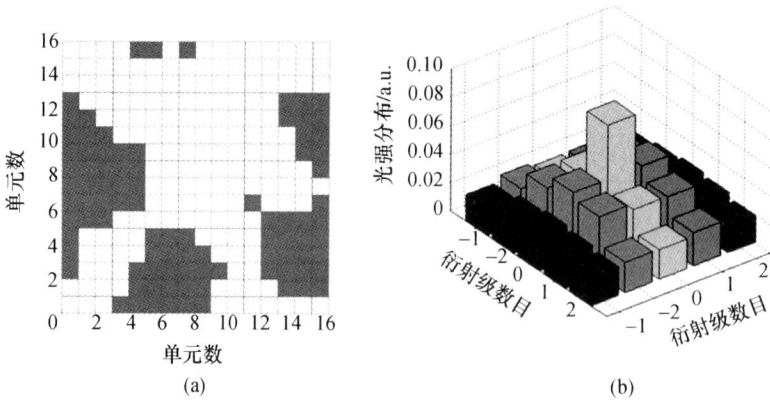

(a)　　　　　　　　　　(b)

图 3 - 8　衍射级强度比自内向外为 $3:2:1$ 准达曼光栅的设计结果

(a) 单个周期相位分布;(b) 强度输出。

3.3　圆环形达曼光栅

圆环形达曼光栅是一类具有环形相位结构的二值二元光学器件,可以在夫琅和费衍射场实现各衍射级次等光强分布的圆环形衍射场,也就是等强度分布的环形衍射场。因为光学系统大多是圆对称的,圆环形达曼光栅可以很好地和光学系统的圆形孔径匹配,具有广泛的用途。

3.3.1　宽带圆环形达曼光栅

3.3.1.1　设计方法

圆环形达曼光栅的相位结构,如图 3 - 9 所示,由圆环形二值相位组成,通过调整各个圆环的直径和相位值,可以实现激光束的变换和整形。对半径进行归一化,根据标量衍射理论,理想平面波入射下,该类圆环形相位结构的夫琅和费衍射场为

$$E(\xi) = \sum_{j=1}^{N} e^{i\phi_j} \left[a_j^2 2J_1(a_j\xi)/a_j\xi - a_{j-1}^2 2J_1(a_{j-1}\xi)/a_{j-1}\xi \right] \qquad (3-31)$$

式中:a_j 为第 j 环带半径,取环带相位为二值 0、ϕ_0,则夫琅和费衍射场复振幅分布可改写为

$$E(\xi) = 2J_1(\xi)/\xi - \left[1 - e^{i\phi_0} \right] (-1)^{N+1} \sum_{j=1}^{N} (-1)^j \times a_j^2 2J_1(a_j\xi)/a_j\xi$$

$$I = \left| E(\xi) \right|^2 \qquad (3-32)$$

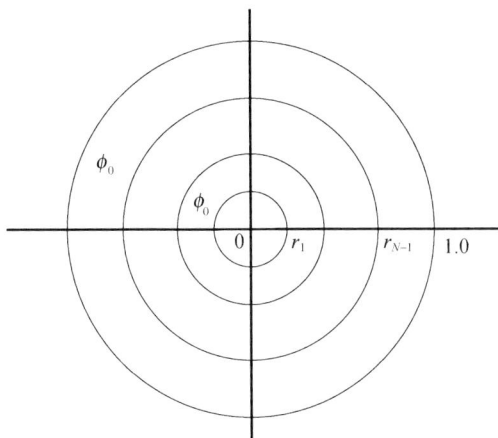

图 3 – 9 N 环二值相位型相位片的结构(r_i($i = 1, 2, \cdots, N - 1$)是各环带归一化半径)

通过优化环形相位分布可在夫琅和费衍射场产生具有不同强度分布的环形衍射场,也可实现等强度分布的圆环形达曼光栅的优化。

3.3.1.2 描述参数

类比于达曼光栅的描述参数,圆环形达曼光栅有如下四个描述参数。

(1)圆环形达曼光栅的阶(M):理想平面波通过圆环形达曼光栅所产生的衍射光环的环数称为达曼光栅的阶。零阶环形即均匀圆饼形状光强分布的衍射场,可实现波前平顶化,多阶环形达曼光栅是在中心零级外实现了多个等强度的衍射环。

(2)圆环形达曼光栅的环(N):即从中心至最外圈的相位或振幅变化的次数,一个 N 环的二值相位元件如图 3 – 9 所示。

(3)衍射效率定义为

$$\eta = \sum_{m=0}^{M} I_m / I_{\text{total}} \qquad (3-33)$$

式中:I_m 为均匀环形衍射场第 m 环的光强峰值;I_{total} 为所有衍射光能量的总和。

(4)均匀度

$$\text{rms} = \sum_{m=0}^{M} (I_m - \bar{I})^2 / \sum_{m=0}^{M} I_m \qquad (3-34)$$

式中:$\bar{I}$ 为平均光强,$\bar{I} = \dfrac{1}{M+1} \sum_{m=0}^{M} I_m$。

3.3.1.3 优化设计

在优化工作中,针对不同的环数可采用不同的优化算法。对于低阶达曼光栅,比如阶数小于4,可采用全局优化算法。如果阶数增大,全局优化在计算上难以实现,则采用迭代梯度算法,如果阶数大于9,一般采用模拟退火法。根据优化算法,一阶到八阶圆环形达曼光栅的设计优化参数如表3-1所列。

表3-1 宽带圆环形达曼光栅的设计结果

阶数	环数	归一化半径值	衍射效率	均匀度
0	2	0.8400	0.7252	
1		0.5700	0.8575	
2	3	0.2400,0.6400	0.8253	0.000069
3	4	0.2178,0.3922,0.7194	0.8082	0.000018
4	5	0.1546,0.3394,0.4880,0.7594	0.8114	0.00025
5	6	0.1410,0.2670,0.4250,0.5530,0.7870	0.8037	0.0028
8	9	0.0962,0.1936,0.2894,0.3904,0.4854,0.5966,0.6844,0.8856	0.8478	0.028

下面给出几个代表性的宽带达曼光栅的模拟光强和衍射场径向坐标的关系曲线。零阶圆环形达曼光栅光场强度分布如图3-10(a)所示,图中细实线为艾里斑光强分布,粗实线为零阶圆环形达曼光栅产生的夫琅和费衍射场光强分布,它实现了中心平顶化的激光光强分布。两环一阶圆环形达曼光栅光场强度分布如图3-10(b)所示,图中细实线依然为艾里斑光强分布,粗实线为一阶达曼光栅产生的夫琅和费衍射场光强分布,其结果是一个中心圆斑和一个同心圆环的等强度光场分布。五环四阶圆环形达曼光场强度分布、二维分布如图3-10(c)、(d)所示,细实线依然为艾里斑光强分布,粗实线为四阶达曼光栅产生的夫琅和费衍射场光强分布,其结果为一个中心圆斑和四个同心圆环的等强度光场分布。从图3-10可见,圆环形达曼光栅具有各环等峰值强度的衍射分布。

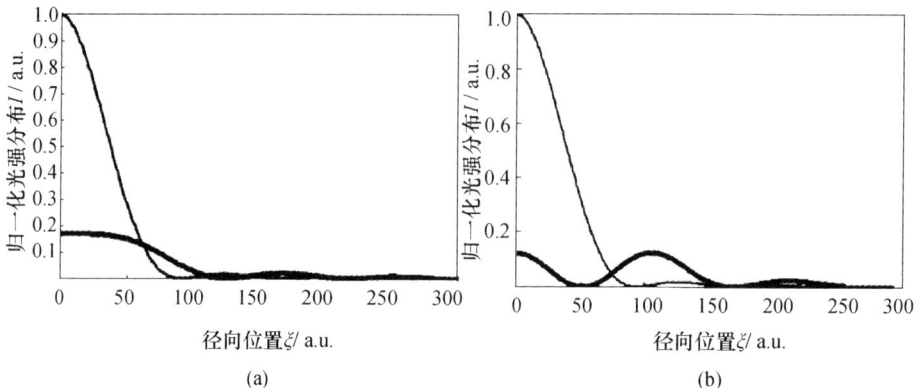

(a)

(b)

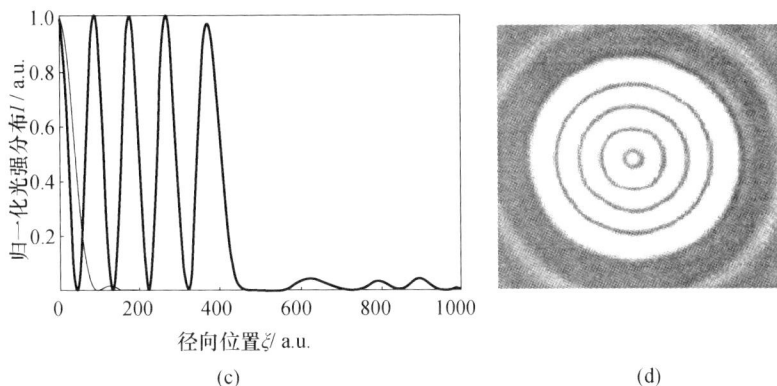

图 3 - 10　宽带圆环形达曼光栅夫琅和费衍射场强度分布

(a) 零阶;(b) 二环一阶;(c) 五环四阶;(d) 五环四阶二维分布。

3.3.2　窄带圆环形达曼光栅[14]

3.3.1 节介绍的圆环形达曼光栅可以实现等强度宽带圆环分布,但因其不具有周期结构,其衍射分布是连续的。在此介绍一种可以在夫琅和费衍射场实现具有脉冲特性(窄带)的等强度分布的具有周期结构的圆环形达曼光栅。

3.3.2.1　设计方法

该类光栅相位结构沿半径方向周期分布,一个周期内的相位结构如图 3 - 11 所示,为 0、π 二值分布,其中 r_k 是一个周期内对周期进行归一化的环带半径,在边界处 $r_0 = 0$,$r_N = 1$。

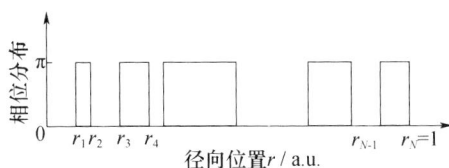

图 3 - 11　窄带圆环光栅周期内相位结构

理想平面波入射下,其夫琅和费衍射场的分布为

$$G(q) = \frac{1}{\sqrt{\pi}} \sum_{n=1}^{\infty} c_n \frac{n/T}{(n/T + q)^{3/2}} \times \delta^{(1/2)}(q - n/T) \qquad (3-35)$$

式中:q 代表空间频率;T 为光栅周期;$\delta^{(1/2)}(x)$ 为狄拉克函数的 1/2 阶导数;$c_n (n=1,2,3\cdots)$ 为傅里叶级数系数,有

$$c_n = \frac{2}{T} \int_T g(r) \sin\left(2\pi \frac{n}{T} r\right) dr \qquad (3-36)$$

式中:$g(r)$为光栅相位函数。通过选择适当的环带半径可在夫琅和费衍射场得到等强度的分布,据此可进行窄带圆环达曼光栅的优化设计。部分阶次的设计结果如表 3-2 所列,归一化半径值是前半个周期内的半径值。这类光栅在一个周期内结构相对于中心反对称,后半个周期的半径值可根据 $r_k + r_{N-k} = 1(k=1,2,\cdots,N/2-1)$ 得到。四环带结果如图 3-12 所示,与图 3-10(d)相比较,可见周期性结构的使用使得衍射场分布具有窄带特性。

表 3-2 0、π 二值相位窄带圆环形达曼光栅的设计结果

阶数	环数	归一化半径值	衍射效率	均匀度
1	2	0.5000	0.810	
2	4	0.1634	0.652	0.0001
3	6	0.1677,0.4203	0.671	0.0012
4	8	0.1301,0.2492,0.4643	0.710	0.0007
5	10	0.1252,0.2404,0.3569,0.3827	0.677	0.0024
6	12	0.0973,0.1975,0.2816,0.3377,0.3562	0.695	0.0047

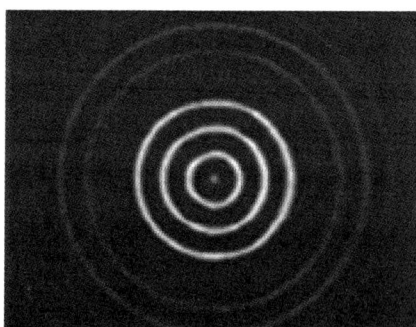

图 3-12 窄带圆环达曼光栅夫琅和费衍射场强度分布

3.4 二值相位光栅的制作和检测

3.4.1 二值位相光栅的制作

以制作 QDG 为例,第一步用电子束直写的方法制作掩模版。在玻璃基底上涂一层光刻胶,利用普通的微电子印刷技术,把掩模版上的图案转印到涂有光刻胶的玻璃基版上。元件的刻蚀可采用干法或者湿法,干法刻蚀是采用离子束或反应离子束来实现的,而湿法刻蚀是采用腐蚀溶液来进行的。

对于线宽较大的元件,湿法刻蚀的精度基本上可以满足需求,一般采用湿法刻蚀进行元件的制作,以二值相位光栅为例简单介绍湿法刻蚀过程。玻璃基底采用 K9 玻璃,对于波长为 632.8nm 光,其折射率为 1.507,对应相位延迟 π 的刻蚀深度为 624.4nm;对于波长为 1064nm 的激光,相位延迟 π 的刻蚀深度为 1046nm。

刻蚀是制作工艺中最重要的步骤,为了保证腐蚀的均匀性,必须在溶液恒温且均匀的条件下进行腐蚀,因此采取恒温水箱保证温度恒定在 27℃,并在腐蚀过程中用磁力搅拌器以固定速度搅拌腐蚀溶液,这样在腐蚀过程中,不仅克服了由于酸和水的密度不同而造成的溶液的不均匀性,还将发生腐蚀部分的腐蚀物质及时带走,避免因其在元件表面堆积而对腐蚀产生影响。

通过对不同腐蚀溶液腐蚀深度的实验曲线(见图 3 - 13),可以看出,酸浓度越浓,曲线越陡,腐蚀时间也越难以控制。当酸浓度过低时,由于氢氟酸和磷酸都挥发很快,腐蚀时间过长,又会造成溶液浓度的变化,因此选取配比浓度 HF:H_3PO_4:H_2O = 1:10:40 进行刻蚀,此时的曲线接近线性变化,对于计算腐蚀深度和腐蚀时间的关系较为方便,同时将腐蚀时间控制在 4min 以内,保证了其溶液浓度的变化很小,可忽略不计。为验证此配比精度,进行重复实验,由于在刻蚀过程中所测深度包含了铬层的厚度,因此初始深度(即曲线与纵轴的交点坐标)略有不同,但曲线的斜率基本相同,即在单位时间内刻蚀的深度也基本相同,在此溶液浓度下,可以根据深度要求精确算得刻蚀时间。

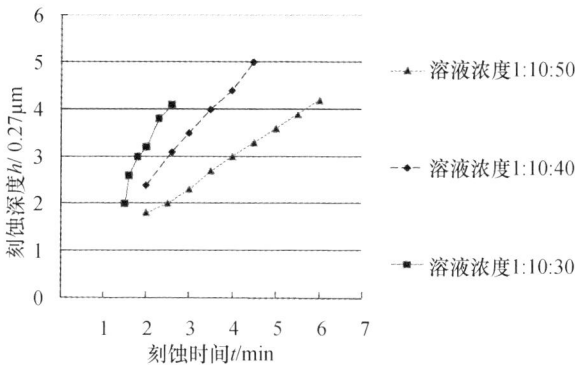

图 3 - 13　不同腐蚀溶液配比下腐蚀深度曲线(腐蚀溶液为 HF:H_3PO_4:H_2O = 1:10:40)

在实际刻蚀过程中,试验分为以下几个步骤。

(1) 准备试剂,包括腐蚀溶液和去铬试剂。腐蚀溶液配比浓度为 HF:H_3PO_4:H_2O = 1:10:40;去铬试剂为硝酸释铵溶液,其配比为醋酸:水:硝酸释铵 = 4.375ml:125ml:25g。

（2）试刻样品。计算得到所需刻蚀深度,比如对于波长为 1064nm 激光,K9 玻璃对应于相位延迟 π 的刻蚀深度应为 1046nm。利用干涉显微镜可以读出刻蚀深度条纹数目,如图 3 - 14 所示。根据干涉显微镜原理,条纹数目与刻蚀深度的对应关系为 $h = 0.27 \times \Delta n$,其中 h 为刻蚀深度,Δn 为对应的条纹数目。比如对于波长为 1064nm 激光,其刻蚀深度的条纹数目应为 $\Delta n = 3.87$,利用图 3 - 13 可以粗略估计刻蚀时间。

（3）观察深度。在干涉显微镜下观察刻蚀深度,如果达到预计深度就继续进行下一步去铬,并记录刻蚀时间;如果没有达到刻蚀深度,可继续腐蚀一定时间,直到达到预计刻蚀深度。

（4）除铬。达到刻蚀深度后进行除铬,在配备好的硝酸释铵溶液中腐蚀 25 ~ 40s 进行除铬,并在纯净水中清洗。

（5）磨圆清洗。根据激光系统的直径,进行元件的磨圆并清洗,得到所需要的二元光学元件。

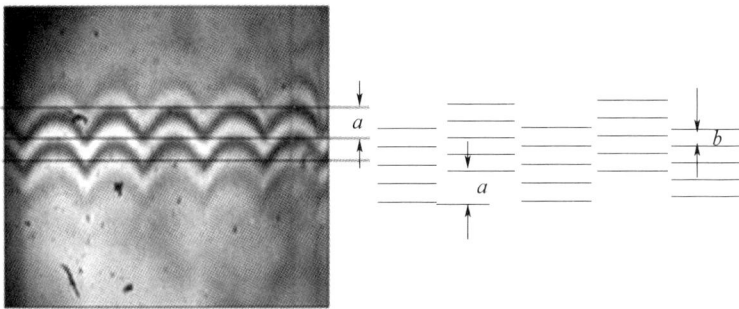

图 3 - 14 干涉显微镜工作原理
（根据条纹的弯曲程度或者条纹间隔来测量表面的不平整度）

3.4.2 二值相位光栅的检测

3.4.2.1 QDG 刻蚀深度的测试

二元光学元件表面轮廓的测试可通过各种途径实现,其中原子力显微镜和表面轮廓仪是常用的两种测试工具。原子力显微镜使非导体也可以采用扫描探针显微镜进行观测,其精度高,但测试窗口小,不适合测试较大元件。采用原子力显微镜测试了湿法刻蚀二值相位元件的表面轮廓,测试结果见图 3 - 15。由于是探针扫描,在拐角处会出现测量误差,从图 3 - 16 中可以看出这个元件的测量深度为 1077nm(工作波长 1064nm),与目标深度 1046nm 偏差较小。

表面结构测试系统 Dektak 8 是一种先进的表面结构测试仪器,具有 50 ~ 50 mm 的较大的扫描范围。利用 Dektak 8 测量了二值光栅的表面轮廓,如图 3 - 16 所示。

可以清楚地看到元件表面轮廓的平均深度为 610.8nm(工作波长 632.8nm),与目标值 624.4nm 的偏差约为 2%,在误差范围以内。

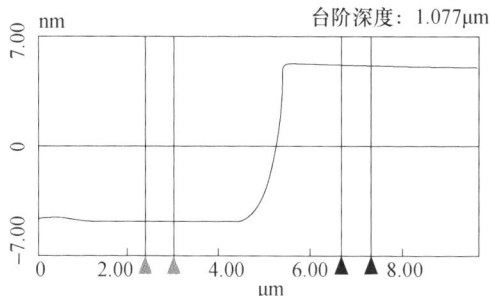

图 3 - 15　原子力显微镜测试的刻蚀深度曲线

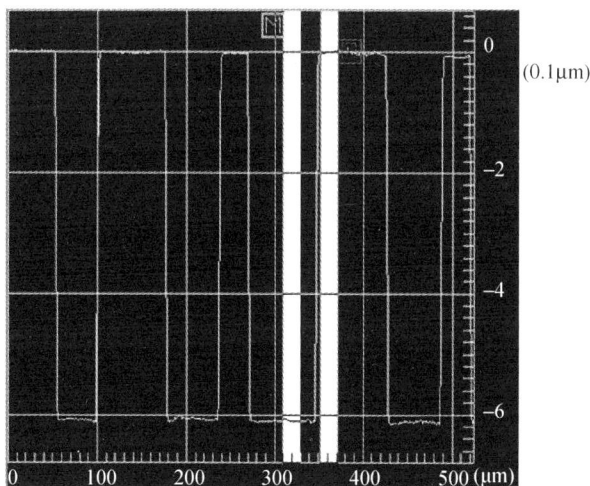

图 3 - 16　所制作元件的刻蚀深度曲线

3.4.2.2　QDG 输出光强度分布的测试

以波长为 632.8nm 的 He－Ne 激光作为激光源,透镜的焦距为 155mm,具有强度比为 3∶2∶1 的三衍射级点阵光斑可以通过光束分析仪在后焦面上获得,并通过光束分析仪进行分析。图 3 - 17(a)为二维激光束强度分布;图 3 - 17(b)表示的是通过光束分析仪测得的沿 $n = 0$ 和 $m = -2, -1, 0, +1, +2$ 的强度分布;图 3 - 17(c)为三维激光束空间强度分布。衍射效率和均匀度的微小偏差可能是由于制作元件表面的粗糙度、相位误差以及光束分析仪的背景噪声造成的。

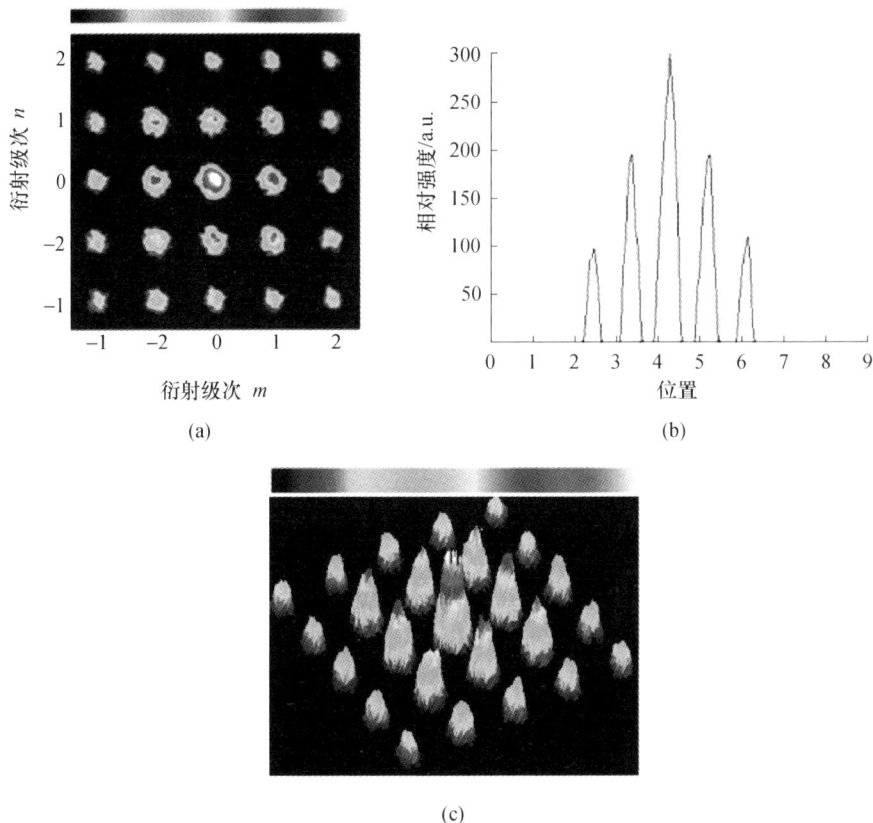

(a)

(b)

(c)

图 3 – 17 所制作三衍射级次准达曼光栅的空间强度分布

（a）二维激光束空间强度分布；（b）沿直线（$n=0; m=-2, -1, 0, +1, +2$）的光强分布；

（c）三维激光束空间强度分布。

3.4.3 误差分析

在 QDC 的制作过程中，不可避免地会产生制作误差。标准二元光学加工工艺主要有四种类型的误差：

（1）系统误差：主要由于水平图形线宽分布不均（如矩形孔径宽度不均匀）和刻蚀工艺内部因素（离子束分布不均匀）而引起基片刻蚀深度系统地变深或变浅。

（2）随机刻蚀误差：器件刻蚀深度随机波动引起的深度误差。这种误差在一定误差范围内各种取值概率是相等的，随机刻蚀深度的最大值约为系统刻蚀误差的 5%。

（3）线宽误差：由掩模图制作过程或掩模图转印过程引起的图形线宽与设

计线宽偏差。

（4）对准误差：在掩模图形多次转印过程中由于掩模版之间对准误差引起浮雕轮廓相对理论设计轮廓的偏差。

其中（1）和（2）统称为纵向深度误差或纵向误差，（3）和（4）通常为横向深度误差或横向误差。纵向误差和横向误差对器件性能的影响通常认为是相互独立的，可以分别研究它们对器件的影响。不同结构类型的器件的性能与加工误差大小之间的关系略有不同，在此主要讨论二值型相位光栅的加工误差。

图 3 - 18 中示出二值型矩形孔径光栅的一个周期结构（以一维 0、π 相位达曼光栅为例），其透过率函数 $t_0(x)$ 可表示为

$$t_0(x) = \sum_{n=0}^{N} (-1)^n \mathrm{rect}\left[\frac{x - (x_{n+1} + x_n)/2}{x_{n+1} - x_n}\right] \qquad (3-37)$$

以振幅为 1 的单色平面波照明，对式（3 - 37）其进行傅里叶变换：

$$t_0(x) = \sum_{m=-\infty}^{\infty} A_m e^{2\pi imx} \qquad (3-38)$$

$$A_m = 2\int_0^{0.5} t_0(x)\cos(2\pi mx)\mathrm{d}x \qquad (3-39)$$

则各衍射级次的光强为

$$I_m = |A_m{}^2| \qquad (3-40)$$

衍射效率为

$$\eta = \sum_{m=-L}^{L} I_m \qquad (3-41)$$

0、π 相位二值光栅的制作无需套刻，不存在对准误差。其线宽误差就是横向误差，令加工线宽分辨率为 $1/Q$，由式（3 - 40）到式（3 - 41）可得

$$\mathrm{d}I_m = 8\left(\frac{\eta}{2L+1}\right)^{\frac{1}{2}} \sum_{K=1}^{L} (-1)^{K+1}\cos(2\pi x_k)\mathrm{d}x_k \qquad (3-42)$$

取最坏情况，即所有的 $\mathrm{d}x_k = 1/Q$，且余弦项加起来为 N，则

$$\frac{\mathrm{d}I_m}{I_m} = \frac{8\sqrt{2}}{\sqrt{\eta}} N^{3/2} \frac{1}{Q} \qquad (3-43)$$

由式（3 - 43）看出，0、π 相位二值光栅随 N 的增长，光斑均匀度变化度比较快。假设光栅的衍射效率为 $\eta = 0.75$，用电子束图形发生器制版分辨率为 $0.25\mu m$，那么 $Q = 4000$，光斑数 $N = 5$，由式（3 - 42）得到，由于横向误差所产生的光强变化率约为 1%（$\mathrm{d}I_m/I_m \approx 0.01$），可见对于所制作的 QDC，横向误差不大。

若 0、π 相位的二值光栅只有纵向深度误差，其相位为 $\pi - \varepsilon$，则光栅透过率函数为

$$t_0(x) = \sum_{n=0}^{N} C_n \, \text{rect}\left[\frac{x - (x_{n+1} + x_n)^{1/2}}{x_{n+1} - x_n}\right]$$

$$(3-44)$$

式中

$$C_n = \begin{cases} 1, & n \text{ 为偶数} \\ e^{i(\pi-\varepsilon)}, & n \text{ 为奇数} \end{cases} \quad (3-45)$$

式中：ε 为 π 相位二值光栅的相位误差。

将式（3-44）代入式（3-39）和式（3-40），可得

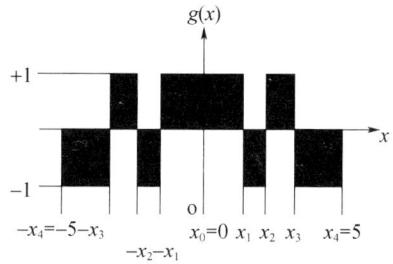

图 3-18　一维二值型相位光栅一周期结构

$$I_0^{(\varepsilon)} = 1 - \frac{1+\cos(\varepsilon)}{2} \sum_{m \neq 0} I_m^{(\varepsilon=0)} \quad (3-46)$$

$$I_m^{(\varepsilon)} = \frac{1+\cos(\varepsilon)}{2} I_m^{(\varepsilon=0)} \quad (3-47)$$

由式（3-46）和式（3-47），当 $\varepsilon \neq 0$ 时，高级次光强为原来的 $[1+\cos(\varepsilon)]/2$ 倍（小于 1，光强减小），而 0 级次光强增加，其增加量等于所有高级次光强减少量之和（此时不会引起衍射效率变化）。因此，使

$$I_0^{(\varepsilon)} - I_m^{(\varepsilon)} < \delta I_m^{(\varepsilon=0)} \quad (3-48)$$

并由式（3-46）和式（3-47）可得

$$\cos(\varepsilon) > 1 - \frac{2\delta\eta}{2N+1} \quad (3-49)$$

在二维情况，$\eta = (2N+1)^2 I_m$，式（3-48）变为

$$\cos(\varepsilon) > 1 - \frac{2\delta\eta}{(2N+1)^2} \quad (3-50)$$

式（3-50）最大允许相位变化与 N 的关系曲线如图 3-19 所示。由图 3-18 可知 ε 的允许变化量随 N 的增加而急剧下降。因此，对于 N 很小的光栅，比如对于本节所讨论的 $N \leqslant 5$ 的二值光栅，最大允许相位变化 $\varepsilon \approx 3\%$。

总之，二值相位型光栅加工误差对光束均匀性的影响远远超过对衍射效率的影响。本节讨论的二值相位光栅，可采取湿法刻蚀制作，这是一种已发展成熟的二元光学元件制作方法，在制作过程中无需套刻，横向误差小，加工方便，成本低。

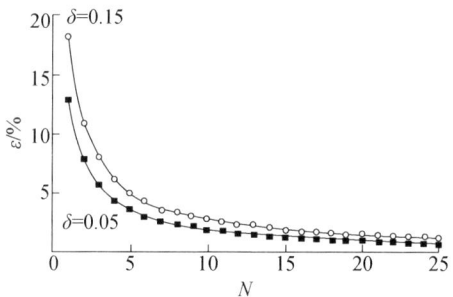

图 3-19　最大允许相位变化率与 N 的关系[15]

3.5　二值相位光栅的应用

3.5.1　点阵型二值相位光栅的应用

近年来中国科学院力学研究所激光先进制造实验室开展了大功率激光束时空变换及其在汽车冲压模具表面强化上应用的研究[16-20],对于变换得到的二维点阵激光束的强度空间分布对工艺效果的影响进行了研究,研究表明光斑几何形状不变时,随着超高斯分布阶次的增加,表面最高温度和硬化区深度逐渐降低,而后渐趋稳定。二维点阵分布参数会对硬化区的形状和组织的分布产生影响,利用等强度点阵光斑进行了激光硬化实验,结果证明硬化后的表面组织结构有周期性分布,硬度分布具有强韧结合的特点(见图 3-20),一定程度上提高了材料表面的耐磨性[16,20]。

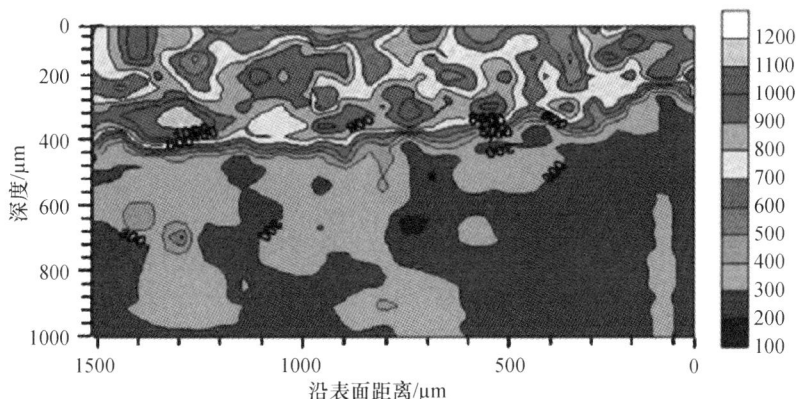

图 3-20　二元光学变换后的等强度点阵光斑作用后材料的硬度分布图

因此,激光束的空间分布是影响激光表面强化效果的关键因素之一,如某些精密金属零件表面硬化对硬化层的硬度值分布和均匀性都有具体要求,这就需要将激光束变换为特定的强度分布形式。

传统的激光相变硬化技术是利用直接来自激光器或通过简单聚焦的高斯光束进行连续扫描的相变处理方法,在实际应用中存在以下问题:材料经热处理后相变硬化带的形状为中央较深的月牙形,与一般希望获得的均匀硬化带有较大的差距;对大面积表面进行激光相变硬化,一般要通过硬化带搭接来实现,搭接区常常出现回火软化现象等;工艺参数难以精确控制,硬化层均匀性难以保证,严重影响硬化质量。

在实际应用中,对零件强化后的硬化层分布、表面硬度、粗糙度及耐磨性等都有很高的要求,传统的激光硬化方法难以完全满足这些表面处理要求。因此,需要特定光强分布的光束来达到强化效果,这种特定光强分布的光束只有通过光束变换才能得到。为了满足生产中对激光相变硬化效果的需求,利用光束变换技术改变光强分布而进行的激光相变硬化得到了越来越广泛的应用。

利用脉冲激光时空可控性,通过控制激光参数可以较好地控制加工过程和质量,特别是可以通过光束变换来控制激光强度空间分布以满足不同的表面硬化要求,对于优化激光工艺及研究激光材料相互作用过程的物理现象,提高激光加工效率也有重要的意义。

为了更好地描述材料的处理效果,中国科学院力学研究所[21]定义了材料硬化层几何形貌均匀度的概念,如图 3 – 21 所示,S_i 为硬化层区域的面积,S 为硬化层所占矩形的总面积,则定义硬化层几何形貌均匀度为 $R = \dfrac{S_i}{S}$,其物理意义为硬化层几何形貌均匀度 R 表征了硬化层均匀度的好坏,R 越大表示硬化层的几何形貌均匀度越高。

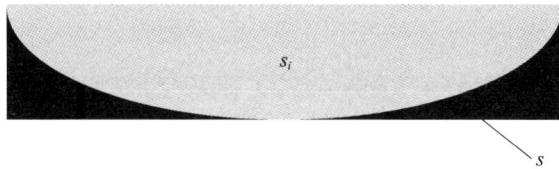

图 3 – 21　材料硬化层几何形貌均匀度的定义

3.5.2　点阵光斑与激光表面强化

3.5.2.1　等强度点阵达曼光栅及其应用

如图 3 – 22(a)所示为 55 均匀点阵光斑强度二维分布图,图 3 – 22(b)为其强度大小示意图。光斑边长 2mm,功率为 1000W,不同脉宽作用下 5×5 均匀点阵激硬化层沿层深方向的形貌如图 3 – 23 所示,可以看出,硬化层形貌为月牙形。

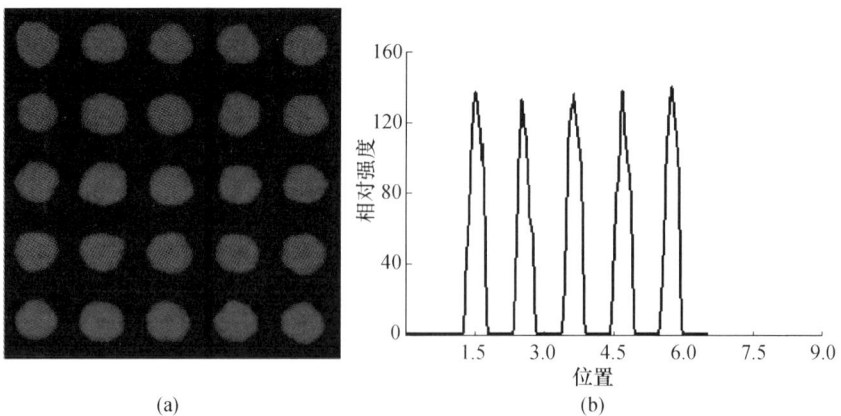

(a)

(b)

图 3 – 22　5×5 均匀点阵光斑强度
(a)二维分布图;(b)强度大小示意图。

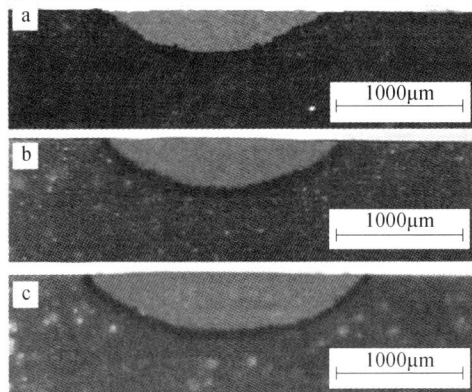

图 3 – 23 不同脉宽下的 5×5 均匀点阵激光硬化层形貌

(a) 70ms;(b) 80ms;(c) 90ms。

对硬化层形貌进行研究,得出功率 1000W 时脉宽与层深的关系曲线,如图 3 – 24 所示,从图中可以看出,在一定范围内,功率相同时,脉宽与深度成正比关系,当脉宽增大到一定程度时,深度不再增加。

计算硬化层几何形貌均匀度 R,求得功率 1000W 时脉宽与硬化层几何均匀度的关系,如图 3 – 25 所示。从图中可以看出,功率相同时,随着脉宽的增加,硬化层几何均匀度变化不大,都处在 65% ~ 75%。

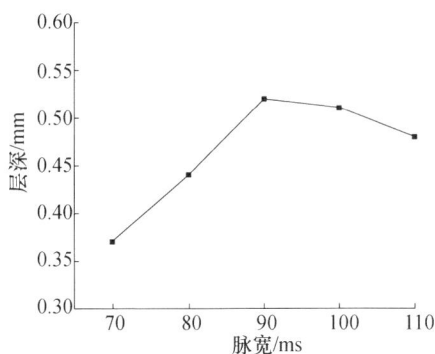

图 3 – 24 脉宽与硬化层层深

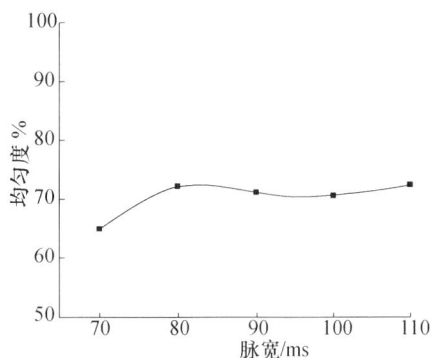

图 3 – 25 脉宽与硬化层几何均匀度

下面研究功率变化对硬化层形貌的影响,如图 3 – 26 所示为脉宽 100ms 时,不同功率作用下硬化层沿层深方向的形貌。对硬化层形貌进行研究,得出脉宽 100ms 时,功率与层深的关系曲线,如图 3 – 27 所示。从图中可以看出,在一定范围内,硬化层层深随功率的增大而增大,二者近似呈线性增长关系。对硬化层的几何均匀度进行研究,得脉宽 100ms 时,功率与硬化层几何均匀度的关系如图 3 – 28 所示。从图中可以看出,功率相同时,随着脉宽的增加,硬化层几何均匀度变化不大,都处在 60% ~70% 。

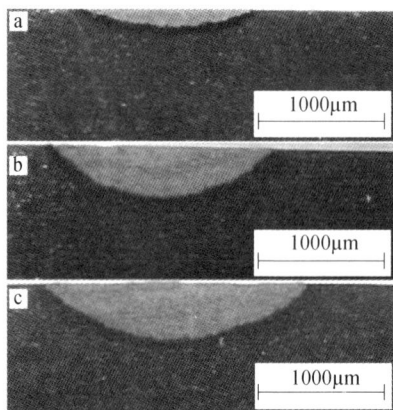

图 3 – 26   不同功率下的 5 × 5 均匀点阵激光硬化层形貌
(a) 500W;(b) 700W;(c) 800W。

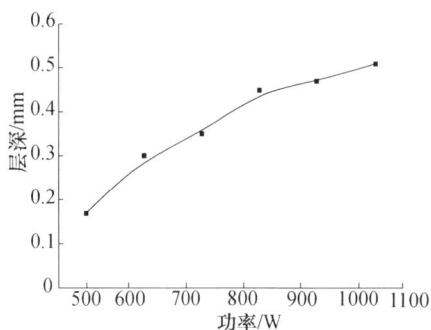

图 3 – 27   脉宽相同时功率与硬化层层深关系

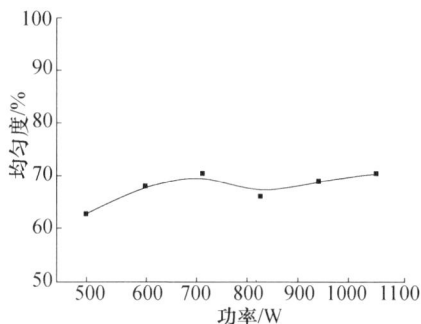

图 3 – 28   脉宽相同时功率
与硬化层几何均匀度关系

3.5.2.2   比例强度点阵准达曼光栅(QDG)及其应用

准达曼光栅(QDG)的提出,使得满足激光相变强化对激光束空间强度分布的需求成为可能[7],根据激光强度空间分布对表面强化层作用效果影响,提出了比例强度分布准达曼光栅的概念,根据激光表面硬化的要求设计了相关的比例强度分布准达曼光栅,并应用于激光表面强化过程。

根据提出的比例强度分布准达曼光栅的设计方法,设计了一种衍射级间能量比为 $I_{(0)}:I_{(1)}:I_{(2)}=1:2:3$ 的准达曼光栅。设计时,目标函数为

$$\text{Error} = \alpha\{[\beta_1(I_{(0)} - \eta_E \hat{I}_{(0)})]^2 + [\beta_2(I_{(1)} - \eta_E \hat{I}_{(1)})]^2 + \cdots + [\beta_M(I_{(M)} - \eta_E \hat{I}_{(M)})]^2\}$$
$$+ (1-\alpha)(1-\eta_E)^2$$

$$(3-51)$$

因为 $I_{(0)}:I_{(1)}:I_{(2)} = 1:2:3$，所以评价函数中 $\beta_1:\beta_2:\beta_3 = \dfrac{1}{1}:\dfrac{1}{4}:\dfrac{1}{6}$，$\alpha$ 取 0.98，经过优化计算可得到元件的相位分布和光束强度分布。

如图 3-29 所示为 1:2:3 点阵光斑强度二维和三维分布图。

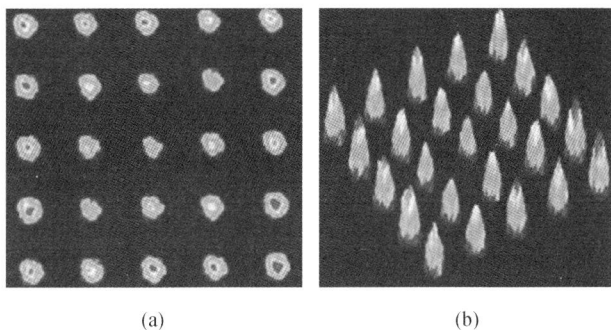

(a)　　　　　　　　　　　　(b)

图 3-29　1:2:3 点阵光斑强度
(a)二维分布；(b)三维分布。

图 3-30 所示为功率 1000W，不同脉宽作用下硬化层沿层深方向的形貌。从图中可以看出，1:2:3 强度分布光斑激光硬化后硬化层形貌比较均匀。

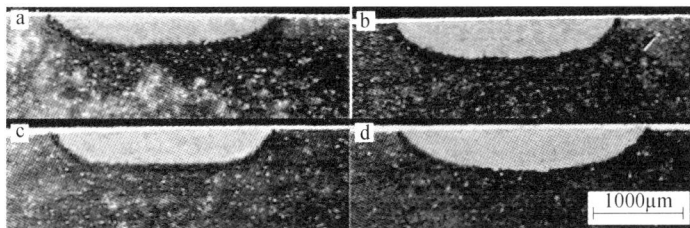

图 3-30　不同脉宽下的 1:2:3 强度分布光斑激光硬化层形貌
(a)140ms；(b)160ms；(c)170ms；(d)180ms。

对图 3-30 中的硬化层形貌进行进一步研究，得出功率 1000W 时脉宽与层深的关系曲线，如图 3-31 所示。从图中可以看出，在一定范围内，功率相同时，随着脉宽的增大，层深呈增大的趋势，由于实验过程的误差，在一定范围内深度会有所波动。

功率 1000W 时，脉宽与硬化层几何均匀度的关系如图 3-32 所示。从图中可以看出，功率相同时，随着脉宽的增加，硬化层几何均匀度变化不大，大都处在 75%～86%。

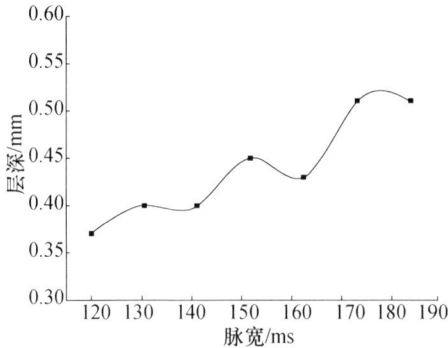

图 3-31　1:2:3 光强分布时脉宽与硬化层
深关系(1000W)

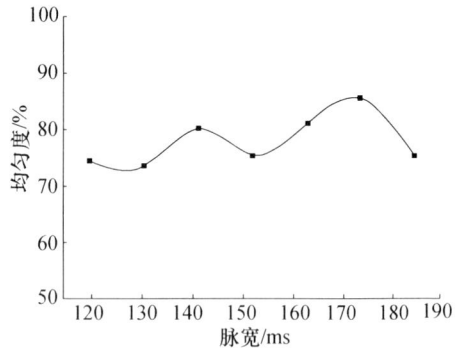

图 3-32　3:2:1 光强分布时脉宽与硬化层
几何均匀度关系(1000W)

　　由以上实验可以看出,1:2:3 光强分布比均匀光强分布激光硬化后的硬化层几何均匀度大,因此,利用 1:2:3 光强分布光斑进行激光硬化更容易得到几何均匀性好的硬化层。

　　点阵型准达曼光栅可实现等强度和非等强度点阵分布光斑,适用于脉冲式激光表面强化过程,尤其是对于金属零部件局部的表面改性有明显优势。

3.5.3　条带达曼光栅及其应用

　　对于大型金属零部件的激光表面强化,为了提高加工效率,连续扫描式激光表面强化过程更加有优势,同时为了满足对硬化层均匀度的需求,条带型达曼光栅是一种非常好的选择。

　　图 3-33 所示为两种条状光斑几何形状及扫描方向示意图,分为 25×1 和 37×1 两种形式,其中每一个光斑均为强度均匀分布的直径为 $0.113mm$ 的圆光斑,每两个圆光斑中心间距为 $0.15mm$,因此两个小圆光斑之间的间隔为 $0.037mm$。25×1 条状光斑包络线总长度为 $0.15 \times 14 + 0.113 = 3.713mm$,而 37×1 条状光斑的包络线总长度为 $0.15 \times 36 + 0.113 = 5.513mm$。

　　如图 3-34 所示为 37×1 条状光斑的强度分布示意图。图 3-34(a)为等强度分布条状光斑,即 37 个圆光斑的强度相等。图 3-34(b)所示为特定的非等强度分布条状光斑,其强度比值为 $I_{(0)} : I_{(1)} : \cdots : I_{(13)} : I_{(14)} : I_{(15)} : I_{(16)} : I_{(17)} : I_{(18)} = 1 : 1 : \cdots : 1 : 1.1 : 1.2 : 1.3 : 1.4 : 1.5$,若从零级到十三级每个圆光斑的强度记为 1,则从十四级开始至十八级,每个圆光斑的强度依次增加 10%。25×1 条状光斑的强度分布与 37×1 相似,其中非等强度 25×1 条状光斑从零级至七级的强度记为 1,从第八级至十二级每个小圆光斑的强度依次增加 10%,直至十二级强度记为 1.5。如此,实验所用条状光斑根据几何形状和强度分布不同有四种,分别为

25×1 等强度条状光斑、25×1 非等强度条状光斑、37×1 等强度条状光斑和 37×1 非等强度条状光斑。

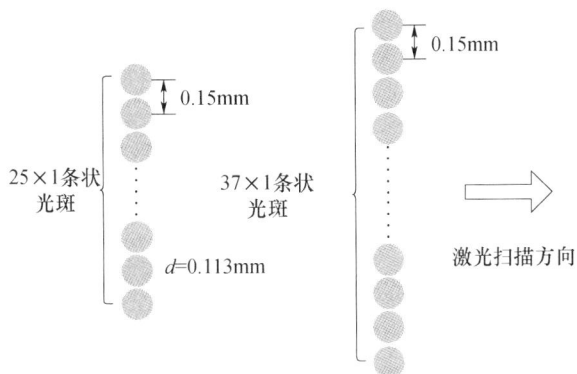

图 3 - 33 25×1 和 37×1 条状光斑示意图

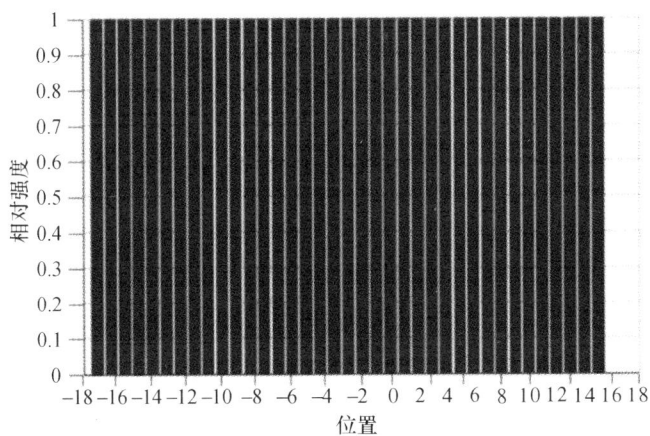

(a)

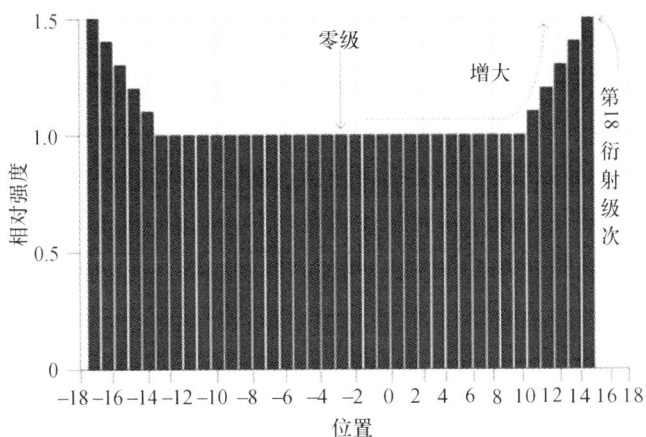

(b)

图 3 - 34 37×1 条状光斑的强度示意图

(a) 等强度分布;(b) 特定非等强度分布。

3.5.3.1　25×1 等强度与非等强度条状光斑

图 3-35 所示为条状光斑作用后得到的典型硬化层形貌,所用激光功率为 400W,扫描速度为 5mm/s,所用光斑为 25×1 非等强度条状光斑。以下特征参量中给出硬化层的总体宽度、深度和均匀度。表 3-3 所示为 25×1 等强度条状光斑实验所用工艺参数下硬化层的特征参量,25×1 非等强度条状光斑作用后的特征参量列入表 3-4。

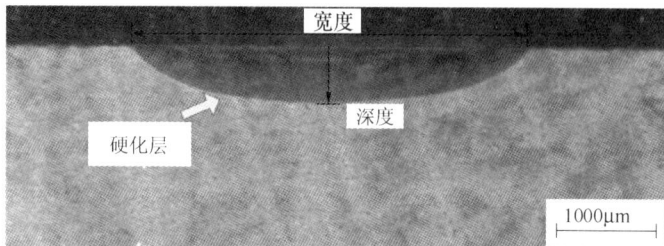

图 3-35　非等强度条状光斑作用后横截面硬化层形貌

表 3-3　25×1 等强度条状光斑硬化层特征参量

激光功率/W	扫描速度/(mm/s)	宽度/mm	深度/mm	均匀度/%	表面粗糙度 Ra
200		2.86	0.27	65	1.03
300		3.23	0.33	66	1.62
400	2	3.91	0.45	67	2.09
500		3.94	0.51	67	2.61
600		4.01	0.55	67	3.34
200		2.63	0.24	65	1.01
300		3.18	0.32	69	1.59
400	5	3.58	0.45	71	1.91
500		3.82	0.50	70	2.56
600		3.96	0.52	71	2.98
200		2.35	0.18	67	1.02
300		3.02	0.26	70	1.23
400	10	3.46	0.37	72	1.54
500		3.57	0.46	74	1.98
600		3.87	0.52	75	2.12
200		/	/	/	1.01
300		2.86	0.22	73	1.19
400	15	3.32	0.34	74	1.34
500		3.37	0.39	76	1.76
600		3.56	0.45	75	1.93

（续）

激光功率/W	扫描速度/（mm/s）	宽度/mm	深度/mm	均匀度/%	表面粗糙度 Ra
200		/	/	/	1.01
300		2.60	0.18	69	1.21
400	20	2.98	0.33	70	1.32
500		3.05	0.33	70	1.65
600		3.40	0.39	72	1.87
注：/表示无硬化层					

表3-4　25×1非等强度条状光斑硬化层特征参量

激光功率/W	扫描速度/（mm/s）	宽度/mm	深度/mm	均匀度/%	表面粗糙度 Ra
200		3.21	0.27	79	1.04
300		3.94	0.32	80	1.59
400	2	4.01	0.43	80	2.12
500		4.22	0.49	81	2.87
600		4.26	0.55	81	3.45
200		3.12	0.22	68	1.01
300		3.38	0.32	72	1.56
400	5	3.90	0.43	76	1.94
500		4.20	0.47	75	2.76
600		4.25	0.51	76	2.93
200		2.89	0.15	77	1.05
300		3.24	0.24	78	1.26
400	10	3.65	0.35	80	1.61
500		3.89	0.44	79	1.85
600		4.17	0.49	80	2.32
200		2.45	0.12	73	1.02
300		2.96	0.20	76	1.22
400	15	3.41	0.30	78	1.42
500		3.79	0.35	77	1.72
600		4.01	0.42	78	1.99
200		/	/	/	1.00
300		2.84	0.15	81	1.23
400	20	3.24	0.28	87	1.51
500		3.66	0.29	86	1.70
600		3.77	0.31	87	1.93
注：/表示无硬化层					

图 3 – 36 所示为 25 × 1 等强度和非等强度条状光斑作用后硬化层的深度和宽度随不同功率和不同速度的变化规律曲线,其中图 3 – 36(a)中激光扫描速度为 5mm/s,图 3 – 36(b)中激光功率为 500W。从图中可以看出,非等强度光斑作用后硬化层宽度均大于等强度光斑,硬化层深度则略小于等强度光斑,但相差幅度很小。非等强度光斑作用后硬化层宽度增大的原因是边缘强度增强有利于横向传热,深度略有减小的原因是同激光功率下光斑中间段的强度低于等强度光斑,不利于纵向传热。图 3 – 37 所示为 25 × 1 等强度和非等强度条状光斑作用后硬化层的整体均匀度随不同功率和不同速度的变化规律曲线,其中图 3 – 37(a)中激光扫描速度为 5mm/s,图 3 – 37(b)中激光功率为 500W。硬化层的整体均匀度均随着激光功率的增加呈上升趋势,但是不会无限制地增大,而是有一个平台区。可见硬化层整体均匀度是一个多因素共同决定的结果,光

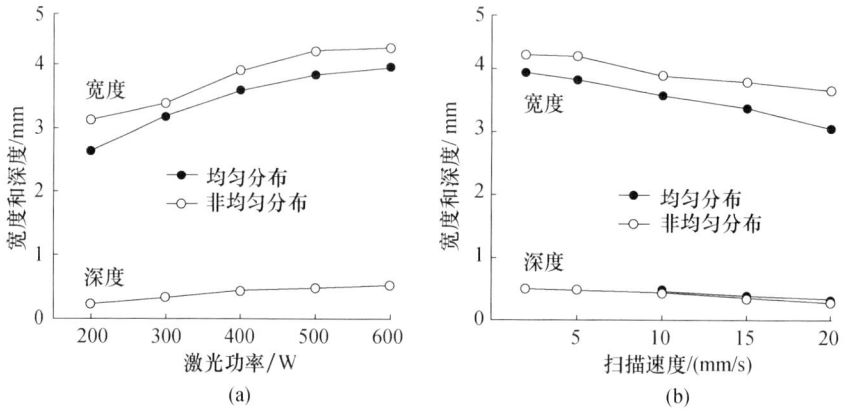

图 3 – 36 25 × 1 等强度和非等强度条状光斑作用后硬化层深度和宽度随
（a）不同功率和（b）不同速度的变化规律曲线

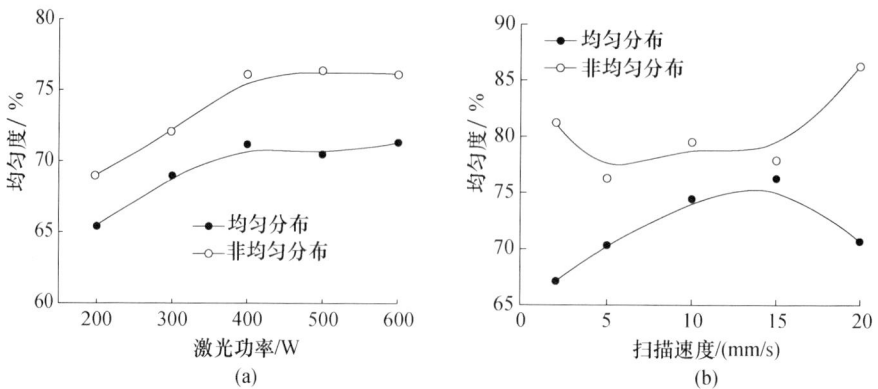

图 3 – 37 25 × 1 等强度和非等强度条状光斑作用后硬化层均匀度随
（a）不同功率和（b）不同速度的变化规律曲线

斑强度分布只是影响它的一个重要因素。而硬化层整体均匀度和扫描速度的关系没有呈现出明显的关系,变化曲线呈阶梯状。在同样的激光功率和扫描速度下,非等强度光斑作用后的硬化层整体均匀度高于等强度光斑,即在其他因素确定的情况下,光斑强度分布对其影响较大。非等强度光斑作用后的硬化层整体均匀度高的原因是由于边缘强度的增加有利于横向传热,硬化层边缘窄区会相应减小。

3.5.3.2　37×1 等强度与非等强度条状光斑

37×1 等强度条状光斑实验所用工艺参数下硬化层的特征参量列入表 3 - 5,37×1 非等强度条状光斑实验所用工艺参数下硬化层的特征参量列入表 3 - 6。

表 3 - 5　37×1 等强度条状光斑硬化层特征参量

激光功率/W	扫描速度/(mm/s)	宽度/mm	深度/mm	均匀度/%	表面粗糙度 Ra
500		5.42	0.61	80	2.23
600		5.45	0.77	82	2.45
700	2	5.71	0.88	83	3.87
800		*	*	*	*
900		*	*	*	*
500		5.39	0.53	77	2.12
600		5.42	0.69	81	2.31
700	5	5.63	0.72	82	3.21
800		5.68	0.81	81	3.98
900		*	*	*	*
500		4.72	0.42	78	1.23
600		4.98	0.46	79	1.87
700	10	5.15	0.52	82	2.23
800		5.23	0.58	84	2.89
900		5.46	0.61	83	3.42
500		4.56	0.25	79	1.14
600		4.86	0.28	81	1.65
700	15	4.97	0.30	81	1.91
800		5.07	0.32	82	2.31
900		5.21	0.38	83	2.80
500		4.49	0.19	81	1.05
600		4.72	0.21	83	1.32
700	20	4.87	0.27	83	1.68
800		5.00	0.27	85	1.93
900		5.11	0.31	83	2.54

注:* 表示无数据

表 3-6 37×1 非等强度条状光斑硬化层特征参量

激光功率/W	扫描速度/(mm/s)	宽度/mm	深度/mm	均匀度/%	表面粗糙度 Ra
500	2	5.48	0.60	85	2.02
600		5.69	0.72	88	2.15
700		5.81	0.80	86	3.32
800		*	*	*	*
900		*	*	*	*
500	5	5.45	0.53	79	2.11
600		5.56	0.64	82	2.04
700		5.72	0.69	85	2.76
800		5.70	0.71	85	3.43
900		*	*	*	*
500	10	4.92	0.38	81	1.25
600		5.05	0.45	82	1.79
700		5.37	0.50	85	2.09
800		5.51	0.55	86	2.65
900		5.78	0.60	85	3.03
500	15	4.65	0.21	85	1.09
600		4.89	0.25	86	1.54
700		5.03	0.28	87	1.71
800		5.16	0.30	88	1.95
900		5.39	0.35	87	2.54
500	20	4.50	0.17	84	1.02
600		4.71	0.23	88	1.21
700		5.02	0.25	92	1.45
800		5.21	0.27	92	1.76
900		5.30	0.30	91	2.21

注：* 表示无数据

图 3-38 所示为 37×1 等强度和非等强度条状光斑作用后硬化层的深度和宽度随不同功率和不同速度的变化规律曲线,其中图 3-38(a)中激光扫描速度为 10mm/s,图 3-38(b)中激光功率为 700W。相对于 25×1 光斑,37×1 等强度和非等强度光斑作用后硬化层宽度的变化幅度较小,原因是 37×1 非等强度光斑中强度提高的范围占总范围比例小,对横向传热的作用相对不明显。图 3-39 所示为 37×1 等强度和非等强度条状光斑作用后硬化层的整体均匀度随不同功率和不同速度的变化规律曲线,其中图 3-39(a)中激光扫描速度 10mm/s,图 3-39(b)中激光功率为 700W。从整体上来说,37×1 光斑作用后的硬化层整体均匀度相对高于 25×1 光斑,证明硬化层的宽度和均匀度具有同时保证的可能性。

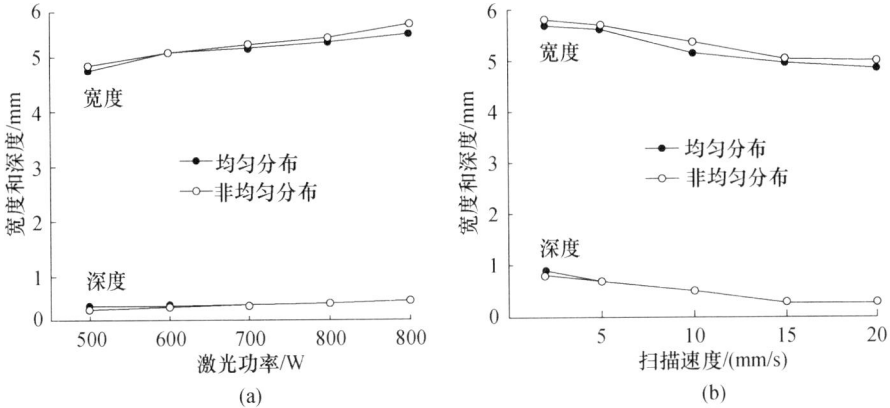

图 3 - 38　37 × 1 等强度和非等强度条状光斑作用后硬化层深度和宽度随
（a）不同功率和（b）不同速度的变化规律曲线

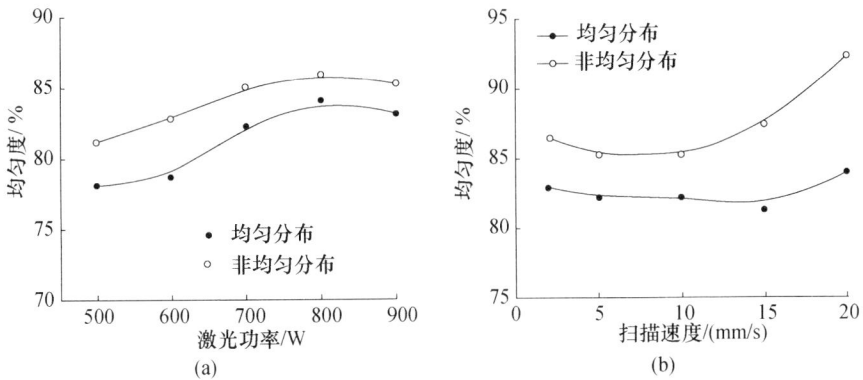

图 3 - 39　37 × 1 等强度和非等强度条状光斑作用后硬化层均匀度随
（a）不同功率和（b）不同速度的变化规律曲线

参考文献

［1］ Dammann H, Görter K. High - efficiency in line multiple imaging by means of multiple phase holograms［J］.
　　　 Opt. Commun. ,1971,3:312 - 315.

［2］ Vasara A, Taghizadeh M. R, Turunen J, et al. Binary surface - relief gratings for array illumination in digital
　　　 optics［J］. Appl. Opt. ,1992,31:3320 - 3336.

［3］ Long P, Hsu D, Wu M, et al. Kinoform with 64 phase levels for use as an array generator［J］. Opt. Lett. ,
　　　 1992,17(9):685 - 687.

［4］ Walk S J, Jahns J. Array generation with multilevel phase grating［J］. J. Opt. Soc. Am. A,1990,7:1509 -
　　　 1513.

[5] 龙品,邬敏贤,陈柏刚,等. 相位和坐标调制的多相位值相息片的优化设计[J]. 仪器仪表学报,1992,13(4):431－436.

[6] Vasara A. Binary surface－relief gratings for array illumination in digital optics[J]. Appl. Opt. ,1992,31:3320－3336.

[7] Shaoxia Li,Gang Yu,Caiyun Zheng,et al. Quasi－Dammann grating with proportional intensity array spots[J]. Opt. Lett. ,2008,33(18):2023－2025.

[8] 李少霞. 激光表面处理中的光束空间强度二元光学变换研究[D]. 中国科学院研究生院博士学位论文. 2009.

[9] Gori F. Collett wolf sources and multimode lasers[J]. Opt. Commun. ,1980,34:301－305.

[10] 汪友华,颜威利.自适应模拟退火法在电磁场逆问题中的应用[J].中国电机工程学报,1995,15(4):234－238.

[11] Dams M P. Efficient optical elements to generate intensity weighted spot arrays:design and fabrication[J]. Appl. Opt. ,1991,30(19):2685－2691.

[12] Kim M S. Optimum encoding of binary phase－only filters with a simulated annealing algorithm[J]. Opt. Lett. ,1989,14(11):545－547.

[13] Zhou C H,Jia J,Liu L R. Circular Dammann grating[J]. Opt. Lett. ,2003,28(22):2174－2176.

[14] Zhao S,Chung P S. Design of a circular Dammann grating[J]. Opt. Lett. ,2006,31(16):2387－2389.

[15] Gallagher N C. Binary Optics in the'90s[R]. Proc. SPIE,1990,1396:722－733.

[16] Li S,Yu G,Zheng C,et al. High－power laser beam shaping by inseparable two－dimensional binary－phase gratings for surface modification of stamping dies[J]. Optics and Lasers in Engineering,2008,46(7):508－513.

[17] 高春林,虞钢. 具有特殊衍射强度分布的二元位相光栅设计[J]. 中国激光,2001,A28(4):365－368.

[18] 虞钢,王恒海,何秀丽. 具有特定光强分布的激光表面硬化技术[J]. 中国激光,2009,36(2):480－486.

[19] 吴炜,梁乃刚,甘翠华,等. 强度空间分布对脉冲激光表面强化的影响[J]. 金属热处理,2005,30(10):30－35.

[20] Chen Y,Gan C H,Wang L X,et al. Laser surface modified ductile iron by pulsed Nd:YAG laser beam with two－dimensional array distribution[J]. Applied Surface Science,2005,245:316－321.

[21] 王恒海. 基于特定激光硬化工艺的组织演变及力学特性研究[D]. 中国科学院研究生院博士学位论文,2009.

[22] 李少霞. 二元光学元件及其在激光制造过程中的应用[R]. 清华大学博士后研究报告,2011.

[23] Li S,Tan Q,Yu Gang,et al. Quasi－Dammann grating with proportional intensity of array spots for surface hardening of metal[J]. Science China Physics,Mechanics & Astronomy,2011,54(1):79－83.

[24] Li S,Yu G,Zhang J,Tan Q,et al. Single－row laser beam with energy strengthened ends for continuous scanning laser surface hardening of large metal components[J]. Science China Physics,Mechanics & Astronomy,2013,56(6):1074－1078.

第4章
多阶二元光学元件与激光束整形

第3章介绍了二阶二元光学元件,即二值相位光栅的设计及应用。在第1章介绍二元光学的优点时,首先就指出多阶相位结构可以提高衍射效率,此外,多阶结构有利于提高设计自由度,获得更多、更理想的激光束整形功能。本章首先介绍基于几何变换法的多圆环多阶二元光学元件的设计,然后介绍实现任意二维分布激光束整形元件的设计,重点介绍如何扩大有效衍射场,和基于二次采样算法的设计以及如何抑制激光散斑,最后介绍几种多阶二元光学激光束整形元件的应用。

4.1 多圆环二元光学整形元件

通常情况下,激光束经聚焦后形成直径很小的光斑,光束强度在空间上呈高斯分布。而在某些实际应用中,需要将激光束整形成多圆环分布的光束,用以模拟元件在实际工况中的热负荷情况。利用二元光学元件可以高效灵活地形成特定的多圆环光强分布。

4.1.1 设计方法

采用圆对称二元光学整形元件可实现将原始入射圆形光束整形为具有特定的强度比和位置分布的多圆环分布光束,如图4-1所示,入射的平行光束经过二元光学元件整形,在指定的接收面上产生具有特定强度和位置分布的多圆环光束,I_i 是第 i 个圆环的强度,R_{i0} 和 R_i 分别表示第 i 个圆环的内径和外径。

可以采取2.2.1节所述几何变换法进行设计。根据能量比例分割输入面(二元光学元件)孔径,使其成为多个圆环区域,每个圆环区域分别对应于输出面上的多个圆环区域,如图4-2所示。已知入射面的光强 I_{in} 和出射面的多圆环强度 I_i 和位置分布 R_i,根据能量守恒关系式(4-1)、式(4-2)和式(4-3),即可求出入射面上 r 与出射面 $R(r)$ 的关系,其中 M 为输出圆环的个数。

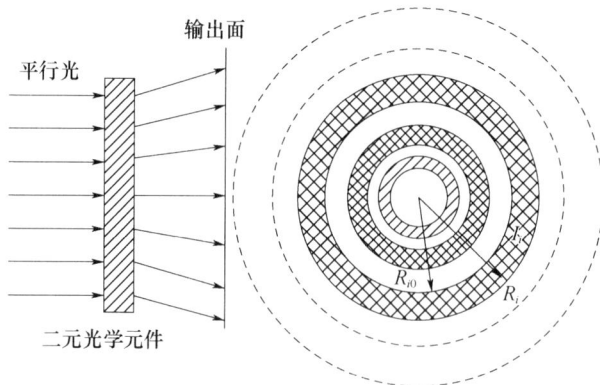

图 4 - 1 圆对称二元光学整形元件设计示意图

$$\int_0^{r_{in}} I_{in} \cdot 2\pi r \mathrm{d}r = \sum_{i=1}^{M} \int_{R_{i0}}^{R_i} I_i \cdot 2\pi\rho\mathrm{d}\rho \qquad (4-1)$$

$$\int_{r_{i0}}^{r_i} I_{in} \cdot 2\pi r \mathrm{d}r = \int_{R_{i0}}^{R_i} I_i \cdot 2\pi\rho\mathrm{d}\rho \qquad (4-2)$$

$$\int_{r_{i0}}^{r} I_{in} \cdot 2\pi r \mathrm{d}r = \int_{R_{i0}}^{R(r)} I_i \cdot 2\pi\rho\mathrm{d}\rho \qquad (4-3)$$

根据

$$\frac{\mathrm{d}\phi(r)}{\mathrm{d}r} = \frac{2\pi}{\lambda}\frac{R(r)-r}{z} \qquad (4-4)$$

则入射面上的相位 $\phi(r)$ 即可求解出,其中 λ 为波长,z 为传输距离。

忽略常数,输出面光场分布可以利用下式进行验算:

$$E_2(\rho) = \mathrm{i}kz^{-1}\mathrm{e}^{\mathrm{i}kz}\int_0^\infty g(r)\mathrm{e}^{\frac{\mathrm{i}k}{2z}(r^2+\rho^2)}\mathrm{J}_0\left(\frac{kr\rho}{z}\right)r\mathrm{d}r$$

$$(4-5)$$

式中:$g(r) = \sum_{m=1}^{M} \mathrm{e}^{\mathrm{i}\phi_m}\mathrm{rect}\left[(r-(m-1/2)\Delta r)/\Delta r\right]$;$k = 2\pi/\lambda$;$\rho$ 为输出面上各点坐标。ϕ_m 是输入面上第 m 个圆环的相位。

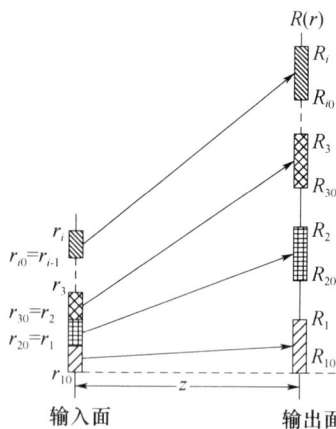

图 4 - 2 几何变换法设计二元光学元件

4.1.2 设计实例

在已知入射和出射光束的光强分布的基础上,采用以上设计方法可以实现输出多种形式的多圆环光束。图 4 - 3 是两种多圆环输出结果,其中入射激光参数:平顶光束,波长 $0.6328\mu m$,入射口径 8mm。图 4 - 3(a)所示为输出两个圆环光束,两圆环强度比为 1:1,且 $R_{10} = 0$,$R_1 = 5.00mm$,$R_{20} = 9.00mm$,$R_2 = 11.00mm$;图 4 - 3(b)所示为输出三个圆环,三圆环的强度比为 2:3:5,且 $R_{10} = 0$,$R_1 = 3.00mm$,$R_{20} = 6.00mm$,$R_2 = 8.00mm$,$R_{30} = 10.00mm$,$R_3 = 14.00mm$。从设计结果可以看出输出各环具有较大强度峰值波动,但在激光热负荷试验中,整形后光束加载在活塞顶面上的效果是各圆环强度的平均作用,各环较大强度峰值波动对热负荷结果影响不大,此种设计结果可以接受。

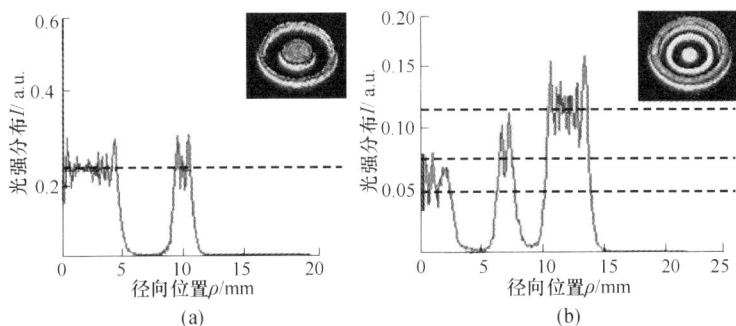

图 4 - 3　两圆环和三圆环设计输出结果
(a) 两圆环;(b) 三圆环。

当输出圆环半径较大时,通过数值计算得到的二元光学元件相位具有较大的梯度变化,此时相邻采样点之间相位相差较大,很多采样点不满足采样定律,不能得到理想设计要求结果。要实现大的有效衍射场,如果不采取特殊设计,二元光学元件的采样间隔将很小(见 4.2 节)才能衍射到足够大的角度,计算量和加工都很困难。为了使数值计算所得整形元件相位梯度变化减慢,可采用折衍混合方法设计元件相位,使用凹透镜来承担光束的发散。设计内容如下:入射激光束为平顶光束,波长为 $1.06\mu m$,输出三个圆环的光强比是 6:3:4,且 $R_{10} = 0$,$R_1 = 5.00mm$,$R_{20} = 40.0mm$,$R_2 = 47.0mm$,$R_{30} = 65.0mm$,$R_3 = 74.0mm$。根据输出面上三个圆环的光强之比及其半径大小,可计算得到输出面上三个圆环的能量之比为 0.215:2.617:7.168。输入面上每个圆环区域分别对应于输出面上的一个圆环区域,根据能量守恒关系式(4 - 6)可得到输入面上的对应圆环位置,$r_{10} = 0$,$r_1 = 3.67mm$,$r_{20} = 3.67mm$,$r_2 = 13.30mm$,$r_{30} = 13.30mm$,$r_3 = 25.00mm$。

$$\begin{cases} \dfrac{I_1}{I_{\text{total}}} = \dfrac{r_1^2 - r_{10}^2}{R^2} \\[2mm] \dfrac{I_2}{I_{\text{total}}} = \dfrac{r_2^2 - r_{20}^2}{R^2} \\[2mm] \dfrac{I_3}{I_{\text{total}}} = \dfrac{r_3^2 - r_{30}^2}{R^2} \end{cases} \qquad (4-6)$$

式中:I_1、I_2、I_3为输出面上各个圆环上的能量;I_{total}为输出面上的总能量;r_{i0}、r_i为输入面上第i个圆环的内外半径;R为整个输入面的半径。

使通过输入面上每个圆环上半径r处的光传输到输出面上对应圆环上半径R处,根据能量守恒,可求得R与r的关系:

$$\begin{cases} \dfrac{r^2 - r_{10}^2}{r_1^2 - r_{10}^2} = \dfrac{R(r)^2 - R_{10}^2}{R_1^2 - R_{10}^2} \\[2mm] \dfrac{r^2 - r_{20}^2}{r_2^2 - r_{20}^2} = \dfrac{R(r)^2 - R_{20}^2}{R_2^2 - R_{20}^2} \\[2mm] \dfrac{r^2 - r_{30}^2}{r_3^2 - r_{30}^2} = \dfrac{R(r)^2 - R_{30}^2}{R_3^2 - R_{30}^2} \end{cases} \qquad (4-7)$$

式中:R_{i0}、R_i为输出面上第i个圆环的内外半径。将$R(r)$代入到式(4-4)中,有

$$\begin{cases} \dfrac{\mathrm{d}\phi(r)}{\mathrm{d}r} = \dfrac{2\pi}{\lambda} \dfrac{\sqrt{\dfrac{r^2 - r_{10}^2}{r_1^2 - r_{10}^2}(R_1^2 - R_{10}^2) + R_{10}^2} - r}{z} \\[4mm] \dfrac{\mathrm{d}\phi(r)}{\mathrm{d}r} = \dfrac{2\pi}{\lambda} \dfrac{\sqrt{\dfrac{r^2 - r_{20}^2}{r_2^2 - r_{20}^2}(R_2^2 - R_{20}^2) + R_{20}^2} - r}{z} \\[4mm] \dfrac{\mathrm{d}\phi(r)}{\mathrm{d}r} = \dfrac{2\pi}{\lambda} \dfrac{\sqrt{\dfrac{r^2 - r_{30}^2}{r_3^2 - r_{30}^2}(R_3^2 - R_{30}^2) + R_{30}^2} - r}{z} \end{cases} \qquad (4-8)$$

将相位离散化数值求解,可得

$$\begin{cases} \dfrac{(\phi_{k+1} - \phi_k)_1}{\Delta r} = \dfrac{2\pi}{\lambda} \dfrac{\sqrt{\dfrac{(k\Delta r)^2 - r_{10}^2}{r_1^2 - r_{10}^2}(R_1^2 - R_{10}^2) + R_{10}^2} - (k\Delta r)}{z} \\[4mm] \dfrac{(\phi_{k+1} - \phi_k)_2}{\Delta r} = \dfrac{2\pi}{\lambda} \dfrac{\sqrt{\dfrac{(k\Delta r)^2 - r_{20}^2}{r_2^2 - r_{20}^2}(R_2^2 - R_{20}^{2\,2}) + R_{20}^2} - (k\Delta r)}{z} \\[4mm] \dfrac{(\phi_{k+1} - \phi_k)_3}{\Delta r} = \dfrac{2\pi}{\lambda} \dfrac{\sqrt{\dfrac{(k\Delta r)^2 - r_{30}^2}{r_3^2 - r_{30}^2}(R_3^2 - R_{30}^2) + R_{30}^2} - (k\Delta r)}{z} \end{cases} \qquad (4-9)$$

式中：Δr 为采样间隔，从而可以得到输出面上的初始相位分布如图 4 - 4 所示。从图中可以看到，输出相位具有很大的梯度。根据初始相位分布求出最小逼近该相位分布的球面波，即凹透镜相位，将初始相位减去凹透镜相位所得的剩余相位，即为二元光学元件的相位分布。从图 4 - 4 中可以看出，剩余相位分布梯度明显变缓，量化后相位不满足采样定律的采样点数目从 863 降为 229，且初始相位与剩余相位的量化结果对比图如图 4 - 5 所示，从中也可看出相邻采样点相位差减小。

根据输出光强计算公式，所得的输出光强分布如图 4 - 6 所示，可看出输出三个圆环的位置和强度都满足了设计要求，平均强度偏差在 5% 之内。

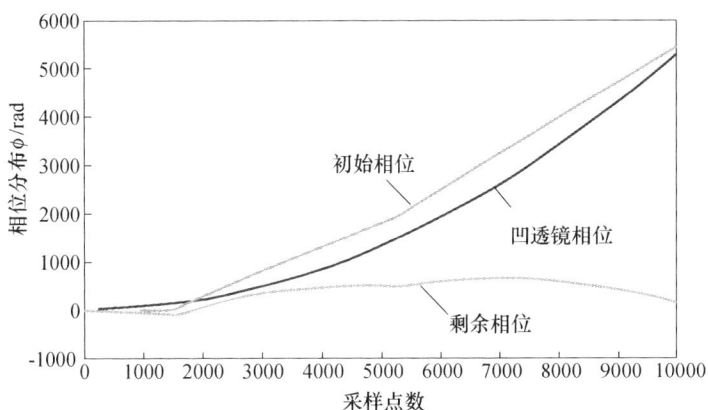

图 4 - 4　折衍混合元件设计结果

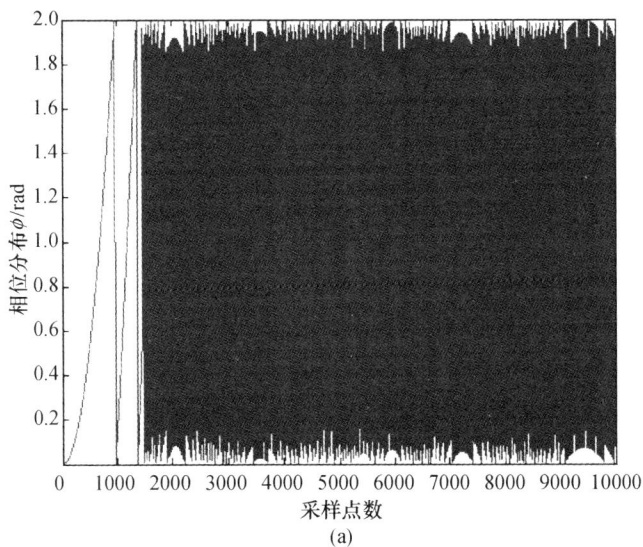

(a)

101

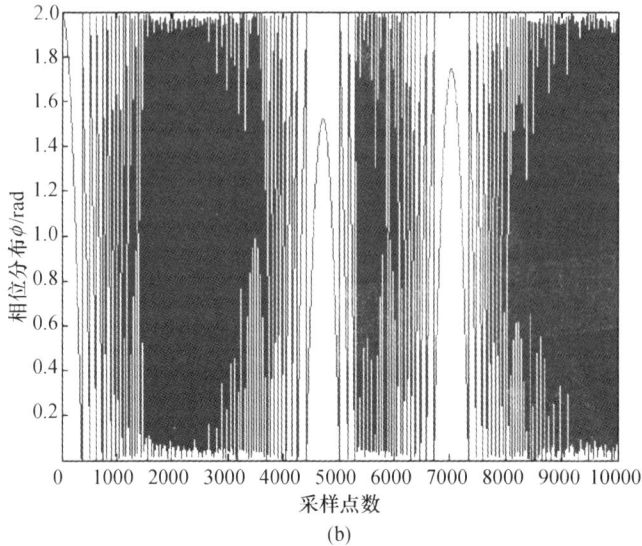

图 4-5　初始相位和剩余相位量化后结果对比

（a）初始相位量化后结果；（b）剩余相位量化后结果。

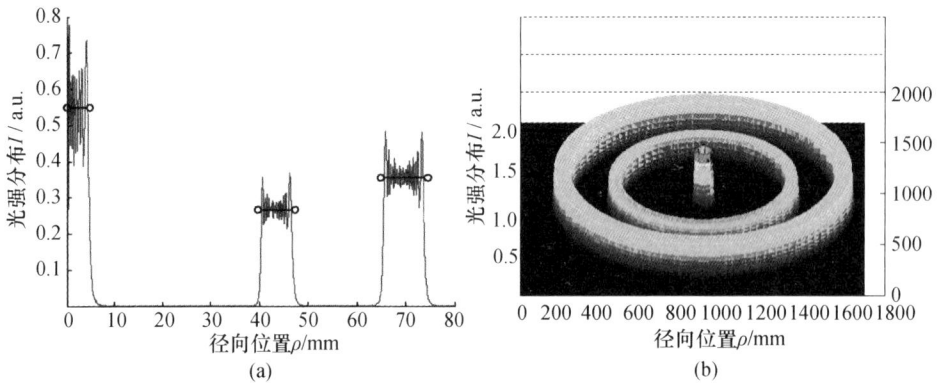

图 4-6　输出三圆环结果

（a）光强分布二维图；（b）光强分布三维图。

4.1.3　多台阶光束整形元件制作

多台阶折衍混合光束整形元件的制作过程包括四大部分：相位设计、模版制作、平凹透镜加工和刻蚀成片，其具体加工流程图如图 4-7 所示。

相位设计部分是整个二元光学元件设计的基础，决定着整个设计是否满足实际要求，因此反复的程序验证和优化是设计的重点，直到最后得到满足实际需要的相位分布。

台阶型轮廓的二元光学元件是利用标准的大规模集成电路生产工艺制作

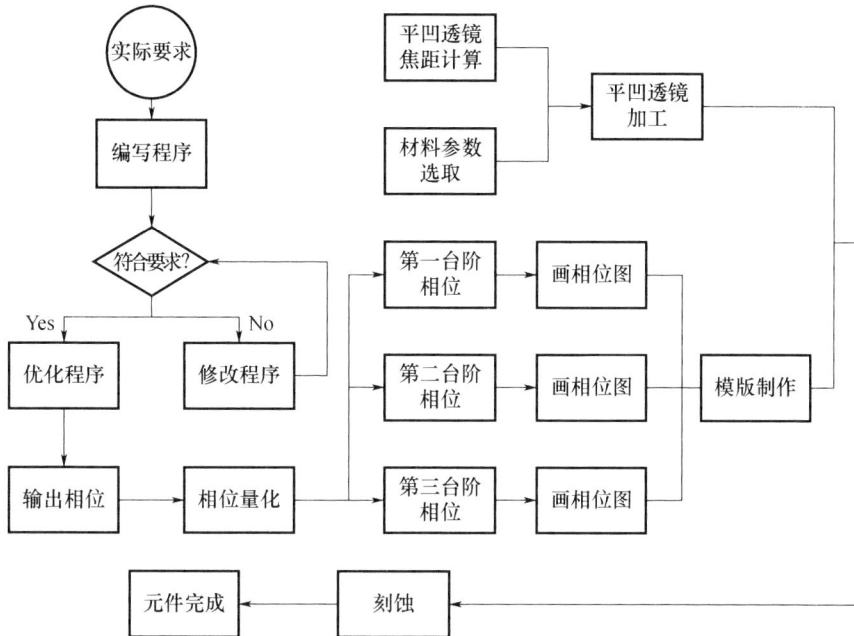

图4-7 设计加工流程图

的,采用减法工艺来完成刻蚀,如图4-8所示,加工出8台阶二元光学元件。首先制作黑白图样的掩模版,利用光刻技术将图形转印到基片的光刻胶上,再经过刻蚀技术将光刻胶表面图形转印到基片上,在基片表面形成台阶结构,多次重复上述工艺过程,就可制作成多台阶二元光学元件。由于研制的元件为八台阶,所以需要三次套刻。先用第一块模版进行光刻和刻蚀,然后用第二块模版与基片对准,再进行一次光刻和刻蚀,最后用第三块模版再与基片对准,进行最后一次光刻和刻蚀。

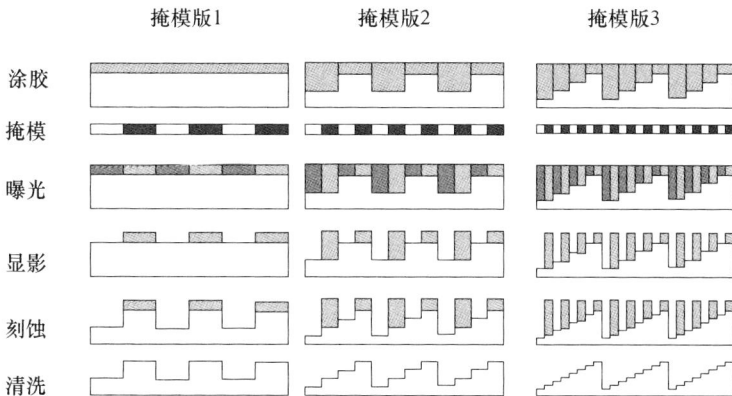

图4-8 刻蚀法制作8台阶二元光学元件

4.2 任意二维分布二元光学激光束整形元件

在激光热负荷等模拟中对多圆环分布有特定需求，但更普遍的任意二维分布具有更广泛的需求。由于缺乏圆对称性，4.1 节的设计方法不再适用，需考虑 2.2.2 节所介绍的优化算法。

由于 GS 算法具有很强的设计灵活性，可以输出点阵、环状、非均匀等多种分布的特点，故选用 GS 算法并进行改进，设计任意二维分布的二元光学激光束整形元件。为验证 GS 算法设计二元光学激光束整形元件的输出光束效果，首先编程设计了点阵、环形、文字、线形、扇形等输出光束分布，采用纯相位空间光调制器(Spatial Light Modulator,SLM)实测调制后图案结果如图 4-9 所示，可见 GS 算法能满足调制后输出光束多样性的要求。

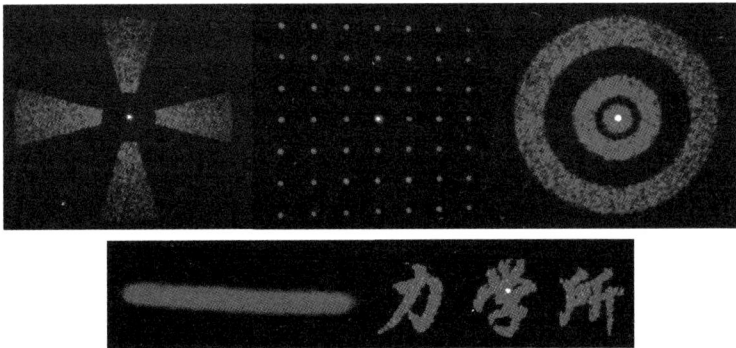

图 4-9 多样分布整形光束

在实际应用中，激光热负荷等模拟需要大尺寸的整形光束。4.1 节介绍了基于几何变换法并利用折衍混合器件来得到大尺寸圆对称的整形光束。本节分析数值计算时输出面的采样范围，探讨如何扩大整形光束尺寸，并改进 GS 算法来进行相位设计。

4.2.1 不同衍射场数值计算方法的采样范围

4.2.1.1 傅里叶面上衍射场数值计算的采样范围

在激光束整形的许多应用领域，经常借助透镜，在其后焦面(傅里叶面)获得经过整形的夫琅和费衍射图案。图 4-10 是傅里叶变换光路示意图。理想平面波垂直入射到位于输入面上的二元光学元件后，衍射光经过凸透镜，在输出面(傅里叶面)上形成夫琅和费衍射光场。图中 $E_1(x_1)$ 和 $E_f(x_f)$ 分别是二元光学元件和输出面上衍射场的复振幅分布。

理想平面波入射情况下,输出面上的夫琅和费衍射场(一维)可以表示为傅里叶变换形式[4]:

$$E_f(x_f) = \frac{e^{ikf}}{i\lambda f} e^{i\frac{\pi}{\lambda f}x_f^2} F[E_1(x_1)] \quad (4-10)$$

式中忽略了常数项。其中:$F(\ ')$代表傅里叶变换;λ为入射光波长;$k = 2\pi/\lambda$为波数;f为透镜焦距。

图4-10　傅里叶变换光路

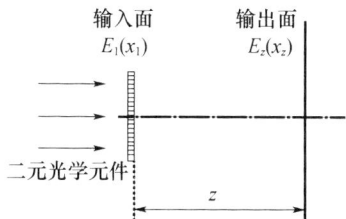

如果满足

$$\Delta x_1 \Delta x_f = \lambda f/N \quad 或 \quad L_1 L_f = \lambda f N \quad (4-11)$$

则式(4-10)可利用一次 DFT 实现离散数值计算:

$$E_f(m'\Delta x_f) = \frac{e^{ikf}}{\lambda f} e^{\frac{i\pi(m'\Delta x_f)^2}{\lambda f}} \mathrm{DFT}[E_1(m\Delta x_1)] \quad (4-12)$$

式中:Δx_1和Δx_f分别为输入面和傅里叶面上的采样间隔,Δx_1也表示二元光学元件的单元尺寸;L_1和L_f分别为输入面和傅里叶面的采样宽度;N为采样数,$m, m' \in [-N/2, N/2-1]$。

式(4-12)可利用 FFT 实现快速计算,由式(4-11)可知,傅里叶面上衍射场的采样范围为

$$L_f = \frac{\lambda f N}{L_1} 或 L_f = \frac{\lambda f}{\Delta x_1} \quad (4-13)$$

4.2.1.2　菲涅尔衍射公式数值计算的采样范围

图4-11是理想平面波入射时的菲涅尔衍射光路示意图。和图4-10相比,图4-11不需要使用透镜。

图4-11　菲涅尔衍射光路

理想平面波入射情况下,距离 z 处的菲涅尔衍射场(一维)可表示为傅里叶变换形式[4]:

$$E_z(x_z) = \frac{e^{ikz}}{i\lambda z} e^{i\frac{\pi}{\lambda z}x_z^2} F[E_1(x_1) e^{i\frac{\pi}{\lambda z}x_1^2}] \quad (4-14)$$

式中:$E_z(x_z)$为输出面上衍射场的复振幅分布。一般情况下,二元光学元件的复振幅分布 $E_1(x_1)$ 相对于球面波相位因子的空间变化率不高,在考虑菲涅尔衍射场的数值计算是否满足采样定理时通常仅考虑球面波相位因子。为满足采样定理,要求式(4-14)中的 $e^{i\frac{\pi}{\lambda z}x_z^2}$ 和 $e^{i\frac{\pi}{\lambda z}x_1^2}$ 在每变化一个周期 2π 时都至少有两个采样点[5]。此时有

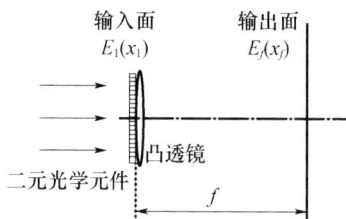

$$\Delta x_z^2 \leqslant \frac{\lambda z}{N} \tag{4-15}$$

和

$$\Delta x_1^2 \leqslant \frac{\lambda z}{N} \tag{4-16}$$

式中:Δx_z 为输出面上的采样间隔。

只有式(4-15)和式(4-16)同时取等号时,输出面上的复振幅分布才满足采样定理。此时有 $\Delta x_1 = \Delta x_z = \sqrt{\lambda z/N}$,或 $z = L_1^2/\lambda N$;而只有下式成立时,输出面上的光强分布的数值计算才满足采样定理[6],

$$z \geqslant \frac{L_1^2}{\lambda N} \text{或} \Delta x_z \geqslant \Delta x_1 \tag{4-17}$$

在此将 $z_1 = \dfrac{L_1^2}{\lambda N}$ 称作特征距离。当 λ、L_1、N 或 Δx_1 确定后,特征距离也就随之确定。

如果满足

$$\Delta x_1 \Delta x_z = \lambda z/N \text{ 或 } L_1 L_z = \lambda z N \tag{4-18}$$

式(4-14)可利用 DFT 实现离散数值计算,即

$$E_z(m'\Delta x_z) = \frac{\mathrm{e}^{ikz}}{\lambda z}\mathrm{e}^{\frac{i\pi(m'\Delta x_z)^2}{\lambda z}}\mathrm{DFT}\{[E_1(m\Delta x_1)]\mathrm{e}^{\frac{i\pi(m\Delta x_1)^2}{\lambda z}}\} \tag{4-19}$$

式中:L_z 为输出面的采样范围。式(4-19)可利用 FFT 实现快速计算。由于其中只有一次 FFT,所以称为 Single-FFT 算法(S-FFT)[6]。

由式(4-18)可知,S-FFT 算法中输出面上的采样范围为

$$L_z = \frac{\lambda z N}{L_1}\text{或} L_z = \frac{\lambda z}{\Delta x_1} \tag{4-20}$$

根据卷积定理,菲涅尔衍射场也可以表示为如下形式:

$$E_z(x_z) = F^{-1}\left\{F[E_1(x_1)]F\left[\frac{\mathrm{e}^{ikz}}{\mathrm{i}\lambda z}\mathrm{e}^{\mathrm{i}\frac{\pi}{\lambda z}x_1^2}\right]\right\} \tag{4-21}$$

如果满足

$$L_z = L_1 \text{ 或 } \Delta x_z = \Delta x_1 \tag{4-22}$$

式(4-21)可利用一次 DFT 和一次逆 DFT 实现离散数值计算,

$$E_z(m'\Delta x_z) = \mathrm{DFT}^{-1}\left\{\mathrm{DFT}[E_1(m\Delta x_1)]\mathrm{DFT}\left[\frac{\mathrm{e}^{ikz}}{\lambda z}\mathrm{e}^{\frac{\mathrm{i}\pi m^2 \Delta x_1^2}{\lambda z}}\right]\right\} \tag{4-23}$$

式(4-23)可利用 FFT 实现快速计算。由于其中有一次 FFT 和一次逆 FFT,称为 Double-FFT 算法(D-FFT)[6]。

只有式(4-15)成立时,输出面上的复振幅分布才近似满足采样定理[5]。此时有

$$z \leqslant \frac{L_1^2}{\lambda N} \qquad (4-24)$$

由以上推导可知，S-FFT 和 D-FFT 适用的衍射距离不同。当 $z \leqslant z_1$ 时，需采用 D-FFT 来计算菲涅尔衍射场，而当 $z \geqslant z_1$ 时，需采用 S-FFT 来计算。

4.2.1.3　汇聚球面波入射情况下直接采样 FFT 数值计算的采样范围[7]

当入射光束为汇聚球面波时，距离 z 处的菲涅尔衍射场（一维）可以表示为傅里叶变换形式：

$$E_z(x_z) = \frac{e^{ikz}}{i\lambda z} e^{i\frac{\pi}{\lambda z}x_z^2} F\left[E_1(x_1) e^{i\frac{\pi}{-r\lambda}x_1^2} e^{i\frac{\pi}{\lambda z}x_1^2} \right] \qquad (4-25)$$

式中：r 为汇聚球面波半径；$E_1(x_1)$ 和 $E_z(x_z)$ 分别为二元光学元件和输出面上衍射场的复振幅分布。为满足采样定理，该式适用的衍射距离范围为

$$\frac{f_1 r}{f_1 + r} \leqslant z \leqslant f_1 \qquad (4-26)$$

其中 $f_1 = \frac{N\Delta x_1^2}{\lambda}$。而当 $z \geqslant \frac{f_1 r}{f_1 + r}$ 时，输出面上的光强分布满足采样定理。

同样需要在满足式（4-18）的情况下，式（4-25）可利用一次 DFT 实现离散数值计算，

$$E_z(m'\Delta x_z) = \frac{e^{ikz}}{\lambda z} e^{\frac{i\pi(m'\Delta x_z)^2}{\lambda z}}$$
$$\times \text{DFT}\left\{ \left[E_1(m\Delta x_1) \right] e^{\frac{i\pi(m\Delta x_1)^2}{\lambda}\left(\frac{1}{r} + \frac{1}{z} \right)} \right\} \qquad (4-27)$$

汇聚球面波入射情况下，由于直接对输出面采样，衍射场采样区域的最大范围并没有扩大，同样需要满足式（4-20）。为方便起见，下面将这种数值计算方法称为直接采样法。

4.2.1.4　ARSS 数值计算的采样范围[8]

ARSS（Aliasing-Reduced Shifted and Scaled）数值计算方法同样通过 FFT 来计算菲涅尔衍射场的复振幅分布，其特点是在进行数值计算时，输出面采样间隔 Δx_z 不受式（4-18）限制，而是可灵活变化，从而实现衍射图案的缩放。其数值计算公式如下（一维）：

$$E_z(x_z) = C_z F^{-1}\left\{ F\left[E_1(x_1) e^{i\phi_u} \right] F\left[e^{i\phi_h} \text{rect}\left(\frac{x_h}{2x_{\max}} \right) \right] \right\} \qquad (4-28)$$

其中，$\phi_u = \pi \dfrac{(s^2-s)x_1^2 - 2dsx_1}{\lambda z}$，$\phi_h = \pi \dfrac{sx_h^2}{\lambda z}$，$C_z = \dfrac{e^{i\phi_c}}{i\lambda z} = \dfrac{e^{ikz+\frac{i\pi}{\lambda z}[(1-s)x_z^2+2dx_z+d^2]}}{i\lambda z}$，$s$ 为缩放

系数，$s = \Delta x_z / \Delta x_1$；$d$ 为偏移量；$x_1 = m_1 \Delta x_1$，$x_z = m_2 \Delta x_z$，$m_1, m_2 \in [-N/2, N/2-1]$，$N$ 是采样数，$x_h = m_h \Delta x_z (m_h \in [-N/2, N/2-1])$。

式（4－28）中矩形窗函数 rect 项是消除频谱混叠的关键，要求 m_h 满足

$$|m_h| \leqslant \frac{\lambda z}{2 \Delta x_1 \Delta x_z} \qquad (4-29)$$

即

$$|2m_h| \Delta x_z \leqslant \frac{\lambda z}{\Delta x_1} \qquad (4-30)$$

不等式左边最大值正好对应输出面的有效采样范围，在输出面上采样区域的最大范围等同于 S－FFT 算法。

参考文献[9,10]提出的菲涅尔衍射场的数值计算方法中所加的窗函数与 ARSS 计算方法相同，输出面上衍射场的采样范围也没有超出 S－FFT 算法的采样范围。

综上所述，上述几种数值计算方法都不能扩大衍射场的采样范围。下一节将提出发散球面波入射情况下的二次采样数值计算方法，所涉及的菲涅尔距离都大于特征距离 z_1，因此下文关于菲涅尔衍射场的数值计算都将基于 S－FFT 算法实现。

4.2.2　发散球面波入射情况下的二次采样数值计算方法

众所周知，采用发散球面波照射二元光学元件可以从物理上有效扩大其衍射角，问题只是还没有可计算更大衍射场的数值计算方法。为此提出了二次采样数值计算方法（Double－Sampling，DS）来解决此问题。

二次采样数值计算方法公式推导及理论分析：

在发散球面波照射下，光场从二元光学元件到输出面的传播如图 4－12 所示。将球面波的球心所在的垂轴平面作为中间面，输出面上衍射场的数值计算可以分为两步进行。

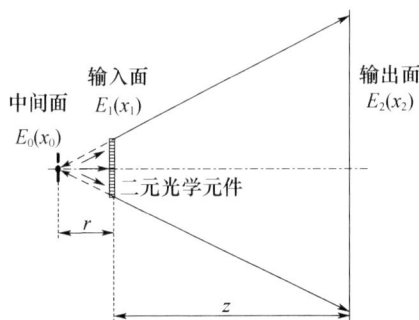

图 4－12　发散球面波入射条件下从二元光学元件到观察屏的光场传播示意图

第一步是从二元光学元件到中间面的衍射(逆向)。由于入射光波是球面波,该衍射是逆向夫琅和费衍射[12]。省略常数项,一维情形下的计算公式为

$$E_0(x_0) = \mathrm{e}^{\frac{ikx_0^2}{-2r}} F^{-1}[E_1(x_1)] \tag{4-31}$$

式中:$E_1(x_1)$为二元光学元件的复振幅分布;$E_0(x_0)$为中间面的复振幅分布;r为发散球面波半径。

为满足采样定理,有 $\Delta x_0^2 \le \lambda r/N$ 或 $\Delta x_0 L_0 \le \lambda r$,其中 Δx_0 和 L_0 分别是中间面上的采样间隔和采样范围。

当采用 DFT 进行数值计算时,中间面上的采样范围 L_0 由下式决定:

$$L_1 L_0 = \lambda r N \text{ 或 } \Delta x_0 L_1 = \lambda r \tag{4-32}$$

第二步是从中间面到输出面的衍射,是正向菲涅尔衍射,如

$$E_2(x_2) = \mathrm{e}^{\frac{ikx_2^2}{2(z+r)}} F\{E_0(x_0) \mathrm{e}^{\frac{ikx_0^2}{2(z+r)}}\} \tag{4-33}$$

当采用 DFT 计算时,输出面上的采样范围 L_2 由下式决定:

$$L_2 L_0 = \lambda(z+r)N \text{ 或 } \Delta x_2 \Delta x_0 = \lambda(z+r)/N \tag{4-34}$$

由式(4-32)和式(4-34)可知

$$E_2(x_2) = \mathrm{e}^{\frac{ikx_2^2}{2(z+r)}} F\{\mathrm{e}^{\frac{ikx_0^2}{-2r}} F^{-1}[E_1(x_1)] \mathrm{e}^{\frac{ikx_0^2}{2(z+r)}}\} \tag{4-35}$$

其 DFT 表达式为

$$E_2(m''\Delta x_2) = \mathrm{e}^{\frac{ik(m''\Delta x_2)^2}{2(z+r)}}$$

$$\times \mathrm{DFT}\{\mathrm{e}^{\frac{-ikr(m'\lambda)^2}{2(N\Delta x_1)^2}} \mathrm{DFT}^{-1}[E_1(m\Delta x_1)] \mathrm{e}^{\frac{ik(m'r\lambda)^2}{2(z+r)(N\Delta x_1)^2}}\} \tag{4-36}$$

式中:$m, m', m'' \in [-N/2, N/2-1]$。式(4-36)可以采用 FFT 进行快速计算,逆向传播也类似。由于计算过程中分别在两个不同的面上进行了两次采样,因此将该方法称为二次采样数值计算方法,简称二次采样法。基于该方法,利用 GS 等优化算法,即可进行二元光学元件设计。

由式(4-32)和式(4-34)可知

$$L_2 = \frac{z+r}{r} L_1 \text{ 或 } \Delta x_2 = \frac{z+r}{r} \Delta x_1 \tag{4-37}$$

或者

$$r = \frac{L_1}{L_2 - L_1} z \tag{4-38}$$

因此 L_2 与 z, r 和 L_1 有关,但是与 Δx_1、N 和 λ 无关。当 $r \le z_1 = L_1^2/\lambda N$ 时,中间面上的采样间隔缩小,从而使得从中间面到输出面的衍射角增大,最终使得输出面上的采样间隔和采样范围被放大。

在 z 保持不变的情况下,由式(4-37)和式(4-38)可以得到如下几个性质:

（1）发散球面波照明下,利用二次采样法可以计算输出面更大的采样范围,且球面波半径越小,可计算的输出面采样范围越大。

（2）输入面采样范围越大,可计算的输出面采样范围越大。

（3）输出面的采样范围与输入面的采样间隔无关。

图 4 - 13 给出了分别采用二次采样法和直接采样法计算得到的 L_2 与 z 之间的关系曲线,两种计算方法的计算参数相同:$r = 50\text{mm}$,$\Delta x_1 = 8\text{μm}$,$L_1 = 8.64\text{mm}$,$\lambda = 660\text{nm}$。其中实线是采用二次采样法所计算的关系曲线,虚线是采用直接采样法计算的关系曲线。从中可以看出,二次采样法有效利用了因发散球面波入射而导致的衍射角的扩大,从而增大了输出面的采样范围。

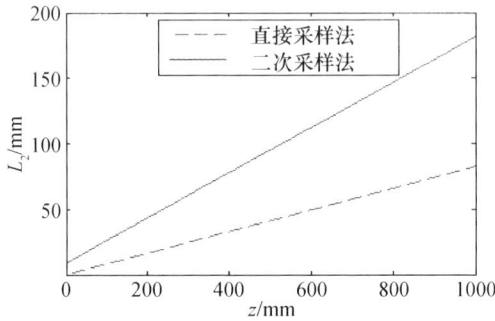

图 4 - 13　分别采用二次采样法和直接采样法计算得到的 L_2 和 z 的关系曲线

图 4 - 14 给出了二次采样法中 L_2 与 r 的关系曲线,虚线是当 $z = 450\text{mm}$,$L_1 = 8.64\text{mm}$ 时二者的关系曲线,实线是当 $z = 3000\text{mm}$,$L_1 = 36.9\text{mm}$ 时二者的关系曲线。从中可以看出,选用合适 L_1、r,在 3m 的距离上可以产生数米尺寸的衍射图案。

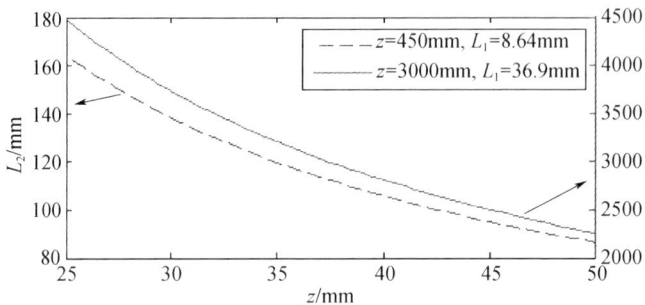

图 4 - 14　二次采样法中在不同 L_1 和 z 条件下 L_2 和 r 的关系曲线

4.2.3　折衍混合元件实现大衍射场激光束整形

前面研究了基于发散球面波的可扩大衍射场采样范围的二次采样法。实际上,当采用汇聚球面波入射时,同样可以计算更大采样范围的衍射场。更进一步地,在平面波入射的特定应用场合,也可用折衍混合元件实现大衍射场的激光束整形。

然而,利用二次采样法,折衍混合元件中透镜的功能不再是如 4.1.2 节所描述的用来逼近球面波相位,而是在平面波入射的特定应用场合,用来产生球面波。透镜不仅可以是凹透镜,也可以是凸透镜,都可以计算更大采样范围的衍射场,同时基于二次采样法的激光束整形,衍射图案光强分布不再局限于圆对称,可以是任意分布。

4.2.3.1　透镜为凸透镜的折衍混合元件条件下衍射场的数值计算

当折衍混合元件中的透镜为凸透镜时,光场从折衍混合元件到输出面的传播如图 4 – 15 所示。入射光束为理想平面波,将透镜后焦面作为中间面。

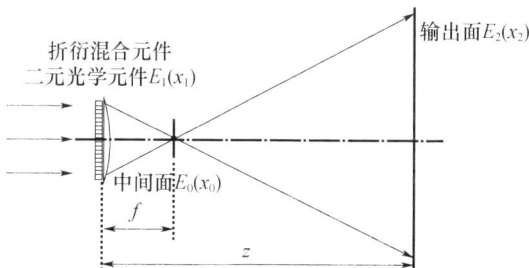

图 4 – 15　理想平面波入射下从折衍混合元件
(凸透镜和二元光学元件组成)到输出面的光场传播示意图

折衍混合元件上的复振幅分布是 $E_1(x_1)\mathrm{e}^{\frac{-ik}{2f}(x_1^2)}$。这里 $f > 0$ 是凸透镜焦距,$E_1(x_1)$ 是二元光学元件的复振幅分布,$\mathrm{e}^{\frac{-ik}{2f}(x_1^2)}$ 是凸透镜引入的球面波因子。为了准确计算输出面上更大采样范围的衍射场,其数值计算也分为两步进行。

第一步是从折衍混合元件到中间面的衍射。中间面上的衍射为夫琅和费衍射,

$$E_0(x_0) = \mathrm{e}^{\frac{ikx_0^2}{2f}} F[E_1(x_1)] \qquad (4-39)$$

当采用 DFT 进行数值计算时,中间面上的采样范围 L_0 由下式决定:

$$L_1 L_0 = f\lambda N \text{ 或 } \Delta x_1 \Delta x_0 = f\lambda/N \qquad (4-40)$$

第二步是从中间面到输出面的菲涅尔衍射,如

$$E_2(x_2) = \mathrm{e}^{\frac{ikx_2^2}{2(z-f)}} F\left\{ E_0(x_0)\mathrm{e}^{\frac{ikx_0^2}{2(z-f)}} \right\} \qquad (4-41)$$

当采用 DFT 进行数值计算时,输出面上的采样范围 L_2 由下式决定:

$$L_0 L_2 = \lambda(z-f)N \text{ 或 } \Delta x_0 \Delta x_2 = \lambda(z-f)/N \qquad (4-42)$$

由式(4-39)和式(4-41)可知

$$E_2(x_2) = e^{\frac{ikx_2^2}{2(z-f)}} F \left\{ e^{\frac{ikx_0^2}{2f}} F[E_1(x_1)] e^{\frac{ikx_0^2}{2(z-f)}} \right\} \quad (4-43)$$

其 DFT 表达式为

$$E_2(m''\Delta x_2) = e^{\frac{ik(m''\Delta x_2)^2}{2(z-f)}}$$

$$\times \text{DFT} \left\{ e^{\frac{ikf(m'\lambda)^2}{2(N\Delta x_1)^2}} \text{DFT}[E_1(m\Delta x_1)] e^{\frac{ik(m'f\lambda)^2}{2(z-f)(N\Delta x_1)^2}} \right\} \quad (4-44)$$

可以采用 FFT 进行快速计算,逆向传播的推导也类似。此外,可知

$$L_2 = \frac{z-f}{f}L_1 \text{ 或 } \Delta x_2 = \frac{z-f}{f}\Delta x_1 \quad (4-45)$$

或者

$$f = \frac{L_1}{L_2 + L_1}z \quad (4-46)$$

同样地,L_2 与 z、f 和 L_1 有关,但是与 Δx_1、N 和 λ 无关。

4.2.3.2 透镜为凹透镜的折衍混合元件条件下衍射场的数值计算

当折衍混合元件中的透镜为凹透镜时,如图 4-16 所示,凹透镜的前焦面作为中间面。$f < 0$ 是凹透镜焦距。

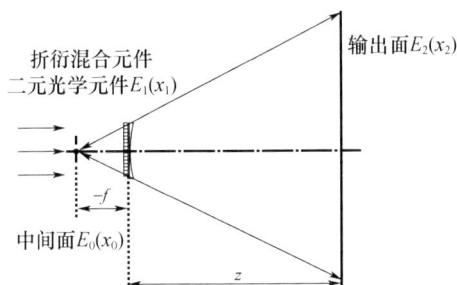

图 4-16 理想平面波入射下从折衍混合元件
(由凹透镜和二元光学元件组成)到输出面的光场传播示意图

因为 $f < 0$,输出面上衍射场的数值计算表达式同式(4-42)。L_2、Δx_2 和 f 的关系为

$$L_2 = \frac{f-z}{f}L_1 \text{ 或 } \Delta x_2 = \frac{f-z}{f}\Delta x_1 \quad (4-47)$$

或者

$$f = \frac{L_1}{L_1 - L_2}z \quad (4-48)$$

同样地,L_2 与 z、f 和 L_1 有关,但是与 Δx_1、N 和 λ 无关。

图 4-17 给出了平面波入射时,分别采用凹透镜、凸透镜和没有透镜情况下

L_2 与 z 之间的关系曲线，其他参数如下：$|f| = 50\,\mathrm{mm}$，$\Delta x_1 = 8\,\mu\mathrm{m}$，$L_1 = 8.64\,\mathrm{mm}$，$\lambda = 660\,\mathrm{nm}$。其中实线是二次采样法中采用凹透镜情况下的关系曲线，长虚线是二次采样法中采用凸透镜情况下的关系曲线，短虚线是没有透镜时，采用 S - FFT 数值计算的关系曲线。从中可以看出，折衍混合元件中的透镜无论是凹透镜还是凸透镜，采用二次采样法都可以计算输出面上更大采样范围的衍射场，并且采用凹透镜的扩大效果比凸透镜好。

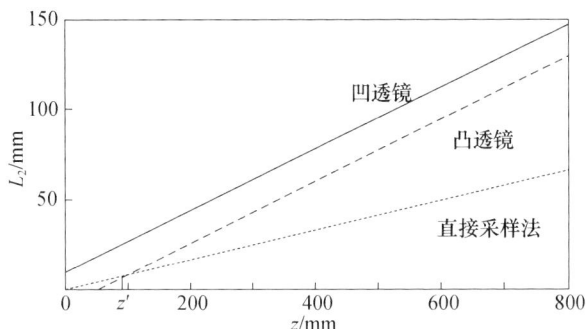

图 4 - 17　几种数值计算方法中 L_2 和 z 的关系曲线

两虚线有一个交点 z'，说明在该交点所对应的衍射距离处，二次采样法（凸透镜）和直接采样法所计算的输出面上衍射场的采样范围相同。

$$z' = \frac{f}{1 - f/f_1} \qquad (4 - 49)$$

式中：$f_1 = L_1^2 / N\lambda$。从中可以看出，只有 f 足够小以保证 $1 - f/f_1 > 0$ 时，输出面上衍射场的采样范围才可能扩大；而只有 $z > z'$ 时，输出面上衍射场的采样范围才肯定能扩大。

4.2.3.3　仿真和实验结果

采用 GS 算法来进行基于二次采样法的二维光束整形，算法流程如图 4 - 18 所示。A 是入射光的振幅分布，B 是期望输出的振幅分布，E_1 和 E_2 分别是二元光学元件和输出面的复振幅分布，从 E_1 到 E_2、E_2 到 E_1 的数值计算采用二次采样法来进行。ϕ_1 和 ϕ_2 分别是二元光学元件和输出面上的相位分布。

1. 基于由凹透镜和二元光学元件组成的折衍混合元件的光束整形二维仿真和实验结果

在 $z = 800\,\mathrm{mm}$ 处获得 $147\,\mathrm{mm} \times 147\,\mathrm{mm}$ 的如图 4 - 19(a)所示的期望输出图案，外环直径为 $132\,\mathrm{mm}$。设计参数为：$\Delta x_1 = \Delta y_1 = 8\,\mu\mathrm{m}$，$\lambda = 660\,\mathrm{nm}$，折衍混合元件为正方形，边长为 $8.64\,\mathrm{mm}$。由式(4 - 47)可知，$f = -50\,\mathrm{mm}$。图 4 - 19 所示即为基于二次采样法的 GS 优化结果，其中图 4 - 19(b)是相位分布优化

结果,图 4-19(c)是输出面上的光强分布仿真结果,rms = 19.1%。

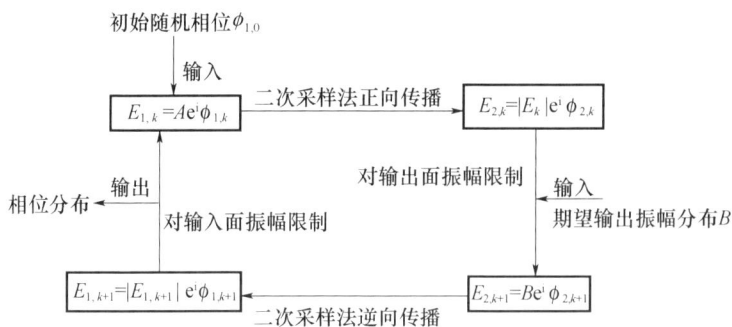

图 4-18　基于二次采样法的 GS 算法流程

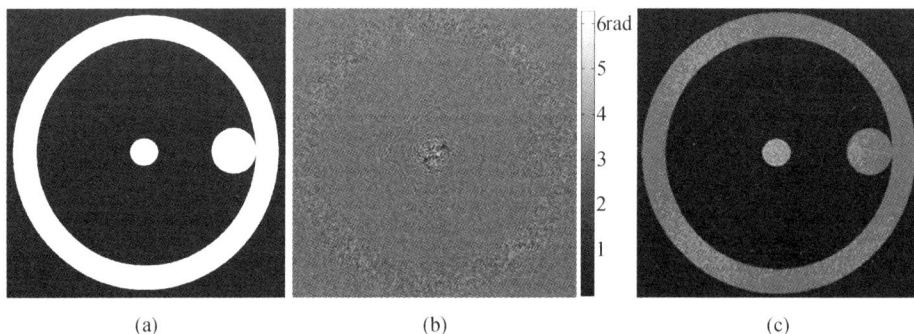

图 4-19　期望输出和 GS 优化结果
(a)输出面上的期望输出;(b)相位分布优化结果;(c)输出面仿真结果。

实验装置如图 4-20 所示,为方便起见,采用纯相位 SLM 和凹透镜来模拟折衍混合元件,选用 Holoeye PLUTO 的反射型纯相位 SLM[16]。$\Delta x_1 = \Delta y_1 = 8\mu m$,$N_x = N_y = 1080$(实验中采用的有效像素数),入射激光波长为 660nm。激光器输出的激光先经过偏振片变成水平偏振光,再经过由针孔和透镜 L_1 组成的准直系统变成理想平面波照射到 SLM 上。由于 SLM 是反射型的,采用 4f 系统(两个透镜 L_2 和 L_3 焦距相同,均为 300mm)将 SLM 上加载的相位分布映射到了 L_3 后焦面上。凹透镜 L_4($f = -50$mm)被放置在 L_3 后焦面上,从而模拟折衍混合元件。再经过距离 $z = 800$mm 的传播,最终在输出面得到了衍射图案。

实验结果如图 4-21 所示,外环直径约 132mm,与仿真结果相吻合。利用 CCD 采集部分衍射图案,如图 4-21(b)、(c)所示。从中可以看出,可以获得整形效果较好的放大的衍射图案。

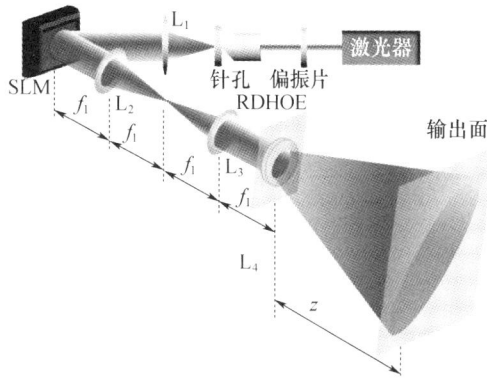

图 4 - 20　实验装置

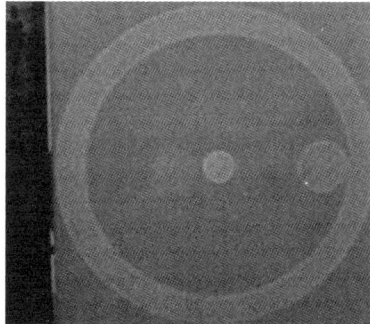

(a)

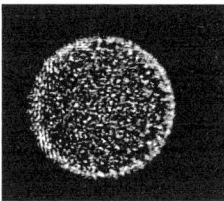 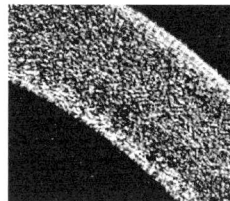

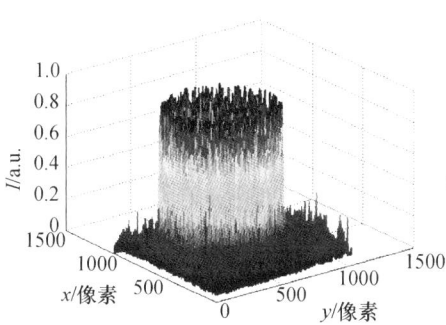 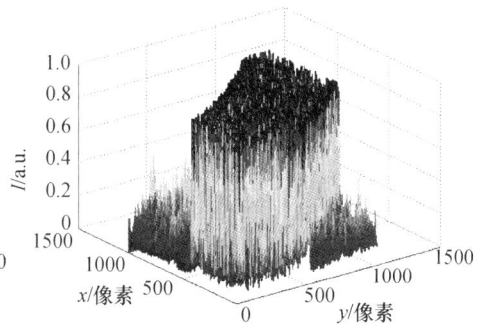

(b) (c)

图 4 - 21　实验结果

（a）整体实验图；（b）二维/三维局部实验结果（中心圆）；（c）二维/三维局部实验结果（部分圆环）。

115

2. 基于由凸透镜和二元光学元件组成的折衍混合元件的光束整形二维仿真和实验结果

在 $z = 800\text{mm}$ 距离处获得 $130\text{mm} \times 130\text{mm}$ 的如图 4 – 22(a)中的期望输出图案,外环直径为 124mm。设计参数如下:$\Delta x_1 = \Delta y_1 = 8\mu\text{m}$,$\lambda = 660\text{nm}$,折衍混合元件为正方形,边长为 8.64mm。由式(4 – 45)可知,$f = 50\text{mm}$。图 4 – 22 所示即为基于二次采样法的 GS 优化结果,其中图 4 – 22(b)是相位分布优化结果,图 4 – 22(c)是输出面上的光强分布仿真结果,rms = 18.7%。

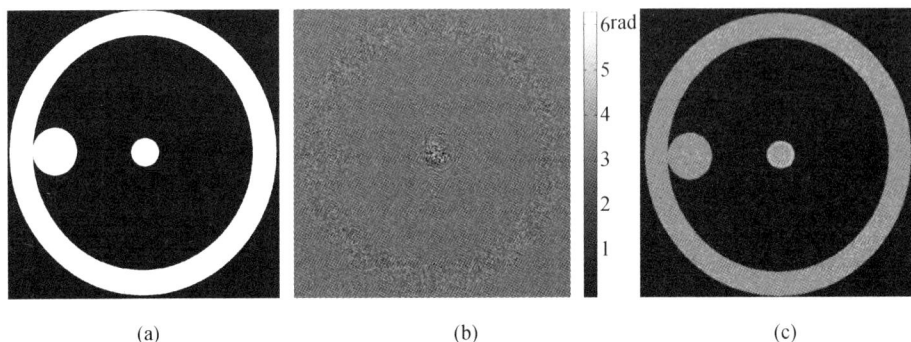

(a)   (b)   (c)

图 4 – 22　期望输出和 GS 优化结果

(a)输出面上的期望输出;(b)相位分布优化结果;(c)输出面仿真结果。

实验装置与图 4 – 20 相似,唯一的区别是将 L_4 更换为焦距为 50mm 的凸透镜。实验结果如图 4 – 23 所示。从实验结果可以看出,外环直径约 124mm。同样利用 CCD 采集部分衍射图案,如图 4 – 23(b)、(c)所示。从中可以看出,获得了整形效果较好的放大的衍射图案。

3. 主要因素对整形效果影响的仿真分析

以包括凹透镜和二元光学元件的折衍混合元件为例来进行分析,包括凸透镜和二元光学元件的折衍混合元件的分析是类似的。

1)相位分布量化误差的影响

Holoeye PLUTO 反射型纯相位 SLM 的相位分布为 256 阶。目前成熟的加工工艺可实现 2 阶到 16 阶相位分布的二元光学元件加工。将 256 阶相位分布转化成 2 阶到 16 阶的相位分布时,引入的量化误差会影响整形效果,其明显特征是产生零级背景噪声。采用二次采样法时,零级背景噪声因为被短焦透镜迅速发散而被有效抑制。图 4 – 24 即为如图 4.19(b)所示的相位分布被量化为 8 阶后的仿真结果,rms = 22.1%,与图 4 – 19(c)所示的量化前的仿真结果非常接近,零级背景噪声被抑制。

(a)

(b)   (c)

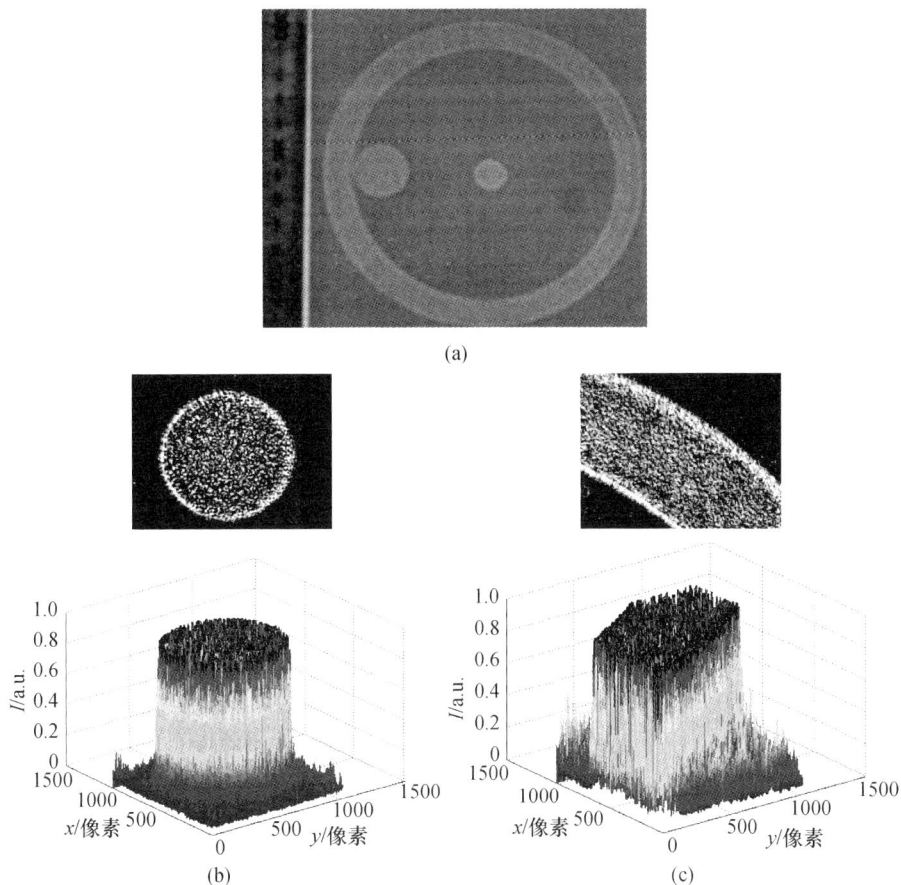

图 4 - 23   实验结果

（a）整体实验图；（b）二维/三维局部实验结果（中心圆）；（c）二维/三维局部实验结果（部分圆环）。

2）入射激光束相位分布扰动对整形效果的影响

以上仿真时采用的入射激光是理想平面波，实际中的激光束虽然经过小孔滤波和准直，但仍与理想平面波有一定差距。在理想平面波上加载一个小幅的随机相位分布，来模拟入射激光相位分布有扰动时对整形效果的影响。图 4 - 25 为在入射激光束相位分布上加载不同幅度随机相位分布后对整形效果影响的仿真结果，图 4 - 25（a）是加载最大幅度为 0.1π 的随机相位分布后的

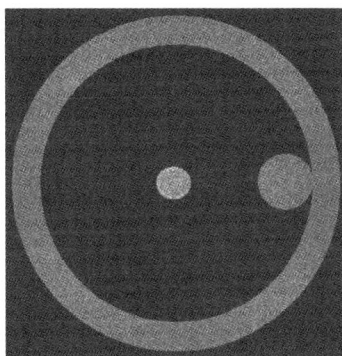

图 4 - 24   相位分布量化为 8 阶后的仿真结果

117

仿真结果,rms = 20.8%;图 4 – 25(b)是加载最大幅度为 0.2π 的随机相位分布后的仿真结果,rms = 26.3%;图 4 – 25(c)是加载最大幅度为 0.3π 的随机相位分布后的仿真结果,rms = 30.2%。可以看出,入射激光束相位分布的小幅扰动对整形效果的影响不大,但随着扰动幅度的增加,对整形效果的影响也逐渐明显。

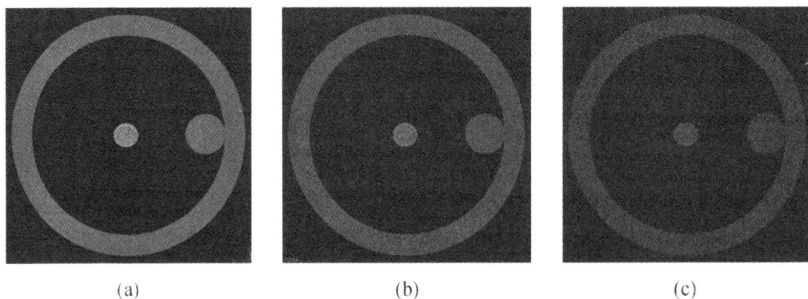

(a)　　　　　　　　(b)　　　　　　　　(c)

图 4 – 25　入射激光束加载不同幅度随机相位分布后对整形效果的影响

(a)随机相位最大幅度 0.1π;(b)随机相位最大幅度 0.2π;(c)随机相位最大幅度 0.3π。

3)加工深度误差的影响

加工深度误差包括两个方面:一是系统误差,即相位深度分布整体偏离理想分布;二是随机误差,即各单元相位深度偏离程度各不相同。对于后者的影响分析,也是在理想相位分布上加载一个小幅的随机相位分布,当最大随机误差在 5% 时对整形效果的影响不大(rms = 20.8%),在此不再赘述。图 4 – 26 是加工深度为理论深度的 90% 时的仿真结果,rms = 21.3%。可以看出,采用二次采样法设计的二元光学器件对加工深度误差不很敏感。

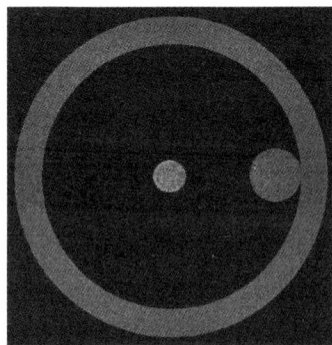

图 4 – 26　加工深度为理论深度的 90% 时的仿真结果

综上所述,相位分布量化误差、入射激光束相位分布随机扰动和加工深度误差对整形效果的影响不明显,这些将降低实际使用中对二元光学元件加工精度和对入射激光束质量的高要求。

4.3　二维精细化设计

第 2 章进行了二元光学元件的精细化设计,但由于采用的是爬山 – 模拟退火混合优化算法,优化速度慢,只进行了一维和圆对称情形下的设计。在此需指出的是,通过优化算法可以很好地控制输出面上采样点的强度,但输出面采样间

隔通常为 $\lambda f/D$，其中 D 是二元光学元件口径，f 是傅里叶变换透镜焦距，λ 是入射激光束波长，采样点之外的强度急剧起伏是由于激光具有良好的相干性而引入的激光散斑。研究者虽然提出了多种散斑噪声抑制方法，但这些方法多需要借助其他辅助手段。比如采用相干性低的激光器[16-19]；或者增加额外的运动散射片[20]；或者采用多个子全息图依次加载的时间积分方法[21,22]等。这些辅助手段都没有从本质上，也就是说没有从改进激光束整形优化算法的角度出发来抑制散斑噪声，并且有着各自不同的缺点。本节将以傅里叶面(理想平面波入射时的透镜后焦面)上获得期望输出为例，首先研究二元光学激光束整形中的激光散斑噪声，并在此基础上研究抑制激光散斑的激光束整形优化算法。

4.3.1　光束整形衍射图案中的激光散斑

很多优化算法所优化出的仿真结果满足激光束整形精度要求，但实验结果却相去甚远。由于二元光学元件的相位分布是"随机"的，每个单元的相位延迟不同，从而在输出面产生相干相长和相干相消，产生大量激光散斑。在此用一个设计实例来揭示输出面衍射图案中的激光散斑。

二元光学元件的单元尺寸为 $\Delta x_1 = \Delta y_1 = 8\,\mu m$，像素数为 $N_x = N_y = 540$，傅里叶变换透镜焦距为 200mm，入射激光是波长为 660 nm 的平面波。假设傅里叶面上期望的输出为一个 1.54mm × 0.63mm 的矩形均匀光斑，图 4 - 27 是利用 GS 改进算法[23]、输出面采样间隔为 $\lambda f/D$ 时的优化结果，其中图 4 - 27(a)是所优化的相位分布，图 4 - 27(b)是输出面光强分布，顶部不均匀性 rms = 0.07%。图 4 - 27(b)所显示的矩形衍射图案仅仅是采样点上的光强分布，其他非采样点的光强分布并不知道。根据所优化的相位分布，采样加倍计算傅里叶面上衍射图案的光强分布，也即输出面采样间隔为 $\lambda f/(2D)$，清晰地揭示了激光散斑的存

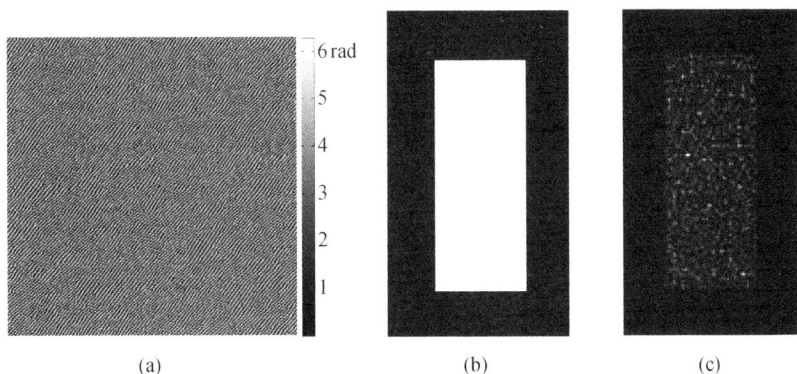

图 4 - 27　GS 改进算法的优化结果

(a)相位分布；(b)输出面光强分布(采样间隔 $\lambda f/D$)；(c)输出面光强分布(采样间隔 $\lambda f/(2D)$)。

在,如图 4 - 27(c)所示,rms = 73.9%。这里需要说明的是,图 4 - 27(c)中的图案整体较暗是因为有些激光散斑光强很大,以至于在用程序将光强分布转换成图像时,采样点处的光强分布灰度值被压低。

4.3.2 抑制激光散斑的光束整形优化算法

4.3.2.1 算法总体思路

GS 算法中输入面和输出面的采样数相等,假设都为 $N \times N$,如图 4 - 28 所示,输入面与输出面之间的采样关系由式(4 - 11)所决定。

在 2.2.2 节中已述及,如果优化算法能够有效控制输出面上更多的采样点,则可以实现真正的激光束整形,也即激光散斑被有效抑制。所需控制的输出面采样点的采样间隔是原来的 1/2,一维情形下,保持输出面采样范围不变,输出面的采样点数是输入面的两倍。基于该思路,本节提出了一种基于迭代算法的二维激光束整形优化算法。在输出面采样范围不变的情况下,所控制的输出面采样点数是输入面的 4 倍,即为 $2N \times 2N$。为了方便实现 FFT 计算,在输入面原采样点周围补零,使得输入面和输出面的采样数相等,都为 $2N \times 2N$。如图 4 - 29 所示,图中输入面上黑色采样点组成的区域为补零区域,输入面上黑色代表采样点的振幅为 0,白色代表采样点的振幅为 1。

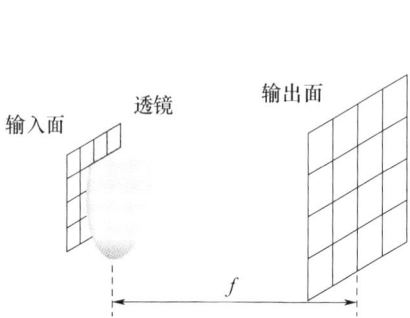

图 4 - 28 采用迭代算法时傅里叶变换光路中
输入面与输出面之间的采样关系

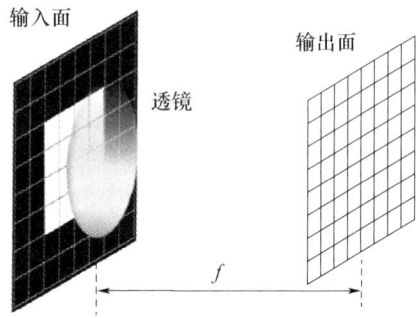

图 4 - 29 输入面补零后输入面与
输出面之间的采样关系

补零后,输入面和输出面的采样数相等,并且满足光场正向传播和逆向传播情况下的 FFT 计算条件,对二元光学元件相位分布的优化可以方便使用迭代算法。但是,如果在此基础上采用 GS 算法等迭代算法直接进行优化,因为补零区域振幅为 0 这个严格的约束条件,优化结果并不好,常常陷入局部极小值,从而导致收敛停滞。图 4 - 30 是在输入面补零的基础上,采用 GS 算法优化后,所得到的仿真结果(原采样点为 540×540,补零后采样点为 1080×1080,其他参数同 4.3.1 节)。其中图 4 - 30(a)是包括补零区域的相位分布(1080×1080);

图 4 – 30(b)是去除补零区域后的相位分布(540×540);图 4 – 30(c)是输出面光强分布,rms = 50.3%;图 4 – 30(d)是根据所优化的相位分布(图 4.30(b))采样加倍计算傅里叶面上的光强分布结果(傅里叶面上的采样变为 4 倍以进一步揭示激光散斑),rms = 78.4%。可见输入面补零后直接采用 GS 算法优化效果不好,不能抑制激光散斑。

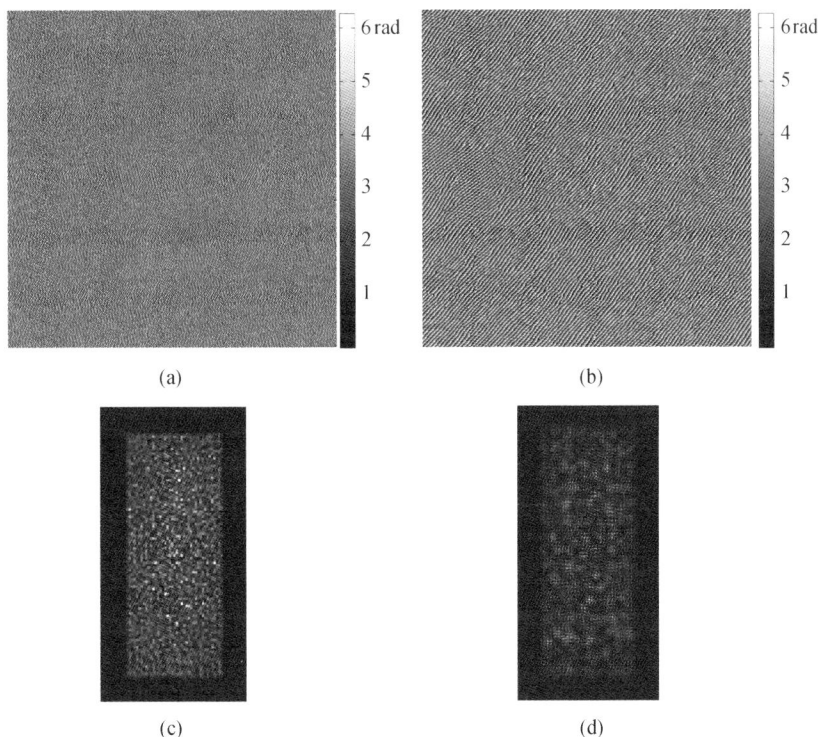

(a)

(b)

(c)

(d)

图 4 – 30　对输入面补零后,采用 GS 算法的优化结果

(a)相位分布(含补零区域);(b) 相位分布(不含补零区域);

(c) 输出面光强分布;(d) 傅里叶面采样变为 4 倍后根据(b)重新计算的光强分布。

　　为此需采取如下措施:在迭代开始前先放宽补零区域振幅约束条件,将补零区域振幅设为一个小于 1 的常数,如图 4 – 31 所示。然后将整个迭代过程分为 J 个循环,$j = 1,2,\cdots,J$ 是循环次数。第 j 次循环内包含 K_j 次迭代,$k = 1,2,\cdots,K_j$ 是迭代次数。随着循环次数 j 的增加,振幅约束条件逐渐加强。用 α_j 来代表振幅约束条件,α_j 是常数,代表补零区域在第 j 次循环中的振幅,$0 < \alpha_J < \cdots < \alpha_2 < \alpha_1 < 1$,$\alpha_j$ 随着 j 的增加而逐渐变小直到接近于 0。在每次循环内经 K_j 次迭代后得到的最优相位分布作为下一次循环的初始值,同时赋予下一次循环更为严格的振幅约束条件。

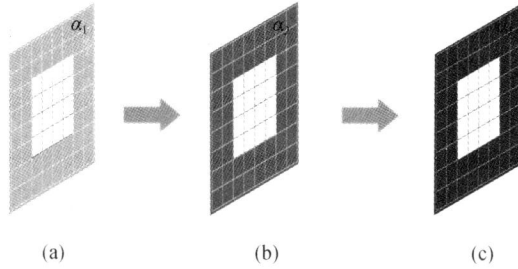

图 4 – 31　振幅约束条件随循环次数 j 的增加而加强
(a) $j=1$;(b) $j=2$;(c) $j=J$。

4.3.2.2　算法流程

设输入面上原采样区域和补零区域的取值范围分别是 S 和 C,A 和 B 分别是入射光束和期望输出的振幅分布,E_1 和 E_f 分别是二元光学元件和傅里叶面的复振幅分布,ϕ_1 和 ϕ_f 分别是二元光学元件和傅里叶面的相位分布。

(1) ϕ_1 取随机分布作为初始相位分布,根据下式设置输入面上的振幅分布:

$$A_j(x,y) = \begin{cases} A(x,y), & x,y \in S \\ \alpha_j, & x,y \in C \end{cases} \qquad (4-50)$$

(2) 利用式(4 – 51)到式(4 – 54)所示的 GS 改进算法进行优化,ε 是权重,γ 是常数。

$$E_{f,k} = \mathrm{FFT}\left[A_j \mathrm{e}^{\mathrm{i}\phi_{1,k}}\right] \qquad (4-51)$$

$$\varepsilon_{k+1} = \varepsilon_k (B/|E_{f,k}|)^\gamma \qquad (4-52)$$

$$E_{f,k+1} = \varepsilon_{k+1} B \mathrm{e}^{\mathrm{i}\phi_{f,k+1}} \qquad (4-53)$$

$$\phi_{1,k+1} = \arg\left[\mathrm{FFT}^{-1}(E_{f,k+1})\right] \qquad (4-54)$$

在每次迭代结束后计算输出面光强分布,以便寻找 rms 最小时所对应的 ϕ_p,其中 p 为 rms 最小时所对应的迭代次数。此时为了计算真实的输出面光强分布,要求 C 区域振幅为 0,即式(4 – 51)中的 A_j 用式(4 – 55)中的 A_F 代替,并计算得到 $I_{f,j}$。

$$A_F(x,y) = \begin{cases} A(x,y), & x,y \in S \\ 0, & x,y \in C \end{cases} \qquad (4-55)$$

(3) 取 ϕ_p 为初始相位分布,将 α_j 变为 α_{j+1},返回(1)。

ϕ_1 和 I_f 是算法最终输出的二元光学元件相位分布和输出面上的光强分布。ϕ_1 的取值范围属于 S,采样数为 $N \times N$。通常情况下,α_j 不能低于 0.08,否则优化结果将变差,甚至迭代不能收敛。

4.3.2.3 二维仿真结果

入射激光为理想平面波，$\lambda = 660\ \text{nm}$，$f = 200\ \text{mm}$。二元光学元件的参数为：$\Delta x_1 = \Delta y_1 = 8\mu\text{m}$，像素数为 $N_x = N_y = 540$，总尺寸为 $D = 4.32\text{mm} \times 4.32\text{mm}$。傅里叶面上的采样数为 1080×1080，采样间隔为 $\Delta = \lambda f/D/2 = 15.3\mu\text{m} \times 15.3\mu\text{m}$。由式(4-11)可知，傅里叶面上的采样范围为 $16.5\text{mm} \times 16.5\text{mm}$。期望输出的目标图案仍为 $1.54\text{mm} \times 0.63\text{mm}$ 的矩形均匀光斑。

当 $J = 3$，$\gamma = 0.8$ 时(取值是通过调试选择出来的，是经验值)，K_j、α_j 和相应的 rms 如表 4-1 所示。傅里叶面上 $I_{f,j}$ 的二维和三维光强分布如图 4-32 所示。表 4-1 和图 4-32 都说明随着循环次数的增加，在补零区域振幅约束条件逐渐加强的情况下，迭代精度也逐渐提高。最终得到的输出面光强分布的 rms = 20.6%，和 4.2 节采用 GS 改进算法所得到的结果(约 74%)相比，大大提高了光束整形精度。

表 4-1 优化过程中的 K_j、α_j 和 rms

j	K_j	α_j	rms/%
1	2000	0.20	53.5
2	15000	0.10	38.9
3	30000	0.08	20.6(最终结果)

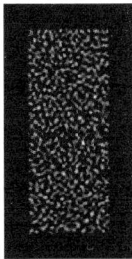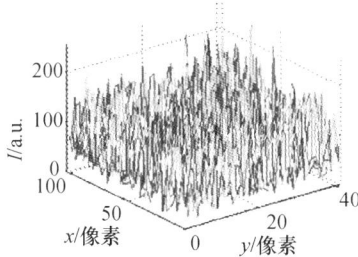

(a)

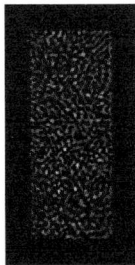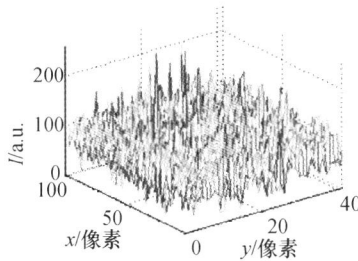

(b)

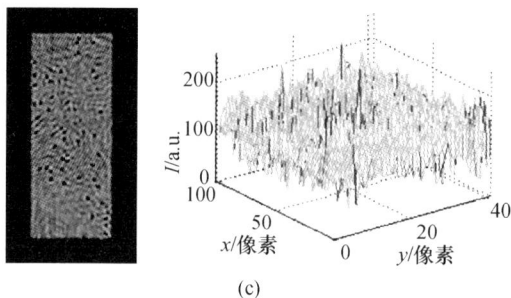

(c)

图 4 - 32 I_j 的二维/三维分布及其直方图

(a) I_1 的二维/三维分布及其直方图;(b) I_2 的二维/三维分布及其直方图;

(c) I_3 的二维/三维分布及其直方图。

最终优化结果的光能利用率 $\eta = 89.7\%$。为了更好地理解算法的优化过程,图 4 - 33 给出了三次循环中所有 rms 的变化情况,在每次循环中 rms 随着迭代次数的增加而迅速降低并振荡。

为了考察算法的鲁棒性,采用相同的 J、γ 和 α_j,用不同的初始随机相位和不同的 K_j 进行优化,最终仿真结果的 rms 和 K_j 的关系如表 4 - 2 所示。其中 p_j 为第 j 次循环中最优结果所对应的迭代次数。从表 4 - 2 可以看出,算法具有较好的鲁棒性。当然,在保持迭代效率的同时 K_j 应该尽量大,以便不错过更好的优化结果。

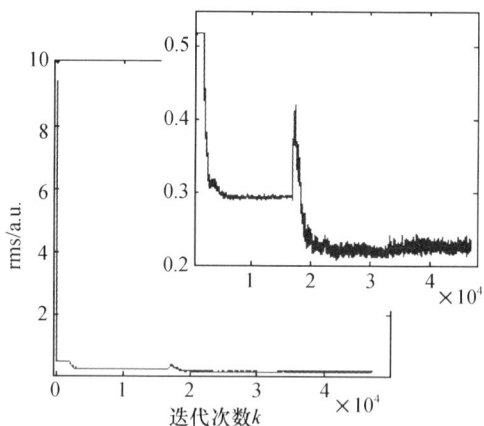

图 4 - 33 三次循环中所有 rms 的变化情况

表 4 - 2 最终仿真结果的 rms 和 K_j 的关系

K_1/p_1	K_2/p_2	K_3/p_3	rms/%
1000/963	3000/2895	8000/7596	22.1
1000/1000	15000/8683	8000/4914	20.9
1000/1000	15000/12954	8000/6596	24.2
1000/978	15000/12263	30000/19632	21.9
2000/1587	3000/2771	8000/7848	22.1
2000/1854	3000/2585	8000/7230	22.5
2000/2000	3000/2240	30000/29498	21.8

（续）

K_1/p_1	K_2/p_2	K_3/p_3	rms/%
2000/1071	3000/2954	30000/16436	21.3
2000/2000	15000/5747	8000/7749	22.0
2000/1925	15000/13694	8000/6965	21.7
2000/1695	15000/5962	30000/7338	20.6
2000/2000	15000/8693	30000/26274	20.8

4.3.2.4　二维实验结果

实验光路如图4-34所示。二元光学元件采用 Holoeye PLUTO 的反射型纯相位 SLM 来实现。透镜 L_2 的焦距为200mm,采用 COHERENT Laser-Cam - HR CCD 记录 L_2 焦面上的光强分布。CCD 像素数为 1280×1024,像素尺寸为 $6.7 \mu m \times 6.7 \mu m$。为防止实

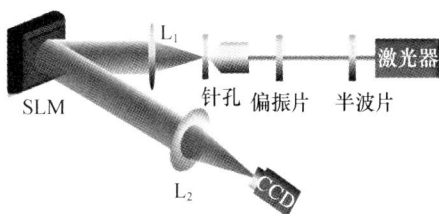

图4-34　实验光路图

验结果中的激光散斑太强而导致 CCD 饱和,采用半波片和偏振片组合的方法,通过旋转半波片来调节入射到 SLM 的激光束功率。

所使用的 SLM 有效像素数为 540×540,其他参数同仿真过程所采用的参数。所优化的相位分布如图4-35(a)所示,实验结果如图4-35(b)所示,rms = 18.7%。作为对比,同时给出4.2节 GS 改进算法设计结果(图4-27)所对应的实验结果,如图4-35(c)所示,rms = 42.1%。

表4-3给出了两种算法的比较结果。表中还给出了两种算法对应的 CCD 所采集的图像的灰度 PV 值和灰度平均值。图4-35和表4-3说明本节提出的算法可以有效抑制激光散斑,从而大大提高光束整形精度。因为 CCD 的空间积分效应,实验结果的 rms 比仿真结果好。进一步优化 J、γ、K_j、α_j,可以得到更好的结果。

表4-3　两种算法的比较

项目　　　　算法	rms/% 仿真结果	rms/% 实验结果	实验图像 灰度 PV 值	实验图像 灰度平均值
本节算法	20.6	18.7	252/44	158
GS 改进算法	74.8	42.1	255/28	142

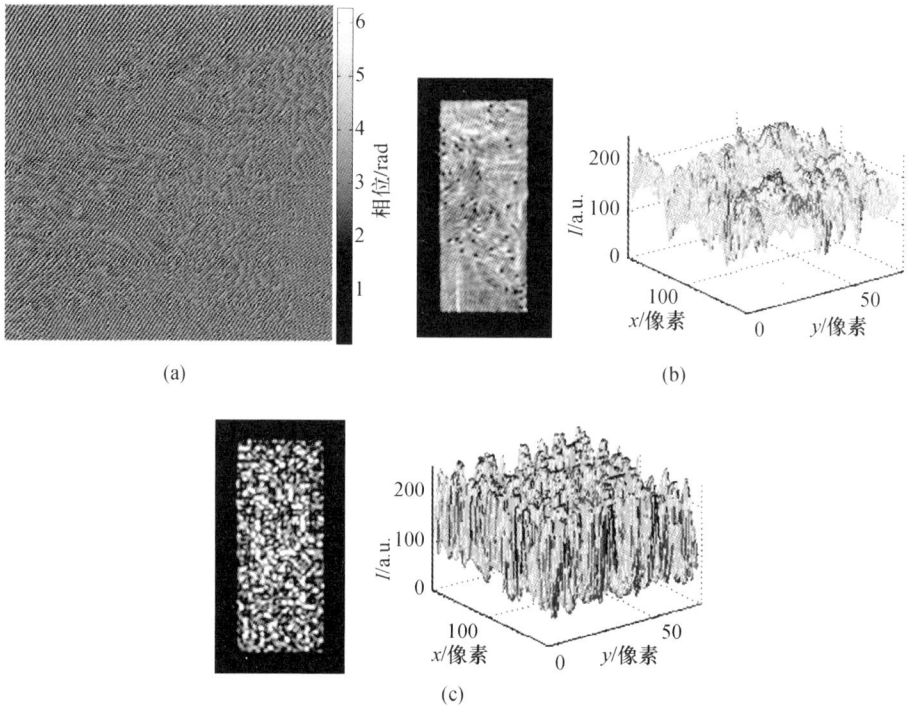

图 4 - 35　实验结果
(a) 优化的相位分布;(b) 实验结果;(c) GS 改进算法的实验结果。

4.4　二元光学激光束整形元件的应用

　　高温燃气对活塞和气缸盖的循环加载是造成气缸盖热疲劳破坏的主要原因。按照成因可将热疲劳分为两类:高周热疲劳(HCF)和低周热疲劳(LCF)。内燃机在平稳运行状态下,活塞顶面和气缸盖火力面交变温度变化所引起的破坏称为高周热疲劳,每次燃气爆发引起的温度变化较小,相应的热应力并不大,但由于频率高、波动次数多,从而造成了热疲劳破坏。而频繁的起动、停车、加速等操作,会引起火力面较大的温度变化,这种大幅度的温度波动对活塞顶面和火力面造成强烈的热冲击,瞬间产生的高热应力引发了热疲劳,但是这种温度波动相对于内燃机工作频率是较低的,因此这类温度波动造成的热疲劳破坏称为低周热疲劳[25,26]。开展活塞和气缸盖高低热疲劳实验模拟实际工况下温度波动情况,可以为疲劳寿命的研究奠定基础,具有重要工程意义。

　　在内燃机燃烧过程中,燃烧室组件(活塞、气缸盖和气缸套)受到高温燃气周期性的作用,承受高热负荷,直接或间接的引起其工作故障或失效,如烧蚀、大的热变形、热应力作用下的断裂、温度引起材料特性的变化等[27,28]，如图4-36和图4-37所示。伴随高功率密度、高紧凑发动机的发展趋势，由高热负荷引起的发动机故障问题更加突出，已成为制约高可靠性发动机研发的关键技术。为了突破这一关键技术，急需开展燃烧室组件热负荷试验方法、热损伤机理、高热负荷抑制措施等方面的研究。

图4-36 活塞部件的烧蚀和热疲劳破坏

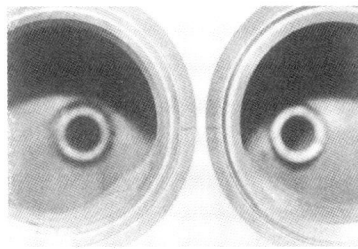

图4-37 气缸盖鼻梁区热损伤

发动机燃烧室部件热负荷试验方法、热损伤机理和高热负荷抑制措施的研究，需模拟出受热件在发动机运行实际工况下的温度分布及其波动。由内燃机的工作工况可以看出：燃气的温度、压力、成分和流动状态等都时刻发生着非常复杂的变化，导致燃烧室部件受热面承受的能量具有时间和空间分布的非均匀性[29]。燃烧室部件活塞环槽、冷却油腔受到冷却介质的影响，气缸盖的水腔受低温水的冷却，气缸套受到循环水的作用。由于非平衡的时间和空间加热及非均匀的冷却介质等综合作用，导致燃烧室部件的温度时空分布具有非均匀性，如图4-38和图4-39所示。

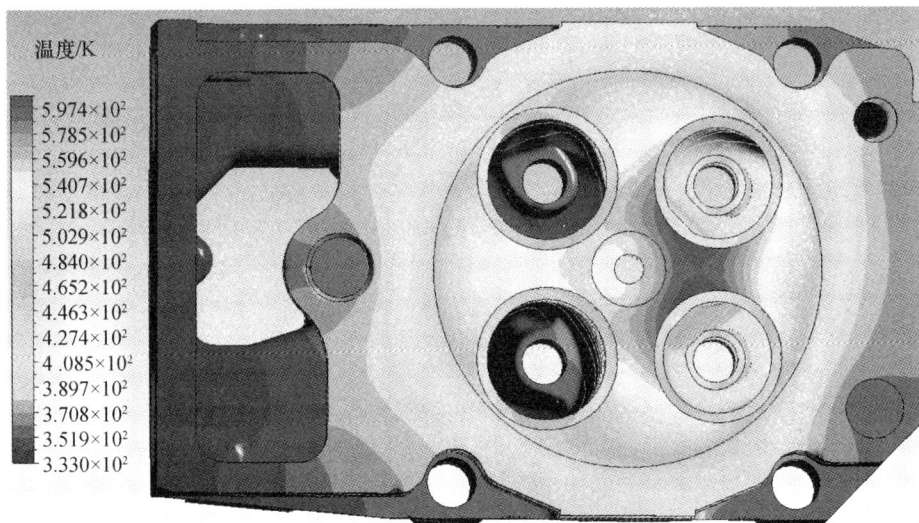

温度/K

5.974×10²
5.785×10²
5.596×10²
5.407×10²
5.218×10²
5.029×10²
4.840×10²
4.652×10²
4.463×10²
4.274×10²
4.085×10²
3.897×10²
3.708×10²
3.519×10²
3.330×10²

图4-38 气缸盖火力面温度分布[29]

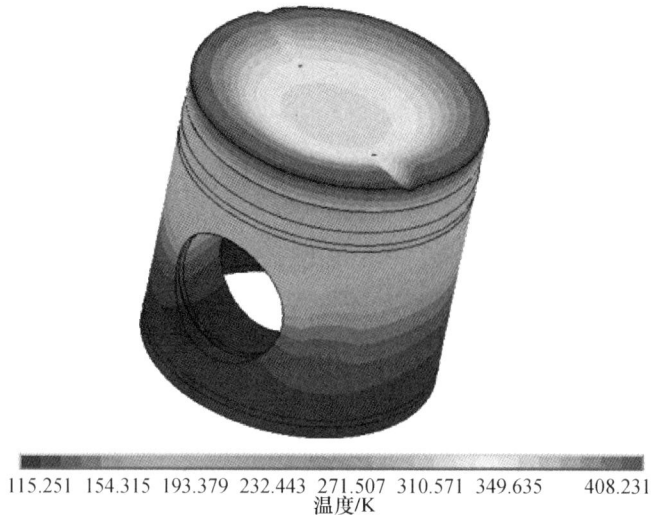

115.251　154.315　193.379　232.443　271.507　310.571　349.635　　　408.231
温度/K

图 4 – 39　活塞温度分布[29]

由烧烧室部件在发动机的运行工况可知,评估其抗热负荷强度需要有效的模拟温度场时空分布。采用台架试验来评估受热构件热负荷能真实再现构件的载荷与冷却环境,但其试验方法周期长、耗费高,且对处于研发阶段的零部件热强度很难实现评估,而部件级试验的方便、快捷特点为其热强度的评估提供了一个有效的试验方法。

激光加载热负荷模拟实验系统如图 4 – 40 所示,通过二元光学元件在工件顶面模拟出实际工况下零部件表面承受热负荷温度场分布,能够对激光加载条

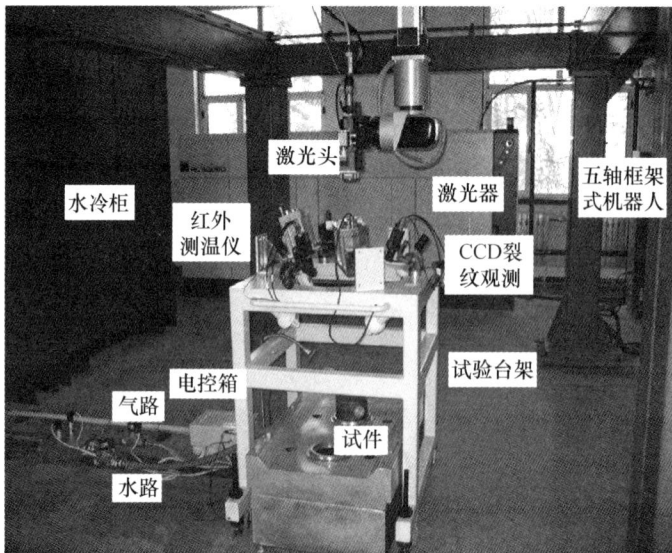

图 4 – 40　激光加载热负荷模拟实验系统[2]

件下的工件热负荷进行深入分析。实验平台通过 PC 机对激光器输出功率进行设置,并采用二元光学元件对激光束在空间上的分布进行调制,对作为热源的激光束不仅可以控制加载时间,而且可以控制加载区域,这也是该试验平台区别于已有试验平台的一个显著特征。

4.4.1 多圆环光束整形元件的应用

活塞的工作环境非常恶劣,受着高强度的机械负荷和热负荷。机械负荷包括燃气压力、惯性力和侧向作用力。目前汽油机的平均工作压力为 $(4 \sim 7) \times 10^5 \mathrm{Pa}$,柴油机为 $(8 \sim 20) \times 10^5 \mathrm{Pa}$。压力值不仅很大,而且有着很大的冲击性。

同时,活塞顶部的高温燃气温度可高达 $2700 \mathrm{℃}$,周期性地对活塞进行加热。由于活塞内热流的存在,使得活塞的温度分布很不均匀[30]。图 4-41 是带燃烧室的铝活塞的顶部温度分布图。从图中可以看出活塞顶面温度场分布具有近似圆对称性,为了使活塞顶面温度分布和实际工况下承受热负荷的温度分布一致,通过数值计算发现,采用多圆环光束投射在活塞顶面,可使激光照射各区域的能量比例达到要求的温度场分布。

图 4-41 带燃烧室的铝活塞
温度分布[2]

发动机在不同负载的条件下,气缸内的燃烧状态并不相同,即使是同一时刻燃烧也不均匀,这使得活塞的温度场在时间和空间分布上均具有不均匀性。为使热负荷模拟试验逼近活塞的实际工况,需要对试验平台热源在时间和空间上进行控制。选用图 4-40 所示激光热负荷实验系统,加热装置的主要器件包括激光器和二元光学光束整形器,可选用多种冷却方式,包括自然冷却和风冷等,由红外测温仪来测量温度,其中热负荷试验软件控制界面如图 4-42 所示。

采用具有多圆环空间光强分布的二元光学元件进行活塞热负荷试验,能使活塞顶面激光加载区域达到设计需求的温度范围,且通过控制激光的加卸载参数能使激光照射的三个环区域的温度波动范围在 $10 \sim 20 \mathrm{℃}$,如图 4-43 所示,满足活塞高周疲劳温度波动范围。在此基础上开展高低周试验,能够为活塞寿命预测提供试验依据。研究表明,采用具有特定空间强度分布的多圆环整形激光束加载模拟活塞热负荷温度场的实验研究具有可行性和合理性,符合发动机零部件的激光热负荷试验要求。

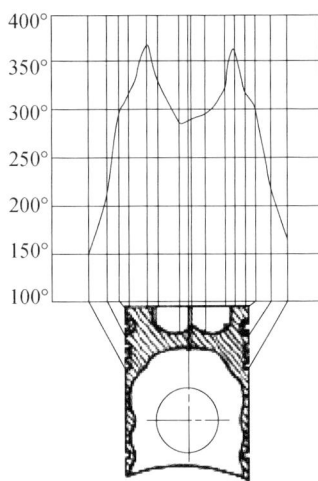

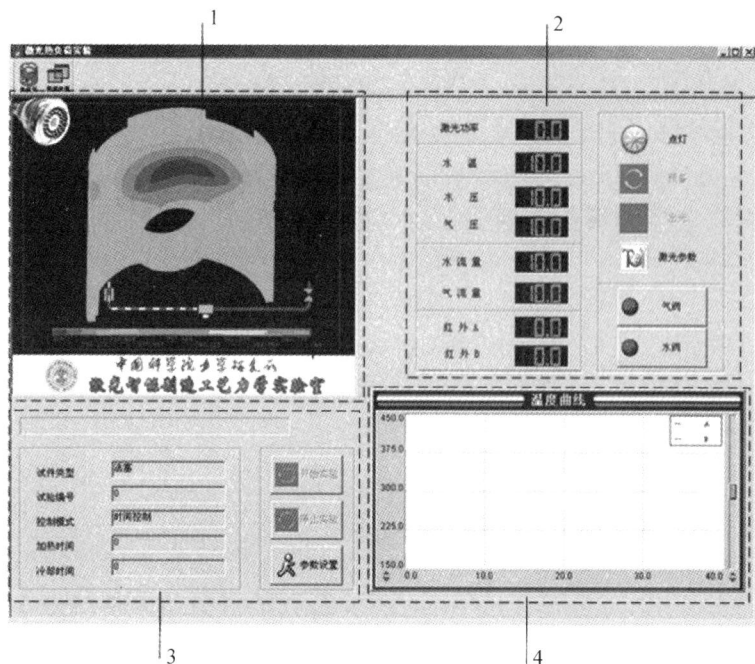

图 4-42　热负荷试验控制界面[2]

1—动画演示区;2—外设控制按钮及状态显示区;3—实验控制区;4—温度曲线区。

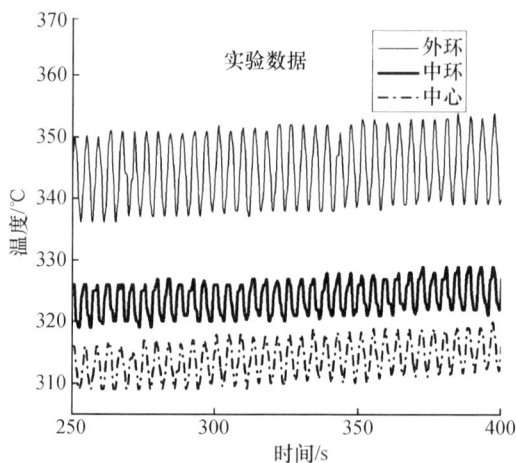

图 4-43　活塞顶面整形激光加载环带产生温度波动图[2]

4.4.2　非对称光束整形元件的应用

4.4.2.1　气缸盖热负荷实验

通过气缸盖热负荷实验,测试工况 1000r/min(20kW)、1200r/min(23kW)、

1500r/min（27kW）、1700r/min（30kW）、1900r/min（33kW）、2000r/min（37kW）和 2100r/min（40kW）下气缸盖顶面各测点的温度数据，通过测点温度反映气缸盖在实际工况下温度分布情况，实验采用热电偶测温。实测温度点分布情况如图 4 - 44 所示。对所选的测点温度数据进行分析整理后，得到气缸盖火力面的温度分布曲线如图 4 - 45 所示，气缸盖火力面整体温度分布云图如图 4 - 46 所示，反映整个气缸盖火力面的温度场分布。

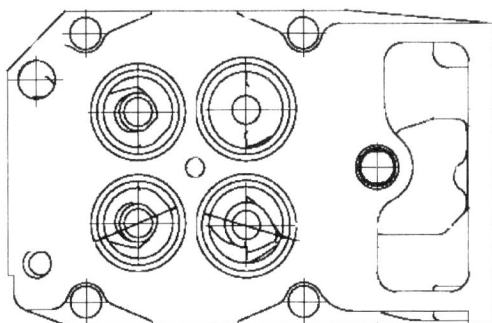

图 4 - 44　气缸盖火力面测点分布示意图

X 方向测点从左到右编号为 1 ~ 6；Y 方向测点从下往上编号为 7 ~ 10。

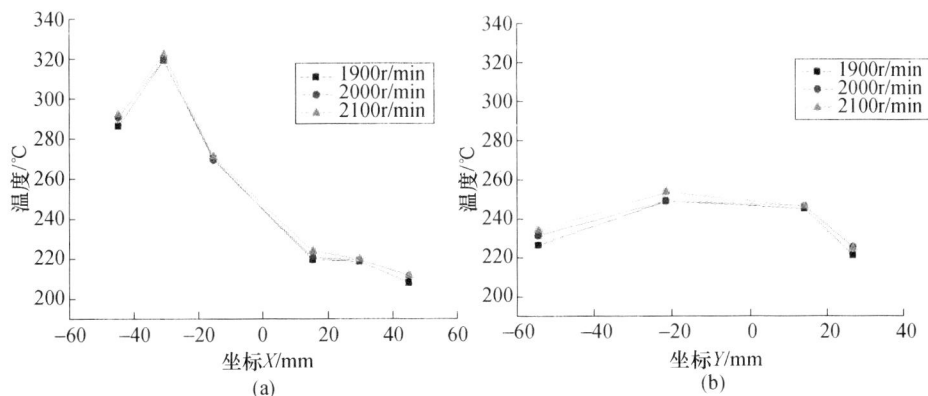

图 4 - 45　气缸盖测点温度值

（a）X 方向；（b）Y 方向。

利用校正后气缸盖模型参数和实际工况下实测火力面温度分布，进行不同光强分布激光束加载火力面的温度场分布计算，最终确定一种光强分布的加载光束，使得数值模拟温度场与实况实测温度场一致。根据气缸盖实际工况下目标温度场分布，数值计算所得加载光束的光强分布如图 4 - 47 所示。其中半径为 R_3 的圆区域（R_3 为 10mm，R_0 为 30mm）称为区域 3，半径为 R_2（40mm）的圆区域除去半径为 R_3 的圆区域的剩余区域称为区域 2，半径 R_2 到 R_1（66mm）之间的圆环区域称为区域 1，三个区域光强之比 $I_{区域1} : I_{区域2} : I_{区域3} = 35:5:60$。

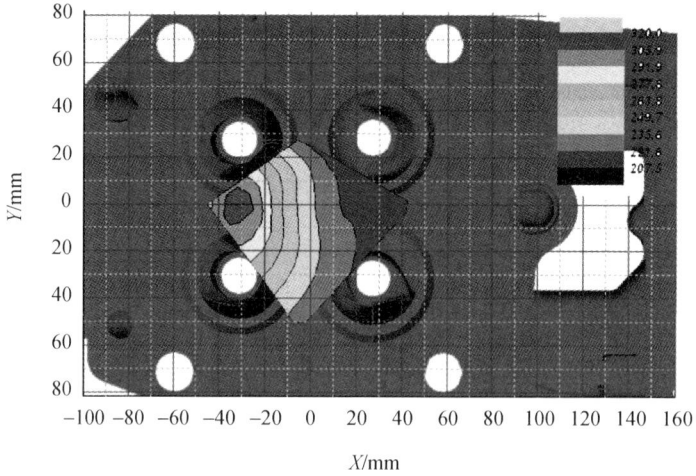

图 4 - 46　实况实测下气缸盖火力面整体温度分布云图

4.4.2.2　激光热负荷实验系统

光束整形器用于实际气缸盖激光热负荷试验中,系统如图 4 - 48 所示,通过时间和温度控制模式,结合自然冷却及风冷方式,开展高低周热负荷试验。

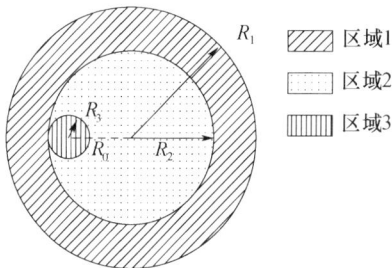

图 4 - 47　计算所得的加载光束光强分布　　　图 4 - 48　气缸盖激光热负荷试验系统

4.4.2.3　整形光束加载实测火力面测点温度

调节二元光学激光束整形系统的方位,激光头与气缸盖火力面的距离为

1m,使照射到火力面的光斑尺寸和分布满足设计要求。设定激光功率3000W进行加载,通过红外测温仪对气缸盖火力面上多测点位置进行温度实时观测,图4-49为各测点的温度随时间变化曲线图和重复性对比图。从图中可以看出,每点的温度随时间的变化有较好的重复性,并且在相同的时间内都能达到指定温度,实测温度与目标温度值的误差在5%之内。即设计的二元光学光束整形器将原始激光束进行整形,整形后的光斑作用在气缸盖火力面,能使火力面温度达到所要求的温度分布。

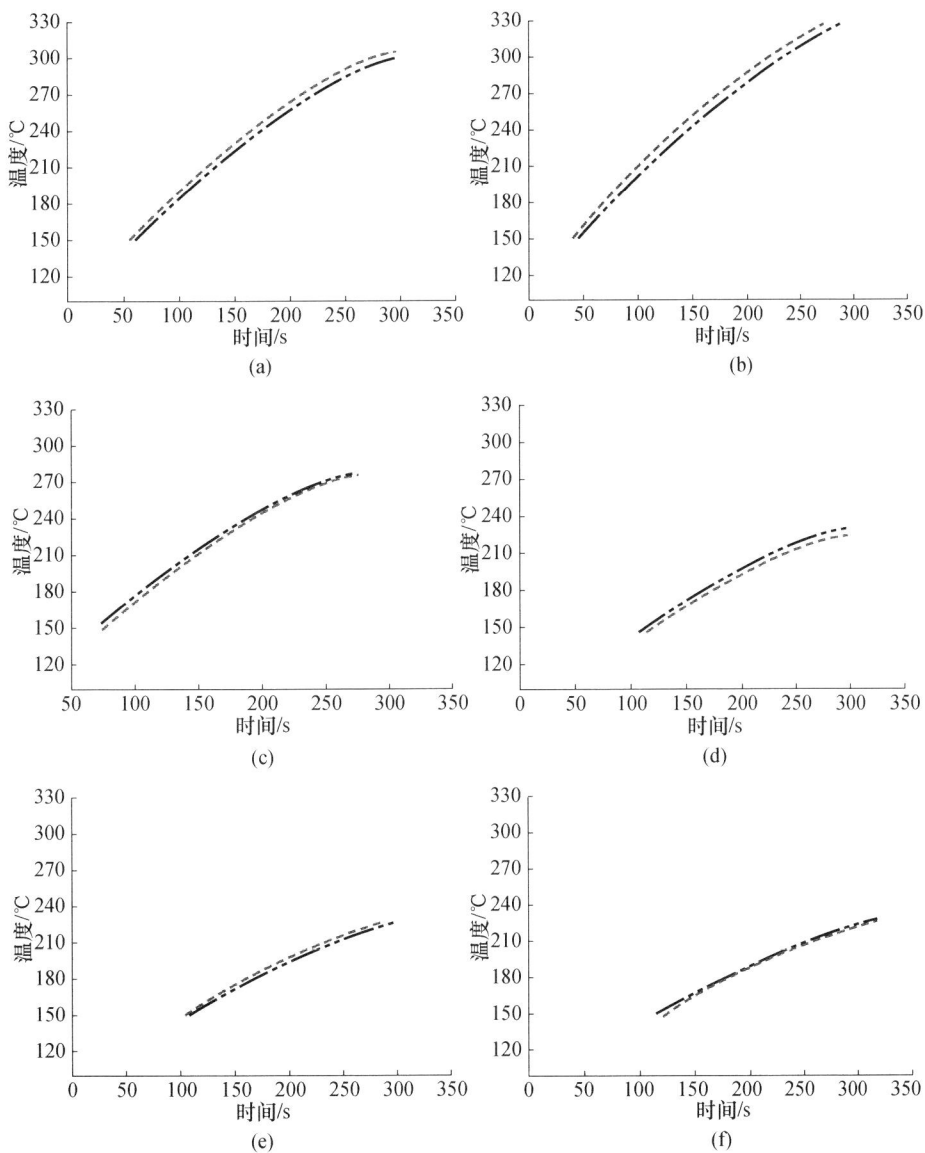

(a)

(b)

(c)

(d)

(e)

(f)

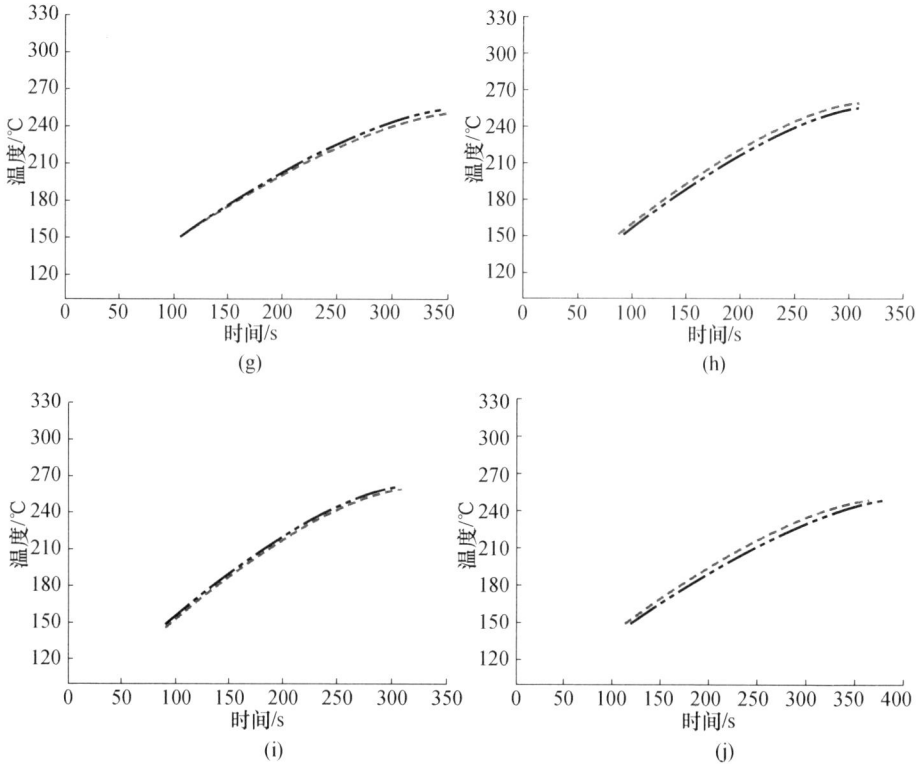

图 4 - 49   各测点温度随时间变化

(a) 测点1;(b) 测点2;(c) 测点3;(d) 测点4;(e) 测点5;(f) 测点6;
(g) 测点7;(h) 测点8;(i) 测点9;(j) 测点10。

4.4.3 精细化设计光束整形元件的应用

4.4.3.1 激光冲击成形技术简介

激光冲击成形[33]是高能激光束作用在物体表面引起物体几何形状的改变,或者引起物体性能改变的塑性变形过程。它是涉及激光技术、传热学、材料科学基础、机械工程学、计算机技术的综合学科。航空航天、船舶、汽车和通信业等行业对部分零件有特殊的要求,激光冲击成形技术恰恰可以满足这些要求。

通过优化激光冲击成形中所使用的激光束的光强分布,可以有效改善各种金属材料(如钛合金、铝合金、不锈钢、铜合金等)的成形极限和成形质量。因此研究激光束形状对激光冲击成形的影响具有重要的研究价值,在航空航天、船舶、汽车和通信等行业中均有潜在的应用前景。文献[34]采用数值模拟与实验相结合的方法进行了中空激光冲击金属板料变形研究,研究表明中空激光束改变成形力分布使得板料厚度减薄速度减慢,不易发生破裂,从而提高成形极限。文献[35]在实验室环境下将高质量平顶激光束用于激光冲击成形,使加载区域产生的残余应力场近似均匀,以此改善板材成形质量。

激光冲击成形原理如下:利用高功率(GW/cm^2 量级)、短脉冲(ns 量级)的强激光辐照在附有能量转换层的板料表面上,能量转换层中的吸收层与金属板料接触的表面吸收激光能量迅速气化电离形成高温高压的等离子体,等离子体爆炸膨胀产生向板料冲击的强冲击波,能量转换层中的约束层约束能量以进一步增大冲击波的作用,最终使得板料产生塑性变形。

随着应用领域的扩展,需要利用激光冲击成形技术进行加工的零件越来越多,产品型号更迭频繁,零件形状复杂、表面性能不一,对激光束光强分布的要求也越来越高。二元光学元件可以调制入射激光束相位分布,从而在输出面形成任意光强分布的整形图案。

南昌航空大学航空制造工程学院轻合金加工科学与技术国防重点学科实验室采用有限元分析进行数值模拟,通过对环形光斑不同形状尺寸和能量分布进行模拟,得到了可提高成形轮廓平整度,改善板料成形极限和成形性能的优化的环形激光光斑光强分布,如图 4 – 50 所示,其中图 4 – 50(a)为所优化的三维激光光斑光强分布,图 4 – 50(b)为光强分布截面曲线图。

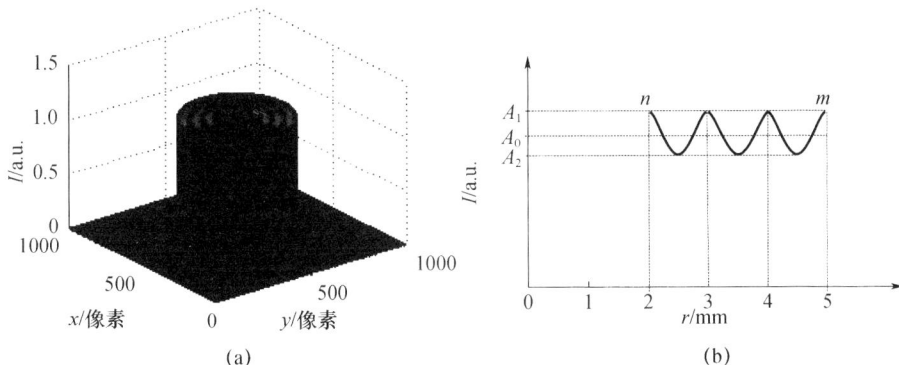

图 4 – 50 环形激光光斑光强分布
(a) 优化的三维激光光斑光强分布;(b) 光强分布截面曲线图。

所需光强分布的函数描述为

$$I = A + B\cos\left[n\pi\left(\sqrt{X^2 + Y^2} - C \right) \right] \tag{4 – 56}$$

其中(X,Y)是坐标,A、B、C、n 为常数,其最优值为 $A = 1$,$B = 0.1$,$C = 0.002$,$n = 2$。其他要求如下:

激光波长:1064nm;

激光光斑直径:20mm;

傅里叶透镜焦距:750mm;

环形光斑参数:

外环直径:10mm;

内环直径:4mm;

激光光强分布均方根误差:≤35%。

4.4.3.2 设计结果

从激光冲击成形对整形光束质量的要求可以看出,传统优化算法难以达到35%的激光光强分布均方根误差指标要求。采用4.3节中提出的抑制激光散斑的光束整形技术进行设计,参数如下:有效调制区域为圆形,直径20mm,单元像素尺寸为$40\mu m \times 40\mu m$,其他参数同上,最终台阶数为8阶。

优化的二元光学元件相位分布结果如图4-51(a)所示。根据相位分布,采样加倍计算的傅里叶面光强分布仿真结果如图4-51(b)所示,rms=20.3%。

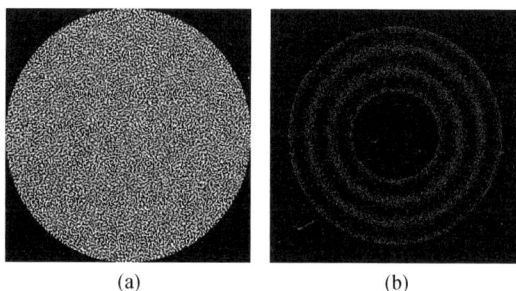

(a)　　　　　　　　　(b)

图4-51　设计的相位分布和仿真结果

(a)DOE相位分布(256阶);(b)仿真结果。

该相位分布有256阶灰度值,将其转换为8阶。转换后根据8阶相位分布采样加倍计算的傅里叶面光强分布仿真结果如图4-52(a)所示,在中央出现零级背景噪声。图4-52(b)是将零级背景噪声移除后的仿真结果,rms=23.5%。

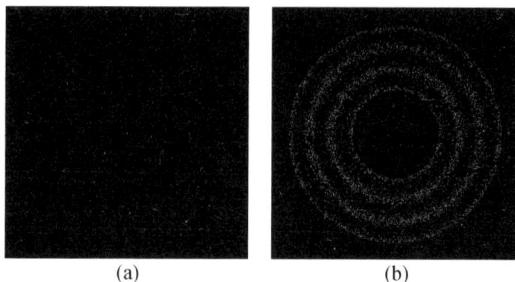

(a)　　　　　　　　　(b)

图4-52　8阶相位分布计算的傅里叶面上的光强分布

(a)原始仿真结果;(b)去除零级背景噪声后的仿真结果。

所设计的二元光学元件由北京润和微光科技有限公司加工,加工要求如下:

材料:石英玻璃;

深度误差:≤20nm;

线宽误差:≤1μm。

其他参数同仿真结果。

图4-53(a)为所加工的元件照片。对加工的器件进行轮廓扫描,横剖面如图4-53(b)所示,从中可以看出,台阶刻蚀深度为0.3μm,深度误差在加工要求范围之内。

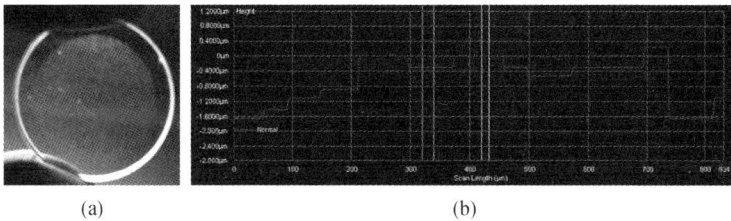

(a)   (b)

图4-53 加工器件与轮廓检测

(a)照片;(b)局部横剖面图。

4.4.3.3 冲击成形实验结果

实验系统如图4-54所示。在西安空军工程大学航空航天工程学院等离子体动力学重点实验室进行了激光冲击成形实验。

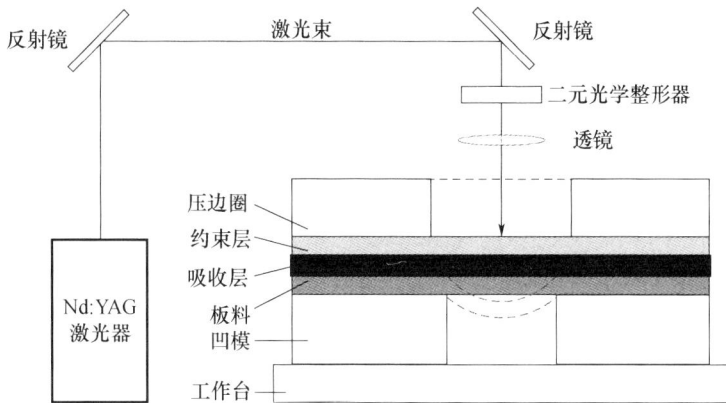

图4-54 激光冲击成形原理示意图

激光器采用Nd:YAG激光器,其参数如下:

波长:1064nm/532nm;

工作频率:0.5~10Hz(单次触发、可外控);

能量:0~10J;

脉冲宽度：10ns；

激光能量稳定度（rms）：≤5%。

实验板料为厚度 0.1mm 的 TC4 钛合金薄板材，其属性见表 4-4。分别在不使用和使用二元光学元件的情况下对钛合金进行激光冲击成形实验，结果如图 4-55 所示。图 4-55(a)是由热敏纸得到的傅里叶面上的光斑形状，在进行板料冲击实验时需要将中心亮斑遮挡。图 4-55(b)是激光冲击成形结果：小坑为不使用二元光学元件时的实验结果，大坑为使用二元光学元件时对入射激光进行整形后以低频分布环形光束冲击板料的实验结果。

表 4-4　TC4 钛合金材料属性

材料	抗拉强度/MPa	屈服强度/MPa	密度/(kg·m^{-3})	弹性模量/Pa	泊松比
TC4	902	824	4500	110×10^9	0.342

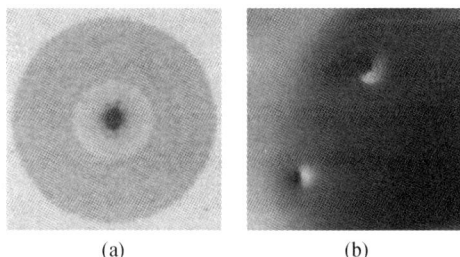

图 4-55　激光冲击成形结果
(a) 由热敏纸得到的光斑形状；(b) 板料上的激光冲击成形结果。

图 4-56 是由南昌航空大学轻合金加工科学与技术国防重点学科实验室提供的板料成形轮廓图的实测和仿真结果。图 4-56(a)是对图 4-55(b)所示的实验结果实测得到的板料成形轮廓图。其中，红线为使用二元光学元件后实验结果的实测结果，蓝线为不使用二元光学元件实验结果的实测结果。可以看出，使用二元光学元件对入射激光进行整形后，成形轮廓底部平整度得到改善。实测结果与仿真结果相吻合。

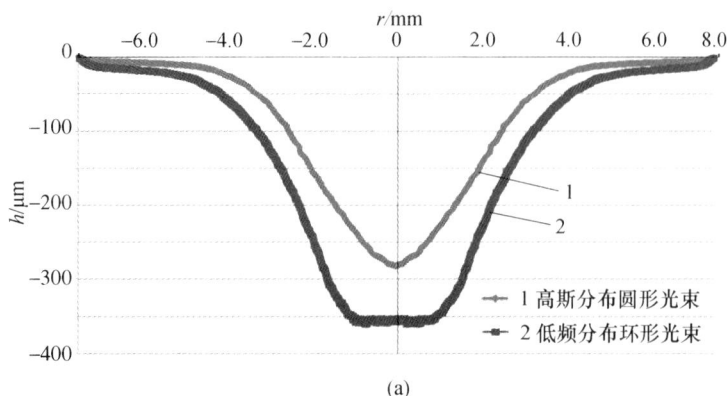

(a)

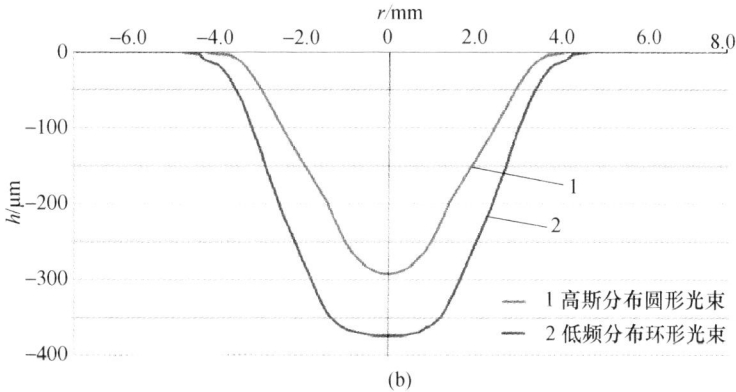

图 4 - 56　板料成形轮廓图

(a)实测得到的板料成形轮廓图结果;(b)成形轮廓图仿真结果。

参考文献

[1] 李少霞. 激光表面处理中的光束空间强度二元光学变换研究[D]. 中国科学院研究生院博士学位论文,2009.

[2] 聂树真. 强度分布整形激光束加载模拟热负荷温度场的实验研究[D]. 中国科学院研究生院博士学位论文,2011.

[3] Shuzhen Nie,Jin Yu,Gang Yu,et al. Generation of concentric multi - ring laser beam pattern with different intensity distribution[J]. Chinese Optics Letters,11(S2):S20501,2013.

[4] 梁铨廷. 物理光学[M].3 版. 北京:电子工业出版社,2008.

[5] Garcia J,Mas D,et al. Fractional - Fourier - transform calculation through the fast - Fourier - transform algorithm[J]. Appl. Opt. ,1996,35:7013 - 7018.

[6] 李俊昌,熊秉衡,等. 信息光学理论与计算[M]. 北京:科学出版社,2009.

[7] Mas D,Perez J,Hernandez C,et al. Fast numerical calculation of Fresnel patterns in convergent systems[J]. Opt. Commun. ,2003,227:245 - 258.

[8] Shimobaba T,Kakue T,Okada N,et al. Aliasing - reduced Fresnel diffraction with scale and shift operations[J]. J. Opt. ,2013,15:536 - 544.

[9] Zhang F,Yamaguchi I,Yaroslavsky L P. Algorithm for reconstruction of digital holograms with adjustable magnification[J]. Opt. Lett. ,2004,29:1668 - 1670.

[10] Okada N,Shimobaba T,Ichihashi Y,et al. Band - limited double - step Fresnel diffraction and its application to computer - generated holograms[J]. Opt. Express,2013,21:9192 - 9197.

[11] Qu W D,Gu H R,Zhang H,et al. Image magnification in lensless holographic projection using double - sampling Fresnel diffraction[J]. Appl. Opt. ,2015,54(34):10018 - 10021.

[12] Lohmann A W. Optical Information Processing[J]. Erlangen,2006,239 - 240.

[13] 曲卫东. 衍射光学光束整形技术研究与应用[D]. 清华大学博士学位论文,2016.

[14] Qu W D,Gu H R,Tan Q F. Design of refractive/diffractive hybrid optical elements for beam shaping with

large diffraction pattern[J]. Chinese Optics Letters. 2016,14(3):031404.

[15] 曲卫东,谭峭峰,顾华荣. 一种扩大衍射光学光束整形元件的有效衍射场的方法:中国:ZL 201410219031.6[P].

[16] http://holoeye.com/spatial-light-modulators/.

[17] Gopinathan U,Pedrini G,Osten W. Coherence effects in digital in-line holographic microscopy[J]. J. Opt. Soc. Am. A,2008,25:2459-2466.

[18] Zalevsky Z,Margalit O,Vexberg E,et al. Suppression of phase ambiguity in digital holography by using partial coherence or specimen rotation[J]. Appl. Opt.,2008,47:154-163.

[19] Langehanenberg P,Bally G,Kemper B. Application of partially coherent light in live cell imaging with digital holographic microscopy[J]. J. Mod. Opt.,2010,57:709-717.

[20] Kuratomi Y,Sekiya K,Satoh H,et al. Speckle reduction mechanism in laser rear projection displays using a small moving diffuser[J]. J. Opt. Soc. Am. A,2010,27:1812-1817.

[21] Makowski M,Ducin I,Sypek M,et al. Color image projection based on Fourier holograms[J]. Opt. Lett.,2010,35:1227-1229.

[22] Makowski M. Minimized speckle noise in lensless holographic projection by pixel separation[J]. Opt. Express,2013,21:29205-29216.

[23] Wang D,Zhang J,Zhang H X. Adaptive-weight iterative algorithm for flat-top laser beam shaping[J]. Opt. Eng.,2012,51:074301-1-074301-8.

[24] Qu W D,Gu H R,Tan Q F,et al. Precise design of two-dimensional diffractive optical elements for beam shaping[J]. Appl. Opt.,2015,54(21):6521-6525.

[25] 沈季胜. 活塞热冲击与随机传热过程的研究[D]. 浙江大学博士学位论文,2002.

[26] 刘世英. 内燃机活塞机械疲劳损伤与可靠性分析[D]. 山东大学博士学位论文,2007.

[27] 刘震涛,齐放,沈瑜铭,等. 基于嵌入式PC的活塞热冲击试验台架自动控制系统[J]. 内燃机工程,2005,26(1):44-47.

[28] 唐维新,杨建华. 小型风冷柴油机研制中的几项关键技术[J]. 内燃机工程,2003,24(2):22-24.

[29] 谭建松. 柴油机活塞热冲击问题的试验研究[D]. 浙江大学博士学位论文,2005.

[30] 王忠瑜. 活塞的传热和热强度研究[D]. 重庆大学硕士学位论文,2002.

[31] 李少霞. 二元光学元件及其在激光制造过程中的应用[R]. 清华大学博士后研究报告,2011.

[32] Nie S Z,Yu J,Yu G,et al. Study on the temperature field loaded by a shaped laser beam on the top surface of a cylinder head for thermal fatigue test[J]. J. Europ. Opt. Soc. Rap. Public.,9:14038,2014.

[33] 周建忠,张永康,杨继昌,等. 基于激光冲击波的板料塑性成形新技术[J]. 中国机械工程,2002,22:1938-1940.

[34] 汪建敏,周群立,姜银方,等. 中空激光冲击金属板料变形的数值模拟[J]. 激光技术,2012,36:727-730.

[35] 余天宇,戴峰泽,张永康. 平顶光束激光冲击2024铝合金诱导残余应力场的模拟与实验[J]. 中国激光,2013,39:25-31.

第5章
双光子衍射超分辨率加工

　　减小线宽是微细加工永恒的追求。利用衍射超分辨二元光学元件实现双光子加工的更细线宽是目前一个重要的研究方向。本章首先简要介绍双光子加工的基本情况,重点在于设计衍射超分辨二元光学元件获得更高的垂轴分辨率、横向分辨率以及三维分辨率,从而实现更细的加工线宽,并以实验结果来展示衍射超分辨二元光学元件的应用潜力。最后分析径向偏振光入射下的超分辨性能。

5.1　双光子加工简介

　　双光子加工技术是一项集超快激光技术、光敏材料技术及其他相关技术于一体的新型微细加工方法。从20世纪90年代初发展至今,已取得了长足的进展,突破了传统微细加工技术,如IC工艺和LIGA技术在实现三维微细加工上的限制,可以实现真正的三维微细加工,展现出喜人的应用前景。

　　双光子加工的工作原理是使用超快激光诱导光敏材料发生局域光化学反应,包括光还原、光聚合和光解离等,生成固化单元以实现微细加工。以常用的自由基类光聚合材料为例,光引发剂经双光子激发后生成活性自由基,光聚合材料中的单体/低聚物在活性自由基的引发下发生链式聚合反应,在一定的曝光时间内在特定位置生成固化单元。加工光束在一定空间范围内高精度地选择性曝光将使生成的固化单元形成一个整体,实现三维成型。

　　与单光子加工方法相比,双光子加工中的能级跃迁具有更高的灵活性,在单光子加工中不可能发生的能级跃迁有可能通过双光子加工来实现。利用双光子加工可以避免使用昂贵的紫外激光系统。此外,双光子加工比单光子加工具有更高的空间分辨率。

5.1.1　双光子激发原理和技术特点

　　双光子加工依赖于材料的双光子吸收(Two – Photon Absorption)。双光子吸收是一种重要的非线性效应,1961年Kaiser和Garrett利用红宝石激光器,在实验中首次观察到$GaF_2 : Eu^{2+}$晶体双光子吸收所应起的荧光发射现象。

根据分子极化理论,当一个分子体系受到光强为 I 的激光照射时,分子的极化率为

$$P(I) = \alpha_1 I + \alpha_2 I^2 + \alpha_3 I^3 + \cdots \qquad (5-1)$$

式中:α_1 为材料的线性吸收截面;α_2 为材料的双光子吸收截面[1]。与其他非线性效应一样,双光子吸收截面要远远小于线性吸收截面。随着超快激光,特别是飞秒激光技术发展成熟后,其焦点处的峰值功率密度可达 TW/cm^2 量级,双光子加工才成为了可能。

双光子加工基于双光子吸收。图 5-1 描述了单光子吸收和双光子吸收的区别。图 5-1(a) 是单光子吸收发射荧光,当激发光子的能量 hv 等于物质基态与激发态之间的能量差时,基态电子吸收一个光子跃迁至激发态,经过一定时间后返回基态,释放出荧光,该现象称为单光子吸收。当使用波长为图 5-1(a)中所用波长两倍的光对相同物质进行激

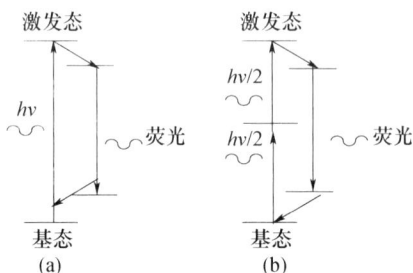

图 5-1 单光子吸收和双光子吸收
(a) 单光子;(b) 双光子。

发时,由于光子能量仅为原来的 1/2,无法通过单光子吸收使基态电子激发到激发态,只有在光子密度极高的情况下,基态电子才可以同时吸收两个光子使处于基态的电子跃迁至激发态,如图 5-1(b)所示,经过一定时间后返回基态,释放出荧光,该现象称为双光子吸收。

使用飞秒激光使双光子加工成为可能,但由于峰值功率密度很大,材料与强激光相互作用过程中还存在诸如等离子、自由电子、热电子雪崩等其他的物理过程。这些过程会导致材料发生损伤,特别是很多材料的激光损伤阈值远小于双光子吸收阈值。降低材料双光子吸收阈值,限制其他可能对材料本身产生损伤的物理过程的发生是对双光子加工材料选择时必须解决的问题。

典型的双光子加工材料是光聚合材料,主要包括树脂聚合物单体和光敏引发剂。双光子光聚合材料根据聚合机理的不同,可分为自由基聚合材料和阳离子聚合材料[2]。

自由基聚合材料聚合反应速率高,处理过程简单,相应的光敏引发剂和单体容易得到,因此自由基聚合材料是目前双光子加工中最常使用的材料。首先是光敏引发剂通过双光子吸收过程激发到激发态,经过均裂反应将能量转移给助引发剂产生自由基,进而进行聚合反应。通过控制激光焦点在双光子光聚合材料中按照设计的三维轨迹运动,逐点进行聚合得到所需的三维实体。目前常用的双光子光聚合材料是丙烯酸酯树脂。

阳离子聚合材料与自由基聚合材料不同,首先通过光敏引发剂吸收双光子

能量后产生强的 Bronsted 酸,进而引发环氧化合物或乙烯基醚的聚合。目前常用的双光子阳离子聚合材料包括 SU - 8 和 SCR - 701。

对于光聚合材料,单光子加工与双光子加工存在很大区别。当入射飞秒激光经透镜聚焦到材料表面或内部时,单光子吸收过程中所用光子能量较高,光束所到之处均可以进行单光子聚合而实现加工,空间分辨率受到“衍射极限”的限制。而双光子加工中所用光子能量较低,发生双光子吸收的区域取决于激光功率密度的高低,即达到双光子吸收阈值。因此在进行双光子聚合时,不是在光束通过的所有区域均能发生,而仅仅在达到一定阈值的区域内实现加工。通过控制所使用的激光功率,可以使达到双光子聚合阈值的范围小于“衍射极限”而得到更高的空间分辨率。这是双光子加工的技术特点之一。

双光子加工具有很小的加工热影响。与连续激光或其他脉宽较大的脉冲激光相比,飞秒激光脉冲激发过程中光子能量沉积的速度较被激发电子弛豫或以荧光辐射形式将能量传递给周围原子/分子的速度更快,因此材料吸收光子的能量将十分有效地作用到电子激发的过程中,激光与材料相互作用的位置及周围区域受热影响较小。此外,双光子加工是一种直写加工方式,无需掩模。双光子加工具有很高的加工柔性。通过计算机预先计算的激光焦点的三维运动轨迹,就可以得到特定的三维实体。双光子加工对环境要求很低,通常只需要隔震、相对较洁净、无严重环境干扰的加工条件即可满足系统正常工作的要求。

5.1.2　双光子微细加工研究现状

双光子微细加工已经得到了国内外研究单位的极大重视,加工系统大同小异,主要区别在于激光焦点相对材料的三维运动实现的方式上,包括振镜扫描、三维微动平台扫描等方式。典型的双光子加工系统结构如图 5 - 2 所示[3,4]。在计算机的控制下,搭载双光子加工材料的三维微动平台按照设计的三维运动轨迹进行点扫描或线扫描,并在光闸的控制下,对材料进行不同曝光时间的固化加工。在完成三维实体的扫描运动后,进行显影等工艺,去除未固化的树脂,即可获得固化后的三维实体模型[5]。

2001 年,日本大阪大学利用高倍大数值孔径物镜并配备先进的纳米定位仪器,在负性光刻胶 SCR500 上加工出 $10\mu m$ 长、$7\mu m$ 高的三维公牛图形[6],成为双光子加工的标志性成果。德国汉诺威激光中心制作出了总长度小于 50nm 的微型蜘蛛、维纳斯雕像等[7],充分展示了双光子加工技术强大的三维成型能力。匈牙利科学院利用双光子加工制作了相互啮合的传动齿轮组[8]。形似风车的主动齿轮在光镊的驱动下以 10rad/s 的速度转动,带动与之啮合的齿轮旋转。整个齿轮组通过双光子加工一次成型,显示出双光子加工技术结合光驱动技术的微机电系统(Micro - Electro - Mechanical System,MEMS) 的应用前景。日本名

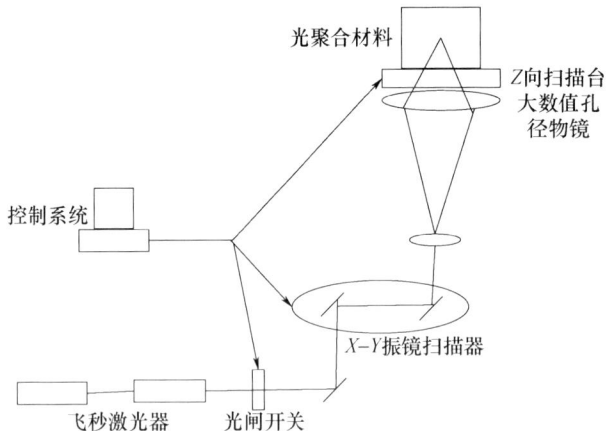

图 5 - 2　双光子加工示意图(基于振镜扫描)

古屋大学使用负性光刻胶加工了一个前端具有针状结构的三维操纵器,在光镊的驱动下实现了对轻小物体的夹持和搬运[9]。微操纵器的前端形状可以根据所夹持对象的不同进行设计加工,有望在 MEMS 和生物医药的研究中得到应用。

利用双光子加工可以在三维光子晶体中随意制造缺陷结构,可用于制备基于三维光子晶体的各种光子学元件,如光波导、滤波器、分束器等无源元件以及微激光器和放大器等有源元件。日本神户通信技术研究室利用双光子加工技术制作出尺寸为 $200\mu m \times 100\mu m$ 的微型激光谐振腔并在光聚合材料中掺有激光染料,使用 532nm、8ns 的激光泵浦后,实现了波长 606.6nm、单脉冲能量 $0.05\mu J$ 的激光输出[10]。

利用二元光学元件可以提高双光子加工的并行性和效率,例如利用微透镜阵列可将一束激光分为数百束,实现数百个微结构的并行加工[11,12]。

目前,双光子加工技术所需要解决的关键问题包括:

(1) 探讨双光子加工的工作机理。研究飞秒激光脉冲与材料的非线性作用过程,从理论上分析影响双光子加工分辨率的影响因素,探讨进一步提高双光子加工分辨率的可行性。

(2) 拓宽双光子可加工材料的范围。开发具有大的双光子吸收截面的新型材料,并研究并行双光子加工技术的可行性。

(3) 探索双光子加工技术和其他微细加工技术相结合的工艺,例如 IC 工艺、LIGA 工艺等,以及与微电铸、电镀技术相结合以提高加工质量和效率。

(4) 加工新型功能元件和系统。结合材料特性,加工出具有特定功能的微流体、微电子和微光学元件。

(5) 研究双光子加工系统的小型化、商业化和多功能集成的可行性。

提高加工精度与加工分辨率是任何一种微细加工技术的不断追求。对于双光子加工,主要着眼于从基础工艺环节上进行改进,如采用浸液式加工、降低单脉冲能量、减小曝光时间等方式以提高分辨率。通过改变材料特性也可提高加工分辨率,例如在光刻胶中加入抑制聚合反应的抑制剂等。

从光学系统的环节出发提高双光子加工分辨率尚没有引起足够重视。包括相移掩膜、二元光学元件、离轴照明在内的各种光学超分辨技术在 IC 工艺、光盘读写、共焦显微等领域已得到广泛应用。本章主要阐述利用二元光学元件实现衍射超分辨来提高双光子加工分辨率,不涉及材料特性、飞秒激光特性等。

5.2　衍射超分辨元件设计方法

二元光学元件放置在显微物镜的入瞳处,对准直入射的理想平面波进行振幅或相位调制,经显微物镜聚焦得到的光斑分布将发生改变。例如采用环形振幅光阑,也即中心遮拦,可以得到主瓣更小的聚焦光斑,但中心遮拦降低了能量利用率。本章采用纯相位二元光学元件获得更优的超分辨能力,使得点扩散函数(Point Spread Function,PSF)的主瓣变小,最终获得更高的双光子加工分辨率。此种二元光学元件称为衍射超分辨元件(Diffractive Superresolution Element,DSE)。衍射超分辨系统图如图 5-3 所示。

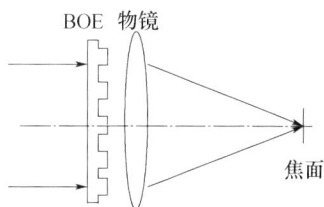

图 5-3　衍射超分辨系统图

5.2.1　衍射超分辨性能参数

与 2.2.4.1 节一样,定义三个指标定量描述横向超分辨的性能。

(1)归一化主瓣尺寸:$G = r_S/r_L$,其中 r_S 为超分辨的 PSF 在透镜后焦面上的主瓣零点半径,r_L 为衍射极限相应的半径。$G < 1$ 表明获得衍射超分辨性能。

(2)斯特列尔比:$S = I_S/I_L$,其中 I_S 为超分辨 PSF 的中心强度,I_L 为衍射极限 PSF 的中心强度。

(3)最高旁瓣强度:$M = I_M/I_S$,其中 I_M 为超分辨 PSF 在透镜后焦面上的最高旁瓣强度。

此外,双光子加工中有时需要控制沿着轴向的空间超分辨,此时定义两个指标定量描述轴向超分辨的性能。

(1)沿光轴主瓣尺寸 G_A:$G_A = z_S^H/z_L^H$,其中 z_S^H 为超分辨 PSF 沿光轴的主瓣强度降为中心强度 1/2 时的两个位置的轴向距离,z_L^H 为衍射极限对应的距离。

(2)沿光轴最高旁瓣强度 M_A:$M_A = I_M^A/I_S$,其中 I_M^A 为超分辨 PSF 沿光轴的

最高旁瓣强度。

G 越小则横向分辨率越高，G_A 越小则轴向分辨率越高；S 越大则主瓣能量利用率越高；M 越小则横向旁瓣噪声越低，M_A 越小则轴向旁瓣噪声越低。需要设计二元光学元件使得最大限度地缩小 G 和/或 G_A、提高 S 并且降低 M 和/或 M_A。如果需要在横向和轴向都实现衍射超分辨，则称为三维超分辨。

利用 2.2.2 节中的模拟退火法、遗传算法、蚁群算法、粒子群算法等可以优化设计二元光学元件实现横向超分辨、纵向超分辨和三维超分辨。但要获得全局最优性能，需要沿用 2.2.4 节的方法。

5.2.2 小数值孔径下衍射超分辨元件设计方法

考虑到系统的圆对称性，在极坐标系下二元光学元件的透过率函数设为 $t(r_1)$。在相位优化设计与加工中，需离散化为多台阶相位结构。元件半径为 R，相位等分为 N 单元，则其透过率函数为

$$t(r_1) = \sum_{j=1}^{N} e^{i\phi_{1j}} \mathrm{rect}\left(\frac{r_1 - (2j-1)R/N/2}{R/N}\right) \tag{5-2}$$

式中：ϕ_{1j} 为元件第 j 个单元的相位；

$$\mathrm{rect}(x) = \begin{cases} 1, & |x| \leqslant \dfrac{1}{2} \\ 0, & \text{其他} \end{cases} \tag{5-3}$$

在小数值孔径下，如图 5 – 3 所示，在理想平面波入射时，根据标量衍射理论，忽略常数因子，物镜后焦面上的光强分布为

$$I(r_2) = \left| \int_0^R t(r_1) \mathrm{J}_0\left(\frac{2\pi r_1 r_2}{\lambda f}\right) r_1 \mathrm{d}r_1 \right|^2 \tag{5-4}$$

式中：r_1、r_2 依次为入瞳径向坐标与透镜后焦面径向坐标；λ 为照明波长；f 为透镜焦距；J_0 为零阶贝塞尔函数。

将式(5 – 2)代入式(5 – 4)，利用贝塞尔函数积分性质，焦面光强分布为

$$I(r_2) = \begin{cases} \left| \sum_{j=1}^{N} e^{i\phi_{1j}} \dfrac{\lambda f R}{2\pi r_1 N}\left[j\mathrm{J}_1\left(j\dfrac{2\pi R r_1}{\lambda f N}\right) - (j-1)\mathrm{J}_1\left((j-1)\dfrac{2\pi R r_1}{\lambda f N}\right) \right] \right|^2, & r_2 \neq 0 \\ \left| \sum_{j=1}^{N} e^{i\phi_{1j}} 2\pi(2j-1) \right|^2, & r_2 = 0 \end{cases} \tag{5-5}$$

式中：J_1 为一阶贝塞尔函数。

对于横向超分辨元件的设计及衍射超分辨性能的基本限制可见 2.2.4 节。此处只分析轴向超分辨元件和三维超分辨元件的设计[13,14]。如图 5 – 3 所示，焦点附近的三维光强分布为

$$I(r_2, z) = \left| \int_0^R t(r_1) \mathrm{e}^{-\frac{\mathrm{i}\pi r_1^2}{\lambda} \frac{z}{f^2}} \mathrm{J}_0\left(\frac{2\pi r_1 r_2}{\lambda f}\right) r_1 \mathrm{d}r_1 \right|^2 \qquad (5-6)$$

式中: r_1、r_2 依次为入瞳平面径向坐标与焦点附近垂轴面上径向坐标; z 为离焦量,正方向沿光传播方向。令 $\rho = r_1/R$ 为入瞳归一化径向坐标, $\eta = r_2/(0.61\lambda/NA)$ 为焦点附近垂轴面归一化径向坐标, $\mu = z/(2\lambda/NA^2)$ 为焦点附近归一化轴向坐标,则式(5-6)两端被艾里斑中心强度归一化为

$$I(\eta, \mu) = 4\left| \int_0^1 T(\rho) \mathrm{e}^{-\mathrm{i}2\pi\mu\rho^2} \mathrm{J}_0(x_J \eta \rho) \rho \mathrm{d}\rho \right|^2 \qquad (5-7)$$

式中: $T(\rho)$ 为归一化的 DSE 复振幅透过率; $x_J = 3.8317$ 为一阶贝塞尔函数的第一个零点。

考虑三维超分辨,并对旁瓣加以控制,则衍射超分辨元件的设计转化为如下优化问题:

$$\max_{T(\rho)} I(0,0) \qquad (5-8\mathrm{a})$$

满足约束

$$I(\eta_1, 0)/I(0,0) \leqslant \alpha_T \qquad (5-8\mathrm{b})$$

$$I(\eta_i, 0)/I(0,0) \leqslant K_T, \quad i = 2, 3, \cdots, N_T, \eta_1 < \eta_i < \eta_{i+1} \qquad (5-8\mathrm{c})$$

$$I(0, \pm\mu_1)/I(0,0) \leqslant \alpha_A \qquad (5-8\mathrm{d})$$

$$I(0, \pm\mu_j)/I(0,0) \leqslant K_A, \quad j = 2, 3, \cdots, N_A, 0 < \mu_1 < \mu_j < \mu_{j+1} \qquad (5-8\mathrm{e})$$

$$|T(\rho)| \leqslant 1 \qquad (5-8\mathrm{f})$$

式中: α_T、η_1 用于控制焦面上主瓣尺寸 G; K_T、$\eta_i(i = 2, 3, \cdots, N_T)$ 用于控制焦面上最高旁瓣强度 M_T; η_2 为焦面上主瓣与旁瓣的分界位置, $(\eta_i - \eta_{i-1})$ 足够小($i = 3, 4, \cdots, N_T$)、 η_{N_T} 足够大时可以控制 $M_T \leqslant K_T$; α_A、μ_1 用于控制沿光轴主瓣尺寸 G_A; K_A、$\mu_i(i = 2, 3, \cdots, N_A)$ 用于控制沿光轴最高旁瓣强度 M_A; μ_2 为光轴上主瓣与旁瓣的分界位置 $(\mu_i - \mu_{i-1})$ 足够小($i = 3, 4, \cdots, N_A$) μ_{N_A} 足够大时可以控制 $M_A \leqslant K_A$。

除约束条件式(5-8f)外,其他约束条件有多种组合,如果仅考虑约束条件式(5-8b)、式(5-8d)和式(5-8f),则是三维超分辨。如果仅考虑约束条件式(5-8d)和式(5-8f),则是轴向超分辨。如果仅考虑约束条件式(5-8d)、式(5-8e)和式(5-8f),则是控制轴上旁瓣的轴向超分辨。

为简化起见,将约束式(5-8b)和式(5-8c)合并,约束式(5-8d)和式(5-8e)合并,则优化问题为

$$\max_{T(\rho)} I(0,0) \qquad (5-9\mathrm{a})$$

满足约束

$$I(\eta_i,0)\leqslant\varepsilon_i I(0,0),\quad i=1,2,\cdots,N_T,0<\eta_i<\eta_{i+1} \tag{5-9b}$$

$$I(0,\pm\mu_j)\leqslant\omega_j I(0,0),\quad j=1,2,\cdots,N_A,0<\mu_j<\mu_{j+1} \tag{5-9c}$$

$$|T(\rho)|\leqslant1 \tag{5-9d}$$

令 $A(\rho)$ 和 $B(\rho)$ 分别为 $T(\rho)$ 的实部和虚部,即 $T(\rho)=A(\rho)+iB(\rho)$,则优化问题(5-9)可改写为

$$\max_{|A(\rho),B(\rho)|}\left\{\left[\int_0^1 A(\rho)\rho d\rho\right]^2+\left[\int_0^1 B(\rho)\rho d\rho\right]^2\right\} \tag{5-10a}$$

满足约束

$$\left[\int_0^1 A(\rho)J_0(x_J\eta_i\rho)\rho d\rho\right]^2+\left[\int_0^1 B(\rho)J_0(x_J\eta_i\rho)\rho d\rho\right]^2$$

$$\leqslant\varepsilon_i\left\{\left[\int_0^1 A(\rho)\rho d\rho\right]^2+\left[\int_0^1 B(\rho)\rho d\rho\right]^2\right\} \tag{5-10b}$$

$$\left[\int_0^1 A(\rho)\cos(2\pi\mu_j\rho^2)\rho d\rho-\int_0^1 B(\rho)\sin(2\pi\mu_j\rho^2)\rho d\rho\right]^2$$

$$+\left[\int_0^1 B(\rho)\cos(2\pi\mu_j\rho^2)\rho d\rho+\int_0^1 A(\rho)\sin(2\pi\mu_j\rho^2)\rho d\rho\right]^2$$

$$\leqslant\omega_j\left\{\left[\int_0^1 A(\rho)\rho d\rho\right]^2+\left[\int_0^1 B(\rho)\rho d\rho\right]^2\right\} \tag{5-10c}$$

$$\left[\int_0^1 A(\rho)\cos(2\pi\mu_j\rho^2)\rho d\rho+\int_0^1 B(\rho)\sin(2\pi\mu_j\rho^2)\rho d\rho\right]^2$$

$$+\left[\int_0^1 B(\rho)\cos(2\pi\mu_j\rho^2)\rho d\rho-\int_0^1 A(\rho)\sin(2\pi\mu_j\rho^2)\rho d\rho\right]^2$$

$$\leqslant\omega_j\left\{\left[\int_0^1 A(\rho)\rho d\rho\right]^2+\left[\int_0^1 B(\rho)\rho d\rho\right]^2\right\} \tag{5-10d}$$

$$A(\rho)^2+B(\rho)^2\leqslant1 \tag{5-10e}$$

采取与2.2.4节相同的处理方法,可以证明优化问题一定存在全局最优解满足 $A(\rho)=B(\rho)$;再利用泛函变分理论,可以证明全局最优解为 0、π 相移的纯相位二元光学元件。

非线性约束式(5-10b)可线性化为

$$\sqrt{\varepsilon_i}\int_0^1 A(\rho)\rho d\rho\leqslant\int_0^1 A(\rho)J_0(x_J\eta_i\rho)\rho d\rho\leqslant-\sqrt{\varepsilon_i}\int_0^1 A(\rho)\rho d\rho \tag{5-11}$$

非线性约束式(5-10c)和式(5-10d)可近似为下列 $4P$ 个线性约束:

$$(-1)^m\left[\int_0^1 A(\rho)\cos(2\pi\mu_j\rho^2)\rho d\rho\right]\cos\gamma(p)+(-1)^n\left[\int_0^1 A(\rho)\sin(2\pi\mu_j\rho^2)\rho d\rho\right]\sin\gamma(p)$$

$$\leqslant-\sqrt{\omega_j}\left[\int_0^1 A(\rho)\rho d\rho\right]\cos\frac{\pi}{4P},\quad m,n\in\{1,2\},\quad p=1,2,\cdots,P \tag{5-12}$$

式中：$\gamma(p) = (p - 1/2)\pi/(2P), p = 1, \cdots, P, P \gg 1 (P = 10$ 已足够大$)$。

具有 0、π 相移的二元光学元件的相位突变点为 $\rho_k, k = 1, 2, \cdots, K$，则优化问题离散化为

$$\min_{\{A_k, B_k\}} \sum_{k=1}^{K} A_k(\rho_k^2 - \rho_{k-1}^2) \qquad (5-13a)$$

满足约束

$$\sqrt{\varepsilon_i} \sum_{k=1}^{K} A_k(\rho_k^2 - \rho_{k-1}^2) \leqslant \sum_{k=1}^{K} A_k[J_1(x_J\eta_i\rho_k)\rho_k - J_1(x_J\eta_i\rho_{k-1})\rho_{k-1}]/(x_J\eta_i/2)$$

$$\leqslant -\sqrt{\varepsilon_i} \sum_{k=1}^{K} A_k(\rho_k^2 - \rho_{k-1}^2) \qquad (5-13b)$$

$$(-1)^m \{\sum_{k=1}^{K} A_k[\sin(2\pi\mu_j\rho_k^2) - \sin(2\pi\mu_j\rho_{k-1}^2)]/(2\pi\mu_j)\}\cos\gamma(p)$$

$$+ (-1)^n \{\sum_{k=1}^{K} A_k[\cos(2\pi\mu_j\rho_k^2) - \cos(2\pi\mu_j\rho_{k-1}^2)]/(-2\pi\mu_j)\}\sin\gamma(p)$$

$$\leqslant -\sqrt{\omega_j}[\sum_{k=1}^{K} A_k(\rho_k^2 - \rho_{k-1}^2)]\cos\frac{\pi}{4P}, m, n \in \{1, 2\}, p = 1, \cdots, P$$

$$(5-13c)$$

$$-1/\sqrt{2} \leqslant A_k \leqslant 1/\sqrt{2}, k = 1, \cdots, K \qquad (5-13d)$$

$$B_k = A_k, k = 1, \cdots, K \qquad (5-13e)$$

上述优化问题是线性规划问题，可获得全局最优解。

例如，实现三维超分辨的二元光学元件，优化问题中设 $G = G_A = 0.8$，不考虑 M 和 M_A，优化得到的相位突变点归一化坐标为 0.14, 0.50, 0.78, $G = G_A = 0.8$，$S = 0.0607, M = 0.6537, M_A = 6.5124$，其焦面上的光强分布和焦点附近轴上点光强分布如图 5 - 4 所示。

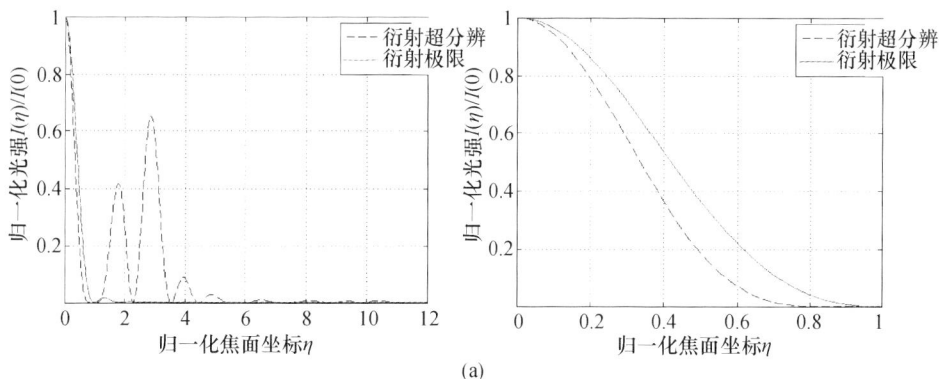

(a)

(b)

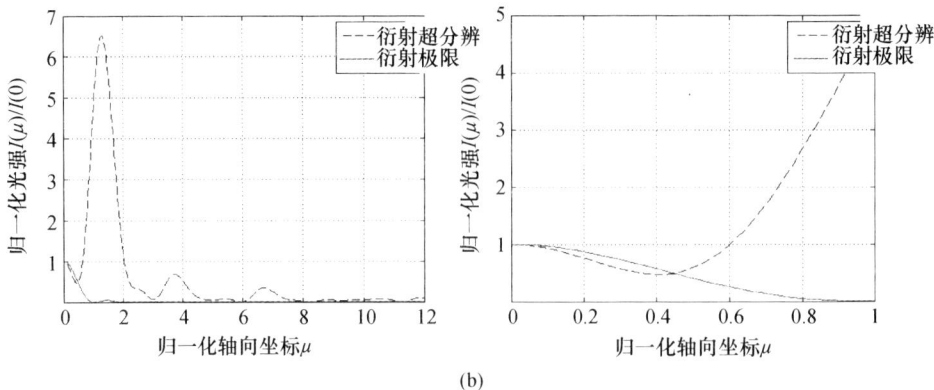

图 5 - 4　三维超分辨设计实例

（a）焦面光强分布；（b）焦点附近轴向光强分布。（虚线为加入超分辨衍射元件的强度分布，实线为衍射极限的强度分布，均用中心强度作了归一化，右列为左列在主瓣范围内的放大图）

　　为控制旁瓣，优化问题中设 $G = G_A = 0.9, M = M_A = 0.2$，则优化得到的相位突变点归一化坐标为 0.297, 0.391, 0.462, 0.488, 0.550, 0.568, 0.602, 0.622, 0.635, 0.654, 0.685, 0.698, 0.743, 0.758, 0.797, 0.846, $G = 0.9024, G_A = 0.8834, S = 0.1963, M = 0.0328, M_A = 0.2105$，其焦面上的光强分布和焦点附近轴上点光强分布如图 5 - 5 所示。

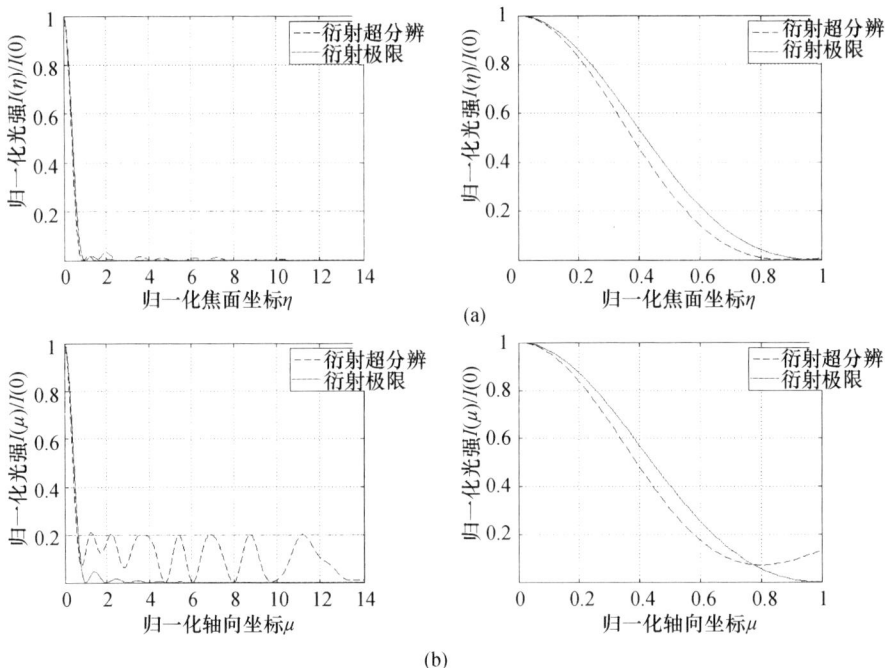

(a)

(b)

图 5 - 5　三维超分辨设计实例（控制旁瓣）

（a）焦面光强分布；（b）焦点附近轴向光强分布。（虚线为加入超分辨衍射元件的强度分布，实线为衍射极限的强度分布，均用中心强度作了归一化，右列为左列在主瓣范围内的放大图）

如仅考虑轴向超分辨,则同 2.2.4 节所述横向超分辨一样,轴向超分辨也存在基本限制,即沿光轴的主瓣尺寸 G_A 一定时,斯特列尔比 S 存在一个精确上限 $S_A^{eu}(G_A)$。$S_A^{eu}(G_A)$ 的求解可转化为求解优化问题

$$\max_{T(\rho)} I(0,0) \tag{5-14a}$$

满足约束

$$I(0, \pm G_A\mu_V)/I(0,0) = 1/2 \tag{5-14b}$$

$$|T(\rho)| \leq 1 \tag{5-14c}$$

式中:$I(\eta,\mu)$ 的表达式见式(5-7)。式(5-14b)根据 5.2.1 节中 G_A 的定义得到。$I_L(0,\mu) = \mathrm{sinc}^2(\mu)$ 是衍射极限沿光轴的强度分布,此时 $\mu_V = 0.44295$。

对于不同的 G_A,分别将优化问题(5-14)转化为线性规划问题进行求解得到全局最优解,从而得到 $S_A^{eu}(G_A)$。数值计算得到的 $S_A^{eu}(G_A)$ 如图 5-5 所示,随着 G_A 的减小,$S_A^{eu}(G_A)$ 迅速减小,同横向超分辨的基本限制类似。

大量的数值结果表明优化问题(5-14)的全局最优解是三个环带的二元光学元件。经解析推导可得 $S_A^{eu}(G_A)$ 近似的解析表达式为

$$S_A^{eu}(G_A) \approx \left[\frac{1 - \mathrm{sinc}(G_A\mu_V)}{1 - \sqrt{1/2}}\right]^2 \tag{5-15}$$

如图 5-6 所示,与数值计算结果较为吻合。

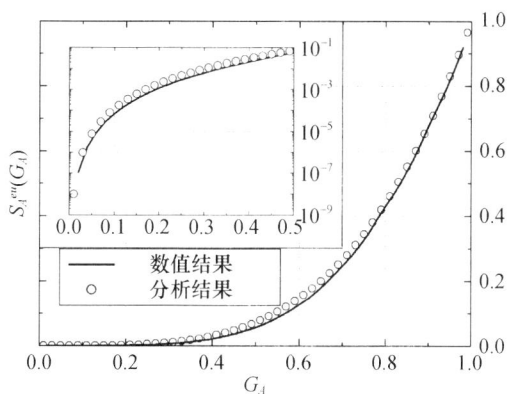

图 5-6　G_A 给定时 S 的精确上限 $S_A^{eu}(G_A)$

5.2.3　大数值孔径下衍射超分辨元件设计

随着入射激光波长的减小和物镜数值孔径的增大,对入射的理想平面波聚焦后形成的艾里斑尺寸会随之减小,因此在双光子加工时通常选用大数值孔径的物镜,根据材料选用尽可能小的工作波长。在增大物镜数值孔径及减小入射激光波长达到各自极限时,再采用二元光学元件实现衍射超分辨,来获得更高的

加工分辨率。

当数值孔径增大到一定程度时,焦面上的光强分布不能直接使用式(5-4)。这主要是因为大数值孔径物镜不能作为薄透镜来处理,入射激光束经过该物镜后,光线的偏折使得光束传播方向及强度分布发生明显变化,并且光场的偏振性质比较明显。已有多种方法来近似分析大数值孔径物镜的聚焦行为[16]。

考虑到在物镜内部区域,光场缓变振幅在波长线度区域内的变化量要远小于缓变振幅本身,因此采用几何光学计算物镜表面透射光场及物镜内部区域光场。此外,对于大数值孔径系统中受 DSE 调制的 PSF 的计算,由于物镜口径和焦距总是远大于波长,所以标量衍射理论仍然适用,但不能进行傍轴近似。大数值孔径物镜对光线的偏折使得光场的偏振性质比较明显,需要分别计算 PSF 的三个偏振分量。

本节基于几何光学与标量衍射理论建立一组方程来描述大数值孔径系统中 DSE 对 PSF 的调制作用,从而建立一种大数值孔径系统中 DSE 的衍射模型以进行 DSE 的设计。

为简化推导,大数值孔径系统如图 5-7 所示,包括一个平凸理想成像物镜(凸面朝前)和一个与物镜平面贴合的 DSE(或者 DSE 直接制作在物镜的平面上)。理想成像物镜对轴上无穷远物点成理想像点 F_a,也即对于理想平面波入射,聚焦于 F_a 点。

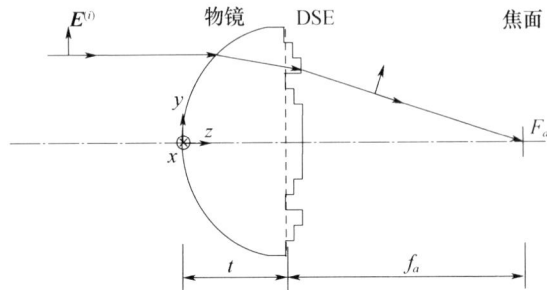

图 5-7　大数值孔径系统中的 DSE

系统结构参数如下:物镜与 DSE 基底材料的折射率为 n,物镜通光半径为 R,中心厚度为 t,物镜后表面到焦点 F_a 的距离为 f_a,DSE 通光半径为 ρ_1,以理想成像物镜凸面与光轴的交点为原点,以光轴为 z 轴,建立右手直角坐标系,且 x、y、z 为单位矢量,ρ、θ 分别为垂轴面上的径向坐标与角向坐标。由于大数值孔径物镜对光线偏折时偏振性质比较明显,需要考虑入射激光束的偏振态。假设入射光束是线偏振的理想平面波,且振幅为 1。考虑到系统的圆对称性,设振动方向沿 y 方向,即入射光场为

$$\boldsymbol{E}^{(i)}(\rho,\theta,z) = \boldsymbol{y}E^{(i)}(\rho,\theta,z) = \boldsymbol{y}\mathrm{e}^{ik_0z} \tag{5-16}$$

式中:$k_0 = 2\pi/\lambda$ 为真空中的波数,λ 为真空中的波长。

在几何光学的精度范围内,利用光线追迹可得 $\theta = 0$ 及 $\pi/2$ 的光场依次为

$$E(\rho, 0, z) = yE_y(\rho, 0, z) \tag{5-17a}$$

$$E(\rho, \pi/2, z) = yE_y(\rho, \pi/2, z) + zE_z(\rho, \pi/2, z) \tag{5-17b}$$

即 $\theta = 0$ 的光场只有 y 分量,$\theta = \pi/2$ 的光场有 y、z 分量。

对于不同的 θ 角,如图 5-8 所示,设 $x-y$ 直角坐标系绕 z 轴旋转 θ 角得到新的直角坐标系 $x_\theta - y_\theta$,$\boldsymbol{x}_\theta$、$\boldsymbol{y}_\theta$ 为单位矢量。当入射光束为 $\boldsymbol{y}_\theta E^{(\mathrm{i})}$ 时,角向坐标为 θ 的光场为

$$E_\perp(\rho, \theta, z) = \boldsymbol{y}_\theta E_y(\rho, 0, z) \tag{5-18a}$$

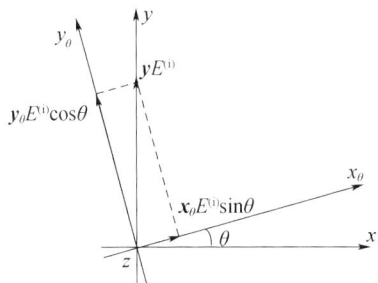

当入射光束为 $\boldsymbol{x}_\theta E^{(\mathrm{i})}$ 时,角向坐标为 θ 的光场为

$$E_\parallel(\rho, \theta, z) = \boldsymbol{x}_\theta E_y(\rho, \pi/2, z) + zE_z(\rho, \pi/2, z) \tag{5-18b}$$

利用电磁场的线性叠加性质可得,入射光束为 $\boldsymbol{y}E^{(\mathrm{i})} = \boldsymbol{y}_\theta E^{(\mathrm{i})}\cos\theta + \boldsymbol{x}_\theta E^{(\mathrm{i})}\sin\theta$ 时,角向坐标为 θ 的光场为

$$E(\rho, \theta, z) = E_\perp(\rho, \theta, z)\cos\theta + E_\parallel(\rho, \theta, z)\sin\theta \tag{5-19}$$

由几何关系 $\boldsymbol{x}_\theta = \boldsymbol{x}\cos\theta + \boldsymbol{y}\sin\theta, \boldsymbol{y}_\theta = -\boldsymbol{x}\sin\theta + \boldsymbol{y}\cos\theta$ 可得

$$E_x(\rho, \theta, z) = -0.5[E_y(\rho, 0, z) - E_y(\rho, \pi/2, z)]\sin 2\theta \tag{5-20a}$$

$$E_y(\rho, \theta, z) = 0.5[E_y(\rho, 0, z) + E_y(\rho, \pi/2, z)] \tag{5-20b}$$
$$+ 0.5[E_y(\rho, 0, z) - E_y(\rho, \pi/2, z)]\cos 2\theta$$

$$E_z(\rho, \theta, z) = E_z(\rho, \pi/2, z)\sin\theta \tag{5-20c}$$

式中:$xE_x(\rho, \theta, z) + yE_y(\rho, \theta, z) + zE_z(\rho, \theta, z) = E(\rho, \theta, z)$。

图 5-8　推导光场对角向坐标的依赖关系的坐标系

下面分析图 5-7 所示系统的焦面光强分布。在几何光学的精度范围内,光场可表示为[19]

$$E(\rho, \theta, z) = e(\rho, \theta, z)\mathrm{e}^{ik_0\phi(\rho, \theta, z)} \tag{5-21}$$

式中:$e(\rho, \theta, z)$ 为与 k_0 无关的实矢量(对应线偏振态)或复矢量(对应椭圆偏振态),称为缓变振幅;$\phi(\rho, \theta, z)$ 为与 k_0 无关的光程函数(简称程函)。图 5-7 中,在物镜与 DSE 的内部区域,缓变振幅在波长线度区域内的变化量要远小于缓变振幅本身,因此采用几何光学依次计算物镜前表面透射光场、物镜与 DSE 内部区域的光场及 DSE 台阶表面的透射光场。

在物镜与 DSE 的内部区域,程函与缓变振幅为[17]

$$\phi(P_2) = \phi(P_1) + [P_1P_2] \tag{5-22a}$$

$$e(P_2) = e(P_1)\mathrm{e}^{-\frac{1}{2n}\int_{P_1}^{P_2}\nabla^2\phi(P)\,\mathrm{d}s} \tag{5-22b}$$

式中:P_1、P_2为同一条光线L上的两点;$[P_1P_2]$为P_1点到P_2点的光程,P点在光线L上;n为物镜与DSE基底材料的折射率。

物镜前表面与DSE台阶表面的透射光场为[17]

$$\phi^{(t)}(P) = \phi^{(i)}(P) \tag{5-23a}$$

$$\boldsymbol{e}^{(t)}(P) = \boldsymbol{T}(P)\boldsymbol{e}^{(i)}(P) \tag{5-23b}$$

式中:P为物镜前表面或DSE台阶表面上的一点;$\phi^{(i)}(P)$、$\phi^{(t)}(P)$分别为P点入射光场、透射光场的程函;$\boldsymbol{e}^{(i)}(P)$、$\boldsymbol{e}^{(t)}(P)$分别为P点入射光场、透射光场的缓变振幅;$\boldsymbol{T}(P)$为菲涅尔公式给出的P点的透射张量。根据式(5-23a),将$\phi^{(i)}(P)$与$\phi^{(t)}(P)$统一记为$\phi(P)$。

在焦点F_a附近,光强在波长线度区域内会发生明显变化,必须采用衍射理论来计算焦点F_a附近的光场分布。

如图5-9所示,平面1为物镜后表面,其上径向坐标为ρ_1,且平面1上环带$\rho_1 \in [\rho_{1,k-1^+}, \rho_{1,k^-}]$内的光线通过DSE的第$k$个台阶($k = 1, \cdots, K$,$\rho_{1,k-1^+} < \rho_{1,k^-} \leqslant \rho_{1,k^+}$,$\rho_{1,0^+} = \rho_{1,0} = 0$,$\rho_{1,K^-} = \rho_{1,M}$,$\rho_{1,M}$是DSE半径)。平面2为DSE第$k$个台阶的表面,其上径向、角向坐标依次为$\rho_2$、$\theta_2$。假设平面1上径向坐标为$\rho_{1,k-1^+}$、$\rho_1$、$\rho_{1,k^-}$处光线在平面2上对应的径向坐标依次为$\rho_{2,k-1^+}$、$\rho_2$、$\rho_{2,k^-}$,且DSE第$k$个台阶的高度为$h_k$。设矢量$\boldsymbol{e}_k^{(t)}(\rho_2, \theta_2; h_k) = \boldsymbol{x}e_{x,k^{(t)}}(\rho_2, \theta_2; h_k) + \boldsymbol{y}e_{y,k^{(t)}}(\rho_2, \theta_2; h_k) + \boldsymbol{z}e_{z,k}^{(t)}(\rho_2, \theta_2; h_k)$为平面2上透射光场的缓变振幅,且$\phi_k(\rho_2; h_k)$为平面2上透射光场的程函,与$\theta_2$无关。

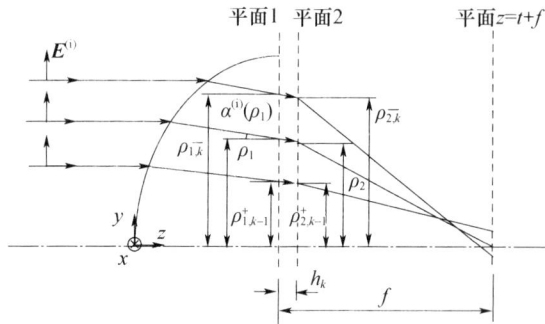

图5-9 DSE对光场的调制作用

在此分析DSE的第k个台阶表面的透射光场对焦面光强分布的影响。设其光场为$\boldsymbol{E}_k(\rho_f, \theta_f, z_f; h_k) = \boldsymbol{x}E_{x,k}(\rho_f, \theta_f, z_f; h_k) + \boldsymbol{y}E_{y,k}(\rho_f, \theta_f, z_f; h_k) + \boldsymbol{z}E_{z,k}(\rho_f, \theta_f, z_f; h_k)$,其中$\rho_f$、$\theta_f$依次为焦面的径向、角向坐标,$z_f = t + f$为轴向坐标,且

$$|f - f_a| < \sim \lambda / NA_t^2 \tag{5-24a}$$

$$\rho_f < \sim \lambda / NA_t \tag{5-24b}$$

式中:"$< \sim$"表示"小于或数量级上接近";$NA_t = \rho_{1,M}/f_a$。

令 $f_k = f - h_k$，根据标量衍射理论有

$$E_{x,k}(\rho_f, \theta_f, z_f; h_k) = \frac{f_k}{\mathrm{i}\lambda} \int_{\rho_{\tilde{z},k-1}}^{\rho_{\tilde{z},k}} \rho_2 \mathrm{d}\rho_2 \int_0^{2\pi} \mathrm{d}\theta_2 e_{x,k}^{(\mathrm{t})}(\rho_2, \theta_2; h_k) \mathrm{e}^{\mathrm{i}k_0\phi_k(\rho_2; h_k)}$$

$$\times \frac{\mathrm{e}^{\mathrm{i}k_0\sqrt{\rho_2^2 - 2\rho_2\rho_f\cos(\theta_2 - \theta_f) + \rho_f^2 + f_k^2}}}{\rho_2^2 - 2\rho_2\rho_f\cos(\theta_2 - \theta_f) + \rho_f^2 + f_k^2} \qquad (5-25)$$

利用式 $(5-24\mathrm{b})$，将式 $(5-25)$ 通过泰勒级数展开近似为

$$E_{x,k}(\rho_f, \theta_f, z_f; h_k) \approx \frac{f_k}{\mathrm{i}\lambda} \int_{\rho_{\tilde{z},k-1}}^{\rho_{\tilde{z},k}} \mathrm{d}\rho_2 \frac{\rho_2}{\rho_2^2 + f_k^2} \mathrm{e}^{\mathrm{i}k_0[\phi_k(\rho_2; h_k) + \sqrt{\rho_2^2 + f_k^2}]}$$

$$\times \int_0^{2\pi} \mathrm{d}\theta_2 e_{x,k}^{(\mathrm{t})}(\rho_2, \theta_2; h_k) \mathrm{e}^{\mathrm{i}k_0\rho_2\rho_f / \sqrt{\rho_2^2 + f_k^2}\cos(\theta_2 - \theta_f)} \quad (5-26)$$

将式 $(5-20\mathrm{a})$ 用于 $e_{x,k}^{(\mathrm{t})}(\rho_2, \theta_2; h_k)$，并利用

$$\mathrm{e}^{\mathrm{i}x\cos\theta} = \sum_{n=-\infty}^{+\infty} \mathrm{J}_n(x) \mathrm{i}^n \mathrm{e}^{-\mathrm{i}n\theta} \qquad (5-27)$$

其中 $\mathrm{J}_n(x)$ 表示 n 阶贝塞尔函数，式 $(5-26)$ 可简化为

$$E_{x,k}(\rho_f, \theta_f, z_f; h_k) \approx \frac{f_k}{\mathrm{i}\lambda} \int_{\rho_{\tilde{z},k-1}}^{\rho_{\tilde{z},k}} \mathrm{d}\rho_2 \frac{\rho_2}{\rho_2^2 + f_k^2} \mathrm{e}^{\mathrm{i}k_0[\phi_k(\rho_2; h_k) + \sqrt{\rho_2^2 + f_k^2}]}$$

$$\times [e_{y,k}^{(\mathrm{t})}(\rho_2, 0; h_k) - e_{y,k}^{(\mathrm{t})}(\rho_2, \pi/2; h_k)]$$

$$\pi\mathrm{J}_2(k_0\rho_2\rho_f / \sqrt{\rho_2^2 + f_k^2})\sin 2\theta_f \qquad (5-28\mathrm{a})$$

同理可得

$$E_{y,k}(\rho_f, \theta_f, z_f; h_k) \approx \frac{f_k}{\mathrm{i}\lambda} \int_{\rho_{\tilde{z},k-1}}^{\rho_{\tilde{z},k}} \mathrm{d}\rho_2 \frac{\rho_2}{\rho_2^2 + f_k^2} \mathrm{e}^{\mathrm{i}k_0[\phi_k(\rho_2; h_k) + \sqrt{\rho_2^2 + f_k^2}]}$$

$$\times \{[e_{y,k}^{(\mathrm{t})}(\rho_2, 0; h_k) + e_{y,k}^{(\mathrm{t})}(\rho_2, \pi/2; h_k)]\pi\mathrm{J}_0(k_0\rho_2\rho_f / \sqrt{\rho_2^2 + f_k^2})$$

$$- [e_{y,k}^{(\mathrm{t})}(\rho_2, 0; h_k) - e_{y,k}^{(\mathrm{t})}(\rho_2, \pi/2; h_k)]\pi\mathrm{J}_2(k_0\rho_2\rho_f / \sqrt{\rho_2^2 + f_k^2})\cos 2\theta_f\}$$

$$(5-28\mathrm{b})$$

$$E_{z,k}(\rho_f, \theta_f, z_f; h_k) \approx -\frac{f_k}{\lambda} \int_{\rho_{\tilde{z},k-1}}^{\rho_{\tilde{z},k}} \mathrm{d}\rho_2 \frac{\rho_2}{\rho_2^2 + f_k^2} \mathrm{e}^{\mathrm{i}k_0[\phi_k(\rho_2; h_k) + \sqrt{\rho_2^2 + f_k^2}]}$$

$$\times e_{z,k}^{(\mathrm{t})}(\rho_2, \pi/2; h_k)2\pi\mathrm{J}_1(k_0\rho_2\rho_f / \sqrt{\rho_2^2 + f_k^2})\sin\theta_f \qquad (5-28\mathrm{c})$$

则受 DSE 调制的 PSF 的强度分布为[17]

$$I(\rho_f, \theta_f, z_f) = \left|\sum_{k=1}^K E_{x,k}(\rho_f, \theta_f, z_f; h_k)\right|^2 + \left|\sum_{k=1}^K E_{y,k}(\rho_f, \theta_f, z_f; h_k)\right|^2$$

$$+ \left|\sum_{k=1}^K E_{z,k}(\rho_f, \theta_f, z_f; h_k)\right|^2 \qquad (5-29)$$

式 $(5-28)$ 虽然可用于计算受 DSE 调制的焦面光强分布，但对 DSE 台阶高

度 h_k 的依赖关系非常复杂,难以用于 DSE 的设计,需要给出焦面光强分布对 h_k 的简单依赖关系以方便设计。利用光线追迹,平面 1 上径向坐标 ρ_1、$\rho_{1,k-1}{}^+$、$\rho_{1,k}{}^-$ 与平面 2 上径向坐标 ρ_2、$\rho_{2,k-1}{}^+$、$\rho_{2,k}{}^-$ 间的关系为

$$\rho_2 = \rho_1 - h_k \tan\alpha^{(i)}(\rho_1) \tag{5-30a}$$

$$\rho_{2,k-1}^+ = \rho_{1,k-1}^+ - h_k \tan\alpha^{(i)}(\rho_{1,k-1}^+) \tag{5-30b}$$

$$\rho_{2,k}^- = \rho_{1,k}^- - h_k \tan\alpha^{(i)}(\rho_{1,k}^-) \tag{5-30c}$$

式中:$\alpha^{(i)}(\rho_1)$ 为平面 1 上径向坐标为 ρ_1 处光线的入射角,有

$$\alpha^{(i)}(\rho_1) = \arcsin\left(\frac{\rho_1}{n\sqrt{\rho_1^2 + f_a^2}}\right) \tag{5-31}$$

选择 $\rho_{1,k-1}{}^+$、$\rho_{1,k}{}^-$ 满足 $(k=1,2,\cdots,K)$

$$\rho_{1,k}^- - \rho_{1,k-1}^+ \gg \lambda \tag{5-32a}$$

$$\rho_{1,k}^- - \rho_{1,k-1}^+ \ll \rho_{1,M}^- \tag{5-32b}$$

第一个不等式为标量衍射理论有效的条件[18],第二个不等式是为了使 DSE 的台阶型轮廓能够逼近任意的轮廓。DSE 的台阶高度 h_k 满足

$$h_k < \sim \lambda \tag{5-33}$$

利用式(5-30b)、式(5-30c)、式(5-32a)、式(5-33)可得

$$\rho_{1,k}^- \approx \rho_{1,k}^+, \quad k = 0,1,\cdots,K \tag{5-34}$$

式中:规定 $\rho_{1,0}{}^- = \rho_{1,0}{}^+$、$\rho_{1,M}{}^- = \rho_{1,M}{}^+$,将 $\rho_{1,k}{}^-$ 与 $\rho_{1,k}{}^+$ 统一记为 $\rho_{1,k}$,$k = 0,1,2,\cdots,K$。设 $\phi(\rho_1)$ 为图 5-9 平面 1 上径向坐标为 ρ_1 处光场的程函,则由式(5-21a)、式(5-22a)、式(5-30)可得

$$\phi_k(\rho_2; h_k) = \phi(\rho_1) + nh_k/\cos\alpha^{(i)}(\rho_1) \tag{5-35}$$

设 $\boldsymbol{e}^{(t)}(\rho_1,\theta_1) = \boldsymbol{x}e_x^{(t)}(\rho_1,\theta_1) + \boldsymbol{y}e_y^{(t)}(\rho_1,\theta_1) + \boldsymbol{z}e_z^{(t)}(\rho_1,\theta_1)$ 为图 5-9 中不放置 DSE 时平面 1 上透射光场的缓变振幅,则由式(5-21b)、式(5-22b)、式(5-30)、式(5-34)可得

$$e_{y,k}^{(t)}(\rho_2,0; h_k) \approx e_y^{(t)}(\rho_1,0) \tag{5-36a}$$

$$e_{y,k}^{(t)}(\rho_2,\pi/2; h_k) \approx e_y^{(t)}(\rho_1,\pi/2) \tag{5-36b}$$

按照式(5-30)将式(5-28a)中的积分变量 ρ_2 替换为 ρ_1,然后利用式(5-24b)、式(5-33)~式(5-36)可将式(5-28a)化为

$$E_{x,k}(\rho_f,\theta_f,z_f; h_k) \approx \frac{f}{i\lambda} \int_{\rho_{1,k-1}}^{\rho_{1,k}} \mathrm{d}\rho_1 \frac{\rho_1}{\rho_1^2 + f^2}$$

$$\times \mathrm{e}^{ik_0[\phi(\rho_1) + nh_k/\cos\alpha^{(i)}(\rho_1) + \sqrt{(\rho_1 - h_k\tan\alpha^{(i)}(\rho_1))^2 + (f-h_k)^2}]}$$

$$\times [e_y^{(t)}(\rho_1,0) - e_y^{(t)}(\rho_1,\pi/2)]\pi\mathrm{J}_2(k_0\rho_1\rho_f/\sqrt{\rho_1^2 + f^2})\sin 2\theta_f$$

$$\tag{5-37}$$

利用式(5-24a)、式(5-32b)、式(5-33),通过泰勒级数展开可得

$$e^{ik_0[\phi(\rho_1) + nh_k/\cos\alpha^{(i)}(\rho_1) + \sqrt{(\rho_1 - h_k\tan\alpha^{(i)}(\rho_1))^2 + (f - h_k)^2}]}$$

$$\approx e^{ik_0[\phi(\rho_1) + \sqrt{\rho_1^2 + f^2}]} e^{ik_0 h_k[n - \cos(\alpha^{(t)}(\bar\rho_{1,k}) - \alpha^{(i)}(\bar\rho_{1,k}))]/\cos\alpha^{(i)}(\bar\rho_{1,k})} \qquad (5-38)$$

式中:$\bar\rho_{1,k} \in [\rho_{1,k-1}, \rho_{1,k}]$ 可任意选取。

图 5-9 中不放置 DSE 时,平面 1 上环带 $\rho_1 \in [\rho_{1,k-1}, \rho_{1,k}]$ 内的透射光场对焦面光场分布的贡献为 $\boldsymbol{E}_k(\rho_f, \theta_f, z_f) = \boldsymbol{x}E_{x,k}(\rho_f, \theta_f, z_f) + \boldsymbol{y}E_{y,k}(\rho_f, \theta_f, z_f) + \boldsymbol{z}E_{z,k}(\rho_f, \theta_f, z_f)$,则根据式(5-37)和式(5-38)可得

$$\frac{E_{x,k}(\rho_f, \theta_f, z_f; h_k)}{E_{x,k}(\rho_f, \theta_f, z_f; 0)} \approx e^{ik_0 h_k[n - \cos(\alpha^{(t)}(\bar\rho_{1,k}) - \alpha^{(i)}(\bar\rho_{1,k}))]/\cos\alpha^{(i)}(\bar\rho_{1,k})} \qquad (5-39a)$$

同理

$$\frac{E_{y,k}(\rho_f, \theta_f, z_f; h_k)}{E_{y,k}(\rho_f, \theta_f, z_f; 0)} \approx \frac{E_{z,k}(\rho_f, \theta_f, z_f; h_k)}{E_{z,k}(\rho_f, \theta_f, z_f; 0)} \approx \frac{E_{x,k}(\rho_f, \theta_f, z_f; h_k)}{E_{x,k}(\rho_f, \theta_f, z_f; 0)} \qquad (5-39b)$$

式中

$$E_{x,k}(\rho_f, \theta_f, z_f; 0) \approx \frac{f}{i\lambda} \int_{\rho_{1,k-1}}^{\rho_{1,k}} d\rho_1 \frac{\rho_1}{\rho_1^2 + f^2} e^{ik_0[\phi(\rho_1) + \sqrt{\rho_1^2 + f^2}]}$$

$$\times [e_y^{(t)}(\rho_1, 0) - e_y^{(t)}(\rho_1, \pi/2)]\pi J_2(k_0\rho_1\rho_f/\sqrt{\rho_1^2 + f^2})\sin 2\theta_f \qquad (5-40a)$$

$$E_{y,k}(\rho_f, \theta_f, z_f; 0) \approx \frac{f}{i\lambda} \int_{\rho_{1,k-1}}^{\rho_{1,k}} d\rho_1 \frac{\rho_1}{\rho_1^2 + f^2} e^{ik_0[\phi(\rho_1) + \sqrt{\rho_1^2 + f^2}]}$$

$$\times \{[e_y^{(t)}(\rho_1, 0) + e_y^{(t)}(\rho_1, \pi/2)]\pi J_0(k_0\rho_1\rho_f/\sqrt{\rho_1^2 + f^2})$$

$$- [e_y^{(t)}(\rho_1, 0) - e_y^{(t)}(\rho_1, \pi/2)]\pi J_2(k_0\rho_1\rho_f/\sqrt{\rho_1^2 + f^2})\cos 2\theta_f\}$$

$$(5-40b)$$

$$E_{z,k}(\rho_f, \theta_f, z_f; 0) \approx -\frac{f}{\lambda} \int_{\rho_{1,k-1}}^{\rho_{1,k}} d\rho_1 \frac{\rho_1}{\rho_1^2 + f^2} e^{ik_0[\phi(\rho_1) + \sqrt{\rho_1^2 + f^2}]}$$

$$\times e_z^{(t)}(\rho_1, \pi/2)2\pi J_1(k_0\rho_1\rho_f/\sqrt{\rho_1^2 + f^2})\sin\theta_f \qquad (5-40c)$$

从式(5-39)可知高度为 h_k 的台阶引入的相位 ϕ_k 为

$$\phi_k = k_0 h_k[n - \cos(\alpha^{(t)}(\bar\rho_{1,k}) - \alpha^{(i)}(\bar\rho_{1,k}))]/\cos\alpha^{(i)}(\bar\rho_{1,k}), \forall \bar\rho_{1,k} \in [\rho_{1,k-1}, \rho_{1,k}]$$

$$(5-41)$$

利用式(5-32b),定义分段连续函数 $\phi(\rho_1)$、$h(\rho_1)$ 满足 $\rho_1 \in [\rho_{1,k-1}, \rho_{1,k}]$ 时 $\phi(\rho_1) \approx \phi_k, h(\rho_1) \approx h_k, k = 1, 2, \cdots, K$,则

$$\phi(\rho_1) = k_0 h(\rho_1)[n - \cos(\alpha^{(t)}(\rho_1) - \alpha^{(i)}(\rho_1))]/\cos\alpha^{(i)}(\rho_1) \qquad (5-42)$$

对于小数值孔径系统,$\alpha^{(i)}(\rho_1) \approx 0$、$\alpha^{(t)}(\rho_1) \approx 0$,则

$$\phi_L(\rho_1) = k_0 h_L(\rho_1)(n - 1) \qquad (5-43)$$

式中:下标 L 代表小数值孔径系统。由式(5-42)、式(5-43)可得,为获得相同

的相位,大数值孔径系统与小数值孔径系统的相位台阶高度的关系为

$$\frac{h(\rho_1)}{h_L(\rho_1)} = \frac{n-1}{[\,n - \cos(\alpha^{(t)}(\rho_1) - \alpha^{(i)}(\rho_1))\,]/\cos\alpha^{(i)}(\rho_1)} \quad (5-44)$$

可见 $h(\rho_1)/h_L(\rho_1)$ 为 ρ_1 的单调递减函数,且 $h(0)/h_L(0) = 1$,如图 5-10 所示。

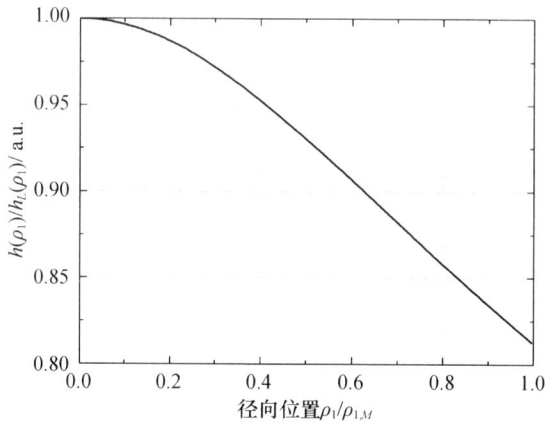

图 5-10 $h(\rho_1)/h_L(\rho_1)$ 与 ρ_1 的关系曲线

不放置 DSE 时,根据式(5-20)、式(5-22b)和式(5-23b)可以计算式(5-40)中的 $e^{(t)}(\rho_1,\theta_1)$,这就是不放置 DSE 时物镜后表面上透射光场的缓变振幅,如图 5-11 所示,y 分量明显强于其余两个分量,而 y 方向正是入射激光束的偏振方向。

利用等光程原理[17],物镜后表面上光场的程函为

$$\phi(\rho_1) = -\sqrt{\rho_1^2 + f_a^2} + \phi(F_a) \quad (5-45)$$

式中:$\phi(F_a) = nt + f_a$ 为不放置 DSE 时物镜前表面顶点沿光轴到焦点 F_a 的光程。

如式(5-7)一样,对参数进行归一化。令 $r = \rho_1/\rho_{1,M}$,$r_k = \rho_{1,k}/\rho_{1,M}$,$k = 0$, $1,\cdots,K$,$\eta = \rho_f/(0.61\lambda/NA_t)$,$\mu = (f - f_a)/(2\lambda/NA_t^2)$,$x_J = 3.8317$ 为一阶贝塞尔函数的第一个零点。设 $E_L = \pi e_y^{(t)}(0,0)\rho_{1,M}^2 e^{ik_0\phi(F_a)/(i\lambda f_a)}$ 为小数值孔径下焦点 F_a 处光场的 y 分量(此时 x、z 分量为 0)。不考虑使用 DSE,则物镜后表面每个环带对焦面光场的贡献为

$$\tilde{E}_k(\eta,\theta_f,\mu) = E_k(\rho_f,\theta_f,z_f)/E_L == x\tilde{E}_{x,k}(\eta,\theta_f,\mu)$$
$$+ y\tilde{E}_{y,k}(\eta,\theta_f,\mu) + z\tilde{E}_{z,k}(\eta,\theta_f,\mu) \quad (5-46a)$$

$$\tilde{e}^{(t)}(r,\theta_1) = e^{(t)}(\rho_1,\theta_1)/e_y^{(t)}(0,0) = x\tilde{e}_x^{(t)}(r,\theta_1)$$
$$+ y\tilde{e}_y^{(t)}(r,\theta_1) + z\tilde{e}_z^{(t)}(r,\theta_1) \quad (5-46b)$$

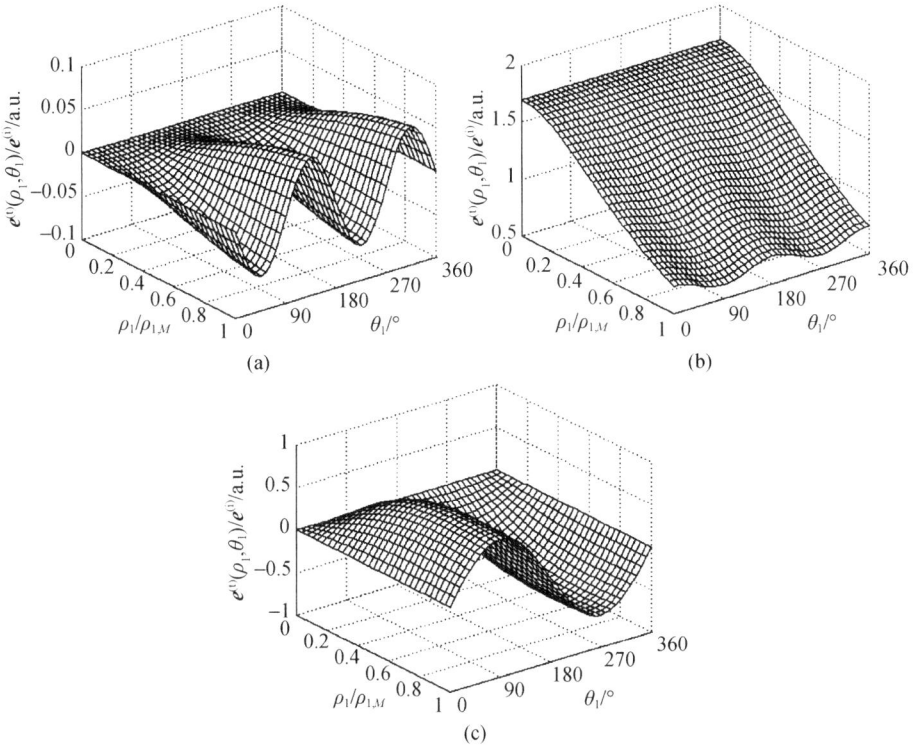

图 5 - 11 $\boldsymbol{e}^{(\mathrm{t})}(\rho_1,\theta_1)/\boldsymbol{e}^{(\mathrm{i})}$ 的 x、y、z 分量

(a) x 分量;(b) y 分量;(c) z 分量。

$$\tilde{E}_{x,k}(\eta,\theta_f,\mu) \approx 2\int_{r_{k-1}}^{r_k} \mathrm{d}r\, \frac{r}{1+NA_t^2 r^2} \mathrm{e}^{\mathrm{i}\frac{4\pi\mu}{NA_t^2}\frac{1}{\sqrt{1+NA_t^2 r^2}}}$$

$$\times \frac{\tilde{e}_y^{(\mathrm{t})}(r,0)-\tilde{e}_y^{(\mathrm{t})}(r,\pi/2)}{2} \mathrm{J}_2\left(\frac{x_J\eta r}{\sqrt{1+NA_t^2 r^2}}\right)\sin 2\theta_f \quad (5-46\mathrm{c})$$

$$\tilde{E}_{y,k}(\eta,\theta_f,\mu) \approx 2\int_{r_{k-1}}^{r_k} \mathrm{d}r\, \frac{r}{1+NA_t^2 r^2} \mathrm{e}^{\mathrm{i}\frac{4\pi\mu}{NA_t^2}\frac{1}{\sqrt{1+NA_t^2 r^2}}}$$

$$\times \left\{ \frac{\tilde{e}_y^{(\mathrm{t})}(r,0)+\tilde{e}_y^{(\mathrm{t})}(r,\pi/2)}{2} \mathrm{J}_0\left(\frac{x_J\eta r}{\sqrt{1+NA_t^2 r^2}}\right) \right.$$

$$\left. -\frac{\tilde{e}_y^{(\mathrm{t})}(r,0)-\tilde{e}_y^{(\mathrm{t})}(r,\pi/2)}{2} \mathrm{J}_2\left(\frac{x_J\eta r}{\sqrt{1+NA_t^2 r^2}}\right)\cos 2\theta_f \right\} \quad (5-46\mathrm{d})$$

$$\tilde{E}_{z,k}(\eta,\theta_f,\mu) \approx -2\mathrm{i}\int_{r_{k-1}}^{r_k} \mathrm{d}r\, \frac{r}{1+NA_t^2 r^2} \mathrm{e}^{\mathrm{i}\frac{4\pi\mu}{NA_t^2}\frac{1}{\sqrt{1+NA_t^2 r^2}}}$$

$$\times \tilde{e}_z^{(\mathrm{t})}(r,\pi/2)\mathrm{J}_1\left(\frac{x_J\eta r}{\sqrt{1+NA_t^2 r^2}}\right)\sin\theta_f \quad (5-46\mathrm{e})$$

小数值孔径的条件下，$\tilde{e}_x^{(1)}(r,\theta_1) \approx 0$，$\tilde{e}_z^{(1)}(r,\theta_1) \approx 0$，$\tilde{e}_y^{(1)}(r,\theta_1) \approx 1$，则式(5-46)简化为

$$\tilde{E}_{x,k}(\eta,\mu) \approx 0$$

$$\tilde{E}_{z,k}(\eta,\mu) \approx 0$$

$$\tilde{E}_{y,k}(\eta,\mu) \approx 2e^{i\frac{4\pi\mu}{NA_t^2}}\int_{r_{k-1}}^{r_k} e^{-i2\pi\mu r^2} J_0(x_J\eta r)r\mathrm{d}r \qquad (5-47)$$

对全口径求和后，就是式(5-7)中 $T(\rho)=1$，也即不使用 DSE 的情形。

根据式(5-46)，对物镜后表面上的环带进行全口径求和就可以得到无 DSE 时大数值孔径透镜焦面光场分布。

有 DSE 时，考虑到 y 分量远大于 x、z 分量，因此焦面光强分布可近似为圆对称分布

$$\tilde{I}(\eta,\mu) \approx |\sum_{k=1}^{K} e^{i\phi_k}\tilde{E}_k(\eta,\mu)|^2 \qquad (5-48)$$

式中

$$\tilde{E}_k(\eta,\mu) = 2\int_{r_{k-1}}^{r_k} \mathrm{d}r \frac{r}{1+NA_t^2 r^2} e^{i\frac{4\pi\mu}{NA_t^2}\frac{1}{\sqrt{1+NA_t^2 r^2}}}$$

$$\times \frac{\tilde{e}_y^{(1)}(r,0)+\tilde{e}_y^{(1)}(r,\pi/2)}{2} J_0\left(\frac{x_J\eta r}{\sqrt{1+NA_t^2 r^2}}\right) \qquad (5-49)$$

对于轴向超分辨，DSE 的设计转化为优化问题

$$\max_{h_k} I(0,0) \qquad (5-50a)$$

满足约束

$$\tilde{I}(\eta_i,0) = 0, i=1,2,\cdots,N, 0<\eta_i<\eta_{i+1} \qquad (5-50b)$$

按照 5.2.2 节的步骤，同样可以将优化问题(5-50)转化为线性规划问题进行全局最优求解，得到 DSE 发生 π 相位突变的归一化径向坐标设为 $r_i^b, i=1,2,\cdots$。

表5-1 及图5-12 给出了大数值孔径下 DSE 的设计例子，与表2-3 及图2-20 相比，大数值孔径与小数值孔径两种情况下，设计所得 DSE 的性能比较接近，但 r_i^b 与 ρ_i^b 的数值有明显差异。

表5-1 大数值孔径系统 DSE 的设计例子

例子	η_i	G	S	M_a	r_i^b
1	0.7,1.7	0.7	0.30945	0.21565	0.16,0.38
2	0.65,1.5,2.5,3.5	0.65	0.13042	0.21027	0.13,0.23,0.35,0.54

对优化问题(5-50)设置一个零点约束进行求解，可获得大数值孔径系统中 G 一定时，斯特列尔比 S 的精确上限 $S^{eu}(G)$，如图5-13 所示，可见与小数值孔径系统的 $S^{eu}(G)$ 比较接近。

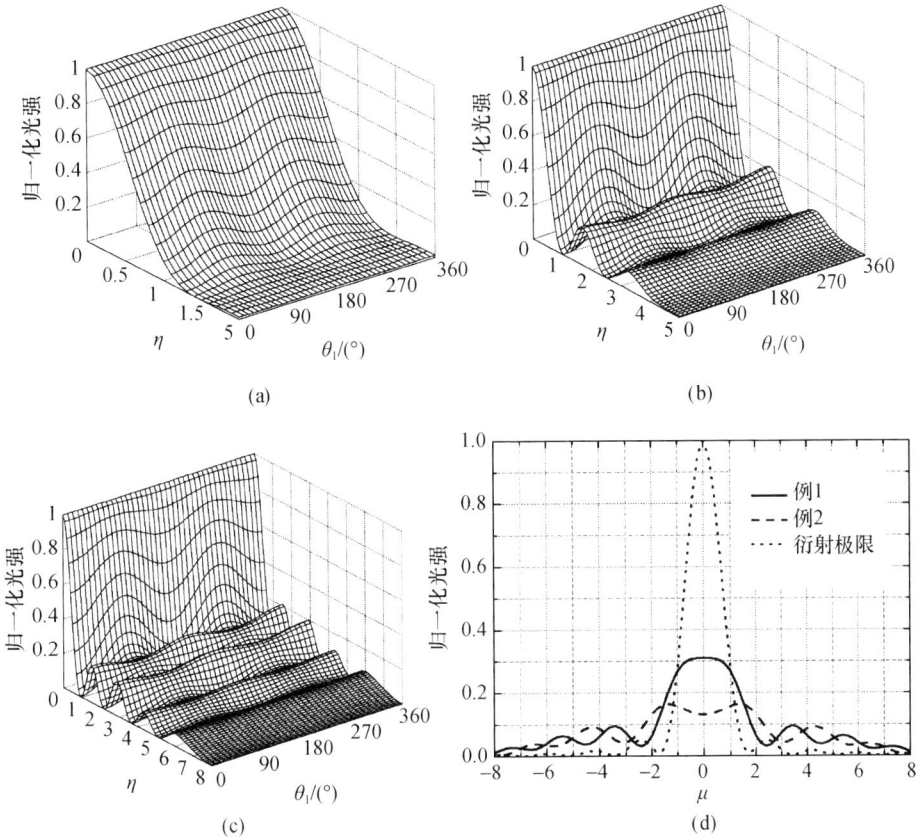

图 5-12　表 5-1 中 DSE 对应的 PSF 针对各自 $I(0,0)$ 进行归一化的强度分布
（a）衍射极限；（b）例 1；（c）例 2；（d）轴向光强分布（对衍射极限中心强度归一化）。

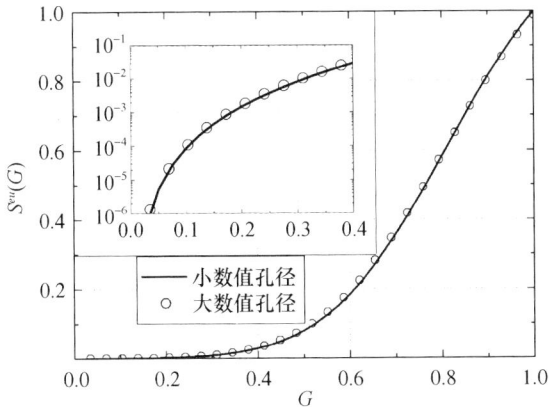

图 5-13　大数值孔径系统中 G 一定时 S 的精确上限 $S^{eu}(G)$

5.3 双光子加工的分辨率增强实验

5.3.1 横向超分辨仿真实验

由光刻胶的材料特性可知,当某处自由基浓度超过材料所需聚合阈值时,该处材料将因双光子激发产生有效的光致聚合而发生固化;而当自由基浓度小于聚合阈值时,将不发生固化反应。理论分析表明,在曝光时间等其他参数不变的情况下,激发光强与自由基浓度及最终固化单元的横向分辨率是一一对应的。对于某种自由基材料,当激发光强阈值超过材料聚合阈值时,材料通过双光子吸收满足所需自由基浓度来引发聚合反应并固化;反之,激发光产生的自由基不能引发足够强度的聚合反应,即使生成分子量较大的材料体系,在随后的显影等后处理过程中也会被去除。在光聚合时,激发光强阈值超过材料聚合阈值的区域和固化单元在分辨率上是一致的,因此可以模拟使用 DSE 后横向分辨率的改善程度。

取飞秒激光的中心波长为 $740\,\mathrm{nm}$,$40^\times$ 聚焦物镜($\mathrm{NA}=0.65$),激发光强阈值 $1.45\times10^3\,\mathrm{GW/cm^2}$,曝光时间 $25\,\mathrm{ms}$。对于横向超分辨 DSE,设置一个零点约束条件 $\eta_1 = G = 0.7$,相位突变点归一化坐标是 $\rho_1^{\,b} = 0.4481$。在使用 DSE 前后,仿真计算得到的横向分辨率如表 5-2 所示,每一次仿真使用不同的激光输出功率。

表 5-2 双光子加工横向分辨率仿真计算

仿真次数	使用 DSE 前/nm	使用 DSE 后/nm
1	538	491
2	513	482
3	557	504

对于控制旁瓣的横向超分辨 DSE,设置 $G=0.7$,$M=0.3$,相位突变点归一化坐标是 $\rho_1^{\,b} = 0.20,0.40,0.68$。在使用 DSE 前后,仿真计算得到的横向分辨率如表 5-3 所示,每一次仿真使用不同的激光输出功率。

表 5-3 双光子加工横向分辨率仿真计算

仿真次数	使用 DSE 前/nm	使用 DSE 后/nm
1	538	470
2	513	463
3	557	479

仿真实验结果表明在双光子加工系统中增加 DSE 之后,可以提高双光子加

工的横向分辨率。

5.3.2　横向超分辨实验

2.2.4 节以及 5.2 节从理论上严格证明了超分辨元件的全局最优解是 0、π 相位的二元光学元件。但因目前二元光学元件加工工艺中，刻蚀深度误差较大，容易导致中心会出现较大的零级而掩盖超分辨主瓣。

二元振幅衍射超分辨元件的设计可转化为优化问题，且可离散化为

$$\max_{\{A_k\}} \sum_{k=1}^{K} A_k (\rho_k^2 - \rho_{k-1}^2) \qquad (5-51\text{a})$$

满足约束

$$\sum_{k=1}^{K} A_k \left[J_1(x_J \eta_i \rho_k) \rho_k - J_1(x_J \eta_i \rho_{k-1}) \rho_{k-1} \right] = 0 \qquad (5-51\text{b})$$

$$A_k = 0 \text{ 或 } 1 \qquad (5-51\text{c})$$

对优化问题(5-51)求解，就可得到二元振幅型衍射超分辨元件。

通常情况下，设定环带数目进行优化设计。例如使用七环带纯振幅型超分辨衍射元件在理论上可以实现 20% 左右的双光子加工分辨率提升，但其能量损耗将比纯相位型超分辨衍射元件要大得多。

双光子三维加工系统如图 5-14 所示。从功能上划分，加工系统主要由以下四个部分组成：

图 5-14　所搭建双光子加工系统实物图

（1）飞秒激光系统。选用瑞士 TIGER 公司的 Ti：Sapphire 紧凑型锁模泵浦激光器，最大输出功率 1.2W，正常工作条件下激光功率 600mW，激光脉冲宽度大于 40fs，波长范围为 700~900nm，单脉冲最大能量小于 10nJ。根据加工要求，最大输出功率调整为 400mW，中心波长 740nm，脉冲宽度 160fs，重复频率 50MHz。

（2）显微镜系统。当飞秒光束经滤波、衰减和扩束后引入显微镜系统。通过大数值孔径物镜将激光束聚焦到样品中，实现材料在激光焦点处的双光子

激发。

（3）曝光控制系统。为了实现材料的三维成型,需要控制飞秒光束的通断和材料的曝光位置,通过光路中的光闸和三维扫描平台实现,通过计算机输出控制指令来实现两者之间的协调动作。

（4）实时检测系统。利用汞灯和 CCD 摄像机,对加工材料发生的光化学反应进行实时检测。

为了比较使用二元振幅型 DSE 前后线加工分辨率,采用了如图 5 – 15 所示的悬线加工方法,首先加工出两块间隙约为 $5\mu m$ 的立壁,随后在立壁之间采取不同的激光功率和扫描速度加工出单独的悬线。显影后通过电子显微镜测量悬线的特征尺寸。

图 5 – 15　通过悬线加工比较线加工分辨率

采用 $100^{\times}$ 浸没式显微物镜（$NA = 1.3$）以及 S – 3 型负性光刻胶,固定飞秒激光功率（如 25mW）,采用不同的扫描速度进行悬线加工,测得的轴向分辨率和横向分辨率如图 5 – 16 所示,虚线为将实验数据进行式（5 – 49）曲线拟合的结果,基本吻合。

$$D = \omega_0 \sqrt{2\ln\left(\frac{I_0 t^{1/2}}{K}\right)} , L = 2z_R \sqrt{\frac{I_0 t^{1/2}}{K} - 1} \qquad (5 - 52)$$

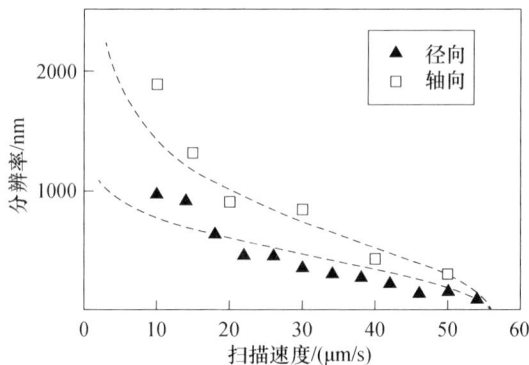

图 5 – 16　扫描速度与线加工分辨率的关系

式中:D、L 分别为双光子单点聚合的横向直径和轴向直径;I_0 为光强峰值;t 为曝光时间;ω_0 为激光束束腰半径;z_R 为瑞利半径;K 为与光引发剂的初始浓度、自由基浓度阈值、材料双光子吸收截面等有关的常数。

使用二元振幅型 DSE 后,双光子加工分辨率有所改善,小于 50nm,如图 5 – 17 所示。实验表明更容易获得 100nm 以下的单线加工分辨率。但由于系统的重复性较差,相同实验条件下所得到的加工分辨率波动幅度超过 50%,衍射元件对横向分辨率的增强效果不好量化。最好情况下,分辨率增强效果接近 10%,与理论计算得到的 20% 仍有一定差距。

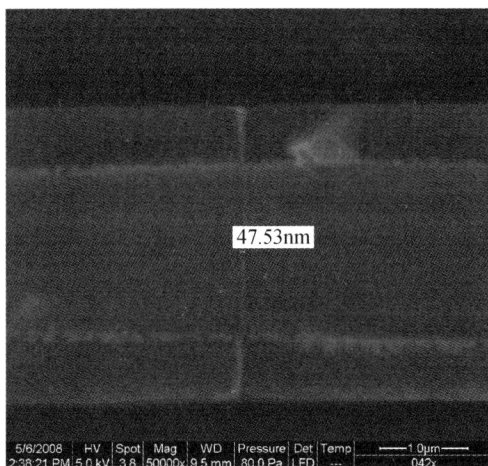

图 5 – 17　采用二元振幅 DSE 后得到的
最小单线加工分辨率

利用二元光学元件从理论上可以提高双光子加工的分辨率,但实验结果与预期结果有一定距离,此外,纯相位的二元光学元件尚没有真正用于双光子加工中。双光子加工机理、二元光学元件加工工艺、飞秒激光系统的稳定性和重复性等都需要深入研究,以充分利用二元光学元件理论上分辨率增强的潜力。

5.4　径向偏振光入射下衍射超分辨元件设计与性能

前面的衍射超分辨元件的设计中,入射光束都假定为线偏振理想平面波入射。随着激光技术的发展,出射光束的偏振态分布可以是径向偏振、周向偏振或任意偏振(详见第 6 章)。径向偏振光与线偏振光相比,具有许多独特的性质。其中,径向偏振光在大数值孔径聚焦的条件下,聚焦场纵向分量得到增强,从而获得小于衍射极限的主瓣尺寸。这种超分辨性能使径向偏振光的聚焦特性成为径向偏振光研究中最为关注的特性。在对径向偏振光大数值孔径聚焦条件下超分辨的研究中,很早就注意到了有限孔径对超分辨性能的影响。S. Quabis 在对径向偏振光聚焦特性的分析中就注意到了通过和不通过有限孔径光阑会对径向偏振光聚焦场的光强分布产生影响[22]。C. J. R. Sheppard 利用这一特点,详细分析了孔径光阑对径向偏振光超分辨的作用[23],Y. Yoon 等利用三环带光瞳提高了径向偏振光在浸没透镜聚焦下的性能[24]。为了进一步提高径向偏振光的超分辨性能,除了有限孔径方法之外,逐渐采用更复杂的振幅、相位或者混合型二元光学元件进行调制,M. T. Caballero 等对振幅调制型二元光学元件进行了分析和计算[25],Y. Kozawa 等对两环带振幅相位混合型径向偏振光二元光学元件的聚焦特性进行了研究[26];利用二元光学元件还能实现径向偏振光入射时的长焦深等特殊的光学性能,C. Sun 等设计的相位型径向偏振光二元光学元件同时实现了焦面超分辨和长焦深[27],Wang 等通过进一步优化径向偏振光二元光学元件,将主瓣半高全宽(Full Width Half Maximum,FWHM)在焦面上的尺寸缩小到 0.43λ,轴向尺寸增加到 4λ[28]。

径向偏振光 DSEs 的研究已取得重要成果,但是目前还没有一种方法来系统地优化设计径向偏振光 DSEs 以得到尽可能好的超分辨性能,也缺乏对径向偏振光三维超分辨 DSEs 的研究。参照前面线偏振光入射下的衍射超分辨元件的设计方法,本节系统分析径向偏振光入射下衍射超分辨元件设计与性能,优化的目标依然是在降低主瓣尺寸的同时获得最大的中心强度或斯特列尔比。

5.4.1　二维衍射超分辨元件设计与性能

5.4.1.1　二维衍射超分辨元件设计[29]

本节采用的坐标系定义如图 5 - 18 所示,原点 O 为透镜焦点,ρ 为垂轴面上的径向坐标,z 为以焦点为原点的光轴方向,θ 为像方孔径角,其最大值为 $\alpha =$ arcsin(NA/n),NA 为聚焦透镜的数值孔径,n 为像方折射率,空气中为 1,f 为透镜的焦距,λ 为入射波长。

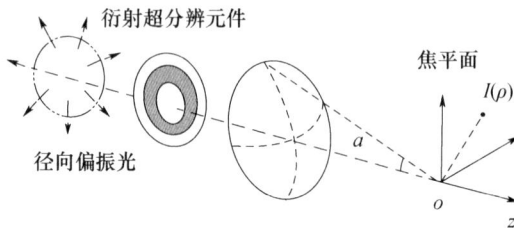

图 5 - 18　径向偏振光入射衍射超分辨元件设计系统结构图

若 DSE 的复振幅透过率函数为 $t(\theta)$,则焦平面上径向偏振光聚焦场光强分布为[30]

$$\begin{cases} e_r(\rho) = C\int_0^\alpha t(\theta)\cos^{1/2}\theta\sin(2\theta)l_0(\theta)J_1(k\rho\sin\theta)d\theta \\[2mm] e_z(\rho) = 2iC\int_0^\alpha t(\theta)\cos^{1/2}\theta\sin^2\theta l_0(\theta)J_0(k\rho\sin\theta)d\theta \end{cases} \tag{5-53}$$

$$I(\rho) = |e_r^2(\rho)| + |e_z^2(\rho)| \tag{5-54}$$

式中:e_r 为径向分量,e_z 为纵向分量,其中,$l_0(\theta)$ 为光瞳函数,对于贝塞尔 – 高斯光束入射,光瞳函数的形式为

$$l_0(\theta) = e^{-\beta_0^2 \left(\frac{\sin\theta}{\sin\alpha}\right)^2} J_1\left(2\beta_0 \frac{\sin\theta}{\sin\alpha}\right) \qquad (5-55)$$

式中:β_0 为光瞳与光束束腰的比值,为了简化起见,在本节中取为 1。

　　式(5 – 53)指出,在径向偏振光聚焦场上有径向分量和纵向分量两个电矢量的存在,两个分量的场强可以分别计算,总光场强度是这个两个电矢量的强度叠加。图 5 – 19 是两种数值孔径聚焦条件下,不放置 DSE 时径向偏振光聚焦场沿半径方向的光强分布,包括聚焦场的径向分量、纵向分量和总光场强度,其中图 5 – 19(a)中的 NA 等于 0.1,图 5 – 19(b)中的 NA 等于 0.95,虚线为径向偏振光聚焦场的径向分量,点划线为径向偏振光聚焦场的纵向分量,实线为两分量强度叠加得到的总光强。从图 5 – 19 中可以看出,小数值孔径下聚焦场光强主要由径向分量决定,纵向场强较弱,总光场呈中空环形分布,中心强度由于纵向分量的存在而不为零;大数值孔径下,聚焦场光强主要由纵向分量决定,有明显的中央主瓣,主瓣中心的强度由纵向分量决定,径向分量影响主瓣的尺寸和旁瓣的宽度。

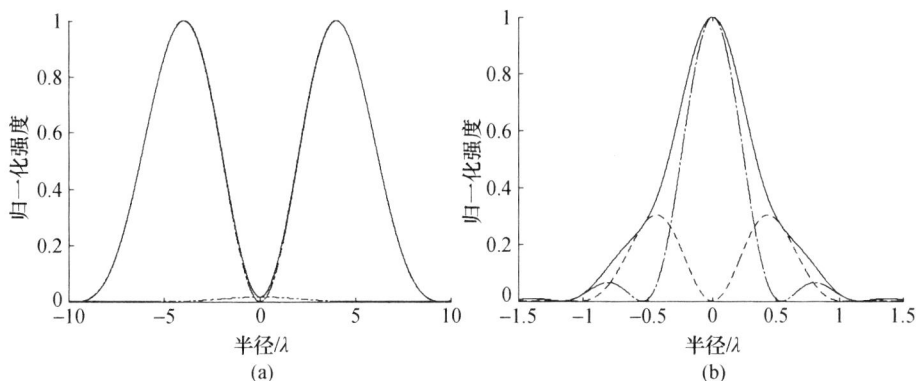

图 5 – 19　径向偏振光聚焦特性
(a) 小数值孔径聚焦场分布;(b) 大数值孔径聚焦场分布。

　　为了进一步分析径向偏振光聚焦场分布与数值孔径的关系,计算了波长为 0.6328μm,纵向分量中心强度和径向分量强度最大值之比随数值孔径的变化规律,如图 5 – 20 所示,从图中可以看出,纵向分量中心强度和径向分量强度最大值之比逐渐增大,在数值孔径超过 0.65 左右时,纵向分量中心强度超过径向分量强度最大值,在数值孔径接近 1 时接近 5 倍。

　　在大数值孔径聚焦条件下,虽然径向偏振光聚焦场的径向和纵向分量强度分布都具有零点,但两者零点位置并不重合,因此总光强分布没有零点,本节中

定义径向偏振光二维超分辨参数如下,如图 5 - 21 所示。

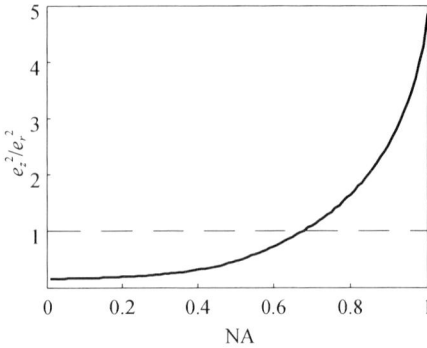

图 5 - 20　径向偏振光聚焦场分量
强度数值孔径的关系

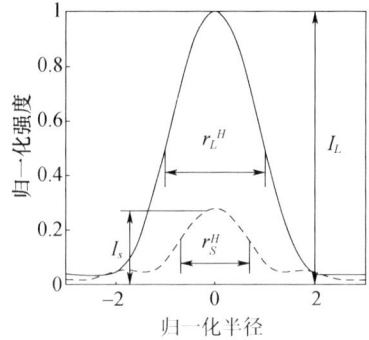

图 5 - 21　超分辨性能参数定义

主瓣尺寸:$G = r_S^H / r_L^H$,其中 r_S^H 为超分辨光强分布在焦面上的主瓣的半高全宽(FWHM),r_L^H 为线偏振光直接聚焦光强分布主瓣的半高全宽(FWHM)。

斯特列尔比:$S = I_S / I_L$,其中 I_S 为超分辨光强分布的中心强度,I_L 为线偏振光直接聚焦时光强分布的中心光强。

大数值孔径聚焦条件下径向偏振光聚焦场的中心强度由纵向分量决定,主瓣形状和尺寸主要由纵向分量决定,为简化起见,在优化中只考虑径向偏振光聚焦场的纵向分量,又因其强度分布存在零点,在优化过程中可以采用零点约束,参考线偏振光 DSEs 的优化方法构建优化问题,目标函数设为

$$\max_{U(\theta)} I(0) \tag{5 - 56a}$$

首先只考虑对中心主瓣尺寸的约束,约束条件为

$$I(\gamma) = 0 \tag{5 - 56b}$$

$$|t(\theta)| \leqslant 1 \tag{5 - 56c}$$

式中:γ 为焦平面上纵向分量主瓣第一个零点的位置。代入(5 - 53)并令 $t(\theta) = A(\theta) + iB(\theta)$,$A(\theta)$ 和 $B(\theta)$ 均为 θ 的实函数,则优化问题为

$$\max_{U(\theta)} I(0) = \left| \int_0^\alpha D_2(\theta) A(\theta) \, d\theta \right|^2 + \left| \int_0^\alpha D_2(\theta) B(\theta) \, d\theta \right|^2 \tag{5 - 57a}$$

约束条件为

$$\int_0^\alpha D_2(\theta) A(\theta) J_0(k\gamma \sin\theta) \, d\theta = 0 \tag{5 - 57b}$$

$$\int_0^\alpha D_2(\theta) B(\theta) J_0(k\gamma \sin\theta) \, d\theta = 0 \tag{5 - 57c}$$

$$A(\theta)^2 + B(\theta)^2 \leqslant 1 \tag{5 - 57d}$$

式中：$D_2(\theta) = \cos^{1/2}\theta \sin^2\theta l_0(\theta)$ 为关于 θ 的实函数。此优化问题中，目标函数 (5-57a) 及约束条件 (5-57d) 与优化函数 $A(\theta)$ 和 $B(\theta)$ 的依赖关系是非线性的，直接求解难以保证获得全局最优结构。采取与 2.2.4 节相同的处理方法，可以证明优化问题一定存在全局最优解满足 $A(\theta) = B(\theta)$；再利用泛函变分理论，可以证明全局最优解为 0、π 相移的纯相位二元光学元件。基于此，可以将优化问题简化并离散化为

$$\max_{A(\theta)} E(0) = \sum_{j=1}^{K} t_j \int_{\theta_j}^{\theta_{j+1}} D_2(\theta)\,\mathrm{d}\theta \qquad (5-58a)$$

满足约束

$$\sum_{j=1}^{K} t_j \int_{\theta_j}^{\theta_{j+1}} D_2(\theta)\,\mathrm{J}_0(k\gamma\sin\theta)\,\mathrm{d}\theta = 0 \qquad (5-58b)$$

将二元光学元件沿径向分为 K 个环带，其中第 j 个环带的透过率函数为 t_j，有

$$t_j \leqslant 1 \qquad (5-58c)$$

$$-t_j \leqslant 1 \qquad (5-58d)$$

$\theta_1 = 0, \theta_{K+1} = \alpha$。式 (5-58) 的优化问题可以用线性规划方法求解。

为了验证径向偏振光超分辨性能的优越和本节设计方法的有效性，将设计结果与文献 [31,14] 中的结果进行了对比。

在 $\gamma = 0.38\lambda$ 时，即对横向中心主瓣的尺寸进行约束的情况下，线偏振光 DSE 的全局最优解是二环带 0、π 结构的二元光学元件，称为 DSE-0，其归一化相位突变点的位置为 0.47，根据本节对于超分辨性能参数的定义，DSE-0 的 G 和 S 分别为 0.64 和 0.13。

为了方便比较，设计了两个径向偏振光 DSEs，分别具有与 DSE-0 相同的 G 或 S，以说明径向偏振光 DSEs 相比于线偏振光 DSEs 性能更优越。

首先零点约束取为 $\gamma = 0.38\lambda$ 时，径向偏振光 DSEs 的归一化相位突变点位置为 0.39，称为 DSE-1，考虑聚焦场径向分量时 DSE-1 的 G 和 S 分别为 0.65 和 0.39。由于径向偏振光的光强分布与线偏振光有所不同，因此在取相同的零点约束时，根据光强分布的 FWHM 计算的 G 略有不同，为了更好地比较线偏振光 DSE 和径向偏振光 DSEs 的超分辨性能，以 $G = 0.64$ 为目标优化了相应的径向偏振光 DSE，通过微调 γ 的值，获得了归一化相位突变点为 0.40 的径向偏振光 DSEs，称为 DSE-2，其 S 为 0.36。DSE-0 和 DSE-2 的焦平面光强分布如图 5-22 所示，实线为径向偏振光 DSE-2 聚焦场径向强度分布，虚线为线偏振光 DSE-0 聚焦场径向强度分布。DSE-2 和 DSE-0 具有相同的 G，但是 DSE-2 的中心强度 S 是 DSE-0 的 3 倍。

选择适当的 γ 以获得与 DSE-0 相同的 S，将优化得到的径向偏振光 DSE 称为 DSE-3，其归一化相位突变点位置为 0.53，考虑聚焦场径向分量时 G 为 0.48，

相对于 DSE-0 减小了 25%。DSE-0 和 DSE-3 的焦平面光强分布如图 5-23 所示,实线为径向偏振光 DSE 聚焦场径向强度分布,虚线为线偏振光 DSE 聚焦场径向强度分布。

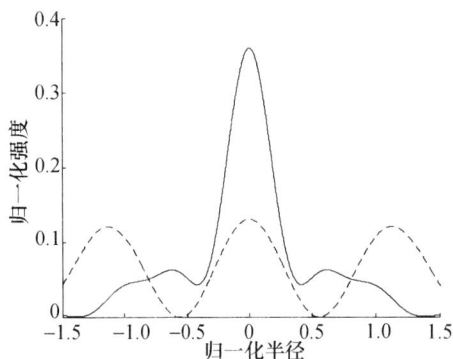

图 5-22　径向偏振光 DSE-2 与线偏振光　　图 5-23　径向偏振光 DSE-3 与线偏振光
DSE-0 聚焦场强度分布对比　　　　　　　　DSE-0 聚焦场强度分布对比

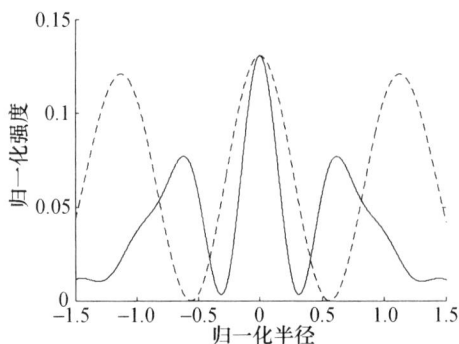

表 5-4 列出了线偏振光 DSEs 和以上所有径向偏振光 DSEs 的参数,其中,括号中的 G 是没有考虑聚焦场径向分量的结果,同时列出了径向偏振光直接聚焦时的超分辨性能。

表 5-4　径向偏振光 DSEs 与线偏振光 DSEs 超分辨性能参数对比

归一化径向坐标			超分辨性能参数	
			G	S
线偏振光	DSE-0	0.47	0.64	0.13
	DSE-1	0.39	0.65(0.54)	0.39
径向偏振光	DSE-2	0.40	0.64(0.52)	0.36
	DSE-3	0.53	0.48(0.45)	0.13
	无 DSE	/	0.76(0.57)	0.60

5.4.1.2　径向偏振光二维超分辨性能限制

设计线偏振光 DSEs 时,只对中心主瓣的尺寸进行零点约束的情况下,可以得到解析形式的 γ 一定时 S 的精确上限(详见 2.2.4.4 节):

$$\rho = \left[1 - \sqrt{1 - 0.5 x_J \gamma \mathrm{J}_1(x_J \gamma)} \right]^{\frac{1}{2}} / (0.5 x_J \gamma) \tag{5-59}$$

$$S(\gamma) = \left[1 - 2 (\rho)^2 \right]^2 \tag{5-60}$$

式中:$x_J = 3.8317$ 为一阶贝塞尔函数的第一个零点;ρ 为给定零点约束 γ 下线偏振光 DSEs 相位突变点的归一化径向坐标,由于主瓣的形状有所不同,在相同零点约束下径向偏振光 DSEs 和线偏振光 DSEs 聚焦场光强主瓣尺寸 G 会略有不同。因此,为了比较径向偏振光 DSEs 和线偏振光 DSEs 的性能限制,需先根据式(5 - 59)、式(5 - 60)计算出线偏振光 DSEs 的相位突变坐标后,再计算相应的 G,再与径向偏振光进行比较。

利用数值方法,对不同的零点约束优化了一系列径向偏振光 DSEs,并计算其超分辨性能,用式(5 - 59)及式(5 - 60)计算了相同 G 下线偏振光 DSE 的 S,在表 5 - 5 中列出。

表 5 - 5　径向偏振光 DSEs 与线偏振光 DSEs 超分辨性能参数

S \ G	线偏振光 DSEs	径向偏振光 DSEs
0.82	0.43	0.59
0.79	0.36	0.57
0.76	0.28	0.54
0.75	0.26	0.52
0.73	0.24	0.50
0.71	0.20	0.47
0.69	0.17	0.45
0.67	0.16	0.42
0.65	0.13	0.39
0.61	0.09	0.33
0.58	0.07	0.28
0.56	0.06	0.26
0.54	0.05	0.21
0.52	0.04	0.18
0.49	0.03	0.14
0.47	0.02	0.12
0.44	0.01	0.09
0.35	0.01	0.08

为了更直观地比较径向偏振光 DSEs 与线偏振光 DSEs 的超分辨性能,将表 5 - 5 中的数据以 G 作为横坐标,S 作为纵坐标标出,如图 5 - 24 所示。

倒三角点是根据线偏振光 DSEs 二维超分辨性能限制的解析表达式计算的超分辨性能,十字是径向超分辨 DSEs 考虑了聚焦场径向分量后的计算结果。在超分辨性能相同的情况下,径向偏振光 DSEs 具有更高的中心强度,因而位于线偏振光 DSEs 的上方,说明径向偏振光 DSEs 具有更好的超分辨性能。

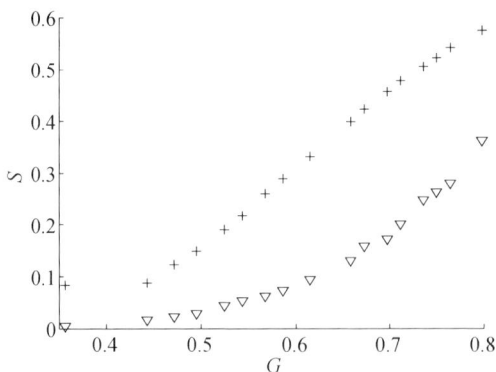

图 5 – 24　径向偏振光 DSE 和线偏振光 DSE 超分辨性能比较

5.4.1.3　二维超分辨横向旁瓣的控制

对于双光子加工而言,关心的超分辨性能除了中心主瓣的尺寸和中心强度之外,还有最高旁瓣的强度。线偏振光 DSEs 可以通过增加零点约束数量的方法约束旁瓣高度,并可以分析整个聚焦场内的最高旁瓣(详见 5.2.2 节),而径向偏振光由于旁瓣位置不同,不能直接参考线偏振光旁瓣约束的方法控制整个聚焦场内的最高旁瓣。考虑到第一旁瓣的强度对中心主瓣的影响最为显著,并且控制第一旁瓣强度的方法,同样适用于其他旁瓣,因此本节选择只对径向偏振光 DSE 聚焦场的第一个旁瓣的强度进行控制。定义第一旁瓣的强度 M 为聚焦场第一旁瓣最大强度与中心强度的比值。对优化问题(5 – 56)增加约束条件

$$I(\gamma') = 0 \tag{5 – 61}$$

式中:γ' 为控制第一旁瓣最大强度的零点约束的径向坐标。增加约束条件(5 – 61)后的优化问题仍然具有 0、π 结构的全局最优解,参考式(5 – 58)将优化问题简化并离散化为

$$\max_{A(\theta)} E(0) = \sum_{j=1}^{K} t_j \int_{\theta_j}^{\theta_{j+1}} D_2(\theta) \, d\theta \tag{5 – 62a}$$

$$\sum_{j=1}^{K} t_j \int_{\theta_j}^{\theta_{j+1}} D_2(\theta) J_0(k\gamma\sin\theta) \, d\theta = 0 \tag{5 – 62b}$$

$$\sum_{j=1}^{K} t_j \int_{\theta_j}^{\theta_{j+1}} D_2(\theta) J_0(k\gamma'\sin\theta) \, d\theta = 0 \tag{5 – 62c}$$

通过选择合适的参数,可以获得与横向分辨率 G 与 DSE-3 相同但第一旁瓣较小的 DSE。设计的 DSE 称为 DSE-4,其相位突变点的归一化径向坐标为 0.36 和 0.62。DSE-4 聚焦场径向光强分布如图 5 – 25 所示,虚线为 DSE-3 聚焦场横向强度分布,实线为 DSE-4 相应的强度分布。

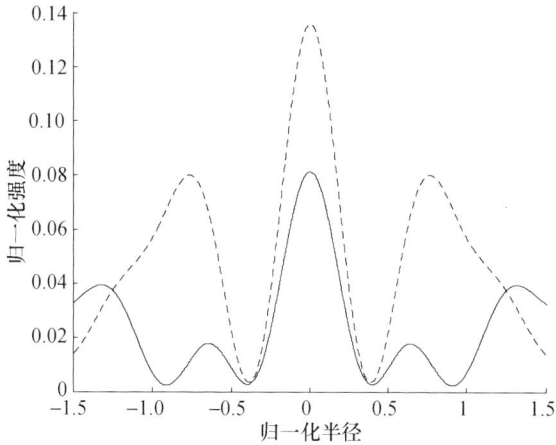

图 5-25　DSE-3 与 DSE-4 聚焦场强度分布对比

经过计算,DSE-4 的超分辨性能参数 G 为 0.48,S 为 0.08,第一旁瓣的强度 M 为 0.22,相对应的 DSE-3 的第一旁瓣强度 M 为 0.59,相比下降了 62%,可见该方法对于控制第一旁瓣高度十分有效,但是作为控制第一旁瓣高度的代价,主瓣中心强度也下降了 38%。同时注意到 DSE-4 聚焦场第二旁瓣的高度已经超过第一旁瓣,理论上可以采用继续增加零点约束条件的方法控制第二旁瓣的强度,在此不再讨论。

5.4.1.4　径向偏振光聚焦场径向分量对超分辨性能的影响

在径向偏振光 DSEs 的优化中,考虑到聚焦主瓣主要由径向偏振光聚焦场的纵向分量决定,在优化过程中只考虑了纵向分量。从表 5-4 中可以看到由于聚焦场径向分量的影响,DSE-1 和 DSE-2 的 G 分别增加了 20% 和 23%,而 DSE-3 的 G 只增加了 6.7%。图 5-26 中分别是 DSE-2 和 DSE-3 径向分量的径向强度分布,实线对应 DSE-2,虚线对应 DSE-3。可见 DSE-3 的中心附近的旁瓣高度较 DSE-2 明显减小,这是其径向分量对 G 影响较小的原因。

图 5-27 中是表 5-5 优化得到的径向偏振光 DSEs 超分辨性能的进一步计算结果,正三角是没有考虑径向偏振光聚焦场径向分量的结果,十字是考虑了径向偏振光径向分量后的超分辨性能,考虑聚焦场径向分量时,径向偏振光 DSEs 的超分辨性能下降,G 越大,聚焦场径向分量的影响越明显。

优化径向偏振光 DSEs 时只考虑了径向偏振光聚焦场的纵向分量,对聚焦场的径向分量未加以控制,因此优化得到的径向偏振光 DSEs 对整个聚焦场的两个分量而言不能确定是全局最优解。为了研究是否能设计径向偏振光 DSEs 获得更高的超分辨性能,使用穷举算法,在已优化的二环带 0、π 结构的二元光

173

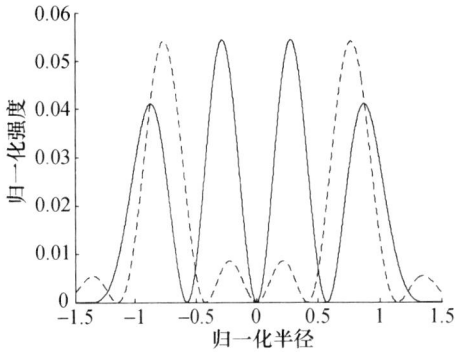

图 5 - 26　DSE-2 和 DSE-3
径向分量强度分布

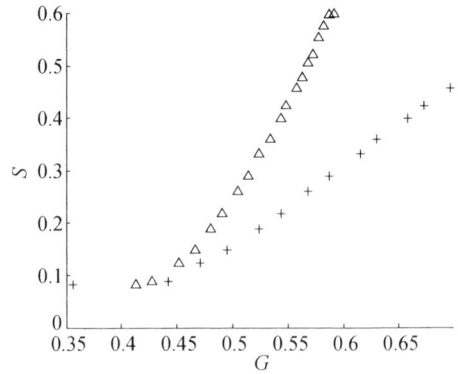

图 5 - 27　径向分量对径向偏振光
DSEs 超分辨性能的影响

学元件基础上,不改变其二环
带和二值相位调制基本结构的
前提下,以相位突变的归一化
半径和相位调制量为变量,计
算在一定范围内径向偏振光
DSEs 超分辨性能的变化情况。
基于 DSE-1,设定 DSEs 的归一化
半径变化范围为 $[0.33, 0.45]$,
相位调制量变化范围为 $[\pi/2,
3\pi/2]$,随机给出几种组合,计算
相应的超分辨性能,以叉号表

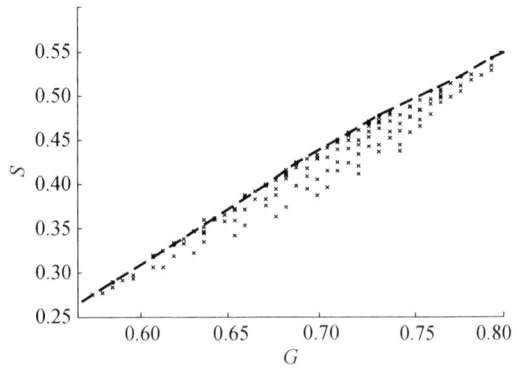

图 5 - 28　径向偏振光 DSEs 进一步优化后
超分辨性能的变化

示,绘制在图 5 - 28 中,其他 DSEs 类似得到一系列以叉号表示的超分辨性能。
图 5 - 28 中的虚线是根据 5.4.1.2 节中得到的一系列径向偏振光 DSEs 超分辨
性能连成的曲线。从图 5 - 28 中可以看出,随机扰动后的 DSEs 的超分辨性能都
位于曲线的右下方。由此可见,对于用于径向偏振光超分辨的相位型二元光学
元件而言,只考虑聚焦场纵向分量的优化方法得到了性能优异的设计结果,虽然
不能证明对于径向偏振光的两个分量而言是全局最优的,但是在此设计基础上
进一步优化非常困难。

5.4.1.5　入射波对超分辨性能的影响

前面设计和分析时仅选取了贝塞尔 - 高斯光束入射一种情形,为讨论不同
强度分布的径向偏振光入射波对于超分辨性能的影响,考虑以下几种典型的
入射激光光束,包括理想平面波、贝塞尔光束和高斯光束。这三种光束的光瞳函

数分别为

$$l_L(\theta) = 1 \tag{5-63}$$

$$l_B(\theta) = J_1\left(2\beta_0 \frac{\sin\theta}{\sin\alpha}\right) \tag{5-64}$$

$$l_G(\theta) = e^{-\beta_0^2\left(\frac{\sin\theta}{\sin\alpha}\right)^2} \tag{5-65}$$

在此要强调的是,对于实际的径向偏振光,其光瞳函数必须满足一定的强度衰减条件,但所选的光瞳函数并未考虑到这一点,因此仅仅是从数值计算的角度来分析入射波强度分布对超分辨性能的影响。

对于不同的入射光束,在只考虑径向偏振光聚焦场纵向分量的前提下,前面的优化方法仍然适用,只需要将 $D_2(\theta) = \cos^{1/2}\theta \sin^2\theta l_0(\theta)$ 函数中的光瞳函数 $l_0(\theta)$ 更换为相应入射光束的光瞳函数即可。5.4.1.1 节中的结论也成立,优化结果为 0、π 结构的纯相位元件,对于径向偏振光聚焦场纵向分量而言是全局最优解。

在相同的零点约束条件下,优化的径向偏振光 DSE 的结构相同,但其归一化径向坐标不同,都采用 DSE-1 的零点约束时,计算了不同光束入射情况下,优化得到的径向偏振光 DSEs 的聚焦场强度分布,如图 5-29 所示,其中,点线为贝塞尔光束入射聚焦场强度分布,虚线为理想平面波入射聚焦场强度分布,实线为贝塞尔-高斯光束入射聚焦场强度分布,点划线为高斯

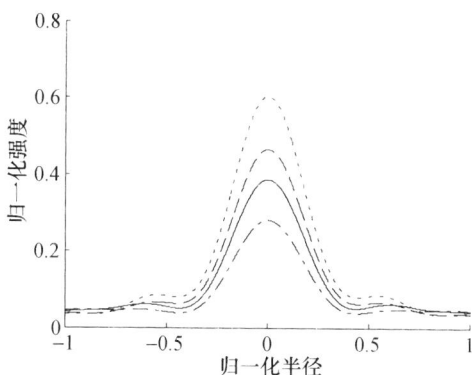

图 5-29   不同入射光束聚焦场强度分布

光束入射聚焦场强度分布,其相应的超分辨性能参数列于表 5-6 中。

从不同入射光束的径向偏振光 DSEs 超分辨性能可以看出,优化获得的 DSEs 具有相同的主瓣尺寸,但其中心强度有所不同,S 从 0.27 至 0.6 不等,充分表明入射光束强度分布对径向偏振光超分辨性能有明显的影响。

表 5-6   不同入射波径向偏振光 DSE 超分辨性能参数

入射光束	性能参数	
	G	S
理想平面波	0.65(0.54)	0.46
贝塞尔光束	0.65(0.54)	0.60
高斯光束	0.65(0.54)	0.27

在此基础上优化了一系列用
于不同强度分布的入射光束的径
向偏振光 DSEs,计算了其超分辨
性能,并将计算结果绘制在 $G - S$
坐标中,如图 5 - 30 所示,其中,星
点为贝塞尔光束,圆点为理想平面
波,十字为贝塞尔 – 高斯光束,叉
号为高斯光束。贝塞尔光束的超
分辨性能最高,理想平面波次之,
而高斯光束的超分辨性能最低。
不同入射光束超分辨变化趋势相

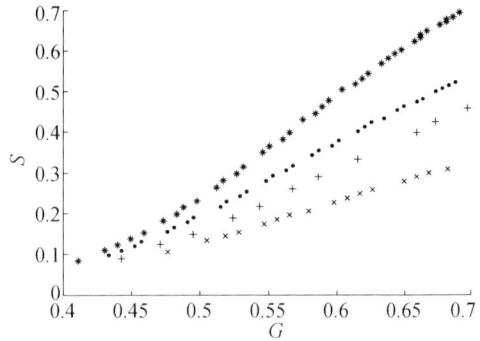

图 5 - 30　入射光束对径向偏振光
DSE 超分辨性能的影响

同,随着横向分辨率 G 的下降,中心强度 S 也逐渐下降。

5.4.2　三维衍射超分辨元件设计与性能

在二维超分辨(横向超分辨)的基础上,如果衍射超分辨元件使聚焦场沿光
轴方向的主瓣尺寸也低于衍射极限(纵向超分辨),则为三维超分辨。5.4.1.1
节的计算结果表明,焦面主瓣的尺寸主要由聚焦场的纵向分量决定。此外,径向
分量在光轴上的强度恒为零,轴向主瓣完全由纵向分量决定,因此,为简化起见,
仍然选择径向偏振光聚焦场的纵向分量作为优化对象。在实际应用中,轴向上
的高旁瓣同样会影响主瓣实际性能,因而有必要对轴向上的旁瓣强度进行控制。
参考 5.4.1.3 节中的方法,对径向偏振光 DSEs 聚焦场轴向的第一旁瓣强度进行
控制。

系统结构如图 5 - 18 所示。若 DSE 的复振幅透过率函数为 $t(\theta)$,则径向偏
振光聚焦场三维分布为

$$e_r(\rho,z) = C\int_0^\alpha U(\theta)\cos^{1/2}\theta\sin(2\theta)l_0(\theta)\mathrm{J}_1(k\rho\sin\theta)\mathrm{e}^{\mathrm{i}2kz\cos\theta}\mathrm{d}\theta$$

$$e_z(\rho,z) = 2\mathrm{i}C\int_0^\alpha U(\theta)\cos^{1/2}\theta\sin^2\theta l_0(\theta)\mathrm{J}_0(k\rho\sin\theta)\mathrm{e}^{\mathrm{i}2kz\cos\theta}\mathrm{d}\theta$$

$$I(\rho,z) = |e_r(\rho,z)|^2 + |e_z(\rho,z)|^2 \qquad\qquad (5-66)$$

图 5 - 31 是径向偏振光和线偏振光在数值孔径为 0.95 时,聚焦场沿光轴方
向上的强度分布,径向偏振光聚焦场轴向主瓣尺寸(实线)比线偏振光轴向主瓣
(虚线)大。同时,由于 $\mathrm{J}_1(0) = 0$,在光轴上径向偏振光聚焦场是由纵向分量 e_z
决定,因此在三维 DSEs 的优化设计中仍然只考虑聚焦场的纵向分量,在对优化
后的径向偏振光三维 DSEs 的超分辨性能计算时再考虑径向分量 e_r 对焦平面上
横向超分辨性能的影响。

相比于 5.4.1 节对于超分辨性能的定义，三维超分辨需要增加沿光轴方向的超分辨性能参数，考虑到无论是线偏振光还是径向偏振光沿光轴方向上都没有零点，定义三维超分辨性能参数如下：

斯特列尔比 $S = I_S/I_L$，其中 I_S 为超分辨时的中心强度，I_L 为线偏振光直接聚焦时的中心光强。

焦面上的主瓣尺寸 $G_T = r_S^H/r_L^H$，其中 r_S^H 为超分辨光强分布焦面主瓣的半高全宽，r_L^H 为线偏振光直接聚焦时焦面主瓣的半高全宽。

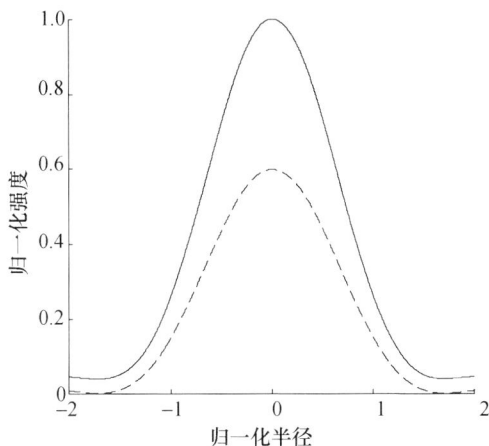

图 5 – 31　线偏振光及径向偏振光聚焦时的轴向光强分布(NA = 0.95)

沿光轴主瓣尺寸 $G_A = z_S^H/z_L^H$，其中 z_S^H 为超分辨光强分布沿光轴方向上主瓣的半高全宽，z_L^H 为线偏振光直接聚焦时沿光轴方向上主瓣的半高全宽。

径向偏振光三维 DSEs 的优化问题为

$$\max_{U(\theta)} I(0,0) \tag{5-67a}$$

约束条件为

$$I(\xi,0) \leqslant \varepsilon I(0,0) \tag{5-67b}$$

$$I(0,\psi) \leqslant \omega I(0,0) \tag{5-67c}$$

$$|t(\theta)| \leqslant 1 \tag{5-67d}$$

其中，由于轴向上的聚焦场纵向分量的光强不能完全降为 0，因此不采用零点约束，而是对某选定点的光强进行约束，采用 ξ 和 ε 控制焦面上主瓣尺寸 G_T，ψ 和 ω 控制轴向主瓣尺寸 G_A。

在优化中只考虑径向偏振光聚焦场的纵向分量，假设贝塞尔 – 高斯光束入射，则 $D_2(\theta) = \cos^{1/2}\theta \sin^2\theta l_0(\theta)$，设 $t(\theta) = A(\theta) + iB(\theta)$，其中 $A(\theta)$ 和 $B(\theta)$ 均为 θ 的实函数。将式(5 – 66)中的纵向分量代入式(5 – 67)，得到优化问题

$$\max_{U(\theta)} I(0,0) = \left\{ \left[\int_0^\alpha D_2(\theta) A(\theta) \mathrm{d}\theta \right]^2 + \left[\int_0^\alpha D_2(\theta) B(\theta) \mathrm{d}\theta \right]^2 \right\} \tag{5-68a}$$

约束条件为

$$I(\xi,0) = \left\{ \left[\int_0^\alpha D_2(\theta) A(\theta) \mathrm{J}_0(k\xi\sin\theta) \mathrm{d}\theta \right]^2 \right.$$
$$\left. + \left[\int_0^\alpha D_2(\theta) B(\theta) \mathrm{J}_0(k\xi\sin\theta) \mathrm{d}\theta \right]^2 \right\} \leqslant \varepsilon I(0,0) \tag{5-68b}$$

$$I(0,\psi) = \left[\int_0^\alpha D_2(\theta)A(\theta)\cos(2k\psi\cos\theta)\mathrm{d}\theta - \int_0^\alpha D_2(\theta)B(\theta)\sin(2k\psi\cos\theta)\mathrm{d}\theta \right]^2$$

$$+ \left[\int_0^\alpha D_2(\theta)B(\theta)\cos(2k\psi\cos\theta)\mathrm{d}\theta + \int_0^\alpha D_2(\theta)A(\theta)\sin(2k\psi\cos\theta)\mathrm{d}\theta \right]^2 \leqslant \omega I(0,0)$$

$$(5-68\mathrm{c})$$

$$|t(\theta)| \leqslant 1 \qquad\qquad (5-68\mathrm{d})$$

同样地,优化问题(5-68)可以转化为线性规划问题进行求解。在径向和轴向都只对中心主瓣的尺寸进行约束的情况下,获得的是四环带 0、π 结构的二元光学元件,与线偏振光三维 DSEs 的结果相似,且优化结果对径向偏振光聚焦场的纵向分量是全局最优的。

为了对线偏振光 DSEs 和径向偏振光 DSEs 三维超分辨性能进行对比,在数值孔径为 0.95 的条件下,选取只对径向和轴向中心主瓣的尺寸进行约束的线性偏振光 DSEs 为参照,称为 DSE-5,其相位突变点的归一化径向坐标为 0.14、0.5 和 0.78,计算出的超分辨性能参数 G_T、G_A 和 S 分别为 0.80、0.80 和 0.06。

分别设计两个径向偏振光三维 DSEs,使之分别具有与 DSE-5 相同的三维主瓣尺寸或中心强度,以体现径向偏振光三维 DSEs 超分辨性能的优越性。但是由于主瓣形状不同,难以使径向偏振光 DSEs 与线偏振光 DSEs 同时具有完全一致的 G_T 和 G_A,因此在设计时,使径向偏振光 DSE 具有与线偏振光 DSE 相同的 G_T;另一个设计使之具有与线偏振光 DSE 相同的 S。

首先选择与优化线偏振光 DSE 相同的径向约束 ξ,并且使轴向约束 ψ 尽量接近。优化结果称为 DSE-6,其相位突变点的归一化坐标为 0.07、0.58 和 0.7,在考虑聚焦场径向分量的情况下,计算得到的超分辨性能参数 G_T、G_A 和 S 分别为 0.80、0.77 和 0.22。径向偏振光 DSE 和线偏振光 DSE 聚焦场横向和轴向的强度分布如图 5-32(a)、(b)所示,实线为 DSE-6 聚焦场横向及轴向强度分布,虚线为 DSE-5 聚焦场横向及轴向强度分布。径向偏振光 DSE 的横向分辨率和线偏振光的相同,轴向分辨率提高了 3.7%,而中心强度 S 提高了约 3 倍,并且轴向上的旁瓣强度明显减小。

为了获得与线偏振光 DSE 相同的 S,改变 ξ 和 ψ 取值,得到的径向偏振光 DSE 的优化结果称为 DSE-7,其相位突变点的归一化坐标为 0.26、0.57 和 0.76,计算得到的超分辨性能参数 G_T、G_A 和 S 分别为 0.69、0.66 和 0.06,此时径向偏振光 DSE 和线偏振光 DSE 聚焦光场的径向和轴向的强度分布如图 5-33(a)、(b)所示,实线为 DSE-7 聚焦场横向及轴向强度分布,虚线为 DSE-5 聚焦场横向及轴向强度分布。相对于线偏振光 DSE,G_T 减小了 13.7%,G_A 减小了 17.5%,同时轴向上的旁瓣强度也明显降低。

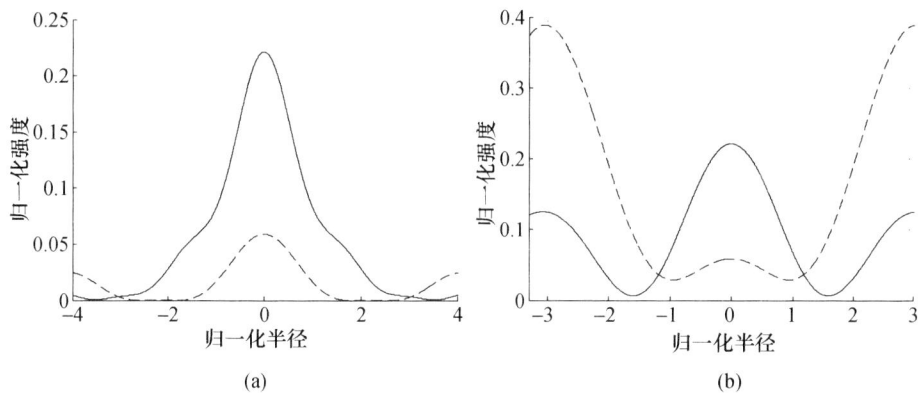

图 5 - 32　DSE-6 与 DSE-5 聚焦场横向及轴向强度分布

（a）DSE-5 与 DSE-6 聚焦场横向强度分布；（b）DSE-5 与 DSE-6 轴向强度分布。

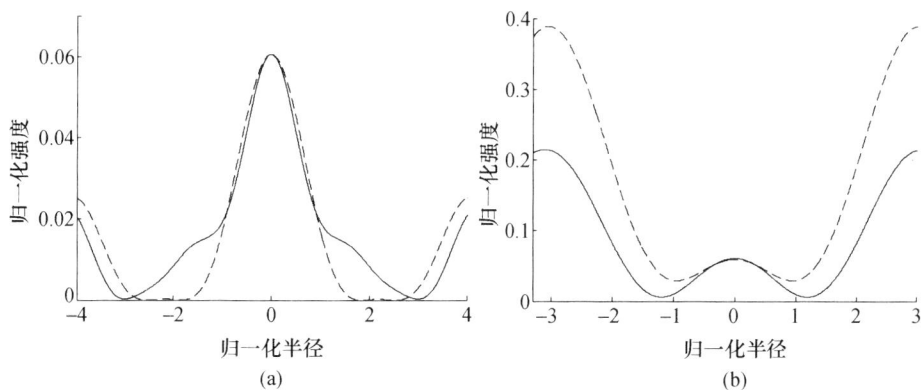

图 5 - 33　DSE-7 与 DSE-5 聚焦场横向及轴向强度分布

（a）DSE-7 与 DSE-5 横向强度分布；（b）DSE-7 与 DSE-5 轴向强度分布。

选取不同的横向控制参数 ξ 和 ψ，利用数值方法，优化得到一系列具有不同横向分辨率及轴向分辨率的径向偏振光 DSEs。若不考虑横向分辨率 G_T，选取一定轴向分辨率 G_A 下的最大中心强度 S，得到该优化方法下，径向偏振光 DSEs 三维超分辨性能限制，如图 5 - 34 所示。

从图 5 - 33（b）可以发现，虽然 DSE-7 轴向上的第一旁瓣强度较

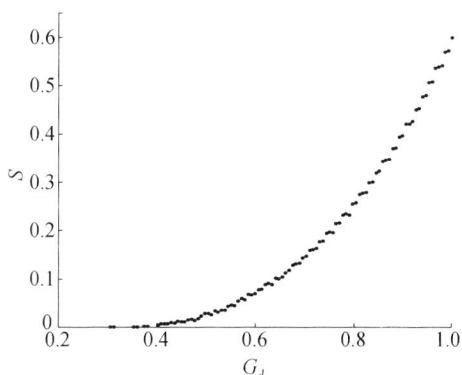

图 5 - 34　径向偏振光 DSE 轴向超分辨性能

DSE-5 有所下降,但仍然大于中心强度,因此有必要对旁瓣进行约束。定义轴向第一旁瓣强度 M_A 为轴向上第一旁瓣强度与中心强度的比值,DSE-7 的旁瓣强度为 3.5。

通过对径向偏振光 DSEs 轴向第一旁瓣的约束来控制整个的轴向旁瓣。选取适当的参数,可以设计出分辨率和 DSE-7 相同,但旁瓣强度明显减小的径向偏振光 DSE,称为 DSE-8,其相位突变点的归一化半径分别为 0.46、0.61、0.74 和 0.83,相比于 DSE-7 的结构,DSE-8 增加了一个环带。DSE-7 与 DSE-8 的轴向强度分布如图 5 – 35 所示,虚线

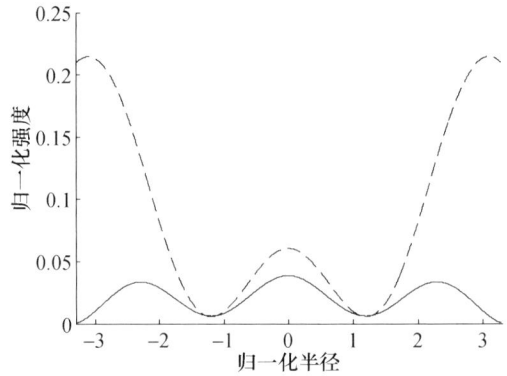

图 5 – 35   DSE-8 与 DSE-7 聚焦场轴向强度分布

为 DSE-7 轴向强度分布,实线为 DSE-8 轴向强度分布。DSE-8 的横向分辨率 G_T 为 0.69,轴向分辨率 G_A 为 0.66,中心强度 S 为 0.03,旁瓣强度 M 为 1。与 DSE-7 相比,G_T 和 G_A 相同,M 下降了 71.4%,代价是 S 降为 DSE-7 的 1/2,这与仅进行横向旁瓣强度控制的结果类似。

参考文献

[1] Cumpston B H, Ananthavel S P, Barlow S, et al. Two – photon polymerization initiators for three – dimensional optical data storage and microfabrication[J]. Nature, 1999, 398 : 51 – 54.

[2] 董贤子,陈卫强,赵震声,等. 飞秒脉冲激光双光子微纳加工技术及其应用[J]. 科学通报, 2008, 53 (1) : 2 – 13.

[3] 蒋中伟,袁大军,祝安定,等. 双光子三维微细加工技术及实验系统的开发[J]. 光学精密工程. 2003, 11(3) : 234 – 238.

[4] 陈小亮,任乃飞,王群. 飞秒激光双光子聚合三维微细加工技术及系统研发[J]. 机械制造, 2006, 44 : 27 – 30.

[5] Sun H B, Tanaka T, Takada K, et al. Two – photon photopolymerization and diagnosis of three – dimensional microstructures containing fluorescent dyes[J]. Appl. Phys. Lett. , 2001, 79 : 1411 – 1413.

[6] Kawata S, Sun H B, Tanaka T, et al. Finer features for functional micro devices[J]. Nature, 2001, 412 : 697 – 698.

[7] Chichkov B N, Fadeeva E, Koch J, et al. Femtosecond laser lithography and applications[J], Proc. SPIE, 2006, 6106 : 610612.

[8] Galajda P, Ormos P. Complex micromachines produced and driven by light[J]. Appl. Phys. Lett. , 2001, 78

(2):249－251.

［9］ Maruo S,Ikuta K,Korogi H. Submicron manipulation tools driven by light in a liquid［J］. Appl. Phys. Lett. ,2003,82(1):133－135.

［10］ Yokoyama S,Nakahama T,Miki H,et al. Two－photon－induced polymerization in a laser gain medium for optical microstructure［J］. Appl. Phys. Lett. ,2003,82(19):3221－3223.

［11］ Kato J,Takeyasu N. Adachi Y,et al. Multiple－spot parallel processing for laser micronanofabrication［J］. Appl. Phys. Lett. ,2005,86(4):44102.

［12］ Matsuo S,Juodkazis S,Misawa H. Femtosecond laser microfabrication of periodic structures using a micro-lens array［J］. Appl. Phys. A,2005,80(4):683－685.

［13］ LiuH,Yan Y,Yi D,et al. Design of three－dimensional superresolution filters and limits of axial optical superresolution［J］. Appl. Opt. ,2003,42 (8):1463－1476.

［14］ LiuH,Yan Y,Jin G. Design theories and performance limits of diffractive superresolution elements with the highest sidelobe suppressed［J］. J. Opt. Soc. Am. A,2005,22(5):828－838.

［15］ LiuH,Yan Y,Yi D,Jin G. Theories for the design of a hybrid refractive－diffractive superresolution lens with high numerical aperture［J］. J. Opt. Soc. Am. A,2003,20(5):913－924.

［16］ Foley J T,Wolf E. Wave－front spacing in the focal region of high－numerical－aperture systems［J］. Opt. Lett. ,2005,30:1312－1314.

［17］ Born M,Wolf E. 光学原理. 上册［M］. 杨葭荪,等译. 北京:科学出版社,1978.

［18］ Pommet D A,Moharam M G,Grann E B. Limits of scalar diffraction theory for diffractive phase element ［J］. J. Opt. Soc. Am. A,1994,11 (6):1827－1834.

［19］ 魏鹏. 双光子三维微细加工技术的研究［R］. 北京:清华大学博士后研究报告,2006.

［20］ 韦晓全. 双光子微细加工分辨率增强技术及其应用研究［D］. 北京:中国科学院研究生院硕士学位论文,2008.

［21］ 程侃. 径向偏振光衍射超分辨器件设计［D］. 北京:清华大学硕士学位论文,2010.

［22］ Dorn R,Quabis S,and Leuchs G. Sharper focus for a radially polarized light beam［J］. Phys. Rev. Lett. ,2003. 91(23):233901.

［23］ Sheppard C J R,and Choudhury A. Annular pupils,radial polarization,and superresolution［J］. Appl. Opt. ,2004,43(22):4322－4327.

［24］ Yong J Y,Wan C K,No C P,et al. Feasibility study of the application of radially polarized illumination to solid immersion lens－based near－field optics［J］. Opt. Lett. ,2009,34(13):1961－1963.

［25］ Caballero MT,Ibáñez L C,Martínez C M. Shaded－mask filtering:Novel strategy for improvement of resolution in radial－polarization scanning microscopy［J］. Opt. Eng. ,2006,45(9):098003.

［26］ Kozawa Y,and Sato S. Focusing property of a double－ring－shaped radially polarized beam［J］. Opt. Lett. ,2006,31(6):820－822.

［27］ Ching C S,and Chin K L. Ultrasmall focusing spot with a long depth of focus based on polarization and phase modulation［J］. Opt. Lett. ,2003,28(2):99－101.

［28］ Wang H F,Shi L P,Lukyanchuk B,Sheppard C and Chong T C. Creation of a needle of longitudinally polarized light in vacuum using binary optics［J］. Nature Photonics,2008,2(8):501－505.

［29］ Tan Q,Cheng K,Zhou Z,Jin G. Diffractive superresolution elements for radially polarized light［J］. J. Opt. Soc. Am. A,2010,27(6):1355－1360.

[30] Youngworth K S, and Brown T G. Focusing of high numerical aperture cylindrical – vector beams[J]. Opt. Exp. ,2000,7(2) :77 – 87.

[31] Liu H, Yan Y, Tan Q, Jin G. Theories for the design of diffractive superresolution elements and limits of optical superresolution[J]. J. Opt. Soc. Am. A,2002,19 (11) :2185 ~ 2193.

[32] 程侃, 谭峭峰, 周哲海, 等. 径向偏振光三维超分辨衍射光学元件设计[J]. 光学学报,2010,30 (11) :3295 – 3299.

第6章

柱矢量光束及应用

    偏振是光波的一种重要属性,也是光学领域的重要研究内容之一。基于光波的偏振特性及与物质的相互作用,研制了很多光学仪器及系统,并广泛应用于光学检测、材料加工、光学显示、数据存储、光通信及生物医学等领域[1,2]。

    光波电矢量振动的空间分布相对于光的传播方向失去对称性的现象叫做光的偏振。因此,通常根据电矢量的矢量端点在空间的运动轨迹,将光波分为多种不同类型的偏振光束,如线偏振光、椭圆偏振光和圆偏振光等。如果进一步考虑光束偏振态在空间的分布特征,则偏振光束可分为两大类:标量光束和矢量光束。标量光束是一类具有空间均匀偏振态的偏振光束,即在光束横截面上不同位置的偏振态是相同的,通常所说的线偏振光、圆偏振光和椭圆偏振光就是一种标量光束,如图6-1(a)~(c)所示。与标量光束不同,矢量光束是一种偏振态空间不均匀的偏振光束,如图6-1(d)~(f)所示,即在光束横截面上不同位置的偏振态是不同的。近年来,矢量光束的研究及应用引起了极大关注,通过有目的地调控光场空间的偏振态分布可产生一些新的光学现象或效应,可扩展和增强传统光学系统的性能。

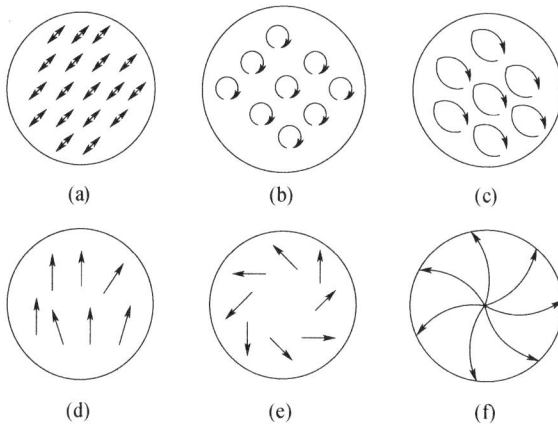

图6-1　偏振光束在光束横截面上的偏振分布

(a)~(c)为空间均匀的偏振光,(a)线偏振光;(b)圆偏振光;(c)椭圆偏振光;
(d)~(f)为空间不均匀的线偏振光,其中所示箭头代表光束在该位置的振动方位。

矢量光束的类型较多,但目前研究和应用最多的矢量光束为柱矢量光束。柱矢量光束是一种具有柱对称空间变化的线偏振光束,即光束在局部的偏振态依然为线偏振,但在横截面上偏振方位是柱对称分布的,如众所周知的径向偏振光、切向偏振光等。近些年,柱矢量光束的研究与应用取得了巨大进展,在光学显微、显微成像、粒子操控、材料加工等领域体现出了巨大的应用价值[3]。因此,本章重点介绍柱矢量光束的基本概念、主要特性及典型应用。

6.1 柱矢量光束简介

6.1.1 基本概念

柱矢量光束是一种特殊的轴对称偏振光束。对于轴对称偏振光束[4],如图 6-2(a)所示,假设 $x-y$ 平面是光束的某一横截面,z 轴为光束的传播轴。对于轴对称偏振光束横截面上的某一点 S(中心点除外),局部偏振态为线偏振,但偏振方位满足如下关系:

$$\Phi(r,\phi) = P \times \phi + \phi_0 \qquad ,P \neq 0 \qquad (6-1)$$

式中:P 为偏振级次,表示光束沿圆周方向变化 $360°$ 时偏振方位变化的周期数;ϕ_0 为 $\phi=0$ 时对应的初始偏振方位角,其值与 x 轴的选取有关。

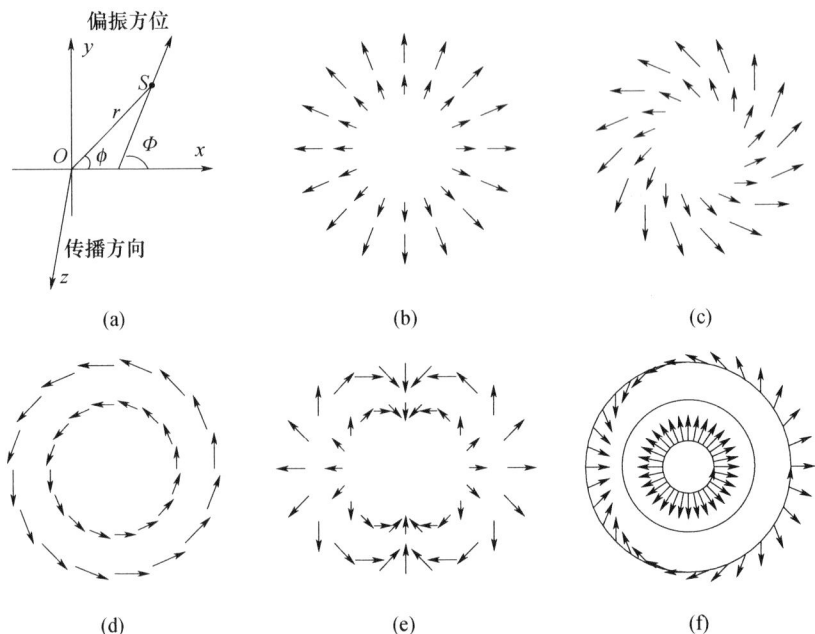

图 6-2 不同类型偏振光束在横截面上的偏振分布

(a)结构示意图;(b)径向偏振光束;(c)初始方位角为 π/6 的柱矢量光束;(d)切向偏振光束;
(e)偏振级次为 3 的高级次轴对称偏振光束;(f)多级次轴对称偏振光束。

当偏振级次 $P=1$ 时,即为柱矢量光束。不同的初始方位角对应不同类型的柱矢量光束,如图 6 - 2(b) ~ (d)所示,分别对应了初始方位角是 0、π/6 和 π/2 时光束横截面上的偏振分布。其中,当初始方位角为 0 时,光束横截面上任意一点(中心点除外)的电场矢量都沿半径方向,称为径向偏振光;而初始方位角为 π/2 时,光束横截面上每一点(中心点除外)的电场矢量垂直于半径方向,称为切向偏振光。如果初始方位角在半径方向变化,则得到偏振态分布更为复杂的柱矢量光束;当偏振级次大于 1 时,则称为高级次轴对称偏振光束,此时,光束在横截面上变化一周时偏振方位变化 P 次。图 6 - 2(e)给出了偏振级次为 3 时光束横截面上对应的偏振态变化。当在半径方向偏振级次变化,则得到了一种多级次的轴对称偏振光束,如图 6 - 2(f)所示,中心区域为偏振级次为 1 的径向偏振分布,而周围区域为偏振级次为 2 的高级次轴对称偏振分布。

与偏振分布的柱对称特性不同,柱矢量光束的相位分布呈现更多变化。通常情况下,光束在横截面上的相位是均匀的,但也可以通过相位片、空间光调制器等元件灵活调控相位分布。本章在不做特别说明的情况下,都假设柱矢量光束的相位是空间均匀分布的。

还需要注意的是,因为空间变化的偏振分布,柱矢量光束在光轴上(中心点)的偏振方位是不确定的,这种现象称为偏振奇异性。光束在中心处的振幅为零(或强度为零),相位也不确定或奇异,因此,柱矢量光束都是一种中空结构。关于偏振奇异或相位奇异的问题,属于奇点光学研究的范畴,在此不做介绍,有兴趣的读者可参考相关的论文或专著。

6.1.2　自由空间传播特性

随着柱矢量光束在一些光学系统中的广泛应用,其传播特性也受到了越来越多的关注。基于传统的矢量传播理论并结合柱矢量光束在空间的矢量特性,提出了一些方法,对该类型光束在空间的矢量传播特性进行了系统研究。Tovar 利用 ABCD 矩阵法分析了柱矢量的拉盖尔 - 高斯光束的传播特性[5]。Paakkonen 等通过对电磁场进行矢量分解并利用角谱理论研究了轴对称偏振光束的传播特性[6]。Borghi 等则基于矢量瑞利 - 索末菲衍射积分方法系统研究了涡旋偏振光束的非傍轴传播特性[7]。Deng[8,9] 等则研究了径向偏振光束的非傍轴传播特性,分析了径向偏振光束的空间矢量结构。

柱矢量光束在自由空间传播的强度分布与 λ/ω_0 有关,其中 λ 为光的波长,ω_0 为光束束腰半径。当 $\lambda/\omega_0 \ll 1$ 时,属于傍轴传播范畴,利用标量衍射理论可以很准确地分析光束在空间的传播;但当 λ 与 ω_0 在同一量级上或 $\lambda/\omega_0 \gg 1$ 时,则属于非傍轴传播的范畴,此时标量衍射理论不再适用,必须使用矢量衍射理论来分析柱矢量光束在自由空间的传播问题。在此简单介绍矢量瑞利－索末菲衍射积分方法。

　　如图 6 - 3 所示，光束沿 z 轴在自由空间传播，波长为 λ，波数为 $k = 2\pi/\lambda$。假设在 $z = 0$ 的平面上的电场为 $\boldsymbol{E}_1(x_1, y_1, 0) = E_{1x}(x_1, y_1, 0)\boldsymbol{e}_x + E_{1y}(x_1, y_1, 0)\boldsymbol{e}_y$，$z > 0$ 半空间某一横截面上的电场为

$$\boldsymbol{E}_2(x_2, y_2, z_2) = E_{2x}(x_2, y_2, z_2)\boldsymbol{e}_x + E_{2y}(x_2, y_2, z_2)\boldsymbol{e}_y + E_{2z}(x_2, y_2, z_2)\boldsymbol{e}_z$$

$$(6-2)$$

式中：$\boldsymbol{e}_x$ 为沿着 x 轴的单位矢量；$\boldsymbol{e}_y$ 为沿着 y 轴的单位矢量；$\boldsymbol{e}_z$ 为沿着 z 轴的单位矢量；$E_{2x}(x_2, y_2, z_2)$ 为沿着 x 轴的电场分量；$E_{2y}(x_2, y_2, z_2)$ 为沿着 y 轴的电场分量；$E_{2z}(x_2, y_2, z_2)$ 为沿着 z 轴的电场分量。

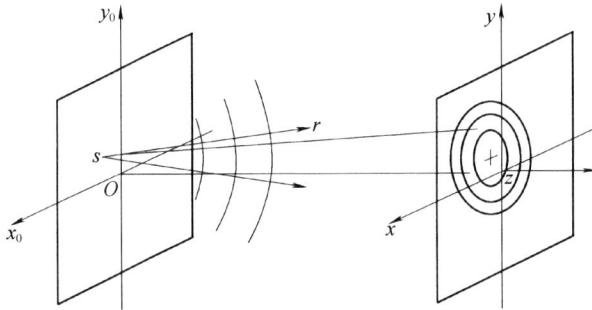

图 6 - 3　光束在自由空间的传播

根据矢量瑞利－索末菲衍射积分公式[1]

$$E_{2x}(x_2, y_2, z_2) = \frac{-1}{2\pi}\iint E_{1x}(x_1, y_1, 0)\frac{\partial}{\partial z}\left(\frac{e^{ikR}}{R}\right)dx_1 dy_1 \quad (6-3a)$$

$$E_{2y}(x_2, y_2, z_2) = \frac{-1}{2\pi}\iint E_{1y}(x_1, y_1, 0)\frac{\partial}{\partial z}\left(\frac{e^{ikR}}{R}\right)dx_1 dy_1 \quad (6-3b)$$

$$E_{2z}(x_2, y_2, z_2) = \frac{1}{2\pi}\iint\left[E_{1x}(x_1, y_1, 0)\frac{\partial}{\partial x}\left(\frac{e^{ikR}}{R}\right) + E_{1y}(x_1, y_1, 0)\frac{\partial}{\partial y}\left(\frac{e^{ikR}}{R}\right)\right]dx_1 dy_1$$

$$(6-3c)$$

式中：$R = \sqrt{(x_2 - x_1)^2 + (y_2 - y_1)^2 + z_2^2}$。

　　对式(6 - 3)进一步简化为

$$E_{2x}(x_2, y_2, z_2) = \frac{-1}{2\pi}\iint E_{1x}(x_1, y_1, 0)\frac{e^{ikR}}{R^3}(ikR - 1)z_2 dx_1 dy_1 \quad (6-4a)$$

$$E_{2y}(x_2, y_2, z_2) = \frac{-1}{2\pi}\iint E_{1y}(x_1, y_1, 0)\frac{e^{ikR}}{R^3}(ikR - 1)z_2 dx_1 dy_1 \quad (6-4b)$$

$$E_{2z}(x_2,y_2,z_2) = \frac{1}{2\pi}\iint \left[E_{1x}(x_1,y_1,0)(x_2 - x_1) + E_{1y}(x_1,y_1,0)(y_2 - y_1) \right]$$

$$\frac{\mathrm{e}^{\mathrm{i}kR}}{R^3}(\mathrm{i}kR - 1)\,\mathrm{d}x_1\mathrm{d}y_1 \tag{6-4c}$$

具体地,假设在 $z=0$ 平面上柱矢量光束的电场分布为

$$\boldsymbol{E}_1(x_1,y_1,0) = f(x_1,y_1)\cos(\phi + \phi_0)\boldsymbol{e}_x + f(x_1,y_1)\sin(\phi + \phi_0)\boldsymbol{e}_y \tag{6-5}$$

式中: ϕ_0 为偏振初始方位角($\phi_0 = 0$ 和 $\phi_0 = \dfrac{\pi}{2}$ 分别对应径向偏振光束和切向偏振光束),而且

$$\cos\phi = \frac{x_1}{\sqrt{x_1^2 + y_1^2}},\ \sin\phi = \frac{y_1}{\sqrt{x_1^2 + y_1^2}} \tag{6-6}$$

利用式(6-4)可数值计算 $z>0$ 任意平面上的场分布,获取传播光场的振幅、强度、相位及偏振分布。

下面以柱矢量偏振的一阶拉盖尔 - 高斯光束为例,分析柱矢量偏振光束在自由空间的传播特性。图6-4(a)给出了径向偏振光束在自由空间沿光轴的传播情况,图6-4(b)、(c)、(e)、(f)分别显示了 $z=20\lambda$ 和 $z=50\lambda$ 时横截面的光场强度分布。径向偏振光在自由空间传播时,光场由径向分量和轴向分量组成,切向分量为零。当光束传播距离超过 20λ 时,光场强度低于初始强度的10%,当传播距离达到 50λ 时,光场强度则低于初始强度的0.1%,因此光束的有效传播距离非常短。在自由空间传播时,光束在横截面内始终保持径向偏振态,但因为产生了轴向分量,所以光束在整个空间是椭圆偏振的,偏振面在 $r-z$ 平面内。

同样条件下,切向偏振光在自由空间的传播如图6-5所示,只有切向分量,因此光束在空间传播时依然保持切向偏振态。图6-6进一步给出了 $\phi_0 = \pi/3$ 的柱矢量偏振光束在自由空间的传播场分布,由切向分量、径向分量和轴向分量组成。当距离传播到 $z=20\lambda$ 时,光束强度下降到初始强度的3%左右,光束的有效传播距离同样很短。光束在传播过程中,横截面内依然保持轴对称偏振态,而在整个空间则保持椭圆偏振态,其偏振面与 $r-z$ 平面有一夹角 ϕ_0 。

以上只给出了 $\omega_0 = \lambda$ 情况下的数值模拟结果,随着 λ/ω_0 比值的变化,光束在自由空间的传播场呈现不同的变化。图6-7给出了径向偏振光传播场的轴上光强随 λ/ω_0 的变化规律。很显然,随着比值的降低,轴上光强变化将愈加缓慢,接近傍轴传播的情况。而当比值增加时,轴上光强变化比较剧烈。

图6-8给出了 $z=20\lambda$ 时径向偏振光束轴向光场分量与横向光场分量最大强度的比值 $I_{z,\max}/I_{r,\max}$ 随 λ/ω_0 的变化。当 $\lambda/\omega_0 \ll 1$ 时,轴向光场分量强度远小于横向光场分量强度,光束传播属于傍轴情况;但随着 λ/ω_0 的增加,轴向光场分量强度接近横向光场分量强度,强度比值随着 λ/ω_0 比值的增加而增加,而当

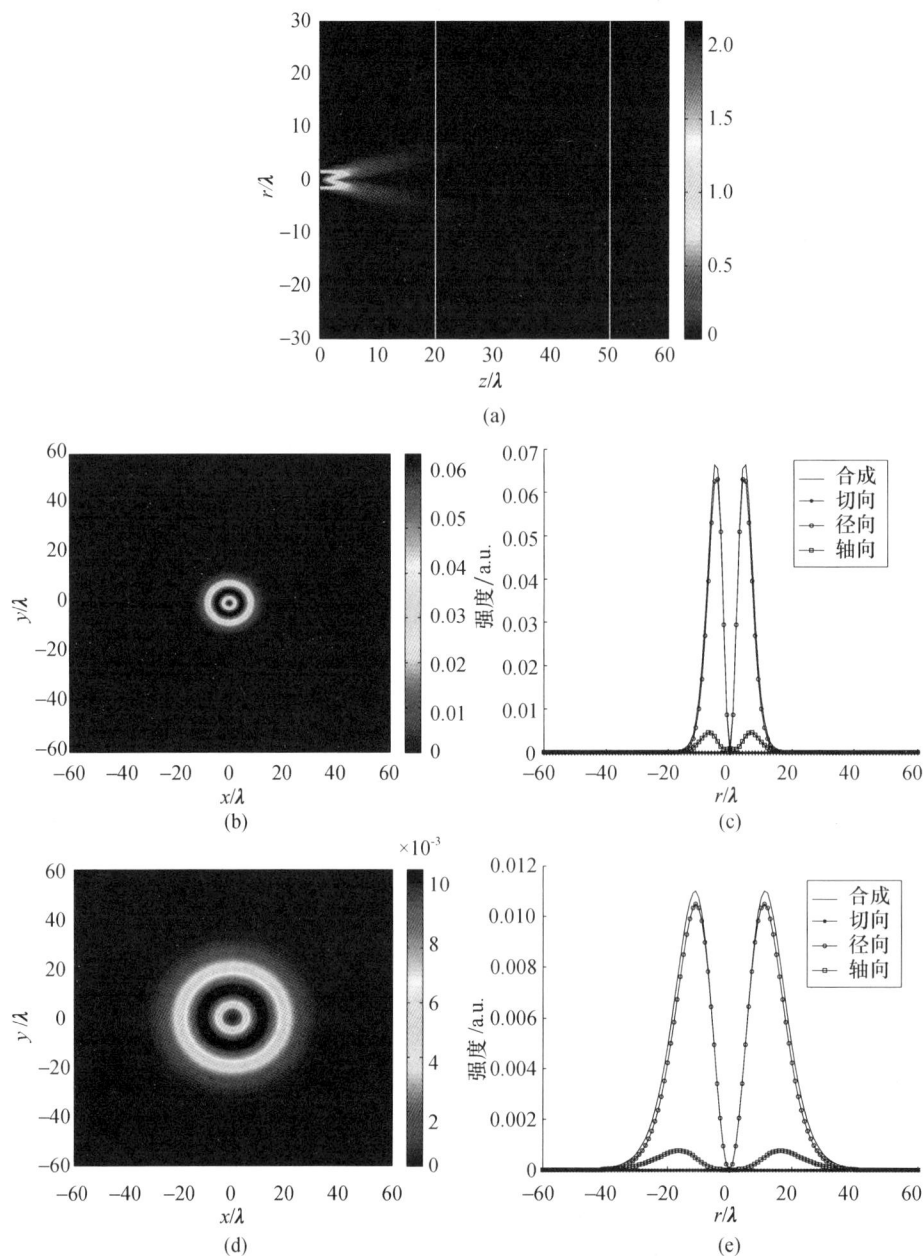

图 6-4　径向偏振光在自由空间的传播

（a）沿光轴传播情况；（b）、（c）光场在 z 为 20λ 处横截面强度分布（$\omega_0 = \lambda$）；

（e）、（f）光场在 z 为 50λ 处横截面强度分布（$\omega_0 = \lambda$）。

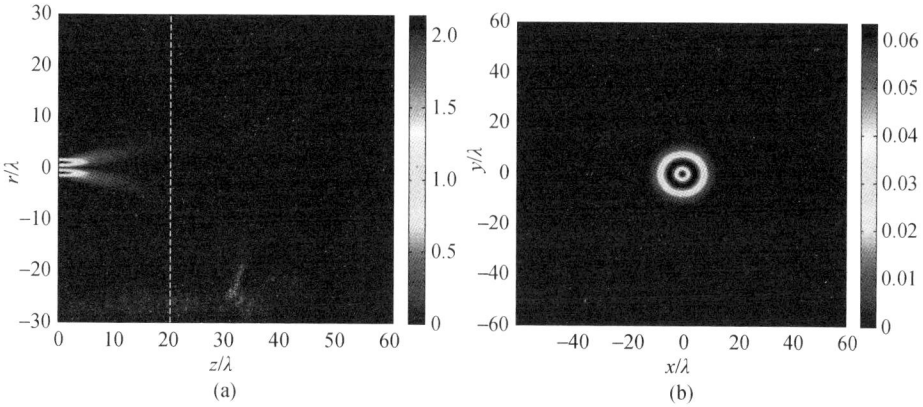

图 6 – 5 切向偏振光在自由空间的传播

（a）沿光轴的强度分布；（b）$z = 20\lambda$ 时光束横截面强度分布（其中 $\omega_0 = \lambda$）。

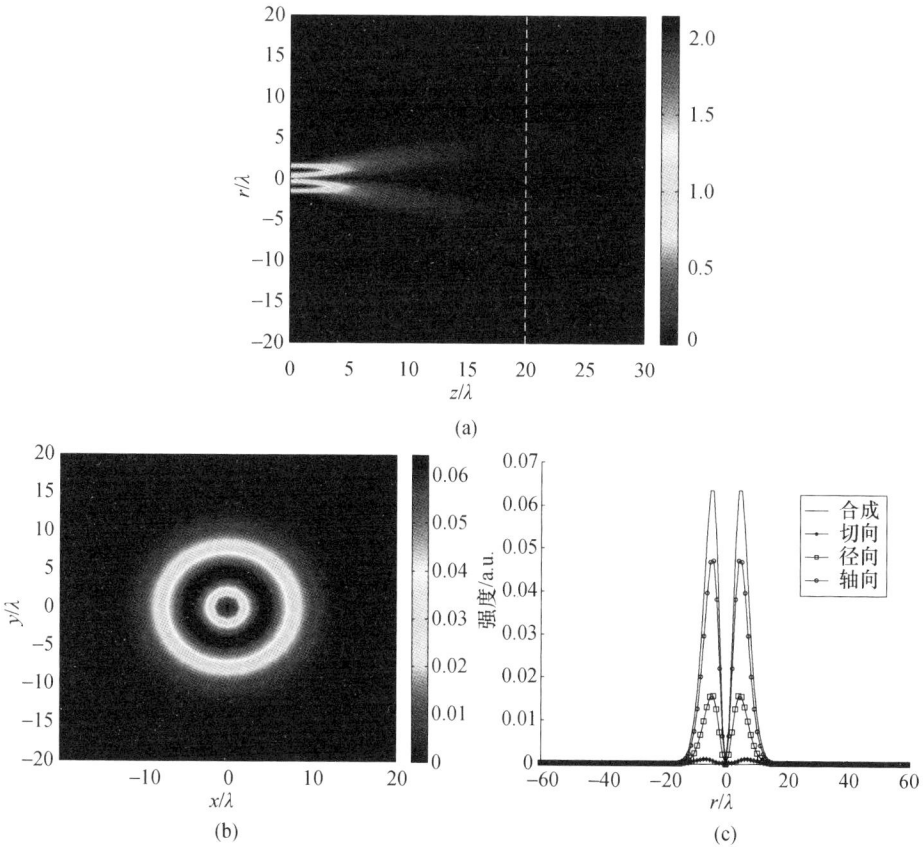

图 6 – 6 柱矢量偏振光束（$\phi_0 = \pi/3$）在自由空间的传播

（a）沿光轴的强度分布；（b）、（c）z 为 20λ 时横截面强度分布（其中 $\omega_0 = \lambda$）。

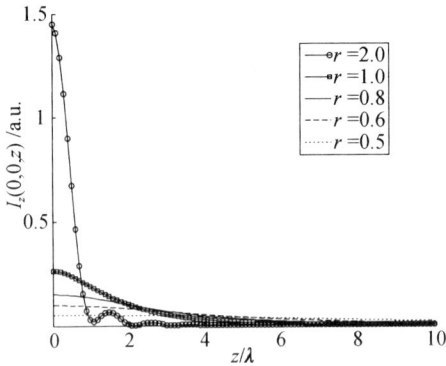

图 6-7 径向偏振光轴上光强随 λ/ω_0 的
变化 $(r=\lambda/\omega_0)$

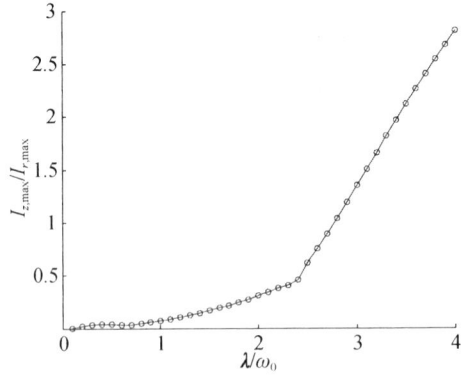

图 6-8 $z=20\lambda$ 时径向偏振光束传播光场
轴向分量与横向分量最大强度的
比值随 λ/ω_0 的变化

$\lambda/\omega_0 \gg 1$ 时,轴向光场分量强度远大于横向光场分量强度,此时光束传播属于非傍轴情况,必须用严格矢量理论计算。

6.2 柱矢量光束的生成方法

柱矢量光束的生成是该类型光束特性研究及应用的前提,也是该领域重要的研究内容之一。柱矢量光束的生成可追溯到 1972 年,Pohl 在红宝石激光器中利用模式选择器获得了纯横电场模式 TE_{01}[10],即一种切向偏振光束。同年,Mushiake 等利用特殊设计的锥形模式选择器在 He-Ne 激光器中获得了径向偏振光[11],这是利用激光振荡方式首次实验获得径向偏振光束。自此,关于径向偏振光及其他类型柱矢量光束的研究越来越广泛和深入,逐渐成为光学领域的研究热点。从 1972 年到现在,提出了很多方法获得柱矢量光束。

6.2.1 生成方法综述

目前提出了多种生成方法,依据不同的标准有不同的分类。这里选择一种常用的分类标准,即根据生成过程是否涉及增益媒质,将这些生成方法分为两大类:有源方法及无源方法,如表 6-1 所列。

表 6-1 柱矢量光束的生成方法

方法及描述	
有源方法	(1) 在激光腔内置入特定光学元件,如轴向双折射元件、轴向分光元件、衍射相位板、偏振选择性腔镜等实现模式选择
	(2) 在激光腔内引入干涉结构实现模式叠加

（续）

方法及描述	
无源方法	(1) 利用某些元件实现空间偏振模式转换,如径向偏振器、液晶元件、液晶空间光调制器、相位延迟片、亚波长光栅等
	(2) 基于干涉结构实现模式叠加
	(3) 在少模光纤内获得特定偏振模式

　　最典型的有源生成方法是在激光腔内置入某些光学元件通过模式选择或模式叠加使激光束以特定模式振荡输出,这些内置光学元件可能是轴向双折射(固有双折射、形式双折射或诱导双折射)或轴向二向色性元件。图 6 - 9 就是 1972 年 Pohl 利用红宝石激光器获得切向偏振光的激光器结构,主要包括孔径光阑、望远镜系统及方解石晶体组成的模式选择器[10]。随后基于该思想,Yoneza-wa 等利用双折射的 c 切向 Nd:YVO4 晶体获得径向偏振光束[12],Machavariani 等则通过对径向或切向偏振激光束的双聚焦选择实现了诱导双折射,获得了径向偏振光,功率达几十瓦[13]。除了在腔内置入轴向双折射元件的方法,也可在腔内置入轴向二向色性元件来产生轴对称偏振光束。Bisson 等人在钕激光器中内置圆锥透镜获得了径向偏振的环形及弧形光束[14],Kozawa 等则在 Nd:YAG 激光器中内置一圆锥布儒斯特棱镜获得了径向偏振光[15]。

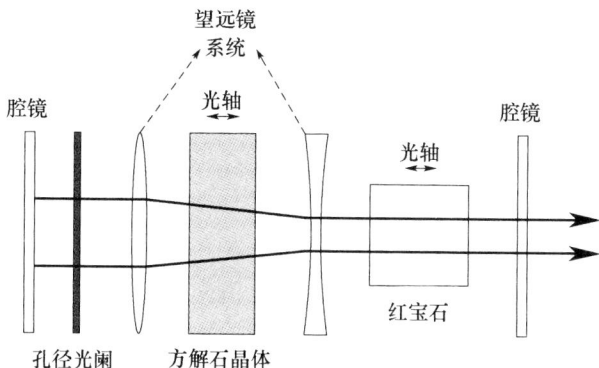

图 6 - 9　红宝石激光器产生柱矢量光束的结构示意图

　　另外一类有源生成方法是在激光腔内引入干涉仪结构,通过模式干涉叠加获得轴对称偏振光束[16]。如图 6 - 10 所示,在激光腔内引入一个 Sagnac 干涉仪进行模式叠加,利用偏振片和金属线栅来控制谐振模式的偏振态,最终可获得一系列不同偏振分布的轴对称偏振光束。

　　无源生成方法是在激光腔外利用干涉结构通过模式干涉叠加或利用某些光学元件进行光束偏振态变换获得不同类型的柱矢量光束。图 6 - 11 示意了一种利用干涉仪进行模式叠加产生径向偏振光束[17]的光学系统,该系统利用两个干涉仪将空间偏振均匀的线偏振光转化为径向偏振光,转换效率接近85%。

利用液晶偏振转换器可将空间偏振均匀的线偏振光转换为径向偏振光或切向偏振光[18]。如图6-12所示,在液晶盒的上下玻璃基板上分别进行同心圆摩擦或线形摩擦,控制液晶分子在液晶盒内的偏转方向,将入射的空间偏振均匀的线偏振光转换为径向偏振光或切向偏振光。将多个类似处理的液晶盒级联,可获得高偏振级次的轴对称偏振光束。

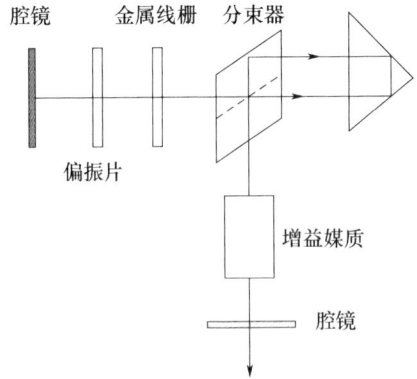

图6-10 内置 Sagnac 干涉仪产生轴对称偏振光束的结构示意图

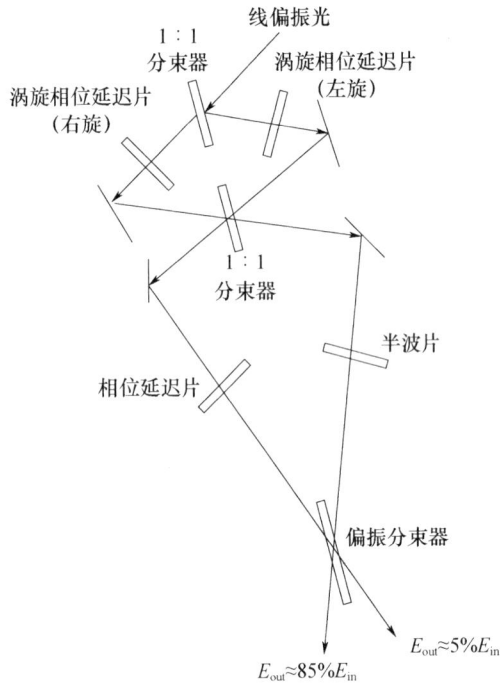

图6-11 利用双干涉仪生成径向偏振光的结构示意图

随着系统集成化及微型化发展的需要,微光学元件越来越多地用于产生柱矢量光束,如空间变化的位相延迟片以及空间变化的亚波长金属或介质光栅。文献[19]提出了一种快轴方向空间变化的位相延迟片,将具有不同快轴方向的分块1/2波片沿圆周方向布置,则入射的空间均匀的线偏振光在不同分块区域旋转不同的角度,得到近似的径向偏振光,近似程度随着分块数的增加而增加。

(a)

(b)

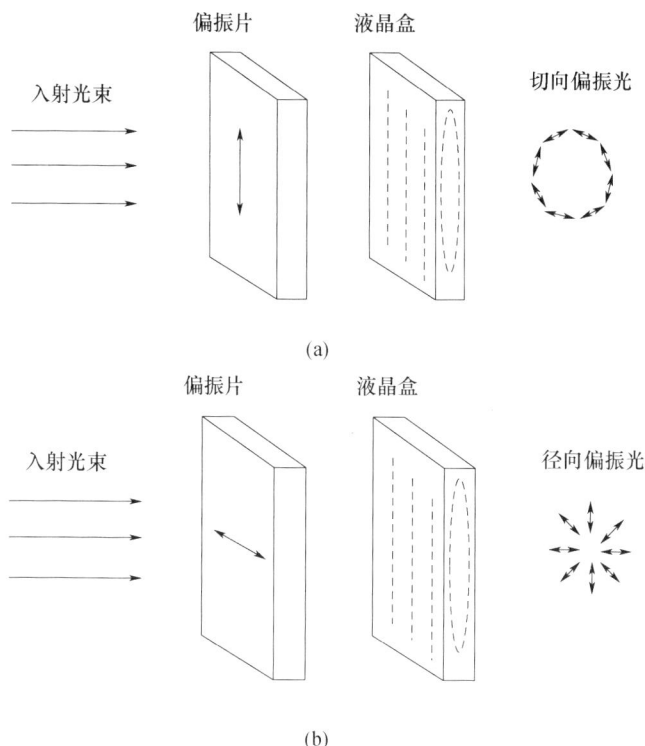

图 6 - 12　利用液晶偏振转换器生成柱矢量光束的方法
(a) 切向偏振光束的生成；(b) 径向偏振光束的生成。

利用亚波长金属或介质光栅可以产生柱矢量光束。利用计算全息的技术可制作出周期和取向空间变化的亚波长金属光栅，光栅具有形式双折射特性，可产生 $\pi/2$ 的位相延迟，刻槽的周期及方向随位置变化而变化，最终可将入射的圆偏振光转换为轴对称偏振光束。通过不同设计，利用该方法可获得任意偏振级次的轴对称偏振光束，性能较稳定。下面详细介绍利用亚波长金属光栅产生柱矢量光束。

6.2.2　基于亚波长金属光栅的生成方法

6.2.2.1　基本原理

亚波长金属光栅是一种周期小于入射光波长的金属光栅，因其独特的衍射特性与偏振特性可实现宽光谱增透、相位延迟及窄带滤波等功能。亚波长金属光栅可用于偏振分束器[20,21]，如图 6 - 13 所示，光栅由对入射光透明的基底和其上的金属栅条组成，栅条周期小于入射光波长，只有零级反射和透射，其透射和反射特性与入射光束的偏振方向有密切关系。在满足一定条件下，偏振方向

与栅条垂直的 TM 偏振光几乎全部透射,反射较少;而偏振方向与栅条平行的
TE 偏振光几乎全部反射,透射较少,从而实现了偏振分束。

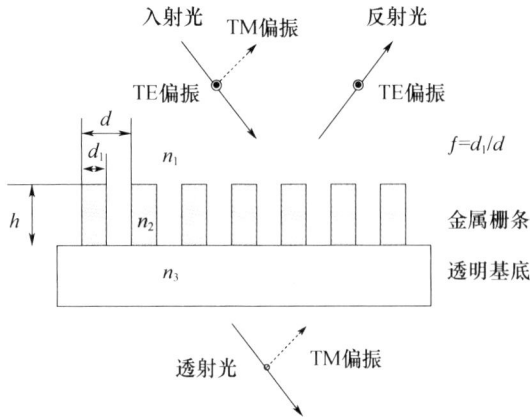

图 6 - 13　亚波长金属光栅结构示意图

通常用消光比(Extinction Ratio)来衡量一个偏振分束器的分束性能,其定
义为

$$T_{ext} = 10 \times \log\left(\frac{T_{TM}}{T_{TE}}\right), R_{ext} = 10 \times \log\left(\frac{R_{TE}}{R_{TM}}\right) \qquad (6-7)$$

式中:R_{TM} 为 TM 偏振光的反射率;T_{TM} 为 TM 偏振光的透射率;R_{TE} 为 TE 偏振光的
反射率;T_{TE} 为 TE 偏振光的透射率;R_{ext} 为反射光的消光比;T_{ext} 为透射光的消光比。

亚波长金属光栅可以实现高消光比的偏振分束。随着电子束曝光、纳米压
印技术、反应离子刻蚀等微加工工艺的发展,已经制作出了各种用于近红外和可
见光波段的亚波长金属光栅,在较宽的光谱范围和较宽的入射角度范围内都具
有非常高的偏振分束性能,消光比在 20dB 以上。

任意偏振形式的入射光束都可以分解为 TE 偏振光束和 TM 偏振光束的叠
加,此时反射光束基本都为 TE 偏振光束,而透射光束基本都为 TM 偏振光束。
基于这一特性,通过合理布局,利用分块亚波长金属光栅元件可以生成多种形式
的轴对称偏振光束,包括柱矢量光束[22]。如图 6 - 14 所示,将亚波长金属光栅
制作成分块状并组成多扇区结构,每个分块光栅相当于一个偏振分束器,将与光
栅栅条垂直的 TM 光绝大部分透射,而将与栅条平行的 TE 光绝大部分反射,则
透射光束则为近似的径向偏振光束,而且随着分块数的增加,透射光束越来越近
似为径向偏振光束。当分块数趋于无穷大,即分块光栅结构转化为圆环结构时,
可获得近似程度最佳的径向偏振光束。另外,更有意义的是,通过合理设置分块
光栅的空间分布,可以控制透射光束的空间偏振分布,从而可以得到任意偏振级
次的轴对称偏振光束。

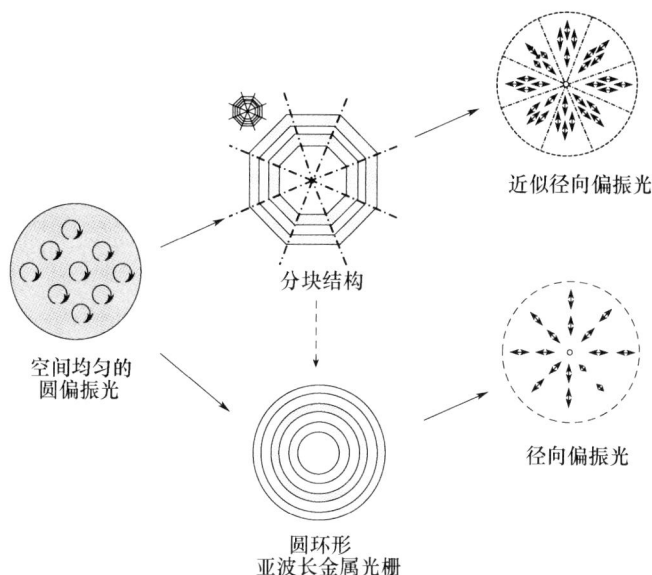

图 6 - 14 圆环及分块亚波长金属光栅结构

6.2.2.2 结构设计与制作

在可见光波段内利用亚波长金属光栅获得高性能轴对称偏振光束,关键在于设计与制作高性能的亚波长金属光栅。影响亚波长金属光栅性能的结构参数主要有光栅周期 d、光栅占空比 f 和光栅深度 h,如图 6 - 13 所示。作为偏振分束器,要求光栅周期 d 小于入射光波长 λ 且满足零级衍射条件,即

$$d < \frac{\lambda}{n_1\sin\theta\cos\phi + \sqrt{n_3^2 - n_1^2\sin^2\theta\sin^2\phi}} \quad , |\phi| \leqslant \frac{\pi}{2} \quad (6-8)$$

式中:n_1 为空气的折射率;n_3 为透明基底的折射率;θ 为入射光束的入射角;ϕ 为入射光束的方位角。

在光束垂直入射的情况下($\theta = \phi = 0°$),实现零级衍射的条件为 $d < \lambda/n_3$,例如当透明基底选择玻璃($n_3 = 1.50$),入射光波长 $\lambda = 633\text{nm}$,则对应的最大光栅周期 $d = 422\text{nm}$。除此之外,光栅占空比 f、深宽比 $h/(d - d_1)$ 以及光栅栅条形貌对其性能也有较大的影响。下面将在可见光波段内分析亚波长金属光栅的透过率和消光比等性能参数与其结构参数之间的关系,以确定最优结构。金属薄膜在不同波长处的折射率根据 Lorentz - Drude 模型获得。设计的目标是在工艺可实现的基础上,获得尽可能高的 TM 光束透过率和消光比。

图 6 - 15 给出了三种常用的金属材料,即铝(Al)、银(Ag)和金(Au),当光栅周期 $d = 200\text{nm}$ 和深度 $h = 100\text{nm}$ 时 TM 偏振光束的透过率及消光比。很明显,在三种材料中,Al 金属光栅的性能最佳,而 Au 金属光栅的性能最差。对同

样的结构,铝材料亚波长金属光栅的消光比最高达到50dB,而金材料亚波长金属光栅不到20dB。因此在可见光波段内,相对金和银,使用铝材料制作金属光栅为更佳选择,这也与之前报告的研究结论相吻合[23]。

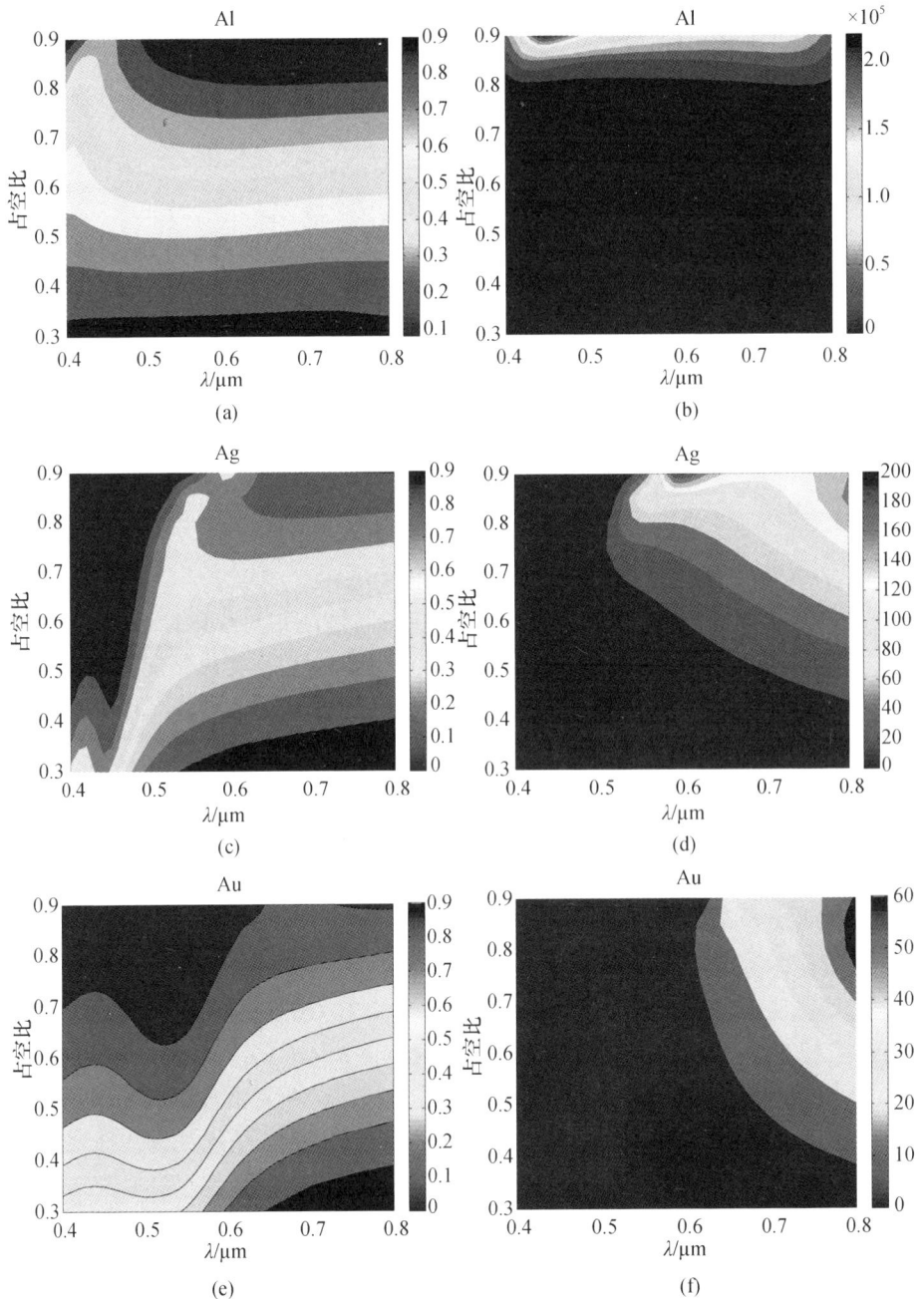

图 6 – 15　亚波长金属光栅的 TM 光束透过率及消光比
(左列为透过率,右列为消光比,光栅周期 $d = 200\text{nm}$,深度 $h = 100\text{nm}$)

图 6 - 16 和图 6 - 17 进一步给出了铝材料亚波长金属光栅的性能与光栅周期 d 和光栅刻蚀深度 h 之间的关系。根据数值模拟结果可知,铝亚波长金属光栅的性能与光栅刻槽的深宽比 $h/d(1-f)$ 有密切关系。当光栅周期 $d=200\text{nm}$、深度 $h=100\text{nm}$、占空比 $f=0.5$,即深宽比为 1:1 时,TM 光束透过率在波长 $0.4\sim0.8\mu\text{m}$ 范围内的值在 $0.68\sim0.74$,消光比在 $16.3\sim24.6\text{dB}$ 范围,此时透过率和消光比基本上随波长的增加而线性增加;当光栅周期 $d=100\text{nm}$、深度 $h=100\text{nm}$、占空比 $f=0.5$,即深宽比为 2:1 时,TM 光透过率在波长 $0.4\sim0.8\mu\text{m}$ 范围内的值在 $0.80\sim0.85$,消光比在 $30.3\sim36.1\text{dB}$ 之间,透过率和消光比随波长的变化不大,整体性能较好。因此,需要根据元件操作波长和性能要求,选择适当的光栅周期和刻蚀深度,即适当的深宽比。

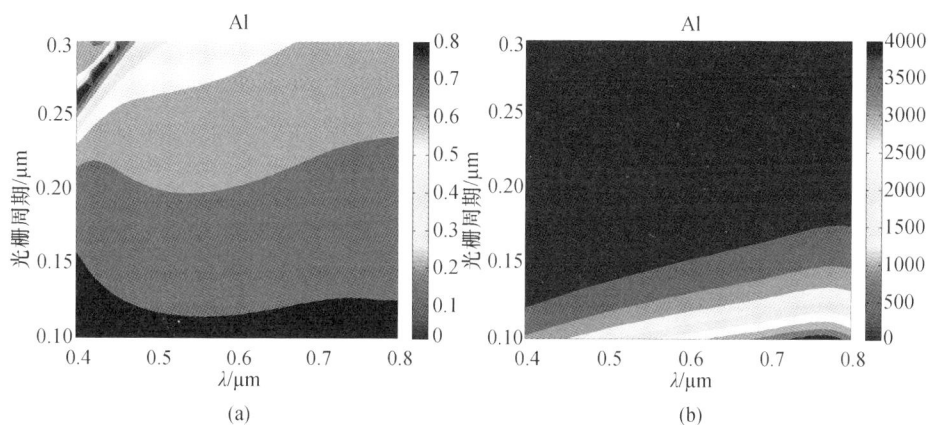

图 6 - 16 铝材料亚波长金属光栅性能与光栅周期的关系

(光栅深度 $h=100\text{nm}$,占空比 $f=0.5$)

(a) TM 光透过率;(b) TM 光消光比。

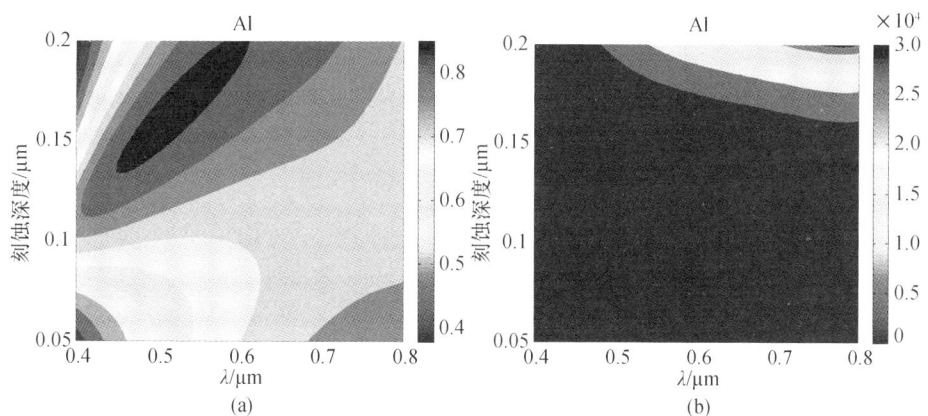

图 6 - 17 铝材料亚波长金属光栅性能与刻蚀深度的关系

(光栅周期 $d=200\text{nm}$,占空比 $f=0.5$)

(a) TM 光透过率;(b) TM 光消光比。

另外值得注意的是,光栅刻槽形貌也会影响光栅的性能。图 6 - 18 对比了矩形刻槽和三角形刻槽两种光栅的性能。不难发现,矩形刻槽在整个波段内有更好的性能。因此,在设计光栅时选用矩形刻槽。图 6 - 15 ~ 图 6 - 17 的数值模拟均假设光栅刻槽为矩形。

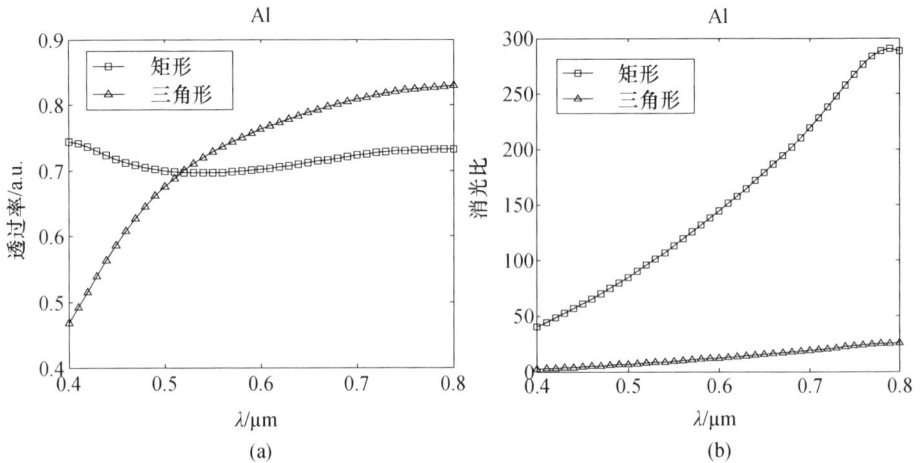

图 6 - 18 光栅刻槽形貌对光栅性能的影响($d = 200\text{nm}, h = 100\text{nm}, f = 0.5$)

(a)TM 光束透过率;(b)TM 光束消光比。

以上的理论分析结果都是在光束垂直入射的情况下得到的,但实际光束入射时总有一定的角度范围。图 6 - 19 分析了 TM 光束透过率及消光比随入射角的变化情况。可见,在 400 ~ 800nm 的波段范围内,光栅的 TM 透过率和消光比对入射角度并不敏感,使得亚波长金属光栅在使用时不需要严格地垂直入射。

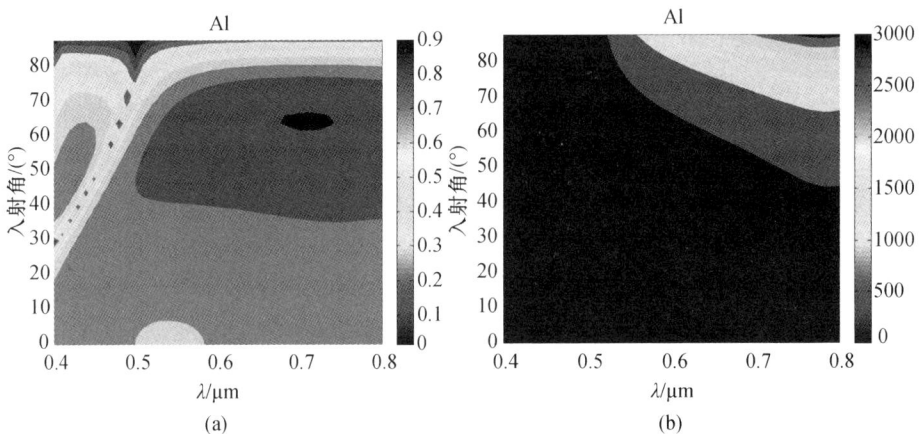

图 6 - 19 光栅性能随光束入射角的变化情况(模拟参数为: $d = 200\text{nm}, h = 100\text{nm}, f = 0.5$)

(a)TM 光束透过率;(b)TM 光束消光比。

亚波长金属光栅采用微纳米加工技术进行制作。常用的微纳米加工技术包括：光学/电子束曝光技术、聚焦离子束加工技术、扫描探针加工技术、复制技术、沉积法/刻蚀法图形转移技术以及自组装纳米加工技术等。利用电子束曝光技术(E-beam Lithography,EBL)和反应离子刻蚀技术(Reactive Ion Etching,RIE)相结合的方法来加工制作亚波长金属光栅。首先,在透明的石英基底上溅射厚度为100nm的铝膜,然后在铝膜上旋涂光刻胶,使用电子束直写曝光,显影后将加工图形转移到光刻胶上,然后以光刻胶为掩模进行反应离子刻蚀,最终将加工图形转移到铝膜上,完成元件制作。

根据以上的设计结果,利用以上的加工工艺制作了一亚波长金属光栅元件,光栅的结构参数为：$d = 200nm$、$h = 100nm$、$f = 0.5$,金属材料为铝,刻槽形状为矩形。图6-20给出了实际制作的亚波长金属光栅刻槽截面的SEM图。

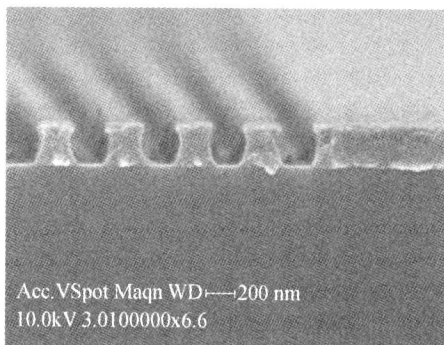

图6-20 亚波长金属光栅刻槽截面SEM图

图6-21为光栅偏振分束特性测试系统的结构示意图。从激光器发出的光束经过针孔滤波及透镜准直后,入射到偏振片上,通过转动偏振片可控制透过光束的偏振态;经过偏振片的光束直接入射到样品上,TM光透过,而TE光反射,透射光和反射光分别被探测器1和探测器2接收。通常情况下,样品放置在一旋转台上,转动旋转台,入射到样品上的光束入射角将发生变化,可测量不同入射角情况下样品的偏振特性;另外,为了保证样品随旋转台转动时反射光束始终被探测器2接收到,在反射光方向使用了双透镜准直聚焦结构。

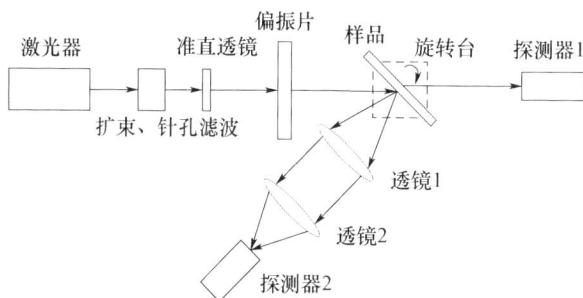

图6-21 亚波长金属光栅偏振特性测试系统

图6-22给出了光束垂直入射时光栅元件在可见光三个典型波长,即488nm、532nm和633nm时TM光束的透过率及消光比的理论分析值和实际测

量值。其中,在理论计算时,不同波长处铝薄膜的折射率根据 Lorentz – Drude 模型确定,光栅周期为 200nm,深度为 100nm,占空比为 0.50,光束入射角为 0°。由图 6 – 22 可知,TM 光在波长 488nm、532nm 和 633nm 处的消光比分别为 16.8dB、18.1dB 和 19.9dB,对应的理论计算值为 17.6dB、18.7dB 和 20.6dB;TM 光在波长 488nm、532nm 和 633nm 处的透过率分别为 0.59、0.58 和 0.60,对应的理论计算值为 0.67、0.66 和 0.65。实际测量值与理论计算值比较吻合,制作的亚波长金属光栅在可见光波段具有比较好的偏振分束性能。

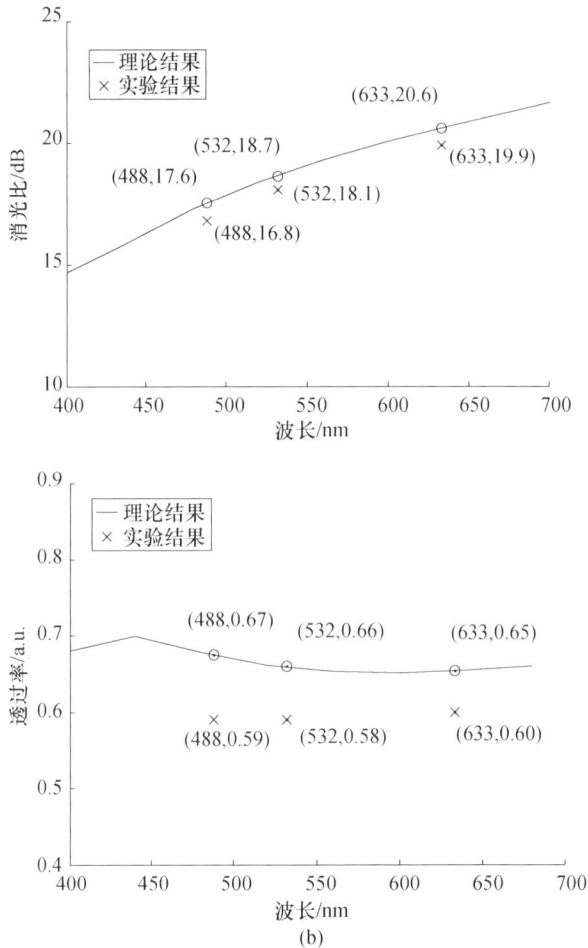

图 6 – 22　亚波长金属光栅在三个典型的可见光波长的 TM 透射光束的消光比和透过率
(a) 消光比;(b) 透过率。

　　基于此,进一步制作出分块亚波长金属光栅元件来生成柱矢量光束。图 6 – 23(a) 为某一分块光栅的结构示意图,假设元件的分块数为 N,对于某一分块光栅,顶角大小为 $2\pi/N$,顶角的角平分线 P_ϕ 与 x 轴的夹角为 ϕ,若要生成径向偏振光,即经过分块光栅透射的 TM 光束沿径向分布,则该分块光栅的光栅矢量 K_g 也必须沿着 P_ϕ 方向,即要求光栅栅条与顶角的角平分线垂直。图 6 - 23(b) 是 $N=32$ 时实际加工的分块光栅元件中心区域的 SEM 图。

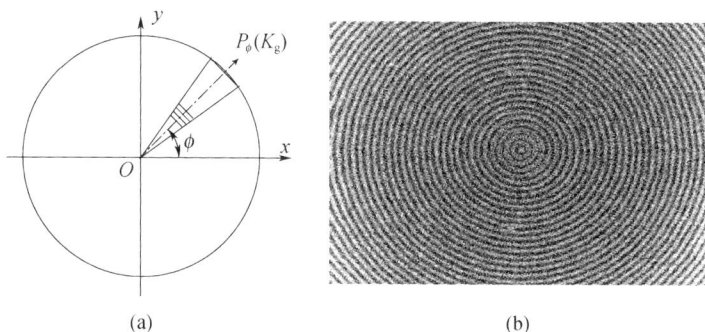

图 6 - 23 亚波长金属光栅某一分块光栅的结构示意图(a)
以及分块数 $N=32$ 时加工元件中心区域的 SEM 图(b)

尽管亚波长金属光栅具有较高的消光比,但透射光束中依然存在 TE 偏振光。在此定义偏振纯度 PR 来描述透射光束的偏振性能。偏振纯度定义为透射光束中沿径向的光束能量与光束总能量的比值。假设入射光束为空间均匀的圆偏振光,则透射光束中既包括 TM 光束(透过率 T_{TM})也包括 TE 光束(透过率 T_{TE}),分块数为 N,而且元件在整个透射光束横截面内具有均匀的消光比。如图 6 - 24(a)所示,在分块光栅的任意一点,TM 光的偏振方向平行于光栅矢量 K_g,TE 光的偏振方向则垂直于光栅矢量 K_g,根据马吕斯定律,该分块光栅上 TM 光束及 TE 光束沿着径向的能量与光束总能量的比值为

$$\text{PR} = \frac{I_{TM}\int_0^{r_0}\int_{-\frac{\pi}{N}}^{\frac{\pi}{N}}\cos^2\beta r\,dr\,d\beta + I_{TE}\int_0^{r_0}\int_{-\frac{\pi}{N}}^{\frac{\pi}{N}}\sin^2\beta r\,dr\,d\beta}{(I_{TM}+I_{TE})\int_0^{r_0}\int_{-\frac{\pi}{N}}^{\frac{\pi}{N}}r\,dr\,d\beta}$$

$$= \frac{N}{2\pi}\frac{I_{TM}\left[\frac{\pi}{N}+\frac{1}{2}\sin\left(\frac{2\pi}{N}\right)\right]+I_{TE}\left[\frac{\pi}{N}-\frac{1}{2}\sin\left(\frac{2\pi}{N}\right)\right]}{I_{TM}+I_{TE}} \qquad (6-9\text{a})$$

令 $T = \dfrac{T_{TM}}{T_{TE}} = \dfrac{I_{TM}}{I_{TE}}$,即 $T_{ext}=10\log(T)$,对上式进行整理,最终得到

$$\text{PR} = \frac{T}{T+1}\left(\frac{1}{2}+\frac{\sin(2\pi/N)}{4\pi/N}\right)+\frac{1}{T+1}\left(\frac{1}{2}-\frac{\sin(2\pi/N)}{4\pi/N}\right) \qquad (6-9\text{b})$$

若所有分块光栅的消光比相同,则上式即为整个光栅透射光束的偏振纯度。

图 6 - 24(b)显示了在不同消光比时透射光的偏振纯度随光栅分块数 N 的

变化趋势。很显然,为了提高透射光束的偏振纯度,应尽可能增加光栅的分块数量,并尽可能提高每块光栅的消光比。同时,有意义的是,当消光比在20dB以上(即 $T>100$),分块数量超过16时,透射光的偏振纯度基本保持不变;从另一个角度看,当分块数量较大时,即使消光比有较大差别,透射光的偏振纯度也基本相等,都在95%以上。因此,利用分块亚波长金属光栅有望获得偏振纯度非常高的径向偏振光;同时,测量得到的三个波长处的消光比接近,则获得的径向偏振光纯度都基本相同,证明分块亚波长金属光栅元件具有一定的消色差特性。

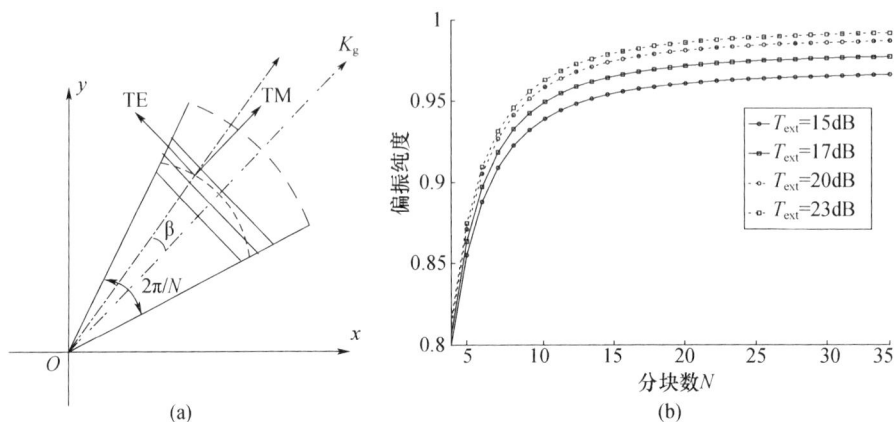

图6-24 透射光偏振纯度的定义(a)以及与光栅消光比和分块数量的关系(b)

6.2.2.3 性能测试

下面对一些典型的元件进行测试,图6-25给出了部分样品的实物图。

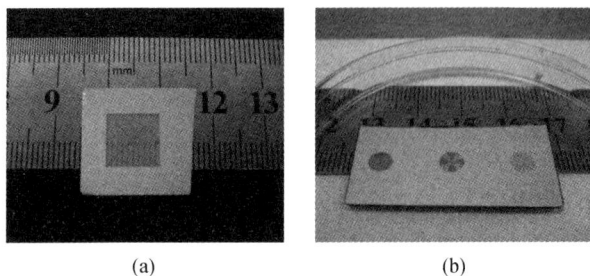

图6-25 部分加工元件样品实物图
(a) $P=1,N=4$;(b) $P=1,N=8、16、32$。

搭建了如图6-26所示的光学系统测量元件的光束转换性能。从激光器发出的光束经过扩束镜、针孔滤波、准直透镜、偏振片及1/4波片等一系列处理后转换为偏振空间均匀的圆偏振光,然后该圆偏振光入射到待测元件上,元件透射光束成像到CCD上,计算机接收CCD采集的图像,并进行后续的分析处理。

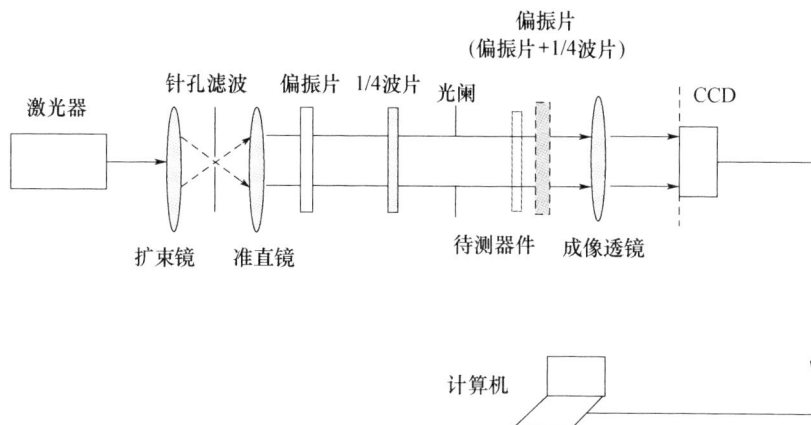

图6-26 元件光束偏振转换性能测试系统

利用斯托克斯参量测试法[24]测量元件透射光束的偏振态分布,分析元件的光束转换性能。对于如图6-26所示的系统,若在待测元件后放置一通光方位为水平的偏振片,则定义在CCD上探测到的光强度分布为$I_{0,0}$;同理,若在待测元件后分别放置通光方向为垂直和45°的偏振片,则在CCD上探测到的光强分布为$I_{90,0}$、$I_{45,0}$;最后,若在待测元件后依次放置通光方向为45°的偏振片和快轴沿水平方向的1/4波片,则在CCD上探测到的光强分布为$I_{45,90}$。根据斯托克斯测试法,斯托克斯参量s_0、s_1、s_2、s_3可分别表示为

$$\begin{cases} s_0 = I_{0,0} + I_{90,0} \\ s_1 = I_{0,0} - I_{90,0} \\ s_2 = 2I_{45,0} - s_0 \\ s_3 = s_0 - 2I_{45,90} \end{cases}, \begin{cases} s_1 = s_0 \cos2\chi\cos2\psi \\ s_2 = s_0 \cos2\chi\sin2\psi \\ s_3 = s_0 \sin2\chi \end{cases} \quad (6-10)$$

式中:ψ为表征光束椭圆取向的角度,$0 \leqslant \psi < \pi$;χ为表征椭圆率的角度,$-\pi/4 \leqslant \chi \leqslant \pi/4$。

经过CCD探测得到的透射光束上每个像素点的偏振态由下式确定:

$$\tan2\psi = \frac{s_2}{s_1}, \sin2\chi = \frac{s_3}{s_0} \quad (6-11)$$

通过分析透射光束上每个像素点的偏振态可确定透射光束在整个横截面上的偏振分布,计算透射光束的偏振纯度,最终确定待测元件的光束转换性能。如果透射光束在每个像素点的偏振态为偏振方向指向径向的线偏振光,则$\psi = \phi$、$\chi = 0$。

表6-2显示了波长为488nm、532nm和633nm时,分块数分别为32及$+\infty$(圆环)时径向偏振转换元件的测试结果,即$I_{0,0}$、$I_{90,0}$、$I_{45,0}$和$I_{45,90}$。对于径向偏振光,透射光束在偏振片通光方向上强度最大,在其垂直方向上强度最小,因此

203

沿圆周方向有两个暗区和两个亮区,明暗相间,呈现"双花瓣"分布。随着分块数量的增加,转换光束越接近理想径向偏振光束。

表 6-2　径向偏振转换元件透射光束的测试结果

强度		$I_{0,0}$	$I_{90,0}$	$I_{45,0}$	$I_{45,90}$
N	λ/nm				
32	488				
	532				
	633				
∞	488				
	532				
	632				

　　根据上述测量结果,利用式(6-10)和式(6-11)计算转换光束在不同像素点的偏振态,确定出转换光束的转换效率和偏振纯度。由计算可知,相对椭圆取向角在 $-6.2°\sim6.0°$,而表征椭圆率的角度在 $-1.4°\sim1°$,转换光束近似为径向偏振光。

　　表 6-3 给出了不同情况下转换光束的偏振纯度。随着分块数的增加,转换光束的偏振纯度越高,所获光束越接近径向偏振光。当 $N=32$ 时,转换光束的偏振纯度都超过 92% ,633nm 转换光束的偏振纯度达到 93.6% ;当 $N\to\infty$,即元件为圆环结构时,转换光束的偏振纯度在三个不同波长都大于 93% 。测试结果

表明,当分块数达到 32 时,所获得近似径向偏振光束的偏振纯度已经接近分块数为无穷时所获光束的偏振纯度,因此在简化结构降低加工成本的情况下,利用分块亚波长金属光栅可代替圆环形元件获得径向偏振光束;而且,在不同波长处所获的径向偏振光束的偏振纯度基本相同,说明对入射光束波长不敏感,即利用亚波长金属光栅可在较宽的波段内生成径向偏振光束。

表 6 – 3   转换光束的偏振纯度

λ/nm	488		532		633	
分块数 N	理论值	实验值	理论值	实验值	理论值	实验值
4	80.5%	76.7%	80.9%	76.9%	81.2%	77.7%
8	93.2%	87.4%	93.6%	88.0%	94.1%	89.9%
16	96.7%	91.2%	97.2%	91.4%	97.7%	92.5%
32	97.7%	92.3%	98.2%	92.8%	98.7%	93.6%
∞	98.0%	93.5%	98.5%	94.2%	99.0%	94.8%

类似地,利用分块亚波长金属光栅可以生成高级次轴对称偏振光束。图 6 – 27 是偏振级次 $P = 4$、$\phi_0 = 0$ 及分块数 $N = 32$ 的分块亚波长金属光栅中心区域的 SEM 图及部分元件实物图。表 6 – 4 则进一步给出了转换光束的测试结果,给出了利用 CCD 测量得到的元件转换光束的强度分布,即 $I_{0,0}$、$I_{90,0}$、$I_{45,0}$ 和 $I_{45,90}$。由测试结果可知,经过偏振片的透射光束具有 $2 \times P$ 个亮区或暗区,而且最大的暗区出现在如下位置:

$$\phi_D = (\alpha - \phi_0)/P + \pi(k' + 0.5)/P \quad ,k' = 0,1,\cdots,2P - 1 \quad (6 - 12)$$

式中:α 为偏振片的方位角。

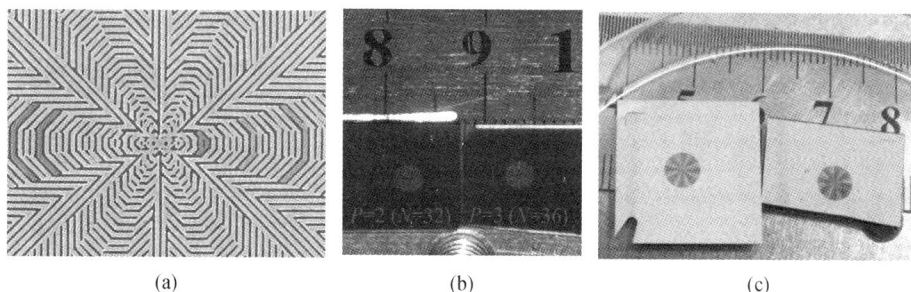

(a)   (b)   (c)

图 6 – 27   加工的可生成高级次轴对称偏振光束的分块亚波长金属光栅

(a) $P = 4$、$\phi_0 = 0$ 及 $N = 32$ 时中心区域的 SEM 图;

(b) 偏振级次为 2 和 3 的实物图;(c) 偏振级次为 4 的实物图。

表 6 - 4   高偏振级次轴对称偏振光束转换元件的测试结果

强度		$I_{0,0}$	$I_{90,0}$	$I_{45,0}$	$I_{45,90}$
P	λ/nm				
$P=2$ $N_r=16$	488				
	532				
	633				
$P=3$ $N_r=12$	488				
	532				
	633				
$P=4$ $N_r=8$	488				
	532				
	633				

同样使用斯托克斯测试法测试转换光束的强度及偏振分布,分析转换性能。透射光束的相对椭圆取向角都在 $-7.0° \sim 6.8°$ 范围内,而表征椭圆率的角度在 $-1.4° \sim 1°$,证明所获得的透射光束在局部的偏振态近似为线偏振。表 6-5 给出了转换光束的偏振纯度。在三个不同波长处,透射光束的偏振纯度均在 80% 以上,与理论值的偏差在 10% 以内。随着相对分块数的增加以及消光比的增加,转换光束的偏振纯度也在增加;当相对分块数为 16 时,转换光束的偏振纯度在 90% 左右。而且不同波长对应的转换光束的偏振纯度基本相同,证明对入射光波长不敏感,具有宽波段消色差特性。

表 6-5　不同类型分块亚波长金属光栅生成的偏振光束的偏振纯度

λ/nm	$P=2$ ($N=32, N_r=16$)		$P=3$ ($N=36, N_r=12$)		$P=4$ ($N=32, N_r=8$)	
	理论值	实验值	理论值	实验值	理论值	实验值
488	96.7%	89.4%	95.8%	86.8%	93.2%	83.5%
532	97.2%	90.1%	96.3%	88.7%	93.6%	84.2%
633	97.7%	90.4%	96.8%	89.3%	94.1%	84.7%

测试结果证明,利用分块亚波长金属光栅可以在可见光波段内获得高偏振纯度的空间变化偏振光束,而且可以工作于较宽的波段内,具有宽波段消色差特性。

6.3　柱矢量光束的聚焦特性

柱矢量光束因为独特的偏振分布,具有独特的聚焦特性,这也是该类型光束获得极大关注和广泛应用的重要原因之一。本节将对不同形式的柱矢量光束的聚焦特性进行系统介绍。

6.3.1　相位均匀分布的柱矢量光束的聚焦特性

6.3.1.1　聚焦场分布

如图 6-28(a)所示,假设聚焦系统为无像差系统且满足正弦条件,入射光束为单色轴对称偏振光束且具有平面波前,光束经透镜转变为会聚光束。在柱坐标系中,会聚光束在焦平面附近的聚焦场分布满足如下关系:[4,25]

$$E(r_s, \phi_s, z_s) = \frac{-\mathrm{i}k}{2\pi} \iint_{\Omega} a(\theta, \phi) \mathrm{e}^{\mathrm{i}k(s \cdot r)} \mathrm{d}\Omega = \frac{-\mathrm{i}k}{2\pi} \int_0^\alpha \mathrm{d}\theta \int_0^{2\pi} a(\theta, \phi) \mathrm{e}^{\mathrm{i}k(s \cdot r)} \sin\theta \mathrm{d}\phi$$

$$(6-13)$$

式中:$k = 2\pi \times n/\lambda$ 为入射光束的波数,λ 为入射光束波长,n 为光束传播的均匀空间的媒质折射率(在空气中 $n=1$)，$S(r_S,\phi_S,z_S)$ 为焦平面附近的任意一点；α 为光束最大的会聚角，其值由透镜的数值孔径 NA 决定，即 $\alpha = \arcsin(NA/n)$；$a(\theta,\phi)$ 是聚焦光束的振幅因子。

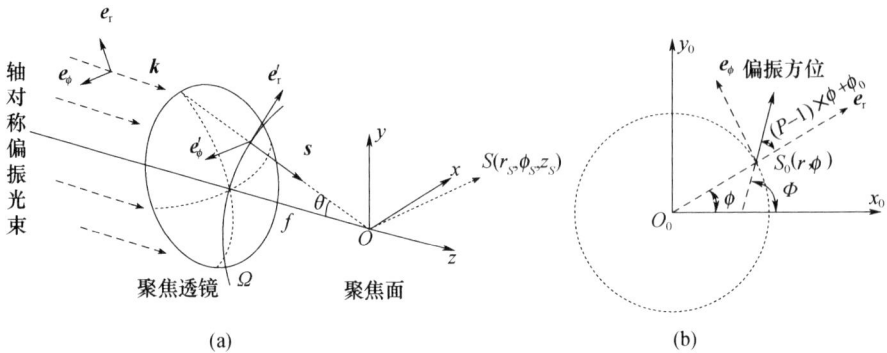

图 6 − 28　入射光束及聚焦系统结构示意图
（a）聚焦系统结构示意图；（b）入射光束在横截面上的偏振分布。

假设入射光束为偏振级次为 P 的轴对称偏振光束，如图 6 − 28(b)所示，在柱坐标系中，其在横截面内的偏振分布满足 $\Phi(r,\phi) = P \times \phi + \phi_0$，其中 ϕ_0 为初始偏振方位角。入射光束的振幅可表示为

$$\boldsymbol{E}_1(r,\phi) = E_0 l_0(r,\phi)\{\cos[(P-1)\phi+\phi_0]\boldsymbol{e}_r + \sin[(P-1)\phi+\phi_0]\boldsymbol{e}_\phi\}$$

$$(6-14)$$

式中：E_0 为入射光束的振幅大小；$l_0(r,\phi)$ 为光瞳切趾函数，描述了入射光束的相对振幅及位相分布；$\boldsymbol{e}_r$ 为柱坐标系中沿径向的单位矢量；$\boldsymbol{e}_\phi$ 为柱坐标系中沿切向的单位矢量。$\boldsymbol{e}_r$、$\boldsymbol{e}_\phi$ 与直角坐标系中沿 x、y 方向的单位矢量 $\boldsymbol{e}_x$、$\boldsymbol{e}_y$ 的转换关系为

$$\boldsymbol{e}_r = \cos\phi\boldsymbol{e}_x + \sin\phi\boldsymbol{e}_y, \boldsymbol{e}_\phi = -\sin\phi\boldsymbol{e}_x + \cos\phi\boldsymbol{e}_y \qquad (6-15)$$

对于无像差透镜聚焦入射光束而且聚焦透镜满足正弦条件，则

$$\frac{r}{f} = \sin\theta \qquad (6-16)$$

式中：f 为透镜焦距；r 为会聚光线对应的透镜孔径；θ 为光线会聚角。

根据能量守恒定律，可进一步确定光瞳函数为

$$l(\theta,\phi) = E_0 l_0(f\sin\theta,\phi)\sqrt{\cos\theta} = E_0 l_0(\theta,\phi)\sqrt{\cos\theta} \qquad (6-17)$$

式中：$l_0(\theta,\phi)$ 为变量为 θ 和 ϕ 的光瞳切趾函数。

聚焦透镜改变了入射光束在空间的偏振方位，经过透镜折射后的偏振单位矢量为

$$\boldsymbol{e}_r' = \cos\theta\boldsymbol{e}_r + \sin\theta\boldsymbol{e}_z = \cos\theta(\cos\phi\boldsymbol{e}_x + \sin\phi\boldsymbol{e}_y) + \sin\theta\boldsymbol{e}_z \qquad (6-18a)$$

$$\boldsymbol{e}_\phi = \boldsymbol{e}_\phi = -\sin\phi\boldsymbol{e}_x + \cos\phi\boldsymbol{e}_y \qquad (6-18\mathrm{b})$$

会聚光束的振幅因子为

$$
\begin{aligned}
\boldsymbol{a}(\theta,\phi) &= E_0 f l_0(\theta,\phi)\ \sqrt{\cos\theta} \times \{\cos[(P-1)\phi+\phi_0]\boldsymbol{e}'_r + \sin[(P-1)\phi+\phi_0]\boldsymbol{e}'_\phi\} \\
&= E_0 f l_0(\theta,\phi)\ \sqrt{\cos\theta} \\
&\quad \times \{[\cos[(P-1)\phi+\phi_0]\cos\theta\cos\phi - \sin[(P-1)\phi+\phi_0]\sin\phi]\boldsymbol{e}_x \\
&\quad + [\cos[(P-1)\phi+\phi_0]\cos\theta\sin\phi + \sin[(P-1)\phi+\phi_0]\cos\phi]\boldsymbol{e}_y \\
&\quad + \cos[(P-1)\phi+\phi_0]\sin\theta\boldsymbol{e}_z\}
\end{aligned}
\qquad (6-19)
$$

式中:f 为透镜焦距;$\boldsymbol{e}_z$ 为沿着轴向的单位矢量。

同时,表示会聚光线方向的单位矢量为

$$\boldsymbol{s} = -\sin\theta\cos\phi\boldsymbol{e}_x - \sin\theta\sin\phi\boldsymbol{e}_y + \cos\theta\boldsymbol{e}_z \qquad (6-20)$$

对于焦平面附近的某一观察点 $S(r_S,\phi_S,z_S)$,则有如下关系成立:

$$\boldsymbol{s}\cdot\boldsymbol{r} = z_S\cos\theta - r_S\sin\theta\cos(\phi-\phi_S) \qquad (6-21)$$

因此,S 点的聚焦场为

$$
\boldsymbol{E}^{(S)} = \begin{bmatrix} E_x^{(S)} \\ E_y^{(S)} \\ E_z^{(S)} \end{bmatrix} = \frac{-\mathrm{i}A}{\pi}\int_0^\alpha \mathrm{d}\theta \int_0^{2\pi} l_0(\theta,\phi)\ \sqrt{\cos\theta}\sin\theta \mathrm{e}^{\mathrm{i}k[z_S\cos\theta - r_S\sin\theta\cos(\phi-\phi_S)]}
$$

$$
\times \begin{bmatrix} \cos[(P-1)\phi+\phi_0]\cos\theta\cos\phi - \sin[(P-1)\phi+\phi_0]\sin\phi \\ \cos[(P-1)\phi+\phi_0]\cos\theta\sin\phi + \sin[(P-1)\phi+\phi_0]\cos\phi \\ \cos[(P-1)\phi+\phi_0]\sin\theta \end{bmatrix}\mathrm{d}\phi
$$

$$(6-22)$$

利用如下变换关系:

$$E_r^{(S)} = E_x^{(S)}\cos\phi_S + E_y^{(S)}\sin\phi_S,\quad E_\phi^{(S)} = E_y^{(S)}\cos\phi_S - E_x^{(S)}\sin\phi_S \qquad (6-23)$$

式(6-22)可进一步转化为柱坐标的形式:

$$
\boldsymbol{E}(r_S,\phi_S,z_S) = \begin{bmatrix} E_r^{(S)} \\ E_\phi^{(S)} \\ E_z^{(S)} \end{bmatrix} = \frac{-\mathrm{i}A}{\pi}\int_0^\alpha \mathrm{d}\theta \int_0^{2\pi} l_0(\theta,\phi)\ \sqrt{\cos\theta}\sin\theta \mathrm{e}^{\mathrm{i}k[z_S\cos\theta - r_S\sin\theta\cos(\phi-\phi_S)]}
$$

$$
\times \begin{bmatrix} \cos[(P-1)\phi+\phi_0]\cos\theta\cos(\phi-\phi_S) - \sin[(P-1)\phi+\phi_0]\sin(\phi-\phi_S) \\ \cos[(P-1)\phi+\phi_0]\cos\theta\sin(\phi-\phi_S) + \sin[(P-1)\phi+\phi_0]\cos(\phi-\phi_S) \\ \cos[(P-1)\phi+\phi_0]\sin\theta \end{bmatrix}\mathrm{d}\phi
$$

$$(6-24)$$

式中:$A = f\pi E_0 / \lambda$ 为一常数;$E_r^{(S)}$ 为聚焦光场沿径向的振幅分量;$E_\phi^{(S)}$ 为聚焦光场沿切向的振幅分量;$E_z^{(S)}$ 为聚焦光场轴向的振幅分量。

利用以上公式,可数值计算聚焦平面附近不同聚焦分量及总聚焦场的振幅及强度分布,分析聚焦场的相位及偏振变化。

在多数情况下,$l_0(\theta,\phi) = l_0(\theta)$,即光瞳切趾函数只是关于变量 θ 的函数。此时利用基本的三角函数关系式和如下的贝塞尔函数关系等式:

$$\int_0^{2\pi} \cos(m\beta) e^{it\cos(\beta-\gamma)} d\beta = 2\pi i^m J_m(t) \cos(m\gamma) \qquad (6-25a)$$

$$\int_0^{2\pi} \sin(m\beta) e^{it\cos(\beta-\gamma)} d\beta = 2\pi i^m J_m(t) \sin(m\gamma) \qquad (6-25b)$$

$$J_m(-t) = (-1)^m J_m(t) \qquad (6-25c)$$

式中:m 为某一整数;J_m 为级数为 m 的第一类贝塞尔函数,则式(6-24)可简化为

$$E(r_S,\phi_S,z_S) = \begin{bmatrix} E_r^{(S)} \\ E_\phi^{(S)} \\ E_z^{(S)} \end{bmatrix} = -i^{(3P+1)} A \int_0^\alpha l_0(\theta) \sqrt{\cos\theta} \sin\theta e^{ikz_s\cos\theta}$$

$$\times \begin{bmatrix} \cos[(P-1)\phi_S + \phi_0]\{\cos\theta[J_P(kr_S\sin\theta) - J_{P-2}(kr_S\sin\theta)] + J_P(kr_S\sin\theta) + J_{P-2}(kr_S\sin\theta)\} \\ \sin[(P-1)\phi_S + \phi_0]\{\cos\theta[J_P(kr_S\sin\theta) + J_{P-2}(kr_S\sin\theta)] + J_P(kr_S\sin\theta) - J_{P-2}(kr_S\sin\theta)\} \\ 2i\cos[(P-1)\phi_S + \phi_0]\sin\theta J_{P-1}(kr_S\sin\theta) \end{bmatrix} d\theta$$

$$(6-26)$$

偏振级次 $P = 1$ 时,即为柱矢量光束的聚焦场分布,此时式(6-26)进一步简化为

$$E(r_S,\phi_S,z_S) = \begin{bmatrix} E_r^{(S)} \\ E_\phi^{(S)} \\ E_z^{(S)} \end{bmatrix} = -2A \int_0^\alpha l_0(\theta) \sqrt{\cos\theta} \sin\theta e^{ikz_s\cos\theta} \begin{bmatrix} \cos\phi_0 \cos\theta J_1(kr_S\sin\theta) \\ \sin\phi_0 J_1(kr_S\sin\theta) \\ i\cos\phi_0 \sin\theta J_0(kr_S\sin\theta) \end{bmatrix} d\theta$$

$$(6-27)$$

显然地,当 $\phi_0 = 0$ 时式(6-39)对应径向偏振光聚焦场的情况,$\phi_0 = \pi/2$ 对应切向偏振光聚焦场的情况。除了正弦条件,某些透镜可能满足赫歇耳条件、拉格朗日条件或赫姆霍兹条件。当采用这些透镜聚焦轴对称偏振光束时,聚焦场分布略有不同,但基本规律不变。

6.3.1.2　数值模拟

根据式(6-27),选择不同形式的光瞳切趾函数 $l_0(\theta,\phi)$ 或 $l_0(\theta)$,聚焦场分布不同。通常根据光束的不同偏振特性,选择贝塞尔-高斯函数、拉盖尔-高斯函数或环带函数作为光瞳切趾函数分析柱矢量光束的聚焦场特性。

选取如下形式的贝塞尔-高斯函数作为光瞳切趾函数:

$$l_0(\theta) = \mathrm{e}^{-\beta^2 \left(\frac{\sin\theta}{\sin\alpha}\right)^2} J_1 \left(2\beta \frac{\sin\theta}{\sin\alpha}\right) \tag{6-28}$$

式中:β 为透镜填充因子,为光瞳半径与束腰的比值;α 为最大光束会聚角,即 $\alpha = \arcsin^{-1}(\mathrm{NA}/n)$。同时,假定式(6-27)中的常数 $A=1$,所有长度以波长 λ 为单位,$\beta = 1.0$。

首先讨论两种特殊形式的柱矢量光束,即径向偏振光($P=1,\phi_0=0$)和切向偏振光($P=1,\phi_0=\pi/2$)的聚焦特性。

图 6-29 显示了数值孔径 NA = 0.90 时径向偏振光在焦平面($x-y$ 平面)及沿光轴方向($x-z$ 平面)的聚焦场强度($I = |E|^2$)分布。很明显,聚焦场只由径向分量和轴向分量组成,没有切向分量。径向分量是一种中空结构,光轴上的强度为零;而轴向分量在光轴上的强度最大。

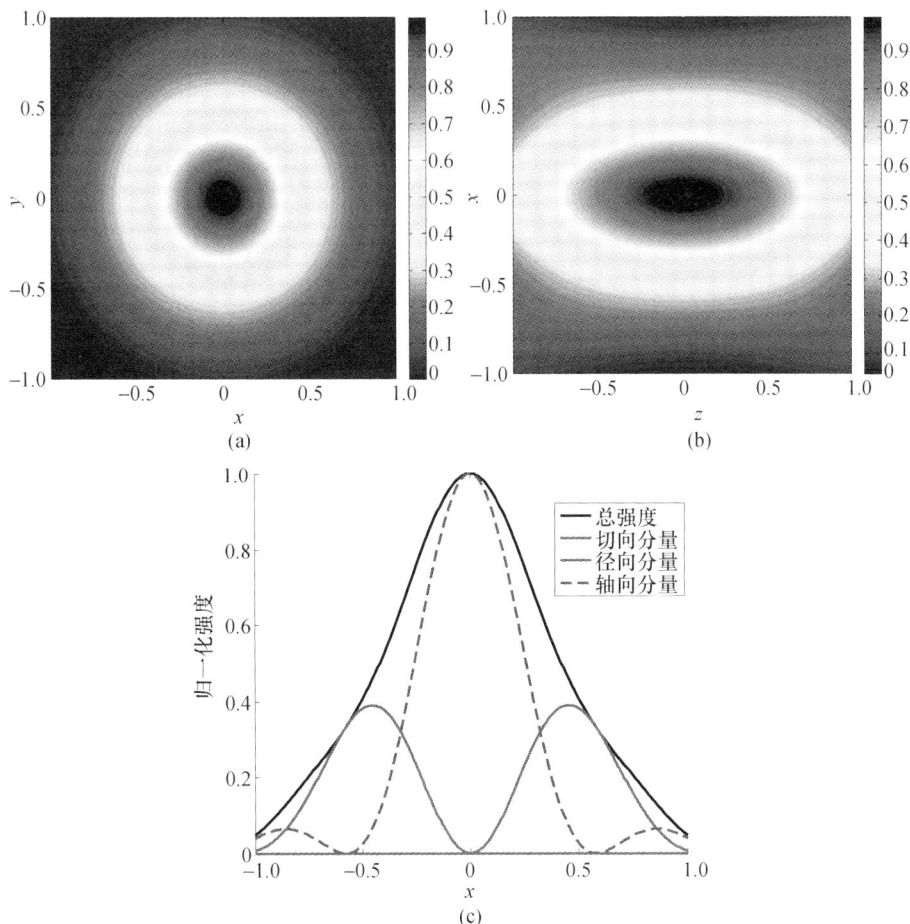

图 6-29　径向偏振光在焦平面及其附近的聚焦场强度分布(透镜数值孔径 NA = 0.90)
(a)焦平面上总场强的强度分布;(b)沿光轴方向总场强的强度分布;
(c)焦平面上沿 x 轴不同分量的强度分布。

在高数值孔径聚焦的情况下,轴向分量的强度大于径向分量的强度,光轴及其附近的强度主要由轴向分量决定。这也意味着径向偏振光的聚焦光斑尺寸主要由轴向分量的光斑尺寸决定。图 6-30 计算了轴向分量强度与径向分量最大强度的比值 $I_{z,max}/I_{r,max}$ 随透镜数值孔径 NA 的变化,随 NA 的增加而增加。图 6-31 进一步给出了聚焦光斑半高全宽度随 NA 的变化。随着 NA 的增加,光斑尺寸逐渐减小,并有望突破衍射极限。例如,对于径向偏振光($P=1$),当数值孔径超过 0.97 时,光斑尺寸比在相同条件下艾里斑的尺寸还要小,突破了衍射极限,实现了光学超分辨。

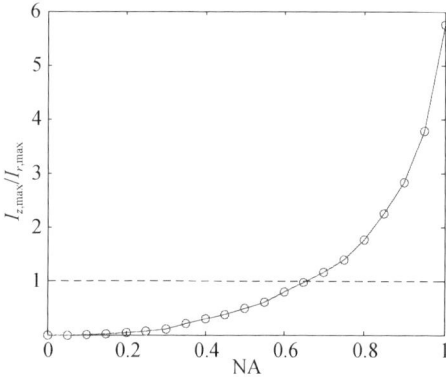

图 6-30   聚焦光场轴向分量与径向分量最大
强度比值随数值孔径 NA 的变化

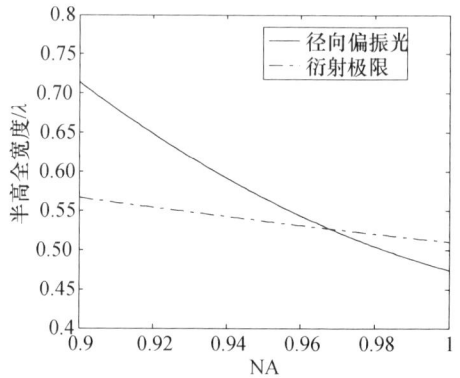

图 6-31   径向偏振光聚焦光斑
尺寸随数值孔径 NA 的变化

图 6-32 展示了切向偏振光在焦平面及其附近的聚焦光场强度分布。与径向偏振光不同,切向偏振光的聚焦光场只有切向分量,而且其在光轴上的强度为零,是一种"中空"结构。

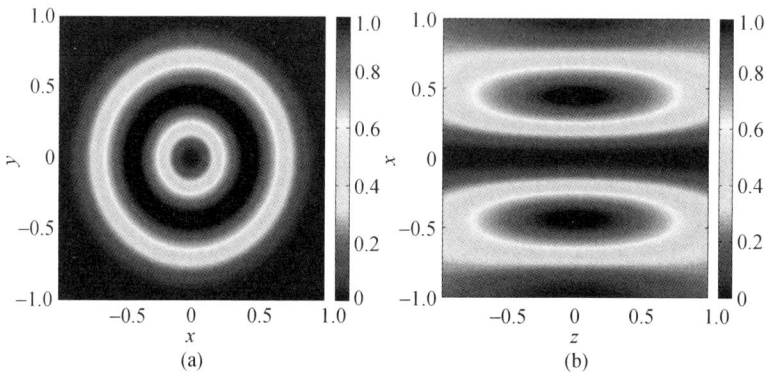

图 6-32   切向偏振光在焦平面及其附近的聚焦光场强度分布
(透镜数值孔径 NA = 0.90,α = 64°)
(a) $x-y$ 平面的强度分布;(b) $z-x$ 平面的强度分布。

当 $\phi_0 \neq 0$ 或 $\pi/2$ 时,柱矢量光束的聚焦场由切向分量、径向分量和轴向分量组成。图 6-33 给出了初始方位角 $\phi_0 = \pi/6$ 时的柱矢量光束在焦平面及其附近归一化的聚焦光场强度分布,其中总聚焦强度为三个分量聚焦场强度之和。径向分量和切向分量在光轴上的强度均为零,光轴上的强度由轴向分量决定。随着 ϕ_0 的增加,径向分量和轴向分量逐渐减弱,切向分量增强,最后当 $\phi_0 = \pi/2$ 时,径向分量和轴向分量的强度减弱为零,聚焦场只有切向分量。因此,通过合理调整柱矢量光束的初始方位角,可以灵活控制聚焦场的强度分布。

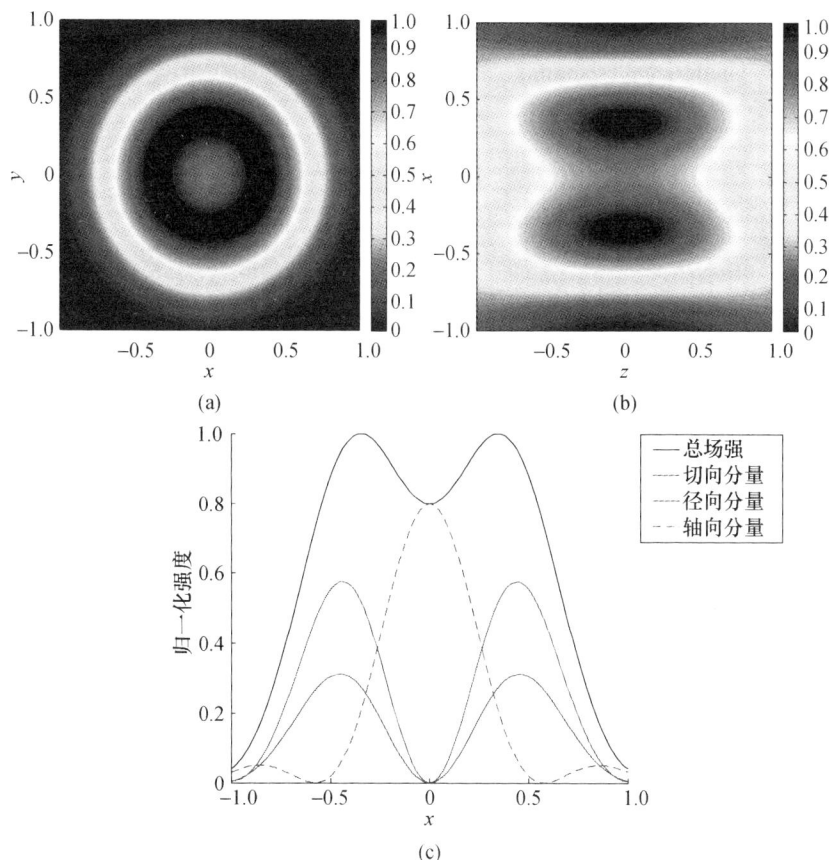

(a)　　　　　　　　　　　　　(b)

(c)

图 6-33　柱矢量光束聚焦强度分布(透镜数值孔径 NA = 0.90($\alpha = 64°$),$\phi_0 = \pi/6$)

(a) 焦平面上的强度分布;(b) z-x 平面上的强度分布;(c) 焦平面上沿 x 轴不同分量的强度分布。

除了强度分布,聚焦场的相位及偏振分布也值得关注,特别是偏振奇异及相位奇异的问题。若在电场中的某些位置,电场振幅(强度)为零,则电场的相位不确定,称光场产生了相位奇异。通常情况下,电场在空间的偏振态为椭圆偏振,但在某些位置偏振态由椭圆偏振转变为圆偏振或线偏振,或因为电场振幅为零而偏振态不确定,则称光场产生了偏振奇异。聚焦场的相位及偏振奇异特性与入射光束的振幅、相位及偏振分布有关,也与聚焦系统的结构有关,当平滑地改

变入射波长 λ、光束会聚角 α 以及光瞳切趾函数中的透镜填充因子 β 等参数时,某些位置的偏振或相位奇异将会消失,而在一些新的位置产生相位或偏振奇异。

由式(6 – 27)可知,当偏振级次 $P = 1$ 且 $A > 0$ 时,柱矢量光束的聚焦场满足如下对称关系:

$$E_r(r_S, \phi_S, -z_S) = E_r^*(r_S, \phi_S, z_S) \tag{6 – 29a}$$

$$E_\phi(r_S, \phi_S, -z_S) = E_\phi^*(r_S, \phi_S, z_S) \tag{6 – 29b}$$

$$E_z(r_S, \phi_S, -z_S) = -E_z^*(r_S, \phi_S, z_S) \tag{6 – 29c}$$

式中:" $*$ "代表复数共轭运算。

图 6 – 34 给出了切向偏振光在焦平面及 $z_S = 0.5$ 时 $x - y$ 平面上聚焦场的相位及振幅分布,数值模拟参数与图 6 – 32 相同。因为切向偏振光的聚焦场只有切向分量,因此聚焦场在空间的偏振分布也是切向偏振分布,电场矢量在任意一点的偏振态为线偏振,沿切向振动。但在某些位置,电场振幅为零,将产生相位

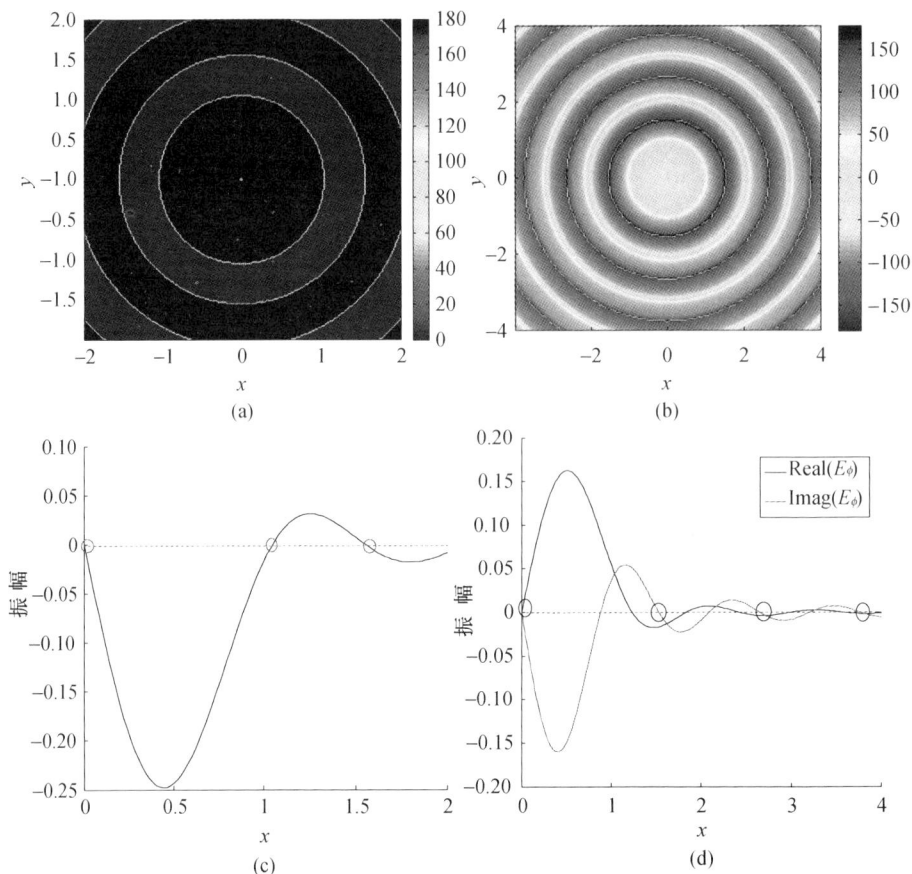

图 6 – 34 切向偏振光聚焦场在焦平面(左列)及 $z_S = 0.5$(右列)时

相位及径向振幅分布(Real(·)表示取实部,Imag(·)表示取虚部)

(a)、(b) 相位分布;(c)、(d) 径向振幅分布。

和偏振奇异。在焦平面上($z_S = 0$),切向分量振幅为实数值,因此其相位分布为 0、π 二值结构。如图 6-34(c)中圆圈所示,在半径 $r = 1.06$、1.55 和 2.12 的圆上电场振幅为零,相位发生突变,偏振不确定,即产生了相位奇异与偏振奇异,对应的圆则为相位或偏振奇异线。当 $z_S \neq 0$ 时,光轴上的电场振幅为零,产生了相位及偏振奇异;在其他点,电场振幅为一复数值,相位沿径向连续变化。图 6-35 进一步给出了沿光轴方向切向分量的相位及 $r = 0.44$ 时的振幅分布。在光轴上电场振幅总为零,所以相位及偏振不确定,光轴即为光场的相位和偏振奇异线。当 $r_S \neq 0$ 时,除了焦平面上 $r = 1.06$、1.55 及 2.12 等圆,任意一点电场强度都不为零,不存在相位及偏振奇异。若 $(r_S, \phi_S, -z_S)$ 处的相位为 δ,则 (r_S, ϕ_S, z_S) 处相位为 $-\delta$。电场振幅沿光轴及径向方向的波前发生了不规则变化,波前间距不再等于波长。

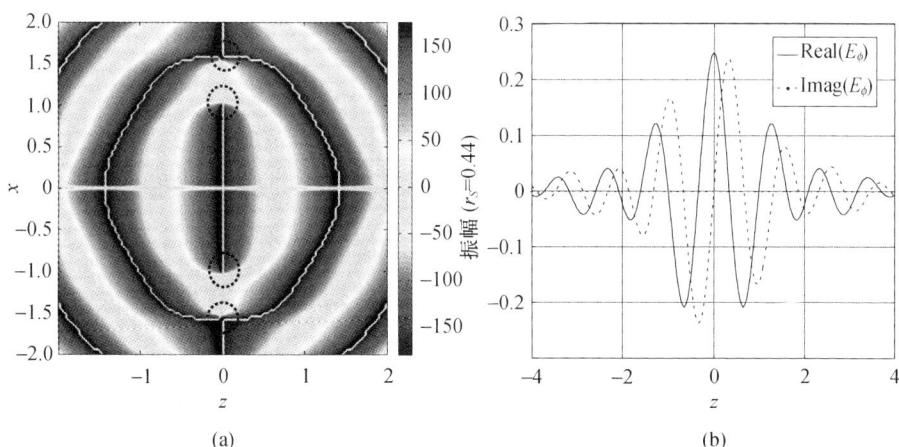

(a)　　　　　　　　　　　　　　(b)

图 6-35　切向偏振光聚焦场沿着光轴的分布($r_S = 0.44$,Real(·)表示取实部,

Imag(·)表示取虚部,NA = 0.90)

(a)相位点圆所示位置为相位奇异点;(b)振幅。

径向偏振光聚焦场的相位及偏振分布相对切向偏振光的聚焦场要复杂一些。径向偏振光的聚焦场只有径向分量和轴向分量,在焦平面上($z_S = 0$),聚焦场的径向分量为纯实数,而轴向分量为纯虚数,根据式(6-29),聚焦场可表示为

$$E(r_S, \phi_S, 0) = E_r(r_S, \phi_S, 0)e_r + \mathrm{Imag}[E_z(r_S, \phi_S, 0)]\mathrm{i}e_z \qquad (6-30)$$

图 6-36 给出了焦平面(左列)及 $z_S = 0.5$ 时(右列)径向分量和轴向分量光场的相位及振幅分布。对于径向分量,光场在光轴上的振幅为零,产生了相位及偏振奇异,在其他区域相位分布为 0、π 二值结构,在半径 $r = 1.10$、1.60 及 2.15 等圆上电场振幅为零,产生了偏振及相位奇异;对于轴向分量,光场的相位分布为 π/2、-π/2 二值结构,在半径 $r = 0.58$、1.26 及 1.78 等圆上电场振幅为零,产生了偏振及相位奇异。当 $z_S = 0.5$ 时,对于径向分量,光场在光轴上的振幅依然

为零,相位及偏振态不确定;除中心点外,任意一点的电场振幅都非零,不产生相位奇异,并沿径向连续变化;对于轴向分量,相位沿径向连续变化。图 6-37 进一步给出了径向分量和轴向分量光场在 $z-x$ 平面上的相位及振幅分布,除了焦平面上的相位及偏振奇异点外,在其他位置,相位均沿光轴方向连续变化。电场振幅沿光轴及径向的波前也发生了不规则变化。

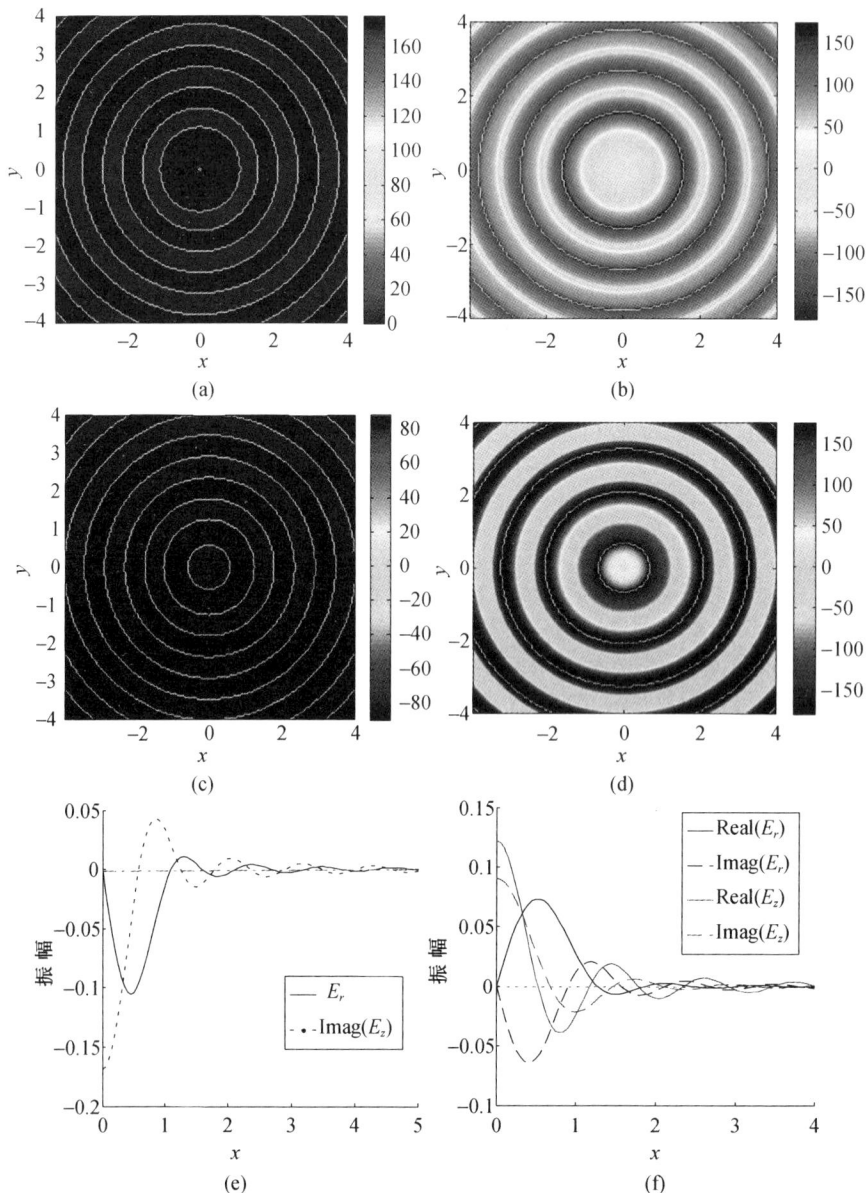

图 6-36　焦平面(左列)及 $z_S = 0.5$ 时(右列)径向分量和轴向分量光场的相位及振幅分布
(a)、(b) 径向分量聚焦场的相位分布;(c)、(d) 轴向分量聚焦场的相位分布;(e)、(f) 振幅分布。

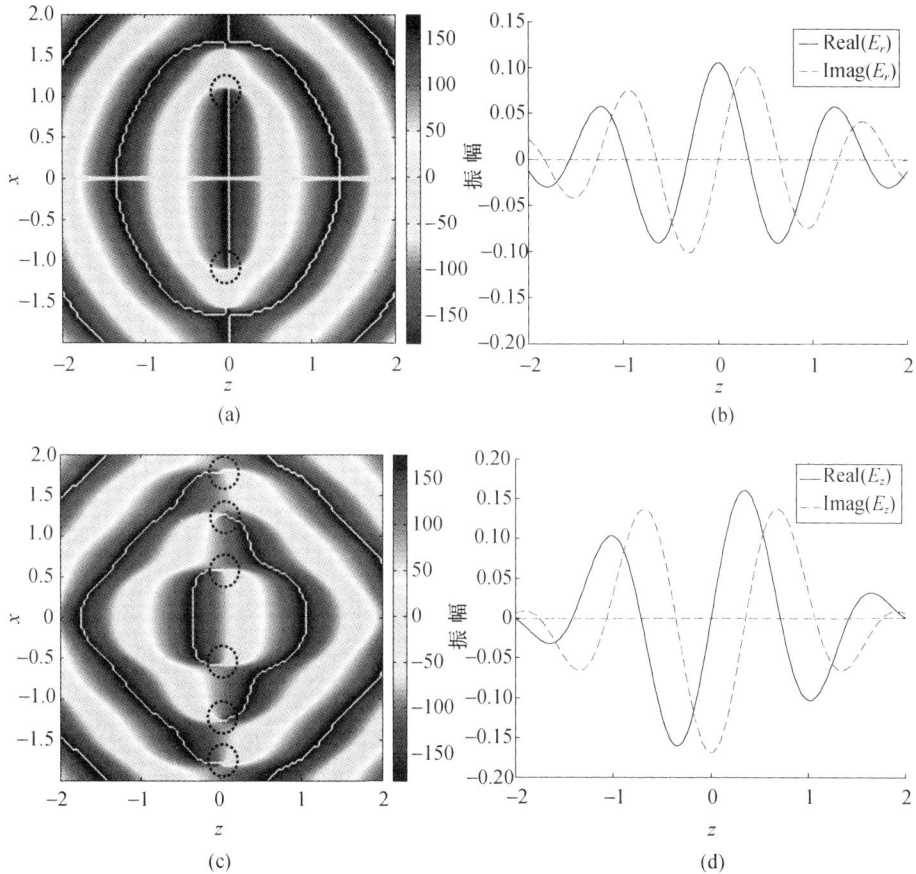

图 6 - 37　聚焦的径向偏振光的径向分量和轴向分量光场在 $z-x$ 平面上的相位(左列)
及振幅(右列)分布((a)和(c)中点圆所示位置为相位奇异点)
(a)、(b) 径向分量聚焦场相位分布($x=0.46$);(c)、(d) 轴向分量聚焦场强度分布。

6.3.1.3　实验测试

图 6 - 38 显示了整个测试系统的结构组成,由激光器发出的单色光束,经过偏振片后转变为线偏振光,再经扩束、滤波及准直后转变为平行光束,该平行光束经过液晶偏振转换器后转换为径向偏振光或切向偏振光,然后该光束进入共聚焦显微镜系统进行聚焦,利用光电探测器获得聚焦场的强度分布,最终经计算机软件处理系统处理后输出。

测试采用波长为 488nm 的半导体泵浦蓝光激光器,最大功率 2W,物镜数值孔径为 NA =0.90,放大倍数为 100。实验采用瑞士 Arcoptix 公司制作的液晶偏振转换器,该元件通过相位补偿可获得反相径向偏振光和反相切向偏振光,元件具体结构参数如表 6 -6 所示。

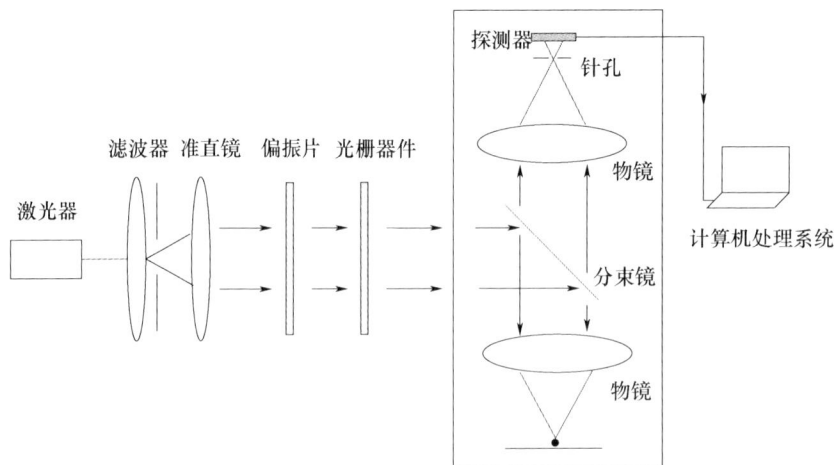

图 6 - 38 测试系统结构示意图

表 6 - 6 液晶偏振转换器的结构及性能参数[①]

波长范围	$350 \sim 1700nm$
有源区域面积	直径：10mm
透过率	大于75%（在可见光波段）
材料	向列型液晶
基底材料	玻璃
消光比	约100@633nm
输出强度均匀性	低于1/100rms
使用温度范围	$15 \sim 35℃$
入射光束能量限制	500W/cm² (连续波) 300mJ/cm²10ns (可见光) 200mJ/cm²10ns(1064nm)
尺寸	6cm×4cm×1.5cm
① 引自公司网站：http://www.arcoptix.com/radial_polarization_converter.htm	

图 6 - 39 显示了测量的径向偏振光在焦平面的二维强度分布及沿着 x 轴和 y 轴的强度分布。由图 6 - 39(a) 可知,聚焦场在焦点附近呈一较小的聚焦光斑,光斑基本为圆形,在中心点的强度较大;图 6 - 39(b) 为沿着 x 轴和 y 轴的强度分布,焦斑主瓣与理论计算的焦斑主瓣比较接近,但旁瓣有一些强度起伏,焦斑沿 x 轴和 y 轴的半高全宽度基本相同,分别为 $0.68\mu m$ 和 $0.66\mu m$,理论的焦斑半高全宽度为 $0.58\mu m$。测试实验证明径向偏振光在高数值孔径聚焦系统中可以获得较小的聚焦光斑。

图 6 - 40 是测量的切向偏振光在焦平面的二维强度分布及沿着 x 轴和 y 轴

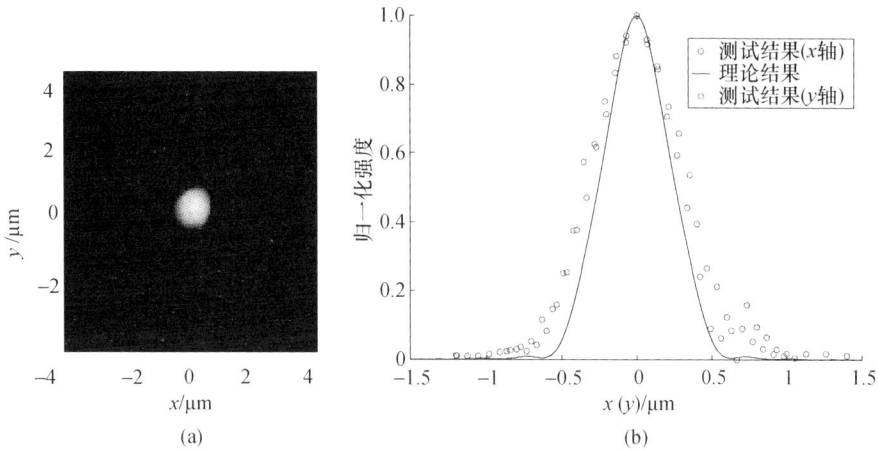

图 6-39 径向偏振光聚焦场的测量结果

（a）聚焦光斑；（b）归一化强度分布。

的强度分布。由测试结果可见,焦斑是一种圆环中空结构,在焦点附近的强度较低,与理论分析吻合;聚焦场沿 x 轴和 y 轴的强度分布主瓣部分基本吻合,旁瓣部分有一些差异,亮环的半高全宽度为 $0.48\,\mu m$,理论值为 $0.38\,\mu m$。实验证明了切向偏振光在高数值孔径聚焦的情况下可以获得较小的聚焦光斑,光场分布为一种中空结构。

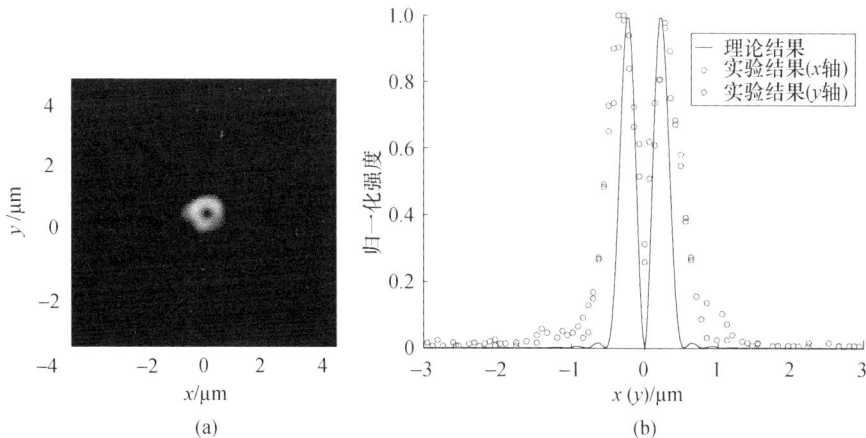

图 6-40 切向偏振光聚焦场的测试结果

（a）聚焦光斑；（b）归一化强度分布。

6.3.2 柱偏振涡旋光束的聚焦特性

6.3.2.1 聚焦场分布

涡旋光束是一种具有涡旋相位分布的光束类型,其振幅表达式中带有 $e^{il\phi}$ 因子,式中:l 为拓扑电荷数;φ 为柱坐标系下的方位角。当涡旋光束的偏振态随空间变化时,该类型涡旋光束就被称为矢量涡旋光束,其中目前研究最为广泛的是具有涡旋相位的柱偏振涡旋光束。柱偏振涡旋光束在光束横截面上的偏振方向满足柱对称分布而相位沿切向呈现螺旋分布。由于这种独特的偏振及相位分布,该类型光束引起了越来越多的关注。

假设入射的柱偏振涡旋光束在柱坐标系下的电场复振幅为

$$E_1(r,\phi) = Al(r)\,\mathrm{e}^{il\phi}(\cos\phi_0 \boldsymbol{e}_r + \sin\phi_0 \boldsymbol{e}_\phi) \tag{6-31}$$

式中:A 是常数因子;$l(r)$ 为光瞳函数,表示入射场的相对振幅及相位分布;ϕ_0 为初始偏振方位角,$\phi_0 = 0$ 对应径向偏振,$\phi_0 = \pi/2$ 对应切向偏振;$\boldsymbol{e}_r$ 为径向单位矢量;$\boldsymbol{e}_\phi$ 为切向单位矢量。

沿用 6.3.1 节的矢量衍射理论,可以推导出聚焦场的数学表达式为

$$E_2(r_S, \phi_S, z_S) = E_r \boldsymbol{e}_r + E_\phi \boldsymbol{e}_\phi + E_z \boldsymbol{e}_z \tag{6-32}$$

式中:$\boldsymbol{e}_z$ 为轴向单位矢量;E_r 为聚焦场径向分量的复振幅;E_ϕ 为聚焦场切向分量的复振幅;E_z 为聚焦场轴向分量的复振幅。

进一步地,这三个复振幅可表示为

$$E_r(r_S, \phi_S, z_S) = \frac{-\mathrm{i}^l A}{2}\mathrm{e}^{il\phi}\cos\phi_0 \int_0^\alpha l_0(\theta)\,\sqrt{\cos\theta}\sin2\theta\mathrm{e}^{ikz_S\cos\theta}$$
$$\times [J_{l+1}(kr_S\sin\theta) - J_{l-1}(kr_S\sin\theta)]\mathrm{d}\theta \tag{6-33a}$$

$$E_\phi(r_S, \phi_S, z_S) = \mathrm{i}^l A\mathrm{e}^{il\phi}\sin\phi_0 \int_0^\alpha l_0(\theta)\,\sqrt{\cos\theta}\sin\theta\mathrm{e}^{ikz_S\cos\theta}$$
$$\times [J_{l+1}(kr_S\sin\theta) - J_{l-1}(kr_S\sin\theta)]\mathrm{d}\theta \tag{6-33b}$$

$$E_z(r_S, \phi_S, z_S) = 2\mathrm{i}^{l+1}A\mathrm{e}^{il\phi}\cos\phi_0 \int_0^\alpha l_0(\theta)\,\sqrt{\cos\theta}\sin^2\theta$$
$$\times \mathrm{e}^{ikz_S\cos\theta}J_l(kr_S\sin\theta)\mathrm{d}\theta \tag{6-33c}$$

式中:$J_{l-1}(\cdot), J_l(\cdot), J_{l+1}(\cdot)$ 分别为第一类 $(l-1)$ 阶、l 阶、$(l+1)$ 阶贝塞尔函数。

基于式(6-32)和式(6-33)可计算不同情况下柱偏振涡旋光束聚焦场的振幅、相位及强度分布。由式(6-33)并结合贝塞尔函数的特征,不难得出,当拓扑电荷数等于 1 时,聚焦场在光轴上的强度不为零;而当拓扑电荷数大于 1 时,聚焦场在光轴上的强度为零,聚焦场是一种中空结构。

6.3.2.2　数值模拟

下面以径向偏振涡旋光束为例,分析不同情况下聚焦场的强度分布特征。依然假定光瞳函数满足式(6-28),所有的长度均以波长 λ 为单位。图 6-41 给出了当数值孔径分别为 0.65 和 0.85 时,拓扑电荷数从 1 到 8 时径向偏振涡旋光束的聚焦场分布。

(a)

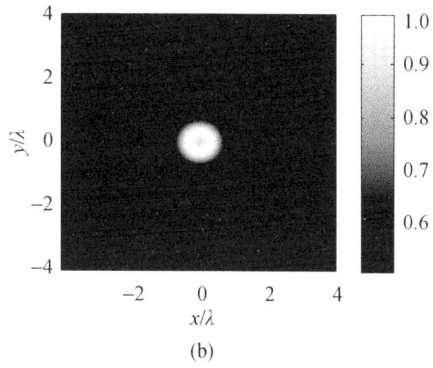

(b)

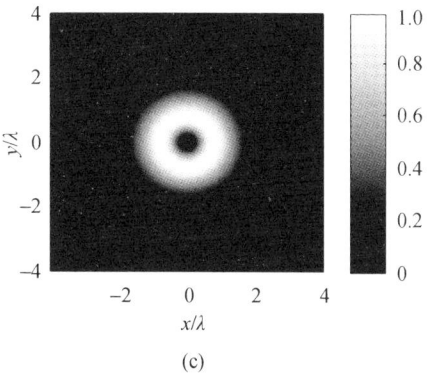

(c)

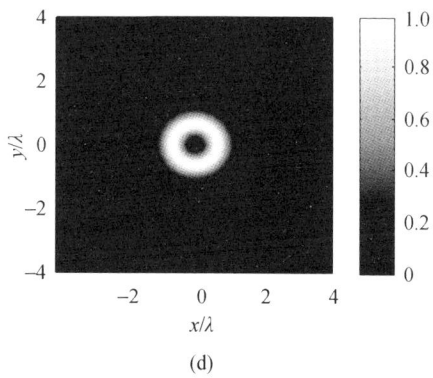

(d)

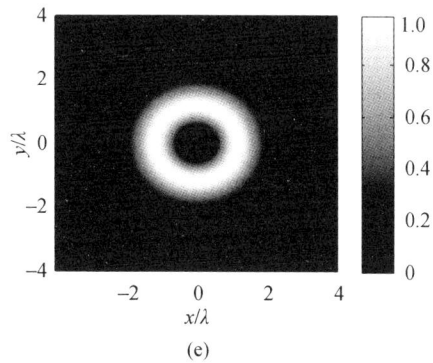

(e)

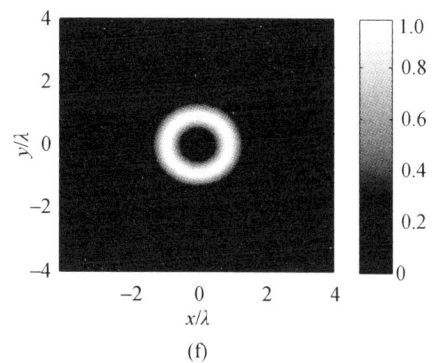

(f)

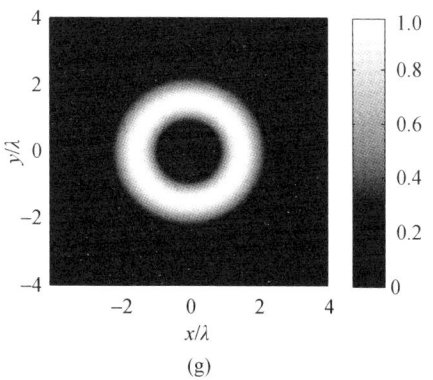

(g)

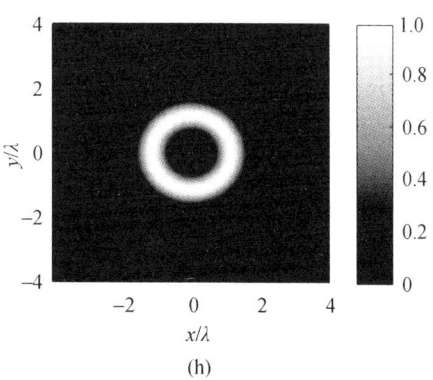

(h)

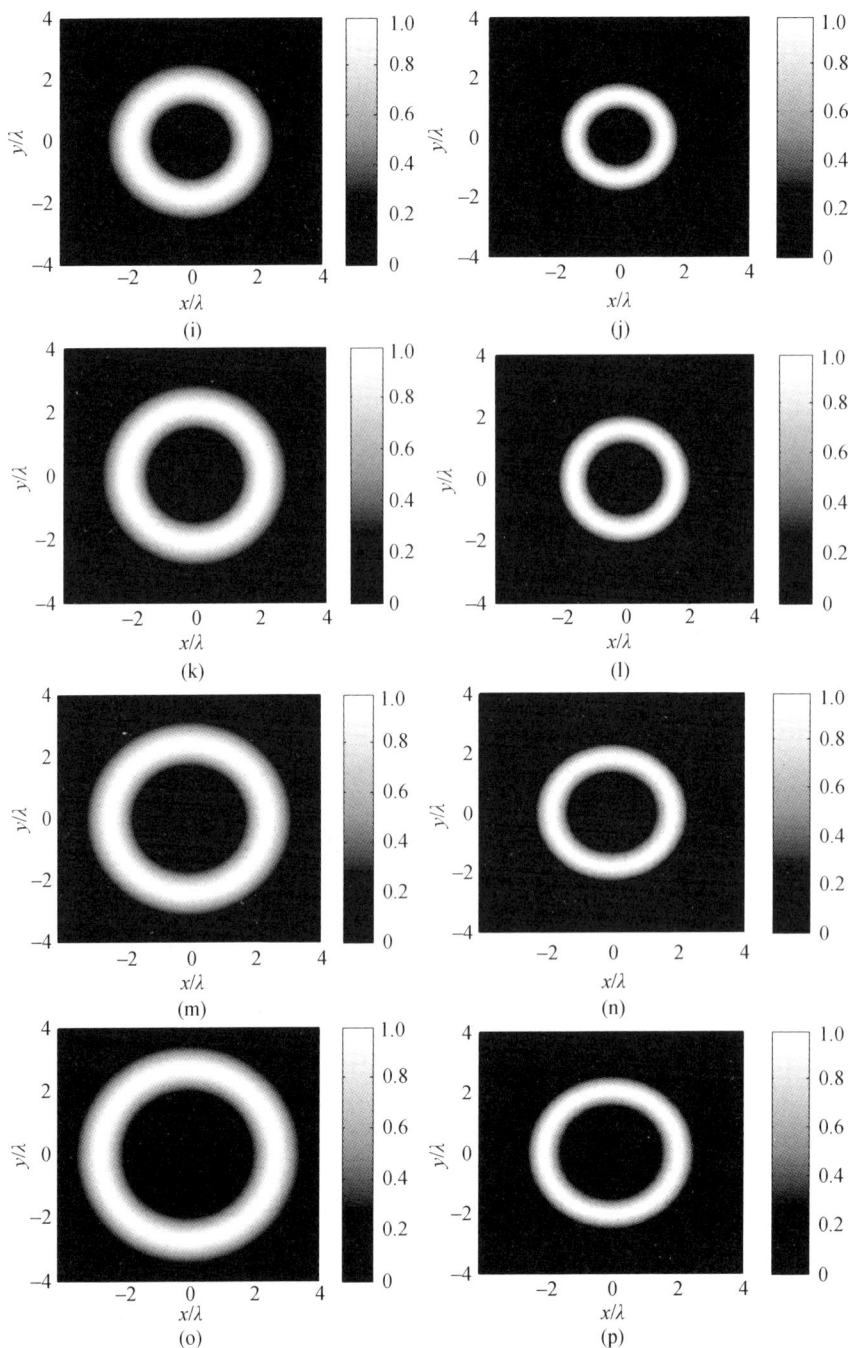

图 6 - 41　径向偏振涡旋光束聚焦场的横向分布(左列对应透镜的数值孔径 NA = 0.65,
右列对应透镜的数值孔径 NA = 0.85)

(a)、(b) $l=1$;(c)、(d) $l=2$;(e)、(f) $l=3$;(g)、(h) $l=4$;

(i)、(j) $l=5$;(k)、(l) $l=6$;(m)、(n) $l=7$;(o)、(p) $l=8$。

由数值模拟计算结果可知,对于不同的拓扑电荷数,径向偏振涡旋光束的聚焦场强度均为圆对称分布;当 $l = 1$,数值孔径 NA = 0.65 时,径向偏振涡旋光束中心的光强为最强;而 $l = 1$,数值孔径 NA = 0.85 时,其光强最大值出现在聚焦光斑的外围。同时可知,聚焦光斑的大小不仅由聚焦透镜的数值孔径大小决定并且与拓扑电荷数的大小密切相关,但主要由数值孔径决定。当 $l > 1$ 时,聚焦光斑会出现中空结构,呈现圆环分布,并且随着拓扑电荷数的增大,聚焦光斑的中空半径也逐渐增大,整个聚焦光斑也逐渐增大。

相对于拓扑电荷数为整数,分数阶的径向偏振涡旋光束具有更独特的聚焦分布特性,如图 6 - 42 给出了数值孔径 NA 为 0.65 时不同分数阶拓扑电荷数光

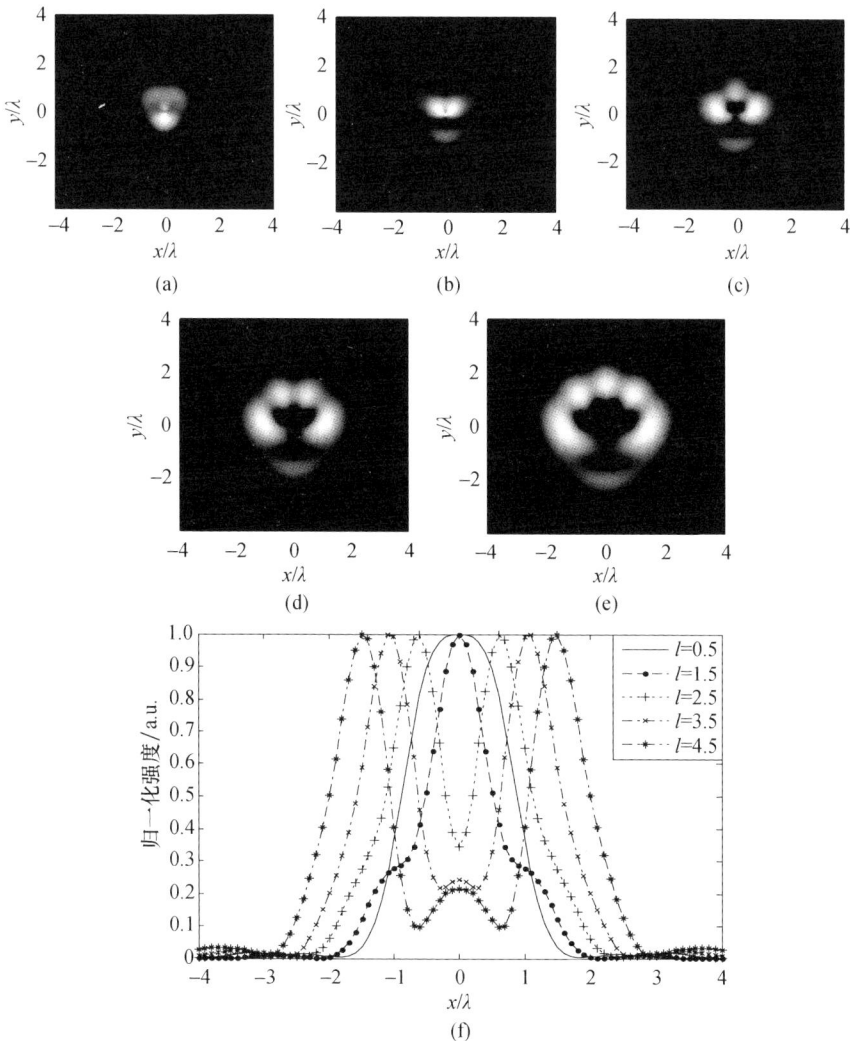

图 6 - 42   NA = 0.65 时聚焦场强度分布及沿 x 轴的归一化强度分布

(a) $l = 0.5$;(b) $l = 1.5$;(c) $l = 2.5$;(d) $l = 3.5$;(e) $l = 4.5$;(f) 沿 x 轴归一化强度分布。

束对应的聚焦场强度分布。相比较于整数时的圆对称聚焦强度分布,拓扑电荷数为分数时聚焦场的强度分布不同,此时聚焦光斑边缘出现开口,并且随着拓扑电荷数分数值的增大,聚焦光斑的开口的数量相应地成倍增多。分数阶的径向偏振涡旋光束的聚焦光斑提供了更多的控制参数。

6.3.2.3 实验测试

聚焦场强度分布测试系统如图 6 – 43 所示,其中 P 表示线偏振片,LPC 为液晶偏振转换器,VPP 为涡旋相位片,A_1 为衰减片。由激光器发出的光束经过空间滤波器滤波,透镜准直为平行光束,该平行光束通过两反射镜改变光路后经过偏振片后转变为线偏振光束,然后通过液晶偏振转换器将入射的线偏振光束转化为径向偏振光束,该径向偏振光束通过螺旋相位片转变为径向偏振涡旋光束,再被一聚焦透镜聚焦到其焦平面上,在焦平面上放置一 CCD,可在计算机上获得焦平面的强度分布,最后经计算处理输出。

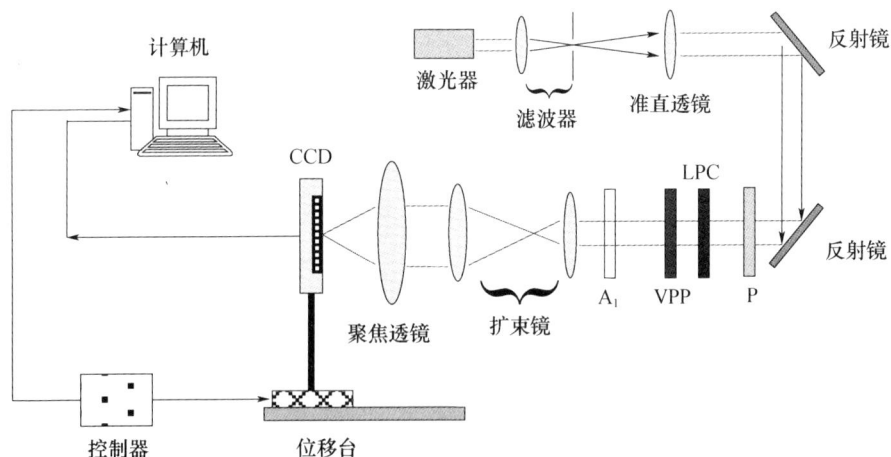

图 6 – 43　测试系统的结构示意图

采用波长为 633nm 的 He – Ne 激光器,最大功率为 10mW;液晶偏振转换器(具体描述见节 6.3.1.3)将线偏振光束转换为径向偏振光束;使用波长为 633nm 的螺旋相位片(VPP – m633,http://www.RPCphotonics.com)将径向偏振光束转换为径向偏振涡旋光束;实验中聚焦物镜数值孔径为 0.65 和 0.85,放大倍率都为 $60^×$。

图 6 – 44 和图 6 – 45 分别给出了数值孔径为 NA = 0.65 和 NA = 0.85 时拓扑电荷数从 1 到 4 时径向偏振涡旋光束的聚焦场强度分布。由测试结果可知,当 $l > 1$ 时,聚焦光斑是一种中空结构,随着 l 的增大,中空半径也逐渐地增大,与理论计算结果比较吻合;沿 x 轴强度的主瓣分布与理论计算基本吻合,但旁瓣存在差异。由于焦平面的精确位置存在偏差,以及焦平面光强过强,中心点的光强与理论计算存在差异。

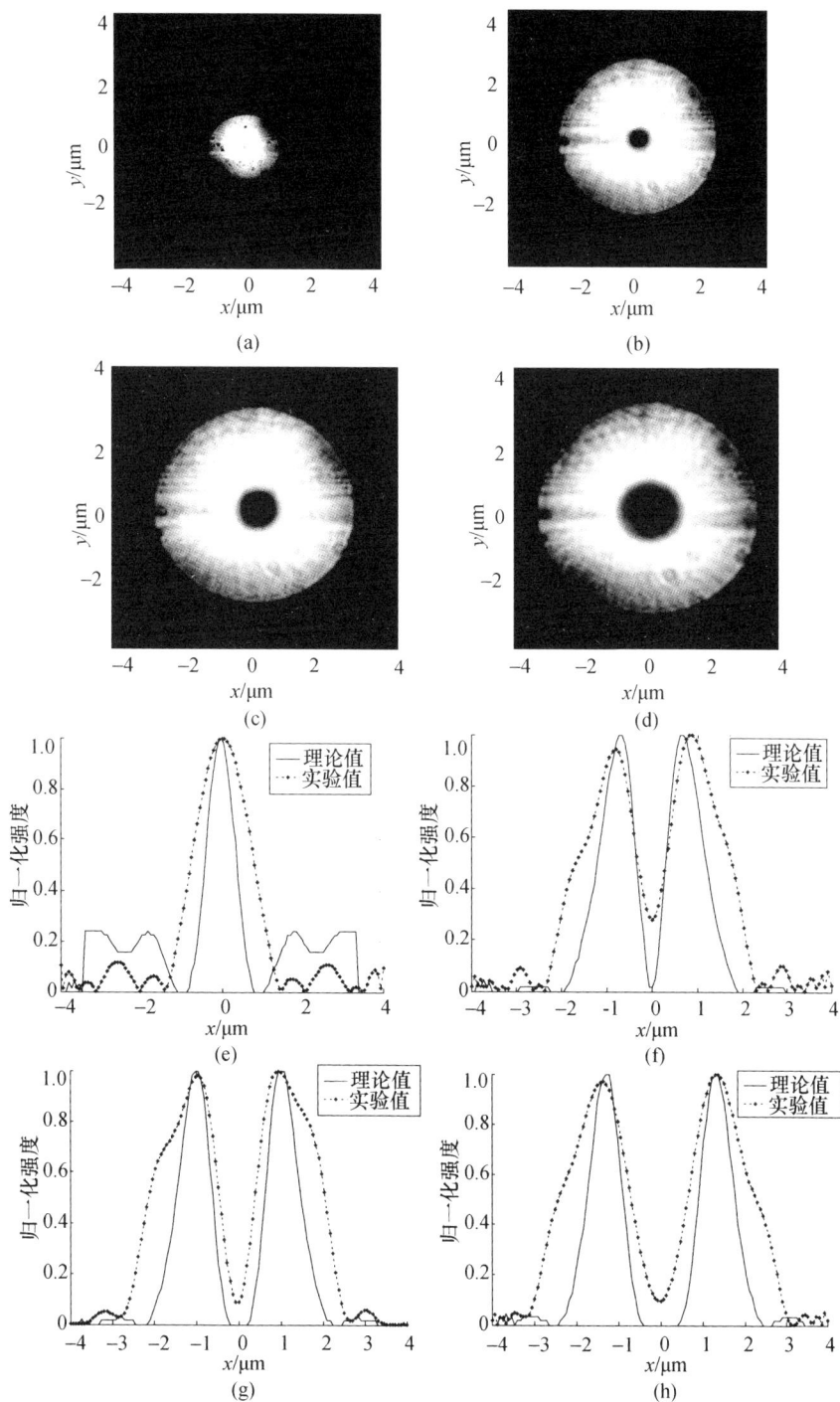

图 6-44　NA=0.65 时聚焦场强度分布和沿 x 轴的强度分布

（a）、(e) l=1；(b)、(f) l=2；(c)、(g) l=3；(d)、(h) l=4。

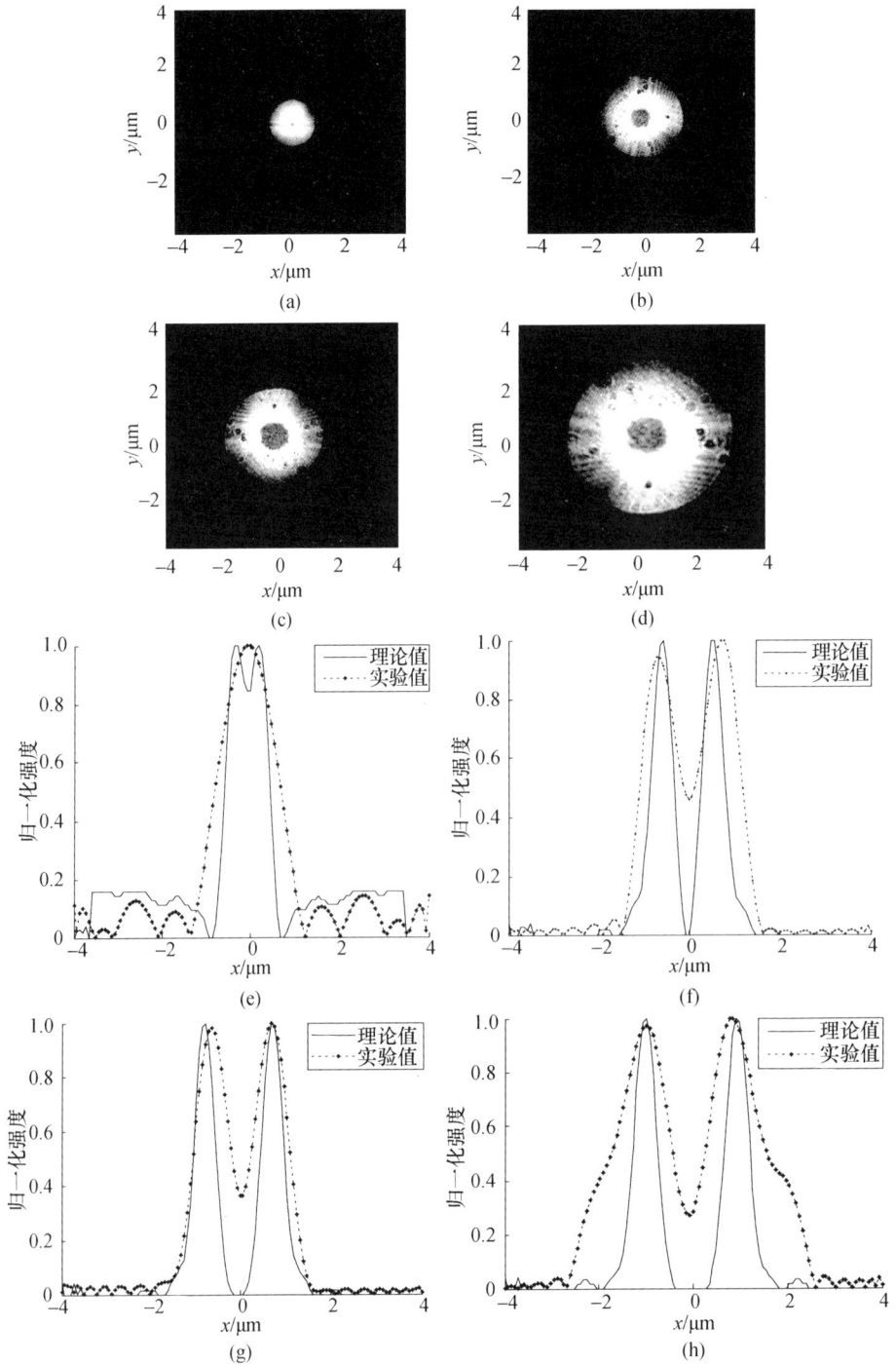

图 6 - 45　NA = 0.85 时聚焦场强度分布和沿 x 轴的归一化强度分布
（a）、（e）l = 1；（b）、（f）l = 2；（c）、（g）l = 3；（d）、（h）l = 4。

6.3.3 高级次轴对称偏振光束的聚焦特性

相对于柱矢量光束,高级次轴对称偏振光束具有更大的偏振自由度,因此具有更为独特的聚焦特性[26]。根据式(6-26)可计算不同情况下高级次轴对称偏振光束聚焦场的振幅、相位、偏振及强度分布。根据公式中的贝塞尔函数特性,当 $P=2$ 时,聚焦光场在光轴上的强度不为零,而当 $P>2$ 时,聚焦光场在光轴上的强度总为零,是一种中空结构。

下面通过数值模拟计算,简要分析一下高级次轴对称偏振光束的聚焦特性。选取如下形式的拉盖尔-高斯函数作为光瞳切趾函数:

$$l_0(\theta) = e^{-\beta^2 \left(\frac{\sin\theta}{\sin\alpha}\right)^2} \left(\sqrt{2}\beta \frac{\sin\theta}{\sin\alpha}\right)^P L^P \left(2\beta^2 \frac{\sin^2\theta}{\sin^2\alpha}\right) \qquad (6-34)$$

式中: β 为透镜填充因子,即光瞳半径与束腰的比值; α 为最大的光束会聚角,即 $\alpha = \arcsin(NA/n)$; P 为偏振级次。同时,式(6-38)中的常数 $A=1$,所有长度以波长 λ 为单位。

图6-46给出了偏振级次 $P=2$ 、 $\phi_0=0$ 的偏振光束在焦平面上及沿着光轴的强度($I=|E|^2$)分布,聚焦场径向分量和切向分量在光轴上的强度不为零;聚焦光场强度分别关于光轴和焦平面对称分布。

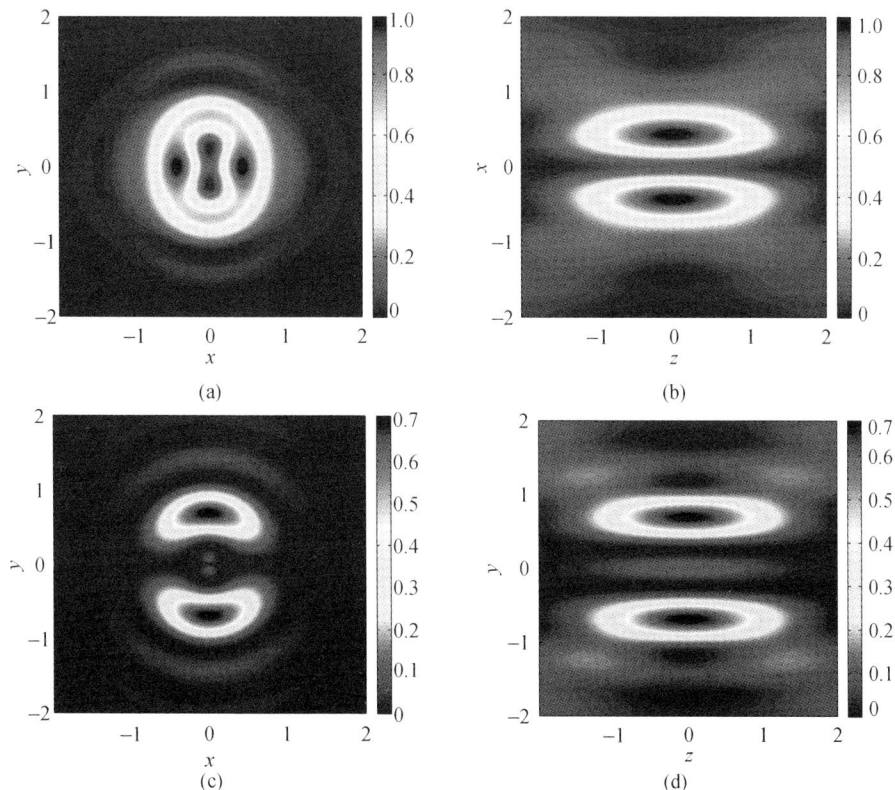

(a)

(b)

(c)

(d)

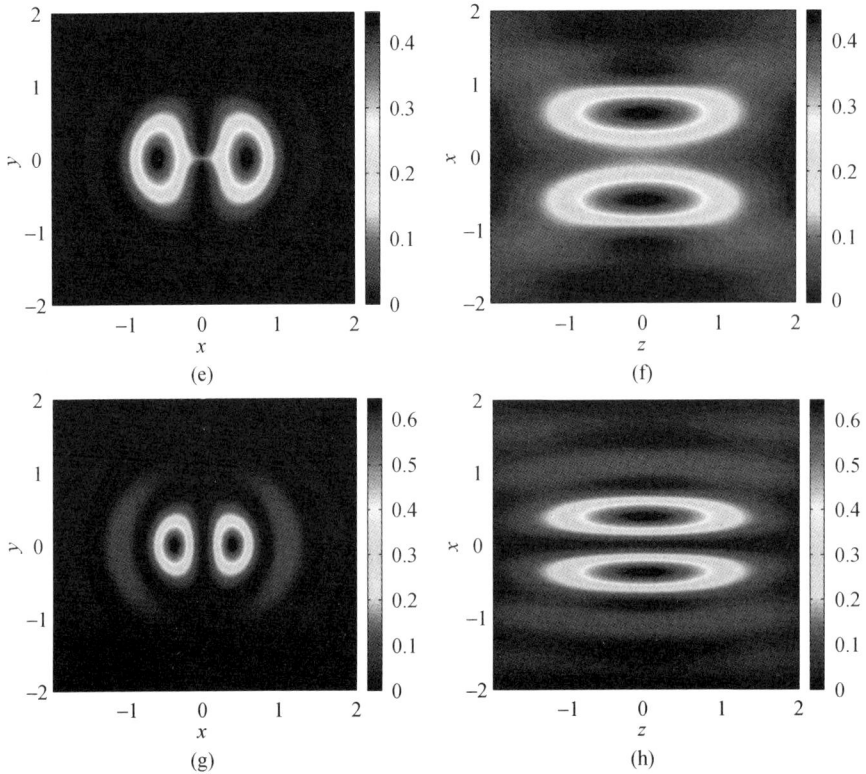

图 6 - 46 $P = 2(\phi_0 = 0)$ 轴对称偏振光束在焦平面上的光场强度分布

（左列为焦平面上的强度分布，右列为沿着光轴的强度分布，透镜数值孔径 NA = 0.90）

（a）、（b）总强度；（c）、（d）切向分量；（e）、（f）径向分量；（g）、（h）轴向分量。

图 6 - 47 显示了偏振级次 $P = 4$、$\phi_0 = 0$ 时偏振光束的聚焦场在焦平面及其附近的强度分布，三个分量的聚焦场沿切向方向都呈周期性变化，形成了 6 个聚焦点。聚焦点的数量与偏振级次 P 有关，为 $2 \times (P - 1)$。此外，所有分量的聚焦场在光轴上的强度都为零，因此聚焦场在光轴上的强度始终为零。

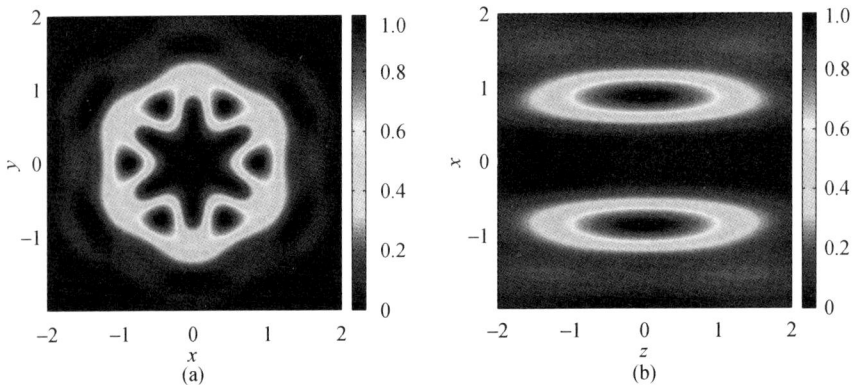

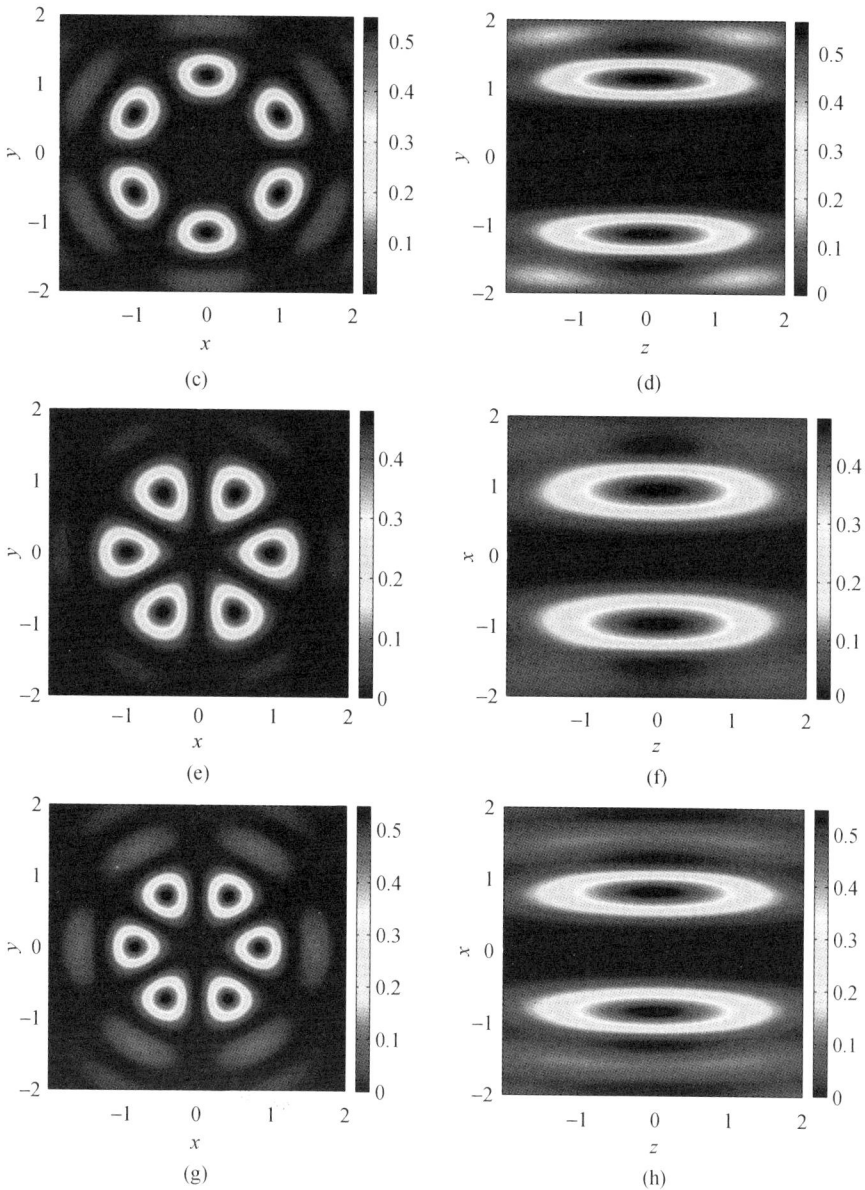

图 6-47 高偏振级次轴对称偏振光束($P = 4$,$\phi_0 = 0$)的聚焦场强度分布

（左列为焦平面上的强度分布,右列为沿着光轴的强度分布）

（a）、（b）总强度；（c）、（d）切向分量；（e）、（f）径向分量；（g）、（h）轴向分量透镜数值孔径 NA = 0.90。

高偏振级次轴对称偏振光束聚焦光斑的尺寸也与数值孔径 NA 密切相关,当数值孔径增加时,每个聚焦光斑的尺寸逐渐减小。如图 6-48 所示,在高数值孔径情况下,$P = 3$、4 和 5 的轴对称偏振光束可以获得非常小的聚焦光斑。而且在数值孔径 NA 较大时,$P=3$ 和 $P=4$ 偏振光束聚焦光斑的尺寸超越衍射极限,具有超分辨聚焦特性。

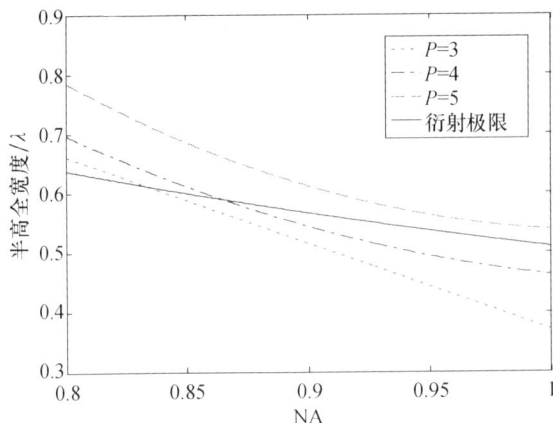

图 6-48 高偏振级次轴对称偏振光束焦光斑尺寸随数值孔径 NA 的变化
(光斑尺寸为聚焦光斑沿径向的半高全宽度)

6.4 柱矢量光束在材料加工中的应用

6.4.1 光束偏振态对材料加工效率的影响

在激光材料加工中发现,聚焦场的强度分布和偏振态分布对加工的性能具有很大影响。径向偏振光束由于独特的偏振和聚焦场分布特性,在材料加工方面显示了其优越的应用潜力。研究发现,通过高数值孔径透镜聚焦,径向偏振光束获得的超小光斑,可以加快材料切割的速度和效率,在切割高深度比的金属材料时,径向偏振光束的加工效率是线偏振光束和圆偏振加工效率的 1.5~2 倍。此外研究还发现,径向偏振光束在激光打孔方面比线偏振光束或圆偏振光束具有更高的质量和效率。

下面通过偏振光束的偏振分布形式与金属材料吸收之间的物理相关性来分析径向偏振光束是实现材料加工最好的偏振模式。

金属表面光的反射率可以通过经典的菲涅尔公式来描述,因此吸收系数为

$$\varepsilon = 1 - r \qquad (6-35)$$

式中:r 为光束在金属表面的反射率。通常情况下,此吸收系数与入射光束的波长、金属材料、温度等参数有关。但当以上参量确定时,该吸收系数还与入射光束的偏振态分布和光束的入射角密切相关。

设金属表面的 p 偏振光束和 s 偏振光束的反射率分别为 r_p 和 r_s,则对应的金属表面的 p 光束和 s 光束的吸收系数分别为

$$\varepsilon_p = 1 - r_p \tag{6-36}$$

$$\varepsilon_s = 1 - r_s \tag{6-37}$$

图 6 - 49 给出了金属表面的 p 偏振光束和 s 偏振光束与入射角的关系,可以看出随着入射角 θ 从零逐渐地增大,r_s 逐渐变大,而 r_p 逐渐变小,当 $\theta = \overline{\theta_1}$ 时,r_p 出现一个极小值点,此时对应的入射角 $\overline{\theta_1}$ 相当于布儒斯特角,但金属的 r_p 极小值并不为零。随着入射角 θ 从零逐渐增大,s 光束的吸收率会逐渐减小,而 p 光束的吸收率会逐渐增大直到在某一特定角度达到其吸收率的极大值。此外,可知在金属表面吸收的 p 光束相比于 s 光束要大。

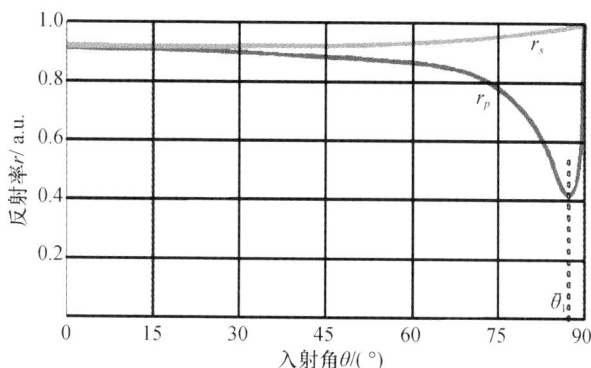

图 6 - 49 金属表面 p 光束和 s 光束的反射率曲线[27]

径向偏振光束相对于入射金属材料的表面,其在横截面上任一点的电场矢量偏振方向始终与入射面平行,即径向偏振光束的电场矢量偏振分布都相当于 p 偏振,因此可以认为径向偏振光束的金属吸收率是最大的。

6.4.2 聚焦整形技术在材料加工中的应用

由前面所述,对入射光束的振幅及相位进行调制可以改变聚焦场的强度分布。为此,将某些特定设计的衍射光学元件引入聚焦系统,通过在入瞳处调制入射光束的振幅和相位,可以获得具有某些特殊结构的聚焦场强度分布,从而满足某些特定的需要。

但是过去的研究大多局限于空间均匀的偏振光束,如线偏振光或圆偏振光,而且大多在标量衍射领域内讨论。对于柱矢量光束,其偏振特性在整个光学系统中将发挥重要作用,也为设计提供了更大的自由度。研究表明,利用优化设计的衍射光学元件,可以灵活控制三维聚焦场强度分布,获得某些特殊的强度分布,如超分辨聚焦光斑、超小尺寸及长焦深光斑、平顶聚焦场、光链等,这些特殊的聚焦场分布在很多领域显示了巨大的应用潜力,如光存储、显微成像、光刻、激光打印、材料加工及粒子操控等。在 5.4 节中已详细介绍了径向偏振光入射下二维、三维衍射超分辨元件设计及其性能,本节不再赘述。

通常情况下,假定在聚焦整形系统中应用的衍射光学元件是一种具有旋转对称的多环带结构,如图 6-50 所示,环带的半径分别为 r_1、r_2、r_3、$\cdots$、r_{N-1} 及 r_N,在聚焦系统中这些环带外边沿对应的光束会聚角分别为 θ_1、θ_2、θ_3、$\cdots$、θ_{N-1} 及 θ_N。DOE 的复振幅透过率为

$$t(\theta) = \begin{cases} a_1 e^{i\varphi_1}, & \theta \in [0,\theta_1] \\ a_2 e^{i\varphi_2}, & \theta \in [\theta_1,\theta_2] \\ \cdots \\ a_N e^{i\varphi_N}, & \theta \in [\theta_{N-1},\theta_N] \end{cases} \quad (6-38)$$

式中:a_j 为第 j 个环带振幅透过率的振幅,$j \in [1,N]$,$a_j \in [-1,1]$;φ_j 为第 j 个环带振幅透过率的相位值,$j \in [1,N]$,$\varphi_j \in [0,\pi]$。

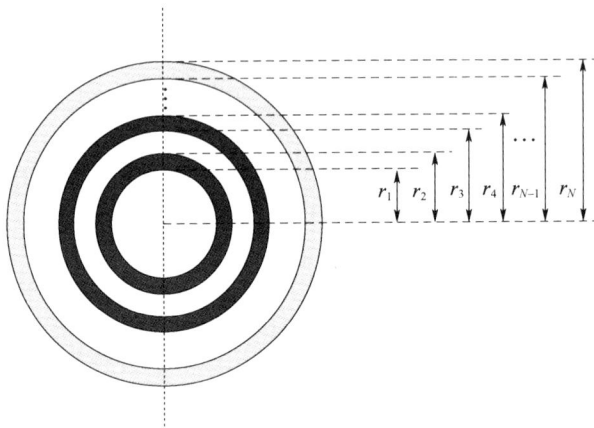

图 6-50 衍射光学元件的结构示意图

在设计过程中,衍射光学元件透过率函数的振幅 a_j 只选择 0 和 +1 两个离散值,相位 φ_j 也只选择 0 和 π 两个离散值。

建立如图 6-51 所示的聚焦整形系统,放置衍射光学元件于聚焦系统入瞳处。假设 DOE 的振幅透过率为 $t(\theta)$,则根据式(6-26),在焦平面附近的聚焦场分布为

$$\boldsymbol{E}(r_S,\phi_S,z_S) = \begin{bmatrix} E_r^{(S)} \\ E_\phi^{(S)} \\ E_z^{(S)} \end{bmatrix} = -2A \int_0^\alpha \boldsymbol{t}(\theta) l_0(\theta) \cdot$$

$$\sqrt{\cos\theta} \sin\theta e^{(ikz_S\cos\theta)} \begin{bmatrix} \cos\phi_0\cos\theta J_1(kr_S\sin\theta) \\ \sin\phi_0 J_1(kr_S\sin\theta) \\ i\cos\phi_0\sin\theta J_0(kr_S\sin\theta) \end{bmatrix} d\theta \quad (6-39)$$

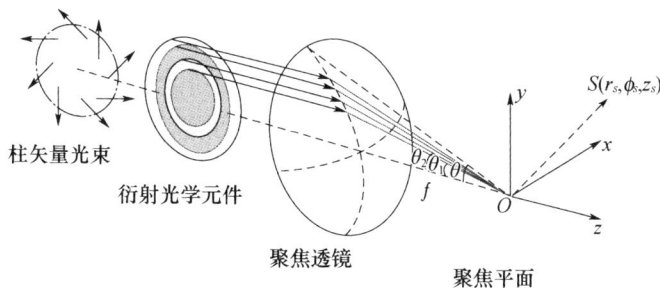

图 6 - 51 柱矢量光束聚焦整形系统结构示意图

6.4.2.1 平顶分布

图 6 - 52 是通过三环带 DOE 对径向偏振光进行光束整形后获得的平顶聚焦场分布,其中 DOE 的优化结构参数为

$$t(\theta) = \begin{cases} 1 & ,\theta \in [0,0.5\alpha] \cup [0.95\alpha,\alpha] \\ 0 & ,\theta \in [0.5\alpha,0.95\alpha] \end{cases} \qquad (6-40)$$

由模拟结果可知,通过如上结构的 DOE 整形,在焦平面及其附近获得了平顶聚焦场分布,平顶面积近似为 $\pi\lambda^2/4$。

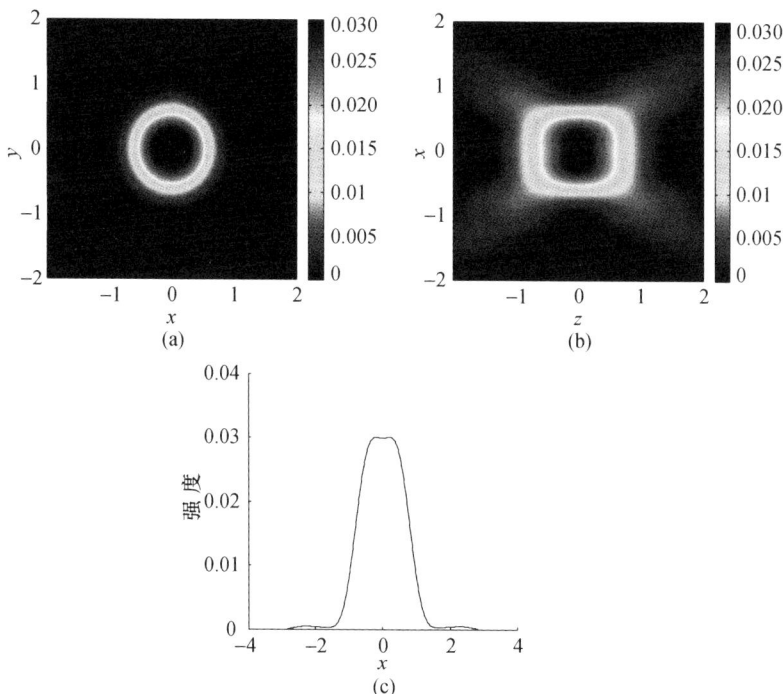

图 6 - 52 径向偏振光平顶聚焦场强度分布
(a)、(b) 焦平面上的强度分布;(c) 焦平面上沿着 x 轴的强度分布。

233

另外,除了利用 DOE 进行相位及振幅调制的方法外,高数值孔径聚焦特定初始偏振方位角的柱矢量光束以及在低数值孔径情况下聚焦径向偏振光也可以获得平顶聚焦光场。

6.4.2.2 超小尺寸及长焦深聚焦光斑的实现

图 6-53 是径向偏振光通过七环带 DOE 进行光束聚焦整形后获得的一种超小光斑及长焦深结构,其中 DOE 优化结构参数为

$$t(\theta) = \begin{cases} 1, & \theta \in [0, 0.08\alpha] \cup [0.63\alpha, 0.64\alpha] \cup [0.83\alpha, \alpha] \\ 0, & \theta \in [0.08\alpha, 0.63\alpha] \cup [0.65\alpha, 0.80\alpha] \\ -1, & \theta \in [0.64\alpha, 0.65\alpha] \cup [0.80\alpha, 0.83\alpha] \end{cases} \quad (6-41)$$

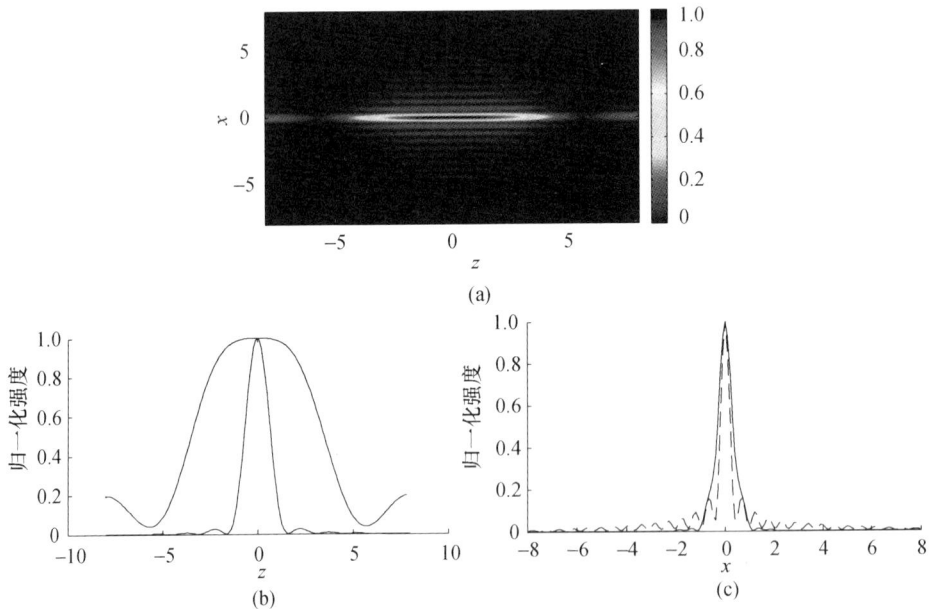

图 6-53 径向偏振光聚焦整形获得的超小光斑及长焦深结构

(a) 聚焦光场的二维强度分布;(b) 沿 z 轴的强度分布;(c) 沿 x 轴的强度分布

(实线对应未经 DOE 整形的情况,点划线对应 DOE 整形后的结果)。

由模拟结果可知,通过 DOE 光束聚焦整形,焦深是未进行聚焦整形时的 5 倍,半高全宽度为 6.98λ;光斑尺寸则下降为原来的 0.65 倍,半高全宽度仅为 0.42λ,第一旁瓣的最大强度为主瓣最大强度的 20%。

参考文献

[1] Born M,Wolf E. 光学原理(上册)[M].杨葭荪,等译. 北京:科学出版社,1978.

[2] 金国藩,严瑛白,邬敏贤,等. 二元光学[M]. 北京:国防工业出版社,1998.

[3] Zhan Q W. Cylindrical vector beams:from mathematical concepts to applications[J]. Adv. Opt. Photon. , 2009,1:1 – 57.

[4] 周哲海. 轴对称偏振光束的生成、特性及应用[D]. 北京:清华大学博士学位论文,2010.

[5] Tovar A A. Production and propagation of cylindrically polarized Laguerre – Gaussian laser beams[J]. J. Opt. Soc. Am. A,1998,15(10):2705 – 2711.

[6] Paakkonen P,Tervo J,Vahimaa P,et al. General vectorial decomposition of electromagnetic fields with application to propagation – invariant and rotating fields[J]. Opt. Exp. ,2002,10(18):949 – 959.

[7] Borghi R,Santarsiero M. Nonparaxial propagation of spirally polarized optical beams[J]. J. Opt. Soc. Am. A,2004,21(10):2029 – 2037.

[8] Deng D,Guo Q and Wu L. Propagation of radially polarized elegant light beams[J]. J. Opt. Soc. Am. B, 2007,24(3):636 – 643.

[9] Deng D,Guo Q. Analytical vectorial structure of radially polarized light beams[J]. Opt. Lett. ,2007,32 (18):2711 – 2713.

[10] Pohl D. Operation of a ruby laser in a purely transverse electric mode TE01[J]. Appl. Phys. Lett. ,1972, 20(4):266 – 267.

[11] Mushiake Y,Matsumura K,Nakajima N. Generation of a radially polarized optical beam mode by laser oscillation[C]. Proceedings of the IEEE,1972,60(9):1107 – 1109.

[12] Yonezawa K,Kozawa Y,Sato S. Geneartion of a radially polarized laser beam by use of the birefringence of a c – cut Nd:YVO$_4$ crystal[J]. Opt. Lett. ,2006,31(14):2151 – 2153.

[13] Machavariani G,Lumer Y,Moshe I,et al. Birefringence – induced bifocusing for slection of radially or azimuthally polarized laser modes[J]. Appl. Opt. ,2007,46(5):3304 – 3310.

[14] Bisson J F,Li J,Ueda K,et al. Radially polarized ring arc beams of a neodymium laser with an intra – cavity axicon[J]. Opt. Exp. ,2006,14(8):3304 – 3311.

[15] Kozawa Y,Sato S. Generation of a radially polarized laser beam by use of a conical Brewster prism[J]. Opt. Lett. ,2005,30(22):3063 – 3 – 65.

[16] Niziev V G,Chang R S,Nesterov A V. Generation of inhomogeneously polarized laser beams by use of a Sagnac interferometer[J]. Appl. Opt. ,2006,45(33):8393 – 8399.

[17] Tidwell S C,Ford D H,Kimura W D. Efficient radially polarized laser beam generation with a double interferometer[J]. Appl. Opt. ,1993,32(27):5222 – 5229.

[18] Stalder M,Schadt M. Linearly polarized light with axially symmetry generation by liquid – crystal polarization converters[J]. Opt. Lett. ,1996,21(23):1948 – 1950.

[19] Machavariani G,Lumer Y,Moshe I,et al. Spatially – variable retardation plate for efficient generation of radially – and azimuthally – polarized beams[J]. Opt. Commun. ,2008,281:732 – 738.

[20] Zhang D,Wang P,Jiao X,et al. Polarization properties of subwavelength metallic gratings in visible light band[J]. Appl. Phys. B,2006,85:139 – 143.

[21] 张亮,李承芳. 150nm 亚波长铝光栅的近红外偏振特性[J]. 中国激光,2006,33(4):467 – 471.

[22] Zhou Z,Tan Q,Li Q,et al. Achromatic generation of radially polarized beams in visible range using segmented subwavelength metal wire gratings[J]. Opt. Lett. ,2009,34(21):3361 – 3363.

[23] 张娜,褚金奎,赵开春,等. 基于严格耦合波理论的亚波长金属光栅偏振器设计[J]. 传感技术学报, 2006,19(5):1739 – 1743.

[24] 新谷隆一（日）. 范爱英, 康昌鹤. 偏振光[M]. 北京: 原子能出版社, 1994.

[25] Richards B, Wolf E. Electromagnetic diffraction in optical systems II. Structure of the image field in an aplanatic system[J]. Proc. Roy. Soc. A, 1959, 253: 358 - 379.

[26] Zhou Z, Tan Q, Jin G. Focusing of high polarization order axially - symmetric polarized beams[J]. Chin. Opt. Lett., 2009, 7(10): 938 - 940.

[27] 王慧东. 径向偏振光束特性理论研究[D]. 武汉: 华中科技大学硕士学位论文, 2009.

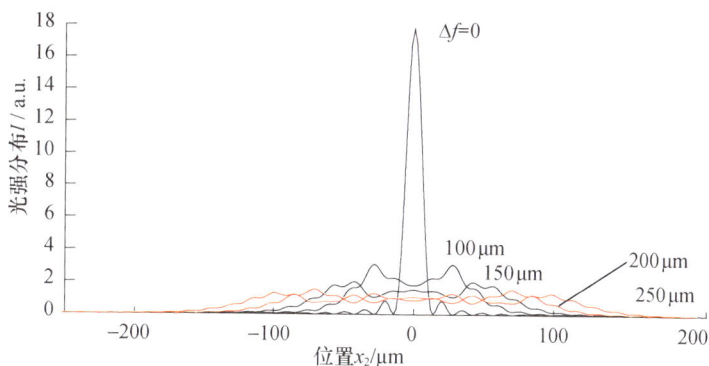

图 2 - 28　不同 z 处的光强分布

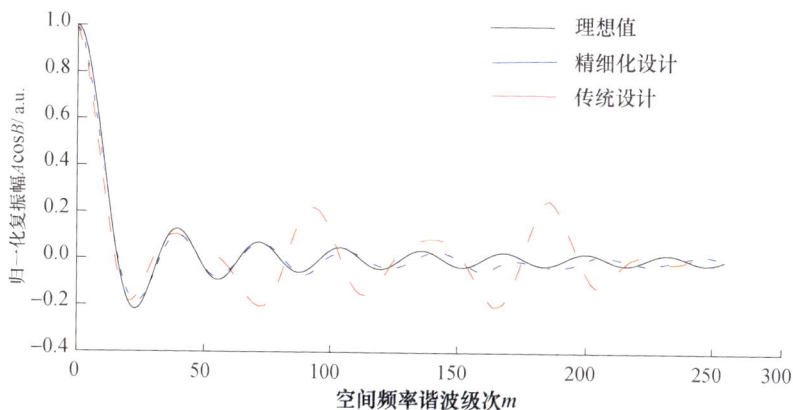

图 2 - 33　传统设计与精细化设计的空间频谱复振幅比较

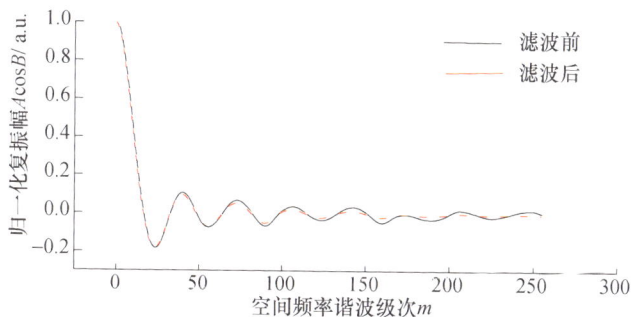

图 2 - 34　滤波前后的归一化复振幅分布

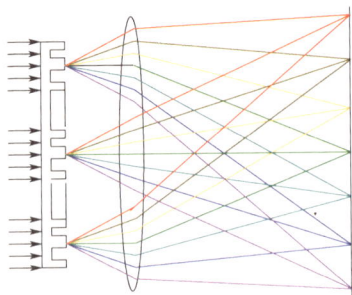

图 3 - 1 达曼光栅分束原理

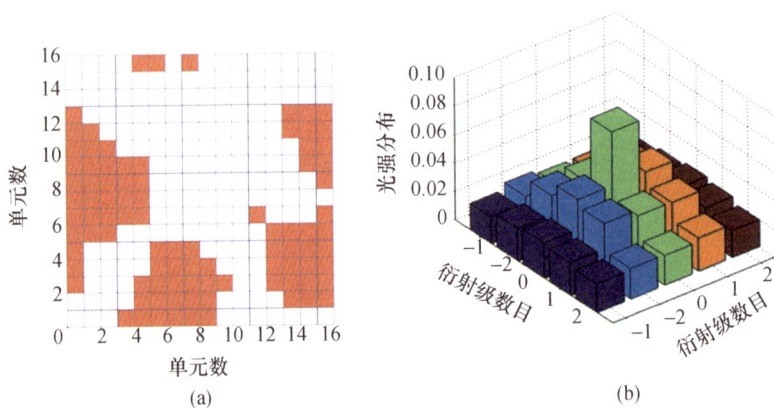

(a)

(b)

图 3 - 8 衍射级强度比自内向外为 3:2:1 准达曼光栅的设计结果

(a) 单个周期相位分布;(b) 强度输出。

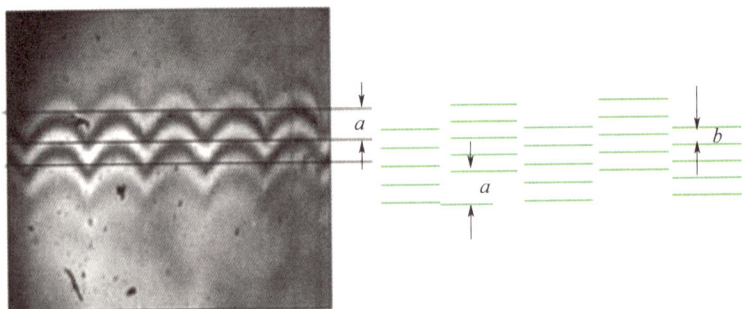

图 3 - 15 原子力显微镜测试的刻蚀深度曲线

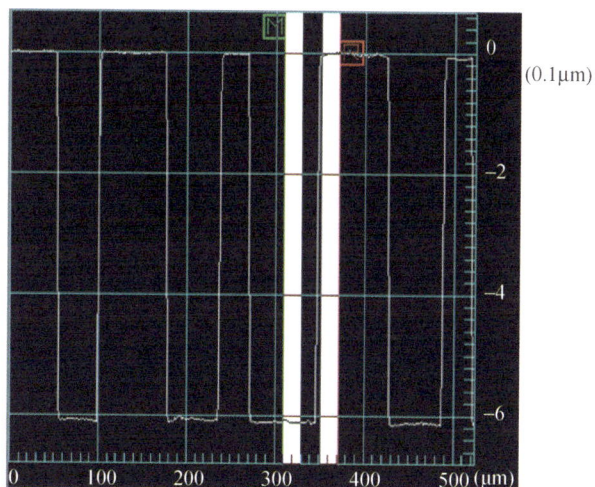

图 3 - 16 所制作元件的刻蚀深度曲线

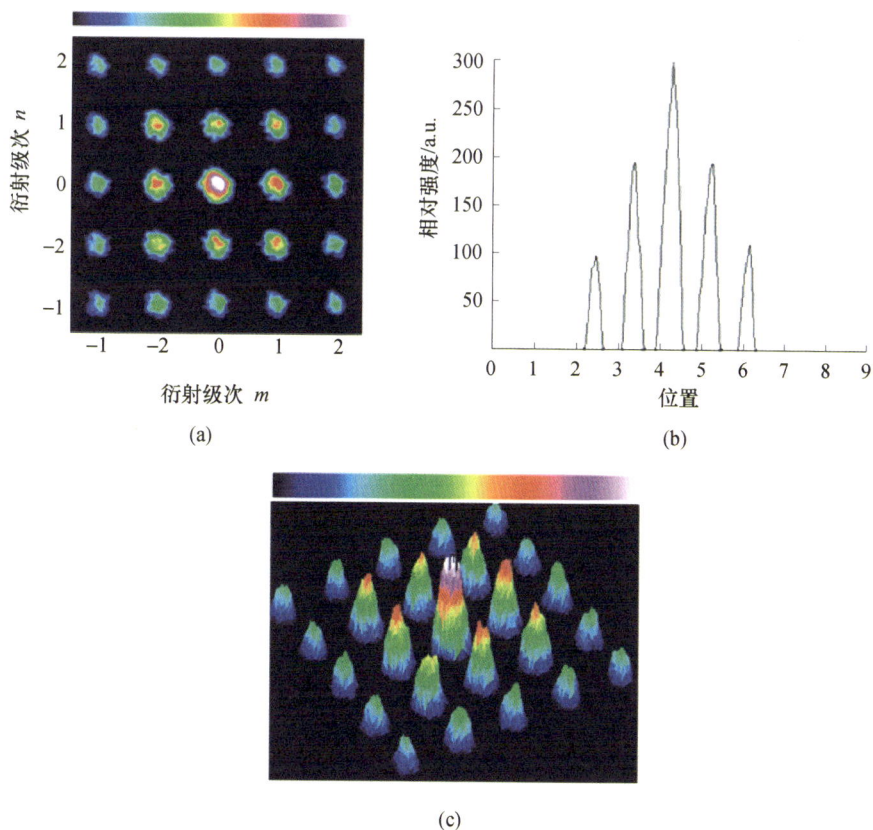

(a)

(b)

(c)

图 3 - 17 所制作三衍射级准达曼光栅的空间强度分布

（a）二维激光束空间强度分布；（b）沿直线（$n=0$；$m=-2,-1,0,+1,+2$）的光强分布；

（c）三维激光束空间强度分布。

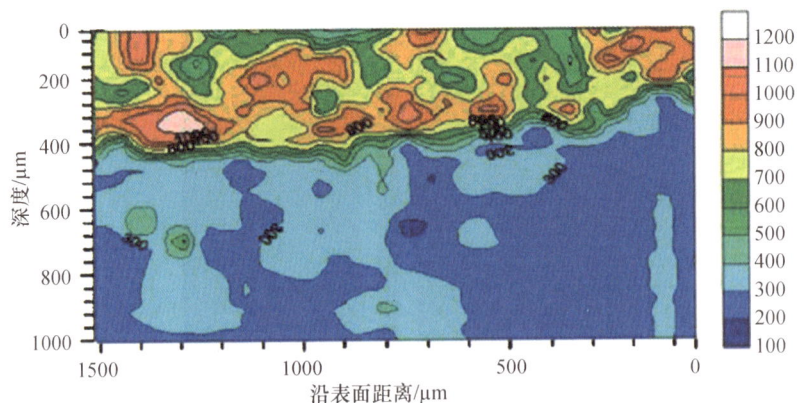

图 3 - 20   二元光学变换后的等强度点阵光斑作用后材料的硬度分布图

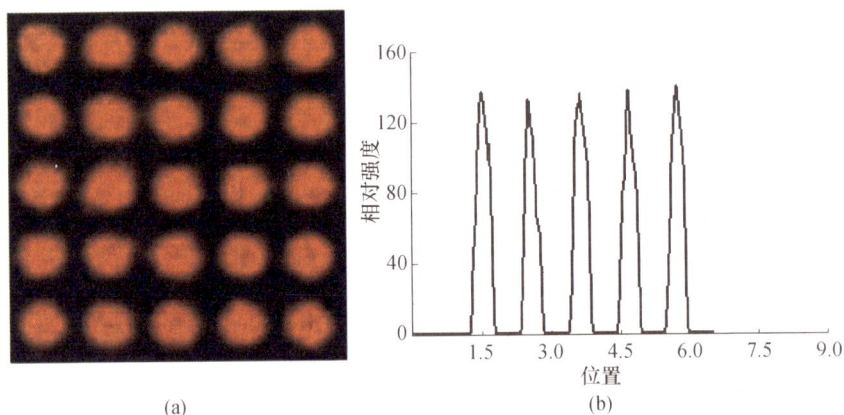

(a)

(b)

图 3 - 22   5 × 5 均匀点阵光斑强度

（a）二维分布图;（b）强度大小示意图。

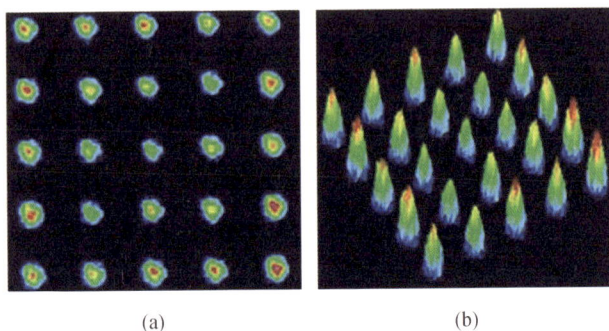

(a)

(b)

图 3 - 29   3:2:1 点阵光斑强度

（a）二维分布;（b）三维分布。

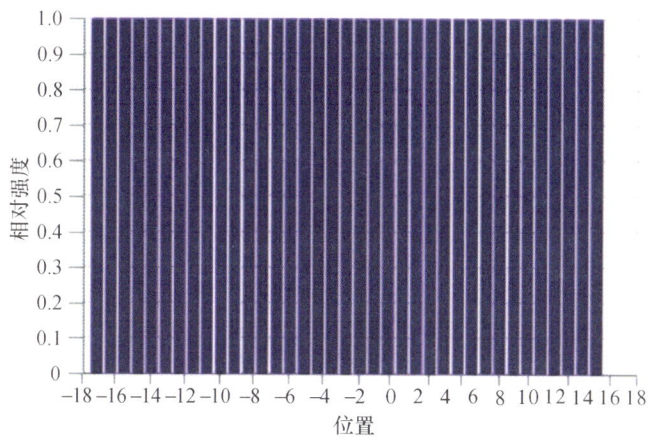

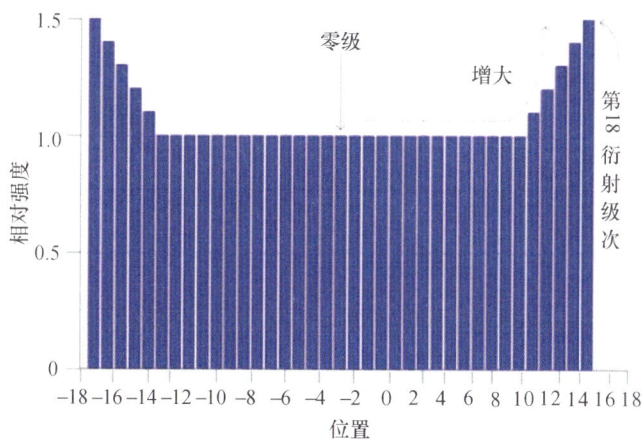

图 3 - 34   37 × 1 条状光斑的强度示意图

（a）等强度分布；（b）特定非等强度分布。

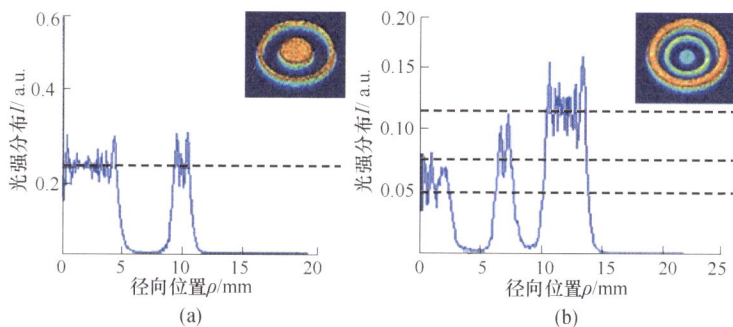

图 4 - 3   两圆环和三圆环设计输出结果

（a）两圆环；（b）三圆环。

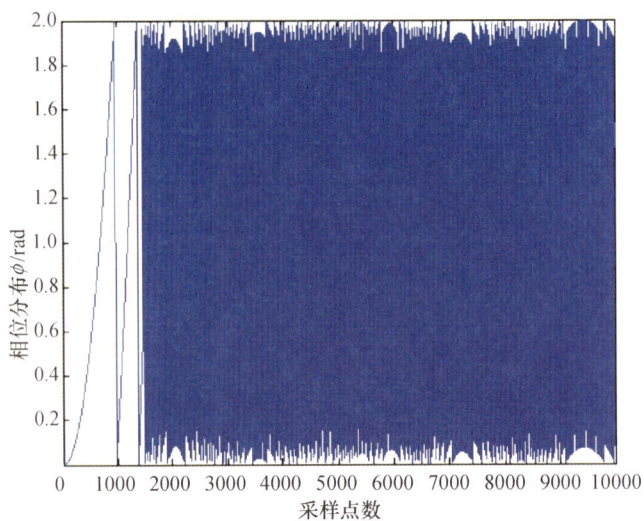

(a)

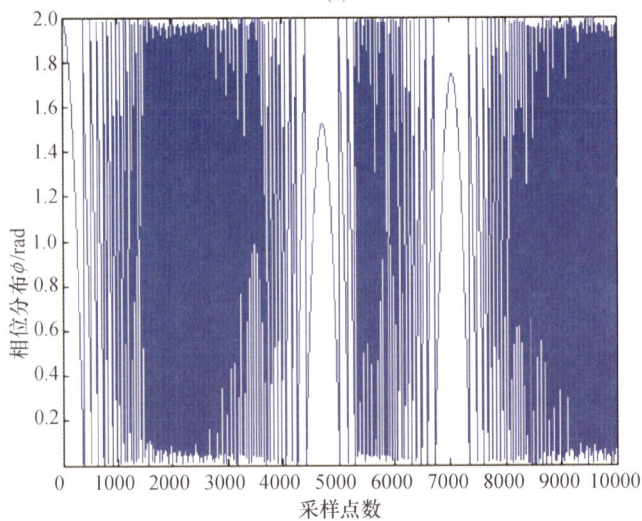

(b)

图 4 - 5　初始相位和剩余相位量化后结果对比

（a）初始相位量化后结果；（b）剩余相位量化后结果。

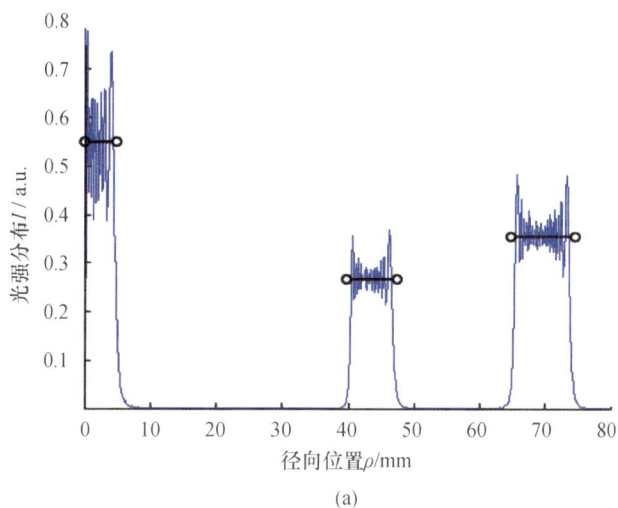

(a)

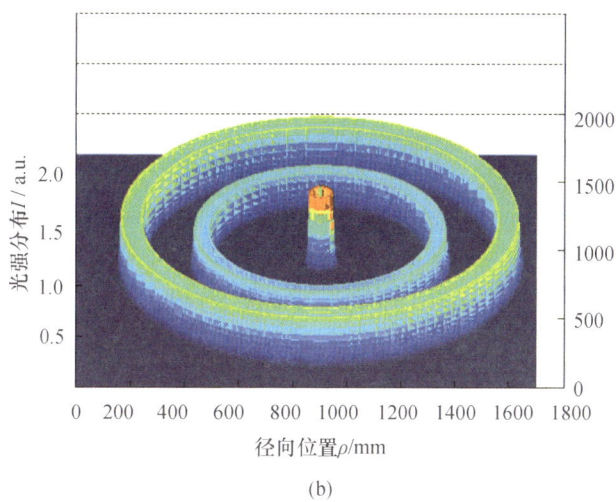

(b)

图 4-6 输出三圆环结果

(a) 光强分布二维图;(b) 光强分布三维图。

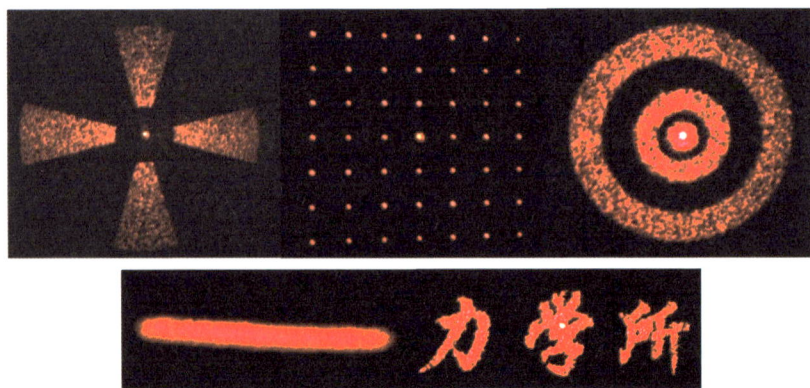

图 4-9　多样分布整形光束

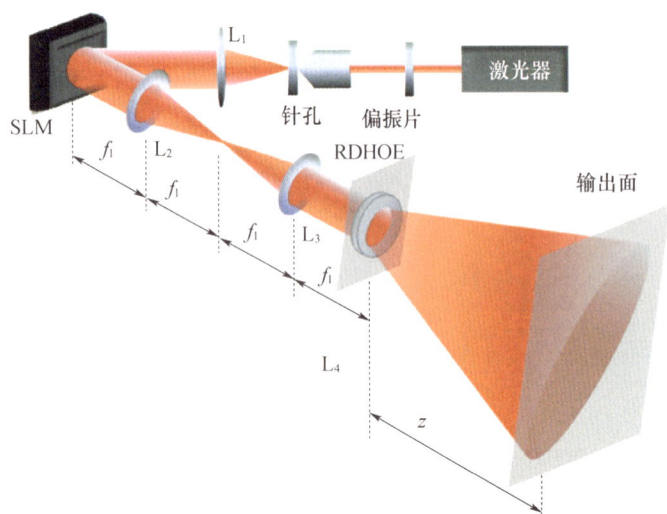

图 4-20　实验装置

(a)

(b)

(c)

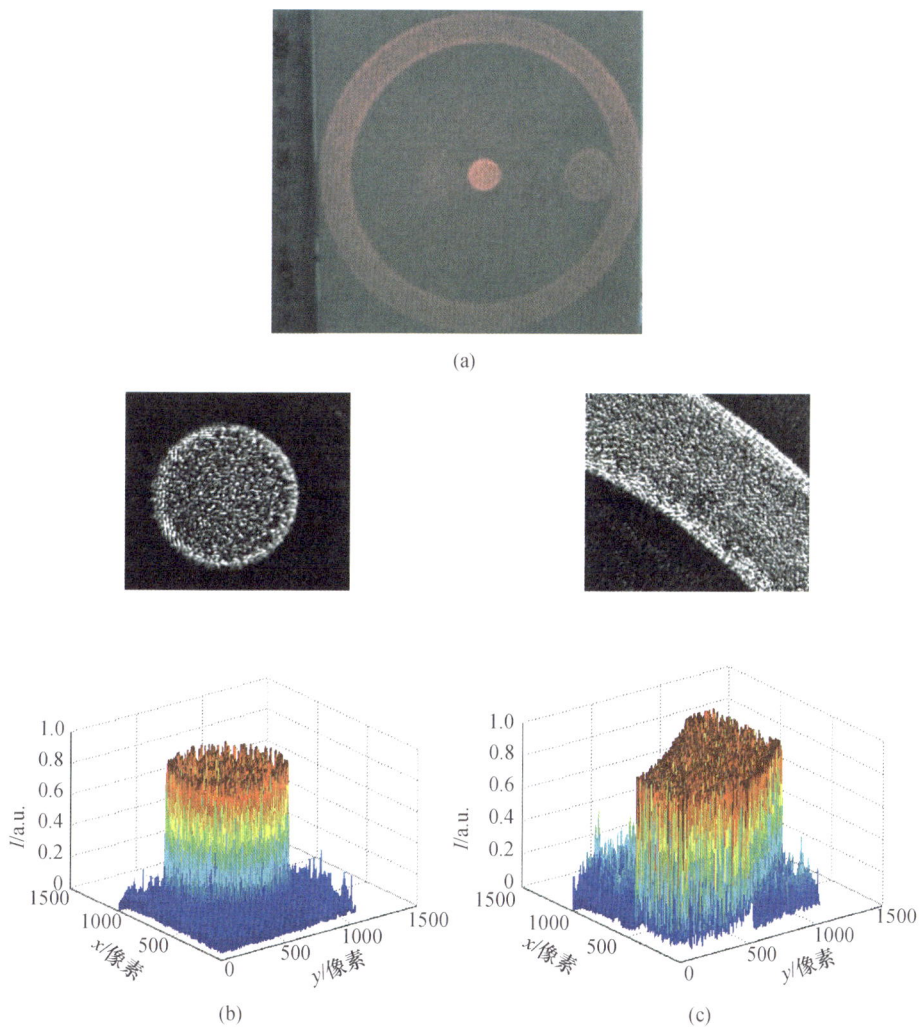

图 4 – 21　实验结果

（a）整体实验图；（b）二维/三维局部实验结果（中心圆）；（c）二维/三维局部实验结果（部分圆环）。

(a)

(b)

(c)

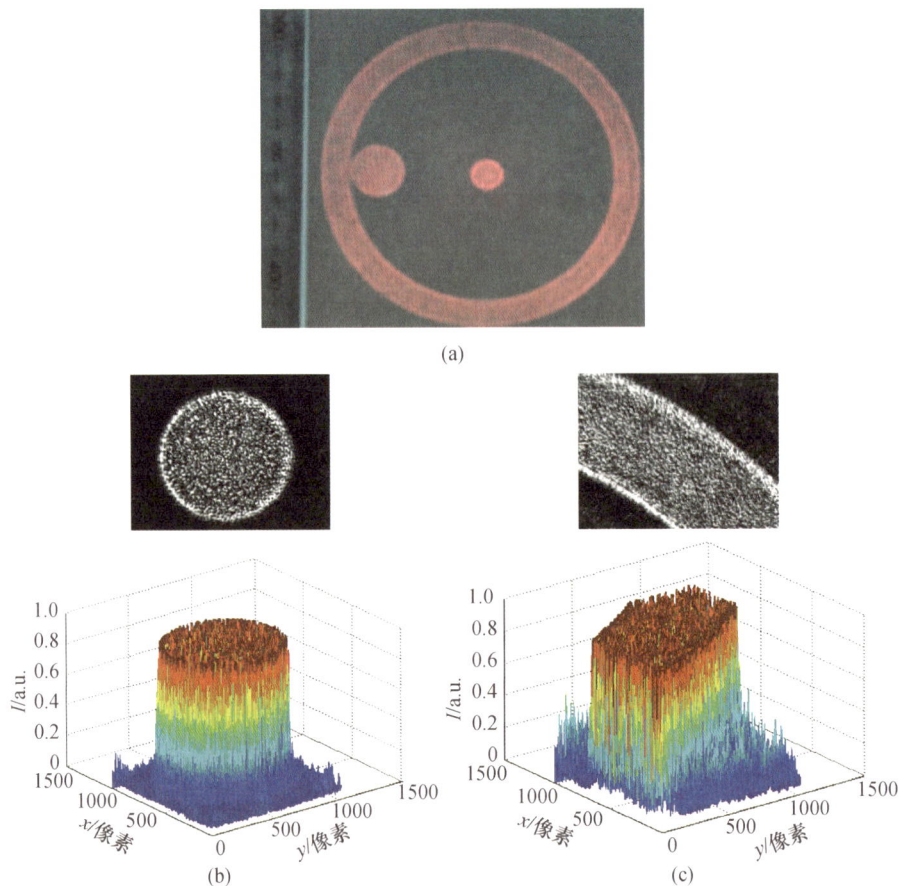

图 4 – 23　实验结果

（a）整体实验图；（b）二维／三维局部实验结果（中心圆）；（c）二维／三维局部实验结果（部分圆环）。

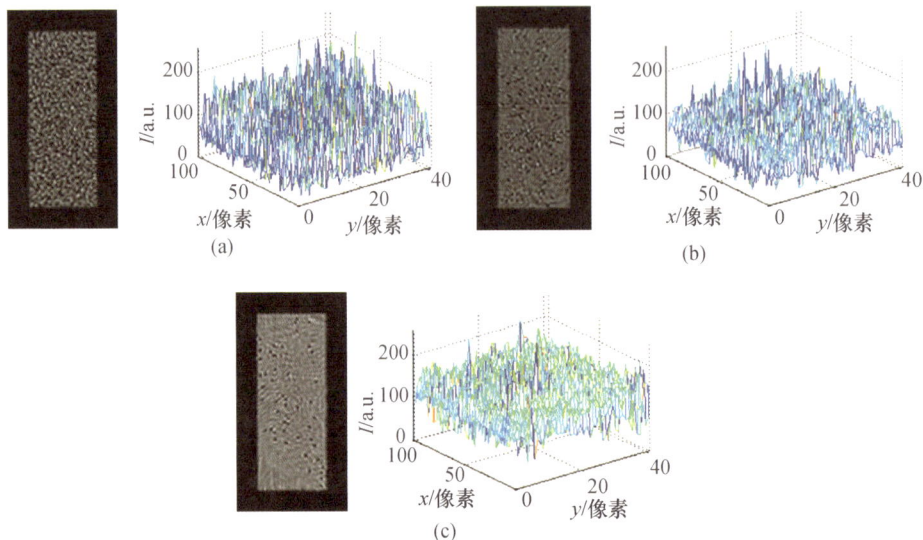

(a)

(b)

(c)

图 4 – 32　I_j 的二维／三维分布及其直方图

（a）I_1 的二维／三维分布及其直方图；（b）I_2 的二维／三维分布及其直方图；（c）I_3 的二维／三维分布及其直方图。

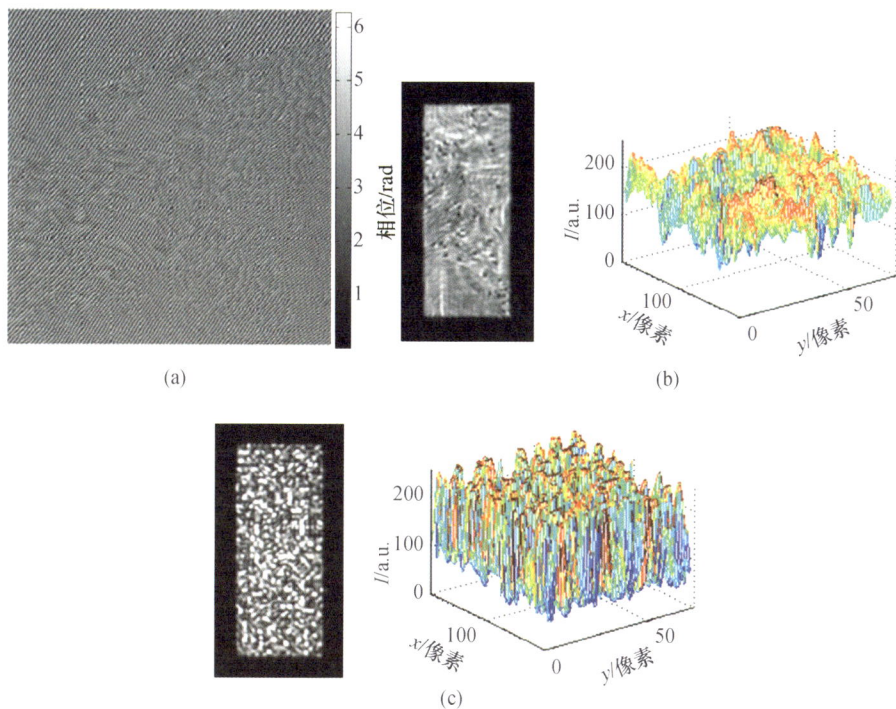

图 4 - 35　实验结果

（a）优化的相位分布；（b）实验结果；（c）GS 改进算法的实验结果。

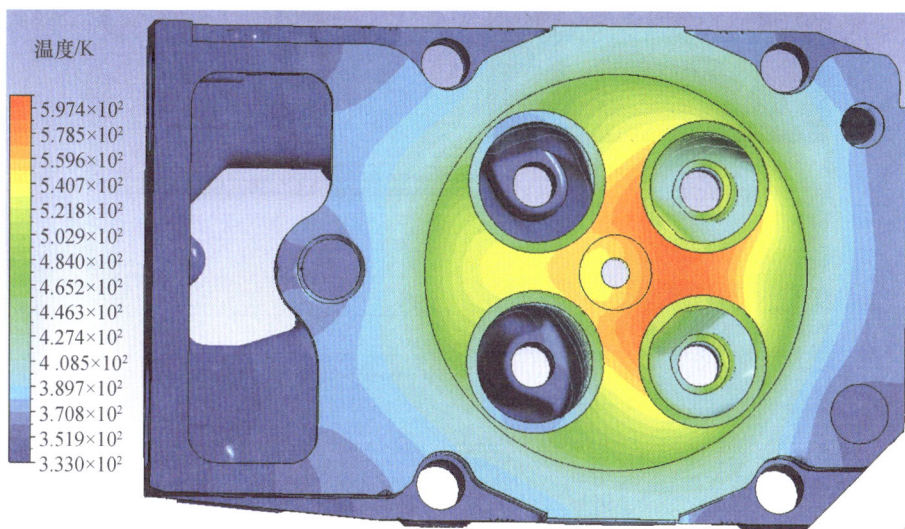

图 4 - 38　气缸盖火力面温度分布

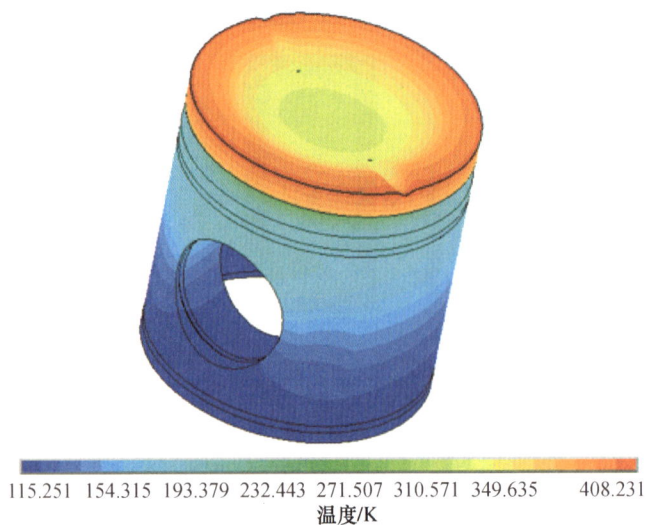

115.251 154.315 193.379 232.443 271.507 310.571 349.635 408.231

温度/K

图 4 – 39 活塞温度分布

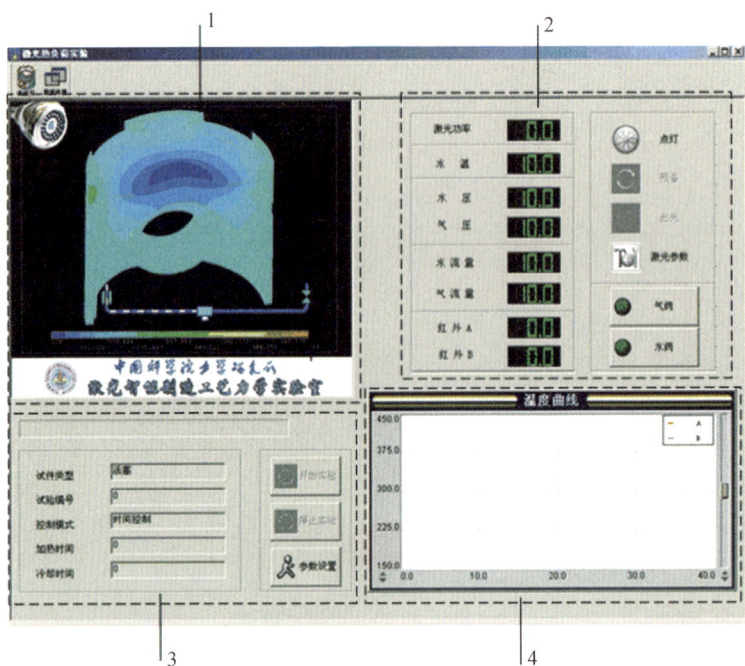

图 4 – 42 热负荷实验控制界面

1—动画演示区;2—外设控制按钮及状态显示区;3—实验控制区;4—温度曲线区。

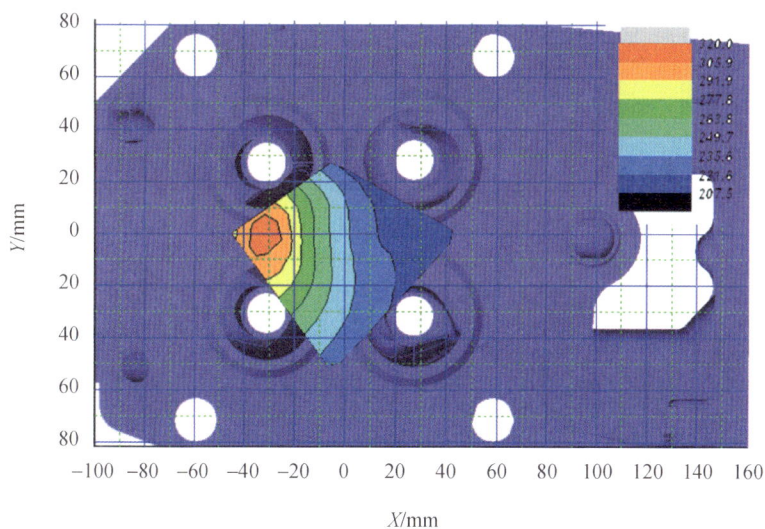

图 4 - 46　实况实测下气缸盖火力面整体温度分布云图

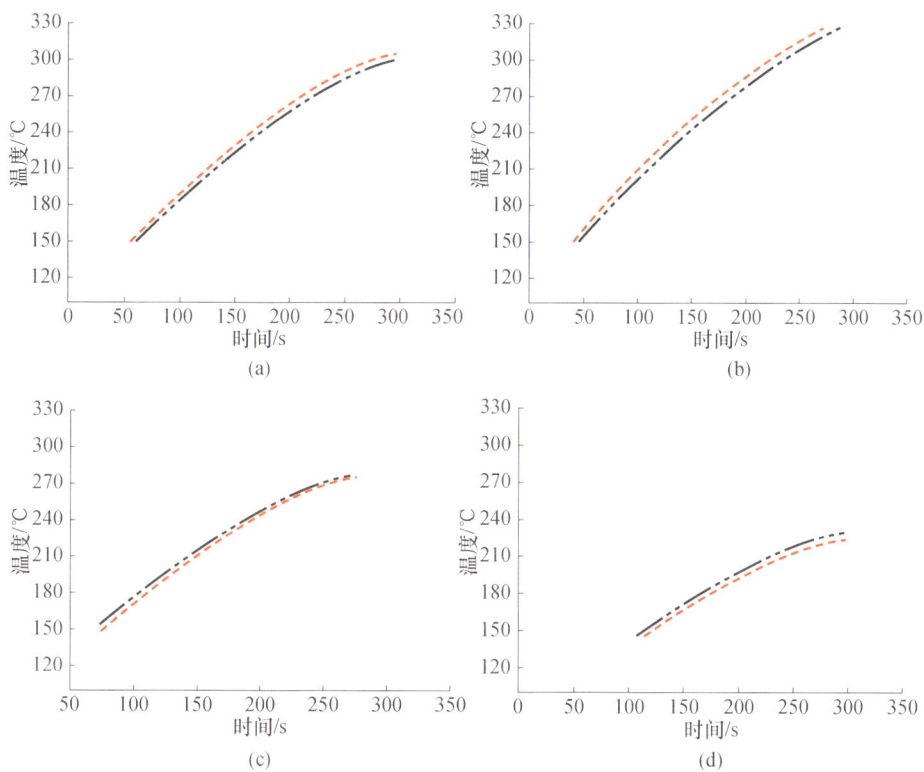

(a)

(b)

(c)

(d)

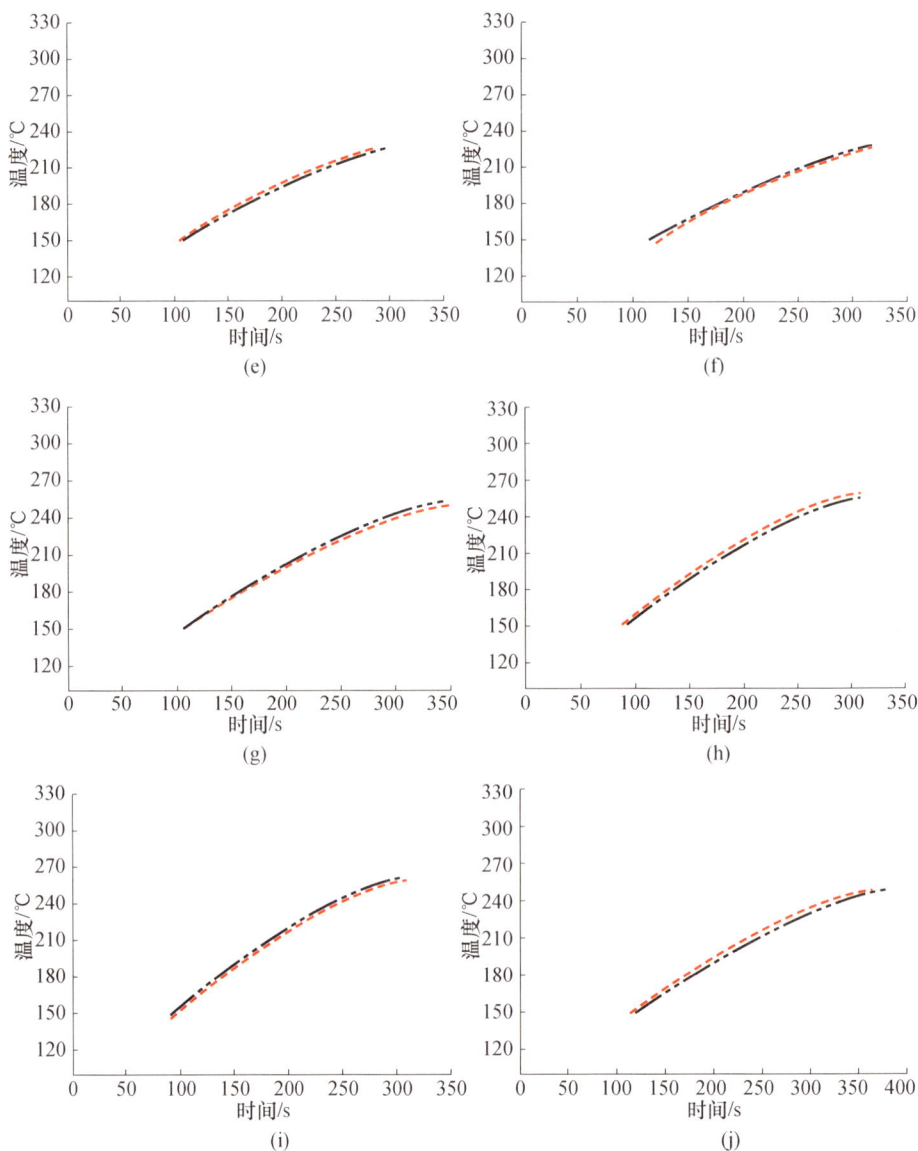

图 4-49　各测点温度随时间变化

（a）测点 1；（b）测点 2；（c）测点 3；（d）测点 4；（e）测点 5；（f）测点 6；

（g）测点 7；（h）测点 8；（i）测点 9；（j）测点 10。

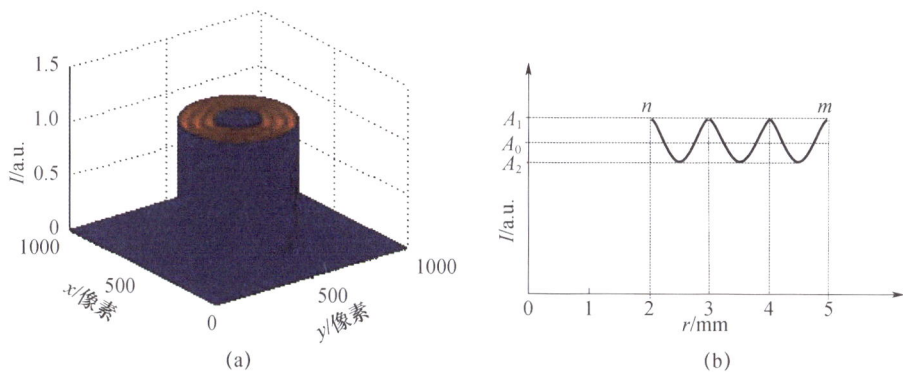

(a)   (b)

图 4 - 50   环形激光光斑光强分布

（a）优化的三维激光光斑光强分布；（b）光强分布截面曲线图。

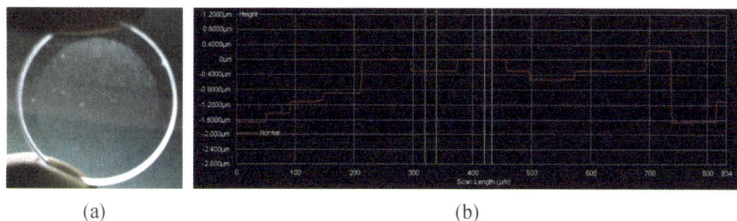

(a)   (b)

图 4 - 53   加工器件与轮廓检测

（a）照片；（b）局部横剖面图。

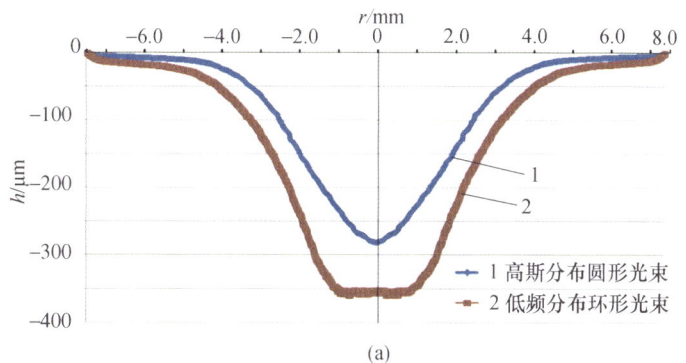

(a)

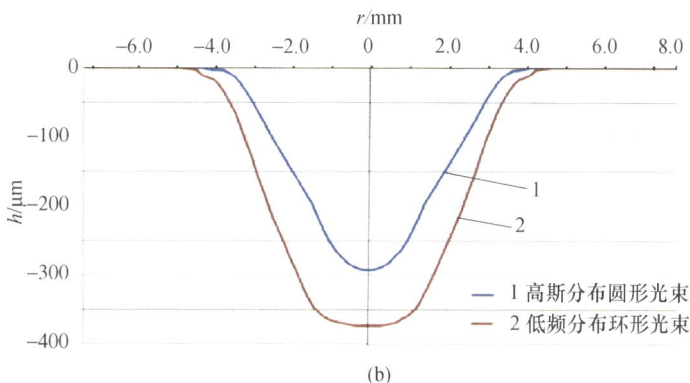

(b)

图 4 - 56   板料成形轮廓图

（a）实测得到的板料成形轮廓图结果；（b）成形轮廓图仿真结果。

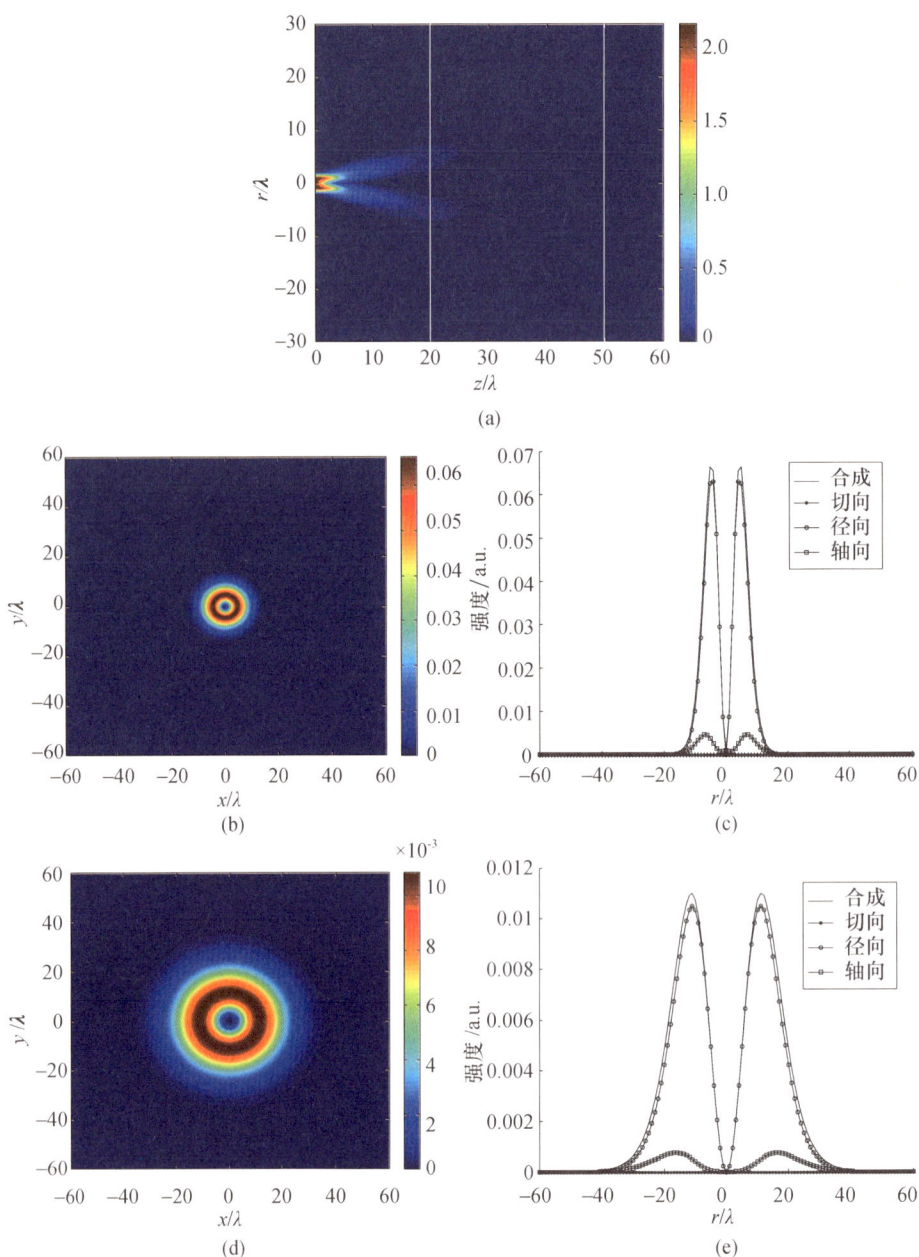

图 6 – 4　径向偏振光在自由空间的传播

（a）沿光轴传播情况；（b）、（c）光场在 z 为 20λ 处横截面强度分布（$\omega_0 = \lambda$）；

（e）、（f）光场在 z 为 50λ 处横截面强度分布（$\omega_0 = \lambda$）。

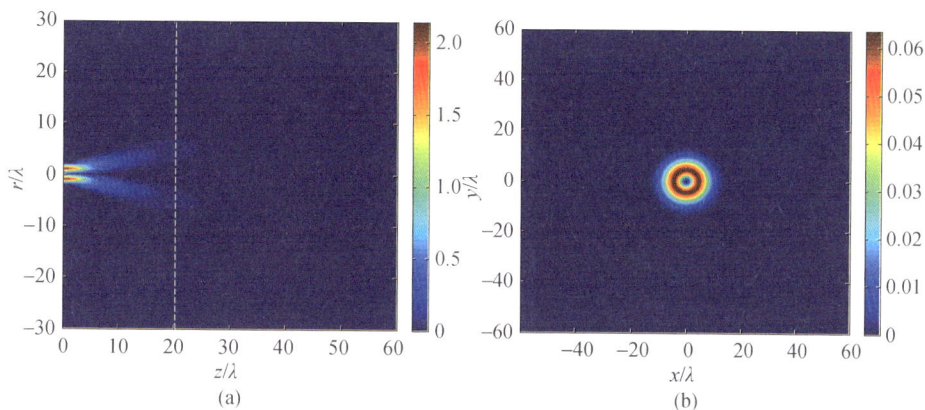

图 6-5　切向偏振光在自由空间的传播

（a）沿光轴的强度分布；（b）$z = 20\lambda$ 时光束横截面强度分布，其中 $\omega_0 = \lambda$。

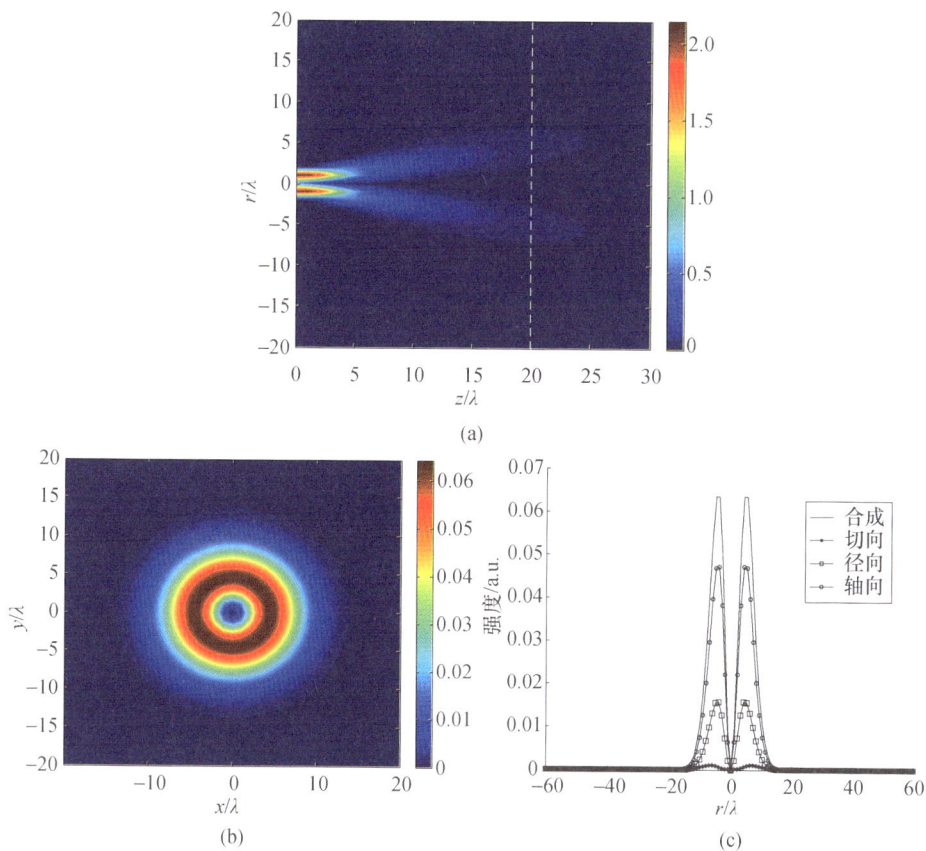

图 6-6　柱矢量偏振光束（$\phi_0 = \pi/3$）在自由空间的传播

（a）沿光轴的强度分布；（b）、（c）$z = 20\lambda$ 时横截面强度分布（$\omega_0 = \lambda$）。

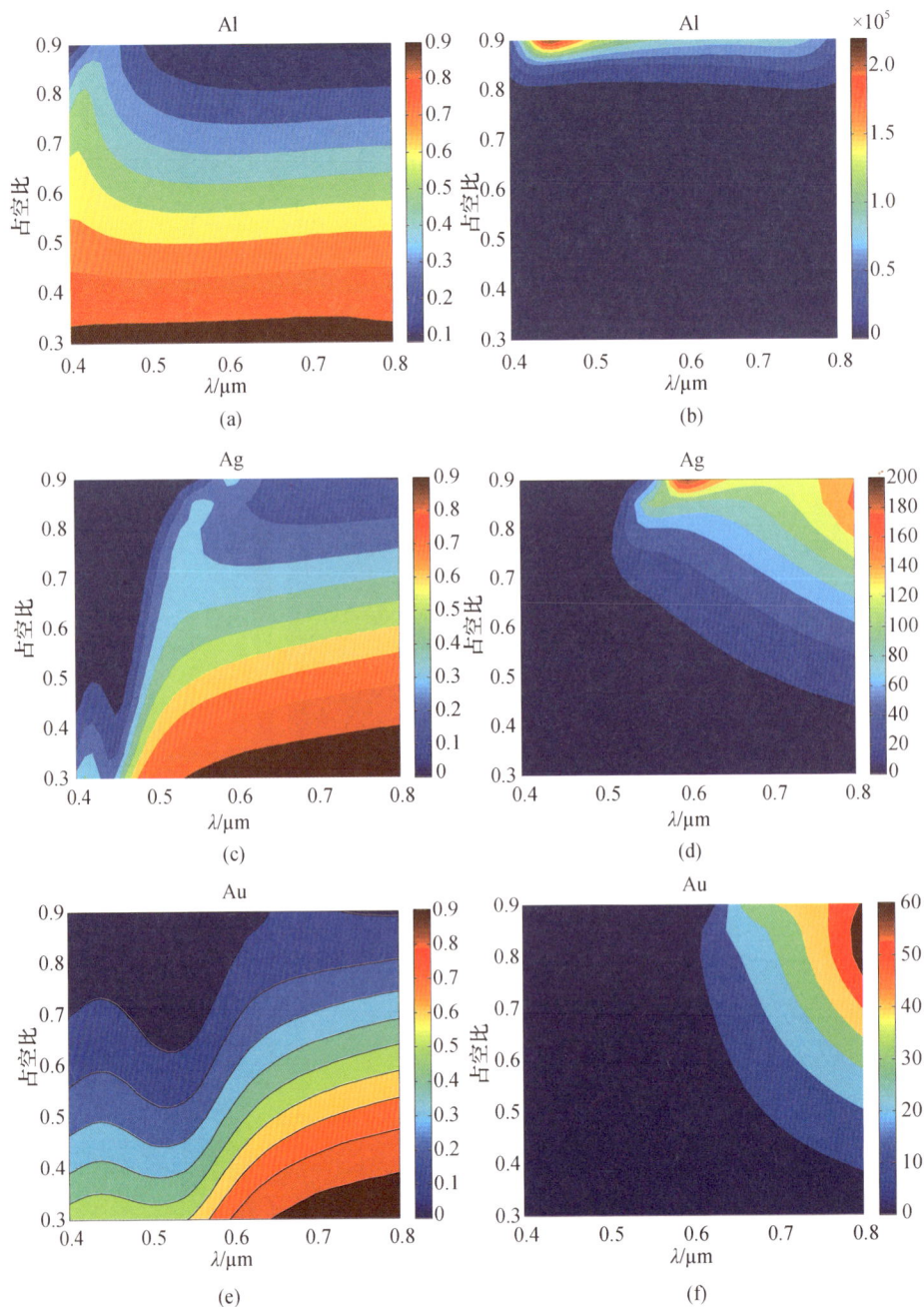

图 6 – 15　亚波长金属光栅的 TM 光透过率及消光比

（左列为透过率，右列为消光比，光栅周期 $d = 200\text{nm}$，深度 $h = 100\text{nm}$）

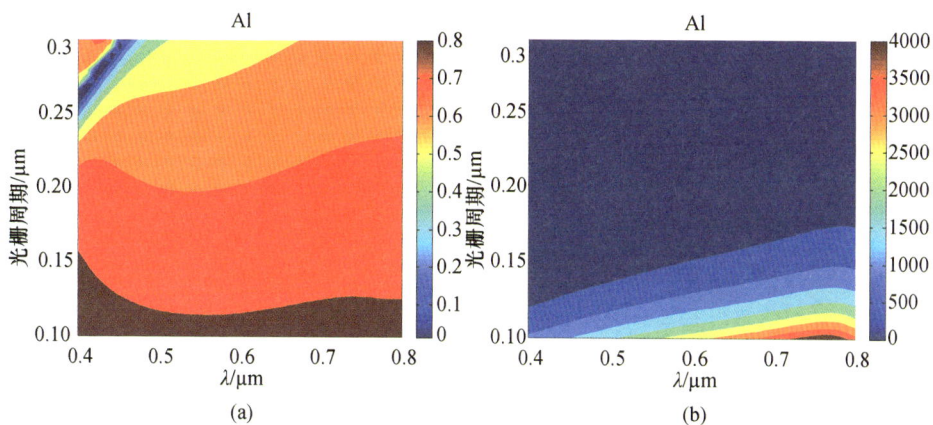

图 6 – 16 铝材料亚波长金属光栅性能与光栅周期的关系

（光栅深度 $h = 100\text{nm}$, 占空比 $f = 0.5$）

（a）TM 光透过率；（b）TM 光消光比。

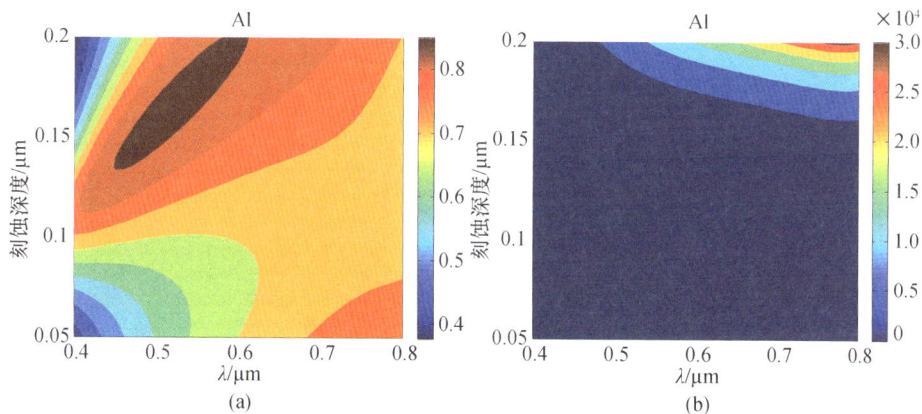

图 6 – 17 铝材料亚波长金属光栅性能与刻蚀深度的关系

（光栅周期 $d = 200\text{nm}$, 占空比 $f = 0.5$）

（a）TM 光透过率；（b）TM 光消光比。

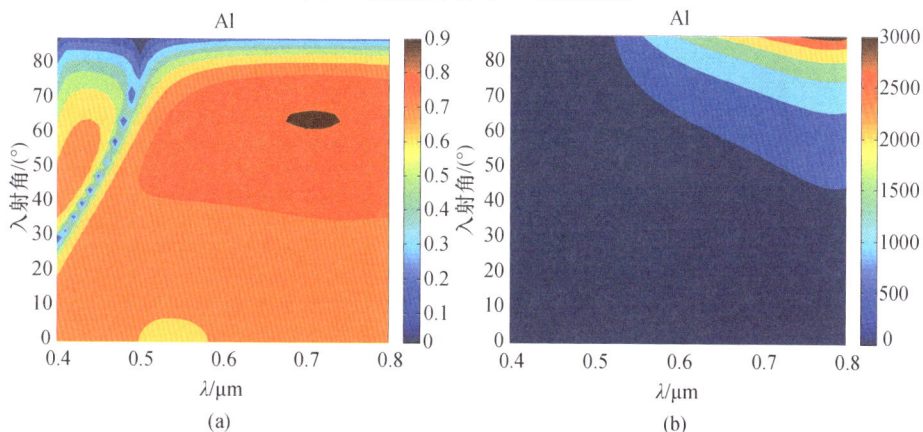

图 6 – 19 光栅性能随光束入射角的变化情况（模拟参数为：$d = 200\text{nm}, h = 100\text{nm}, f = 0.5$）

（a）TM 光透过率；（b）TM 光消光比。

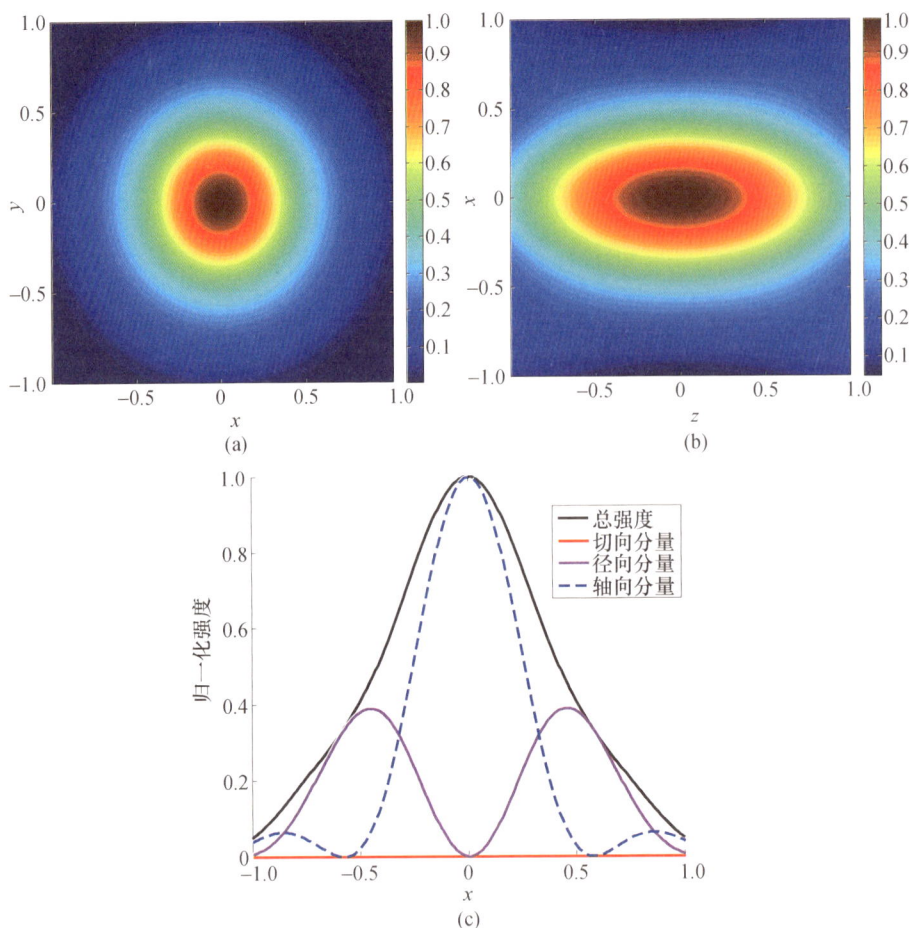

(a)   (b)

(c)

图 6 – 29   径向偏振光在焦平面及其附近的聚焦场强度分布(透镜数值孔径 NA = 0.90)

(a) 焦平面上总场强的强度分布;(b) 沿光轴方向总场强的强度分布;

(c) 焦平面上沿 x 轴不同分量的强度分布。

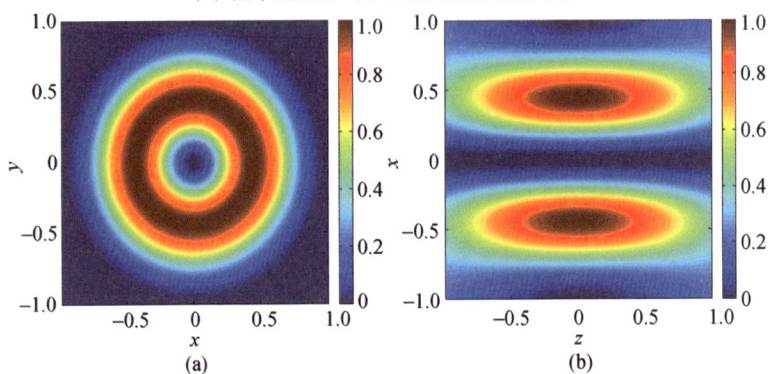

(a)   (b)

图 6 – 32   切向偏振光在焦平面及其附近的聚焦光场强度分布

(透镜数值孔径 NA = 0.90(α = 64°))

(a) x-y 平面的强度分布;(b) z-x 平面的强度分布。

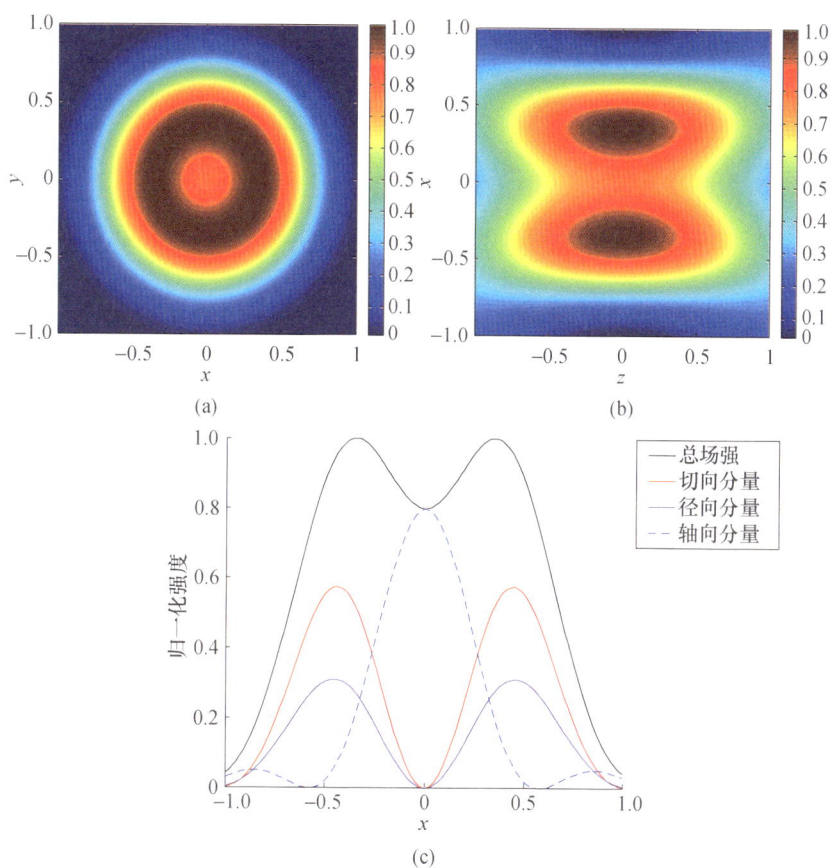

图 6 – 33　柱矢量光束聚焦强度分布(透镜数值孔径 NA = 0. 90(α = 64°), $\phi_0 = \pi/6$)
(a) 焦平面上的强度分布;(b) z – x 平面上的强度分布;(c) 焦平面上沿 x 轴不同分量的强度分布。

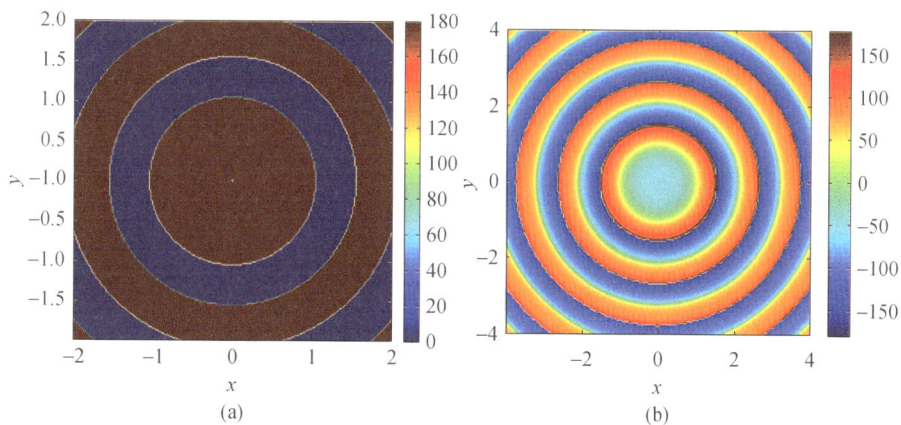

(a)　　　　　　　　　　　　　　　　(b)

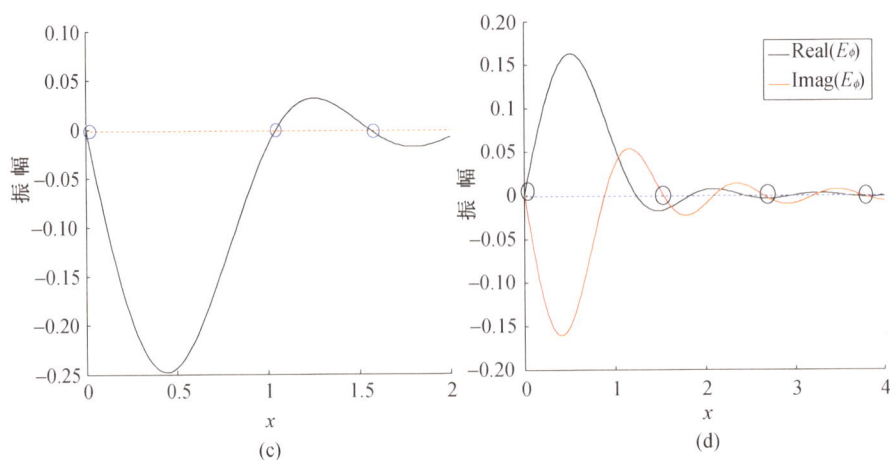

(c)　　　　　　　　　　　　(d)

图 6-34　切向偏振光聚焦场在焦平面(左列)及 $z_S = 0.5$(右列)时
相位及径向振幅分布,(Real(·)表示取实部,Imag(·)表示取虚部)
(a)、(b) 相位分布;(c)、(d) 径向振幅分布。

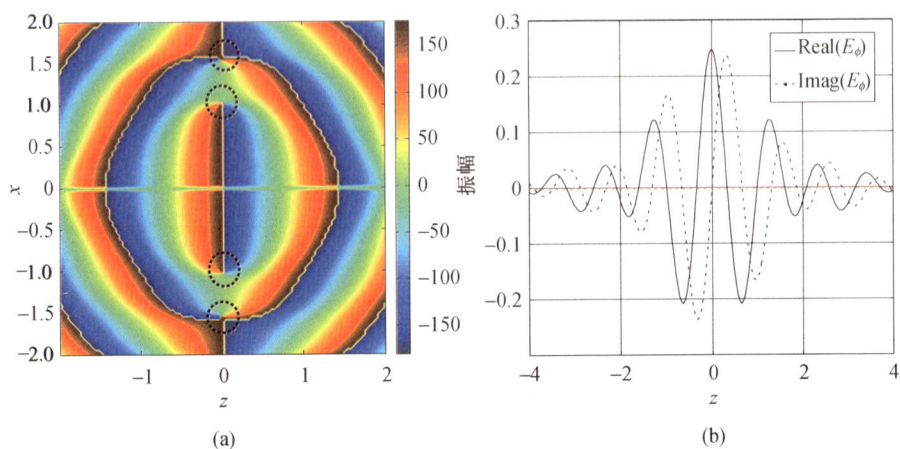

(a)　　　　　　　　　　　　(b)

图 6-35　切向偏振光聚焦场沿着光轴的分布($r_S = 0.44$,Real(·)表示取实部,
Imag(·)表示取虚部,NA = 0.90)
(a) 相位点圆所示位置为相位奇异点;(b) 振幅。

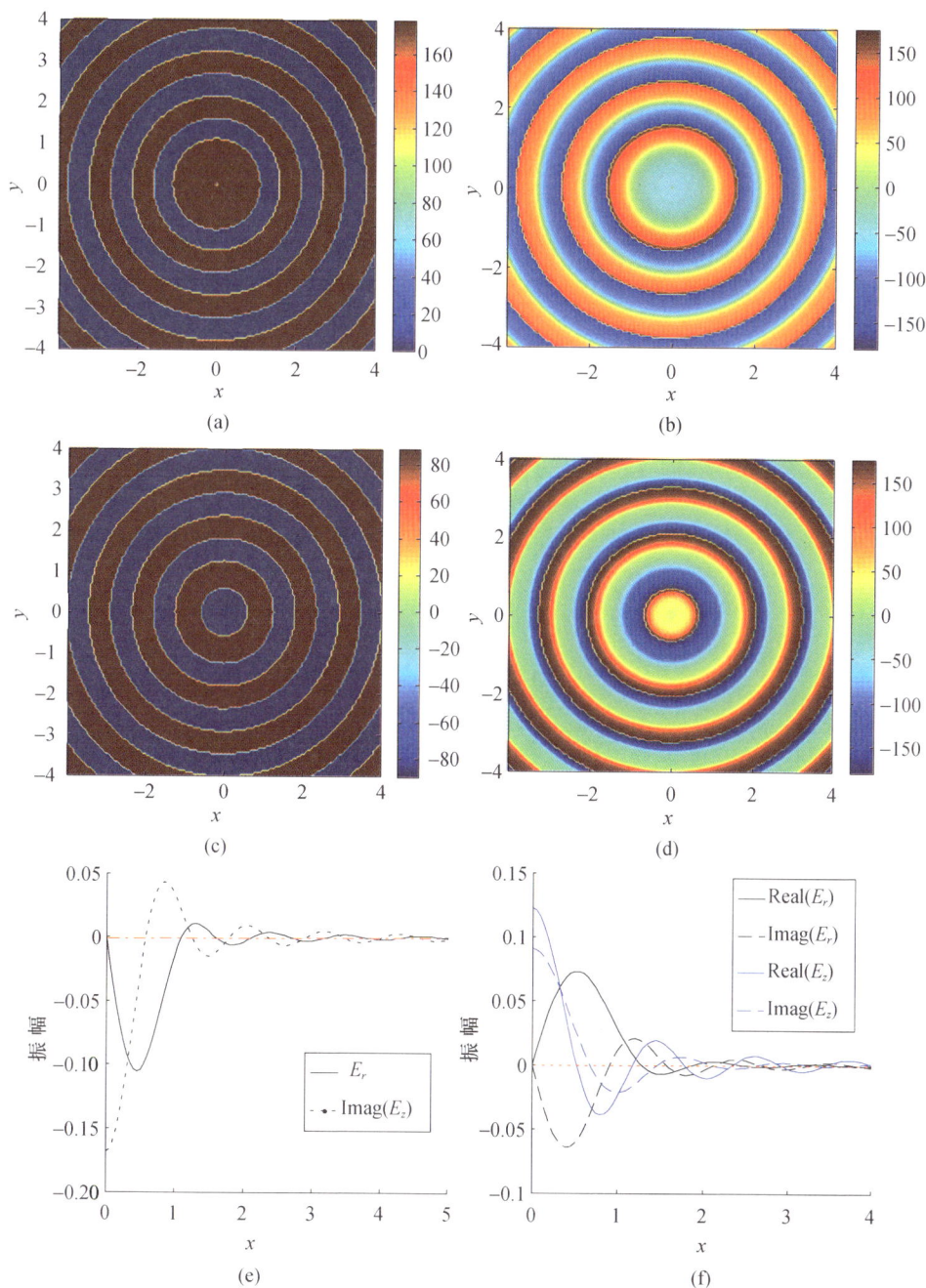

图 6 - 36　焦平面(左列)及 $z_s = 0.5$ 时(右列)径向分量和轴向分量光场的相位及振幅分布

(a)、(b) 径向分量聚焦场的相位分布;(c)、(d) 轴向分量聚焦场的相位分布;(e)、(f) 振幅分布。

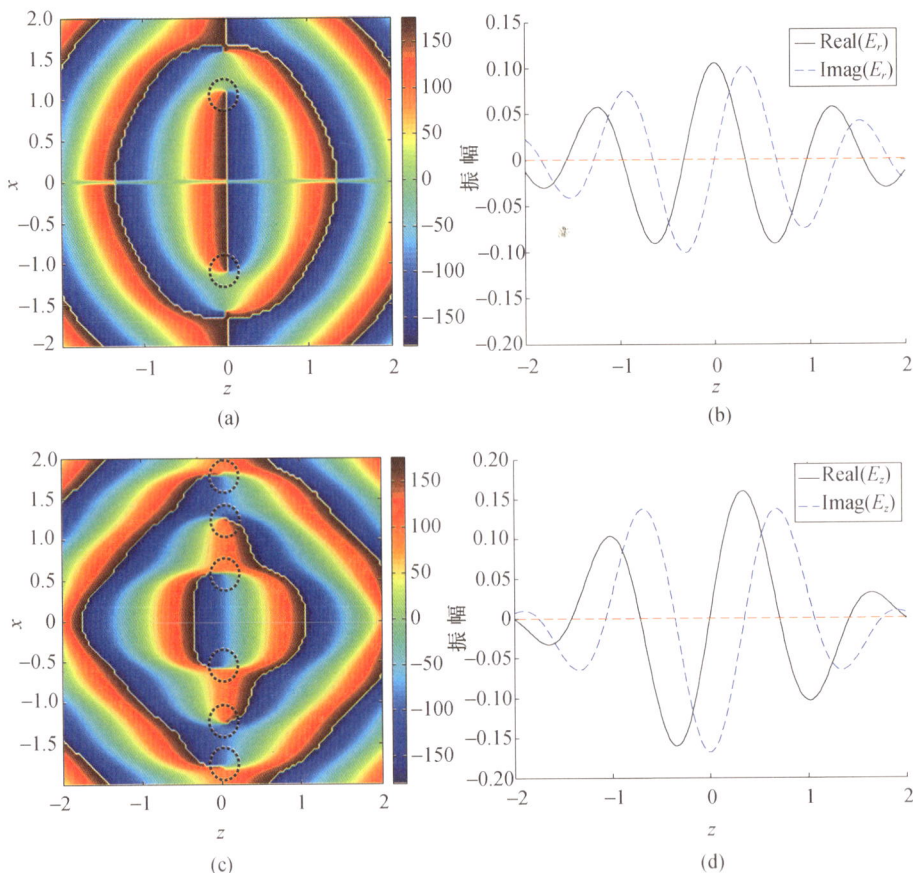

图 6 - 37　聚焦的径向偏振光的径向分量和轴向分量光场在 $z - x$ 平面上的相位（左列）
及振幅（右列）分布（（a）和（c）中点圆所示位置为相位奇异点）

（a）、（b）径向分量聚焦场相位分布（$x = 0.46$）；（c）、（d）轴向分量聚焦场强度分布。

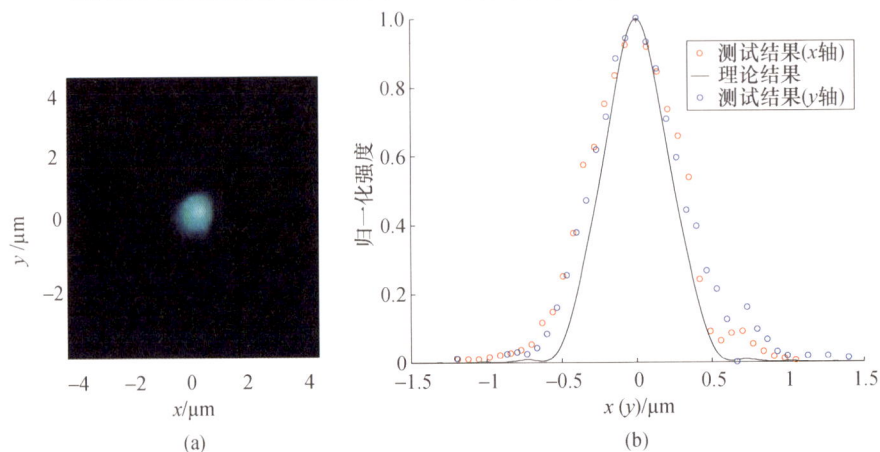

图 6 - 39　径向偏振光聚焦场的测量结果

（a）聚焦光斑；（b）归一化强度分布。

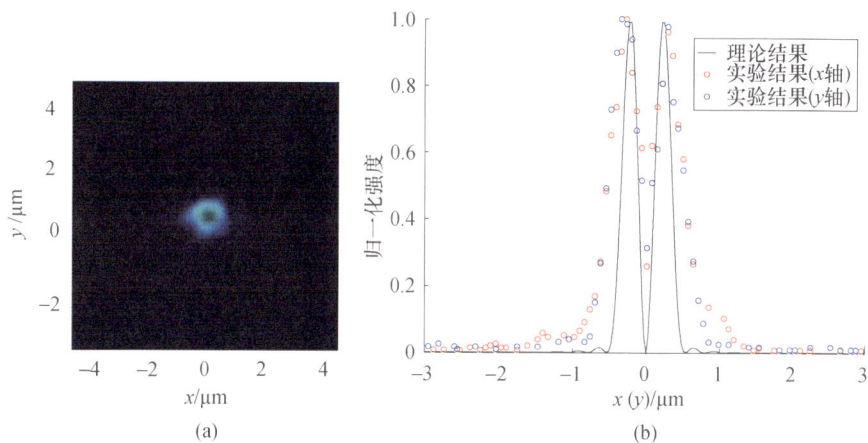

图 6 - 40　切向偏振光聚焦场的测试结果

（a）聚焦光斑；（b）归一化强度分布。

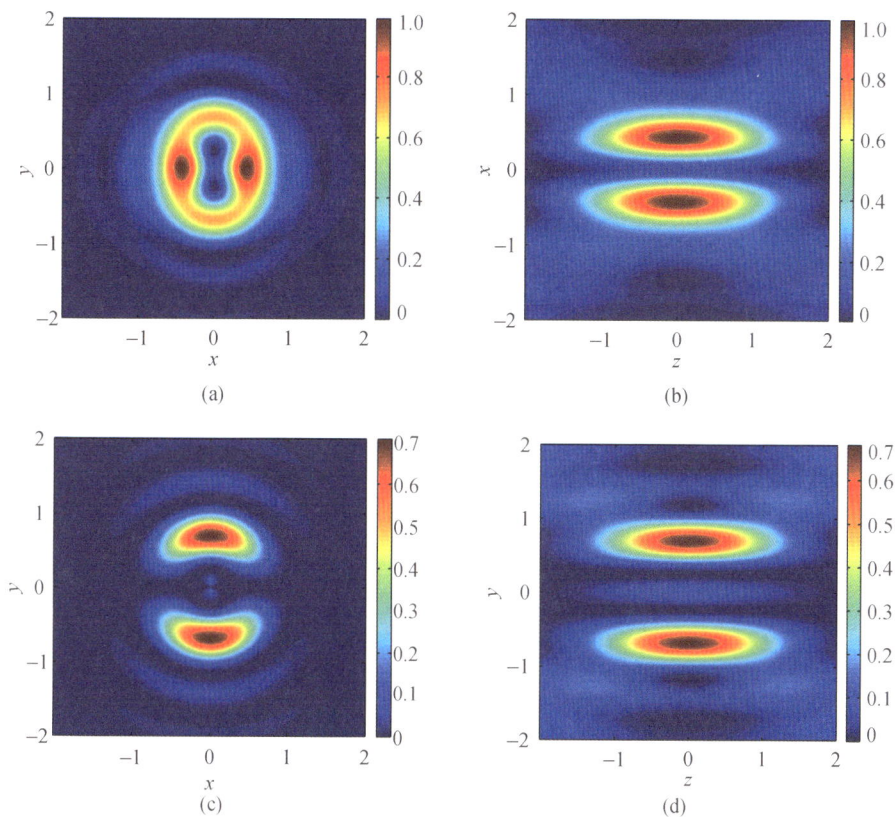

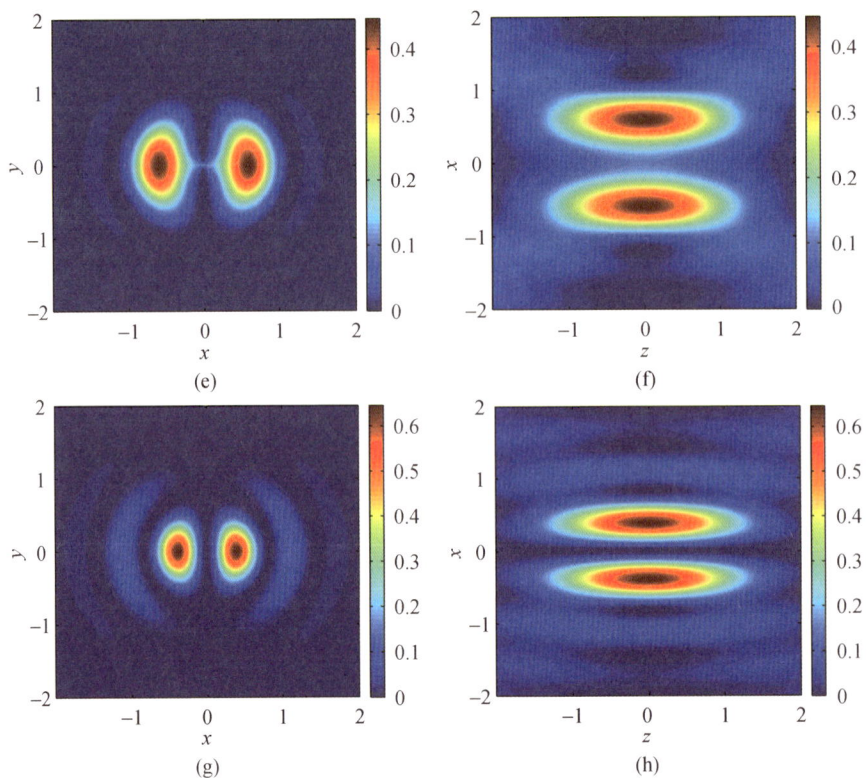

图 6 − 46　$P = 2(\phi_0 = 0)$ 轴对称偏振光束在焦平面上的光场强度分布

（左列为焦平面上的强度分布，右列为沿着光轴的强度分布，透镜数值孔径 NA = 0.90）

（a）、（b）总强度；（c）、（d）切向分量；（e）、（f）径向分量；（g）、（h）轴向分量。

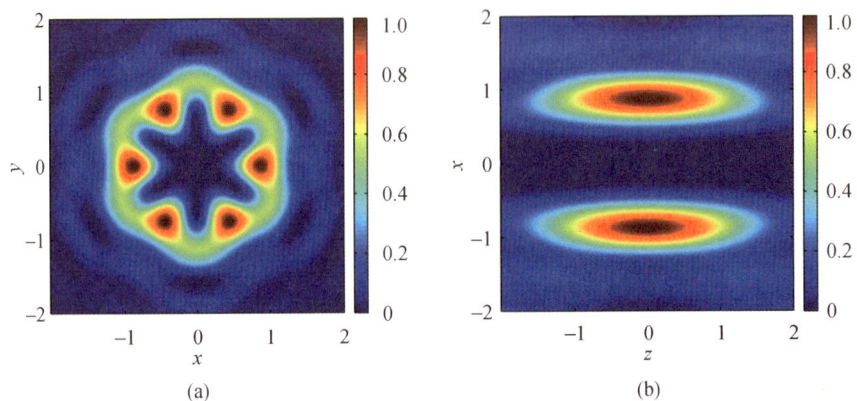

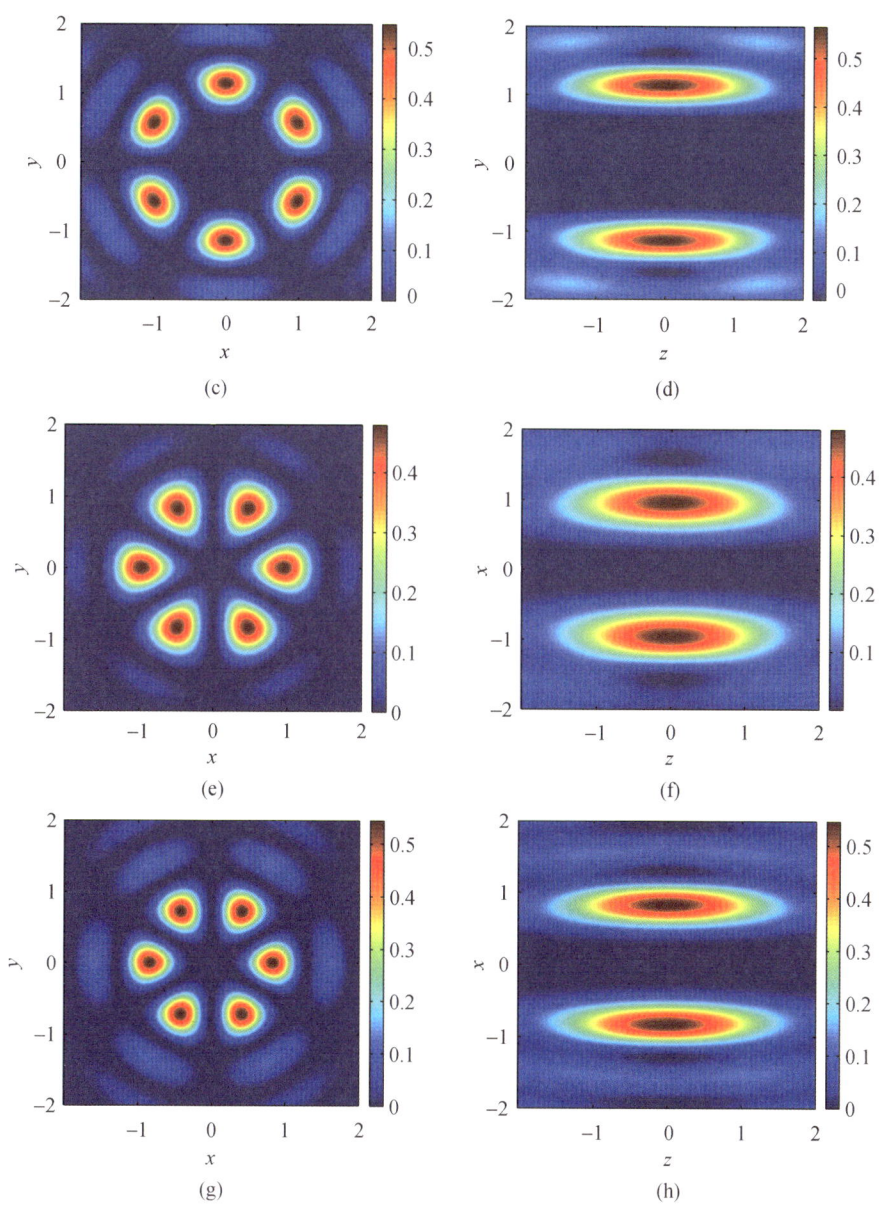

图 6 - 47　高偏振级次轴对称偏振光束($P = 4, \phi_0 = 0$)的聚焦场强度分布
（左列为焦平面上的强度分布，右列为沿着光轴的强度分布，透镜数值孔径 NA = 0.90）
（a）、（b）总强度；（c）、（d）切向分量；（e）、（f）径向分量；（g）、（h）轴向分量。

(a)　　　　　　　　　　　　　(b)

(c)

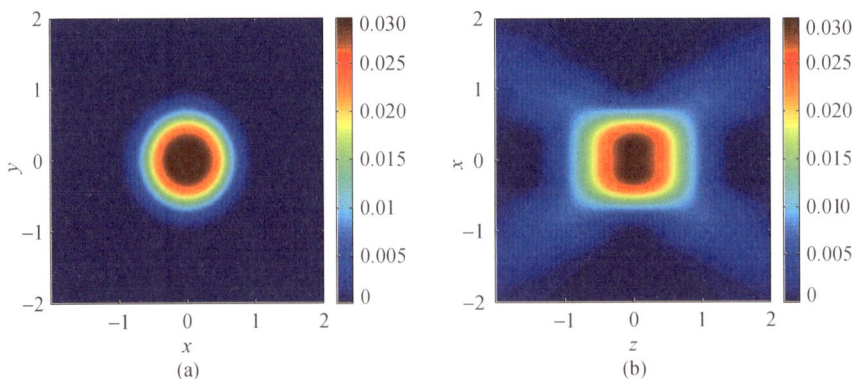

图 6 - 52　径向偏振光平顶聚焦场强度分布

（a）、（b）焦平面上的强度分布；（c）焦平面上沿着 x 轴的强度分布。

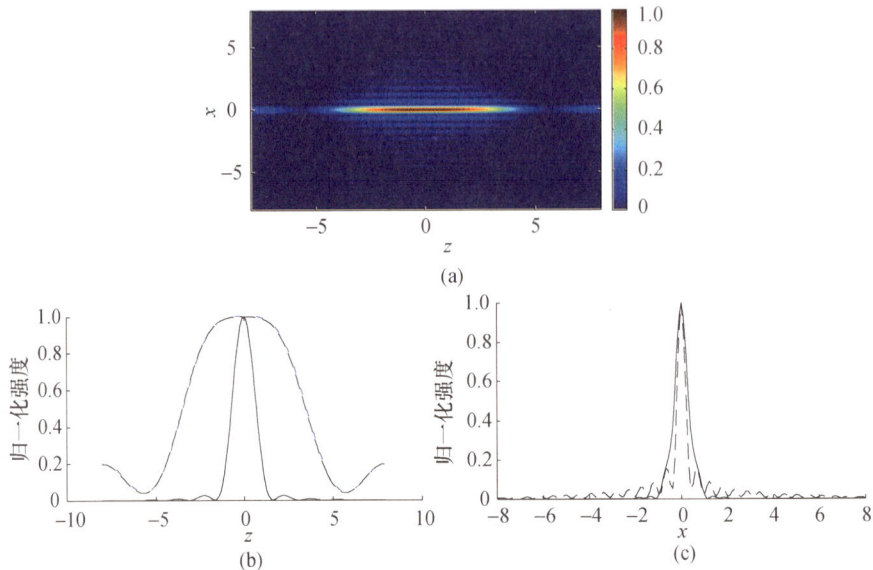

(a)

(b)　　　　　　　　　　　　　(c)

图 6 - 53　径向偏振光聚焦整形获得的超小光斑及长焦深结构

（a）聚焦光场的二维强度分布；（b）沿 z 轴的强度分布；（c）沿 x 轴的强度分布

（实线对应未经 DOE 整形的情况，点划线对应 DOE 整形后的结果）。